Energie aus Holz und anderer Biomasse

Rainer Marutzky · Klaus Seeger

Energie aus Holz und anderer Biomasse

Grundlagen · Technik · Emissionen
Wirtschaftlichkeit · Entsorgung · Recht

DRW-Verlag

ISBN 3-87181-347-8

1., unveränderter Nachdruck 2002

© 1999 by DRW-Verlag Weinbrenner GmbH & Co
Leinfelden-Echterdingen

Das Werk einschließlich aller seiner Teile ist urheberrechtlich geschützt. Jede Verwertung außerhalb der engen Grenzen des Urheberrechtsgesetzes (auch Fotokopien, Mikroverfilmung und Übersetzung) ist ohne Zustimmung des Verlags unzulässig und strafbar. Das gilt auch ausdrücklich für die Einspeicherung und Verarbeitung in elektronischen Systemen jeder Art und von jedem Betreiber.
Gesamtherstellung: Karl Weinbrenner & Söhne GmbH & Co, Leinfelden-Echterdingen

Bestellnummer: 347

Inhaltsverzeichnis

Vorwort		IX
1	**Einleitung**	1
1.1	Energieverbrauchsentwicklung	1
1.2	Klimaschutz und Schonung der Umwelt	4
1.3	Energiesparen als größtes CO_2-Minderungspotential	5
1.4	Regenerative Energieträger	6
1.5	Wechselwirkungen bei der energetischen Nutzung	10
1.6	Hindernisse der energetischen Verwertung	12
2	**Energietechnisch verwertbare Biomassen**	14
2.1	Energieträger Holz	16
2.2	Energiepflanzen	23
2.3	Landwirtschaftliche Reststoffe	23
3	**Zusammensetzung von Holz und anderen Biomassen**	25
3.1	Wassergehalt und Heizwert	27
3.2	Zusammensetzung von naturbelassenem Holz und anderen Biomassen	30
3.3	Zusammensetzung von Sägenebenprodukten und Produktionsabfällen	33
3.4	Zusammensetzung von Alt- oder Gebrauchtholz	36
3.5	Zuordnung von Brennstoffen	41
4	**Theorie des Verbrennungsprozesses und der Schadstoffbildung**	43
4.1	Grundlagen	43
4.2	Ablauf der Holzverbrennung	43
4.3	Kohlenmonoxid- und Kohlenwasserstoffemissionen	48
4.4	Stickstoffoxidemissionen	51
4.5	Emissionen von Schwefeloxiden und Halogenwasserstoffen	53
4.6	Dioxine	54
4.7	Polycyclische aromatische Kohlenwasserstoffe (PAK)	56
4.8	Ausbrandinhibitoren und -promotoren	57
5	**Sortimente, Aufbereitung, Lagerung und Transport der Brennstoffe**	59
5.1	Brennstoffsortimente	59
5.2	Aufbereitung	64
5.3	Brennstofflagerung	79
5.4	Transportsysteme	90

6	**Kleinfeuerungsanlagen**	95
6.1	Einsatzbereich von Kleinfeuerungsanlagen	95
6.2	Grundlegende Anforderungen	96
6.3	Einteilung der Kleinfeuerungsanlagen	98
6.4	Stückholzfeuerungen	103
6.5	Hackschnitzelfeuerungen	116
6.6	Sonstige Kleinfeuerungsanlagen	120
6.7	Kleinfeuerungsanlagen für Stroh und andere pflanzliche Biomassen	124
7	**Größere Holzfeuerungsanlagen**	127
7.1	Einführung	127
7.2	Rostfeuerungen	129
7.3	Drehrohrofenfeuerung	139
7.4	Schleuderrad-Feuerung (Wurfbeschickung)	140
7.5	Unterschubfeuerung	142
7.6	Wirbelschichtfeuerung	143
7.7	Wirbeldüsenfeuerung	145
7.8	Einblasfeuerung	145
7.9	Staubbrenner	147
7.10	Spezielle Feuerungsanlagen für Stroh	149
8	**Vergasungstechnologien für Holz**	153
8.1	Grundlagen der Holzvergasung	154
8.2	Verwertungsmöglichkeiten von Holzgas	158
8.3	Vergasung mit Festbettreaktoren	160
8.4	Vergasung mit Fließbettreaktoren	167
8.5	Ausblick	171
9	**Wärmetauschersysteme nach Holz- und Biomassefeuerungen**	173
9.1	Wärmeträger	173
9.2	Wärmetauscher-Systeme	178
10	**Meß- und Regeltechnik**	187
10.1	Prozeßablauf	187
10.2	Vorteile zeitgemäßer Meß- und Regeltechnik an Holzfeuerungsanlagen	187
10.3	Meßwerterfassungselemente	190
10.4	Regeltechnische Stellglieder	194
10.5	Regelsysteme für Holz- und Biomassefeuerungen	195
11	**Emissionsminderung und Abgasreinigung**	201
11.1	Grundlagen	201
11.2	Optimierung der Ausbrandbedingungen	202
11.3	Entstaubung von Abgas	206
11.4	Emissionsminderung durch Additivsysteme	216
11.5	Minderung der Stickstoffoxide	219
12	**Verwertung und Beseitigung der Aschen**	225
12.1	Ascheproblematik	225

12.2	Zusammensetzung und Einfluß der Abscheidebedingungen	226
12.3	Rechtliche Situation zur Entsorgung von Holzaschen	233
12.4	Verwertung der Aschen	239
12.5	Beseitigung der Aschen	243
12.6	Behandlungsverfahren für Aschen	244
13	**Kraft-Wärme-Kopplung**	**247**
13.1	Dampfkraftprozeß	247
14	**Wasseraufbereitung**	**259**
14.1	Schäden durch unzureichende Aufbereitung	259
14.2	Aufbereitungsverfahren	261
14.3	Vollentsalzung	262
14.4	Entgasung	264
15	**Planung und Realisierung von Energieanlagen**	**268**
15.1	Grundlagenermittlung	268
15.2	Vorplanung und Machbarkeitsstudie	269
15.3	Entwurfsplanung (System- und Integrationsplanung)	269
15.4	Genehmigungsplanung	270
15.5	Ausführungsplanung	272
15.6	Vorbereitung der Vergabe (Einholung von Angeboten)	272
15.7	Mitwirken bei der Vergabe	273
15.8	Objektüberwachung	273
15.9	Objektbetreuung und Dokumentation	274
15.10	Planungshonorare	274
16	**Wirtschaftlichkeitsbetrachtungen bei Holz- und Biomassefeuerungen**	**275**
16.1	Investitionskostenermittlung	276
16.2	Betriebskosten- und Erlösermittlung	276
16.3	Finanzierung	277
17	**Rechtliche Vorschriften in Deutschland, in Österreich und in der Schweiz**	**279**
17.1	Einleitung	279
17.2	Emissionsrechtliche Situation in Deutschland	279
17.3	Emissionsrechtliche Situation in Österreich	291
17.4	Emissionsrechtliche Situation in der Schweiz	294
17.5	Weitere Gesetze, Regelungen und Verordnungen für Feuerungsanlagen	297
Weiterführende Literatur (Auswahl)		**300**
Anhang		
A1	Ausgeführte Beispiele von Feuerungsanlagen	307
A2	Durchführung von Emissionsmessungen	307
A3	Beratungs- und Forschungseinrichtungen	320
A4	Adressen von Herstellern	323
A5	Formeln und Diagramme	335

Vorwort

Seit Beginn der Diskussion um steigende CO_2-Konzentrationen in der Erdatmosphäre mit all den von Wissenschaftlern prognostizierten Folgen wird der Ruf nach verstärkter Nutzung nachwachsender Energieträger immer lauter, weil sie in der Gesamtbilanz vom beginnenden Wachstum bis zum Ende des Verbrennungsprozesses als CO_2-neutral anzusehen sind. Exakt die bei der energetischen Umsetzung frei werdende CO_2-Menge wird beim Wachsen in Sauerstoff umgewandelt. Auch wenn auf Grund neuerer wissenschaftlicher Erkenntnisse der Einfluß des CO_2 auf das Globalklima geringer ist als bisher angenommen, bleibt die Bedeutung des Waldes als klimaregulierendes und luftreinigendes Ökosystem erhalten. Die bei der Waldpflege anfallenden Durchforstungshölzer bieten sich dabei in besonderem Maße für die energetische Nutzung an.

Weitere wichtige Energiehölzer sind die bei der Be- und Verarbeitung des Holzes anfallenden Sägenebenprodukte und Produktionsabfälle. Auch mit dem Alt- oder Gebrauchtholz steht eine beträchtliche Energiereserve zur Verfügung.

Zum Umweltaspekt kommen struktur- und arbeitsmarktpolitische Argumente hinzu, die ebenfalls für eine Ausweitung der Energieerzeugung aus Holz und anderen Biomassen sprechen. So sind in der Schweiz wissenschaftliche Untersuchungen durchgeführt worden, die u. a. belegen, daß durch Substitution von 400.000 t Heizöl/Jahr durch 1 Mio. t Holz per Saldo etwa 700 Beschäftigte im Nahbereich der Nutzung zusätzlich Arbeit finden können.

Für eine verstärkte energetische Nutzung von Holz gibt es also gravierende Argumente:
- Holz und Biomasse sind in ihrer Emissionsbilanz als CO_2-neutrale Energieträger anzusehen.
- Eine nachhaltige Forstwirtschaft, das zeigt sich zunehmend, ist darauf angewiesen, daß mehr Waldholzsortimente als bisher energetisch genutzt werden, weil die stoffliche Schiene für Schwachholz an Bedeutung verliert.
- Die Werbung (Einschlagen, Sammeln) von Holz und seine Aufbereitung zu verwertungsgerechtem Brennstoff und die Verbrennung schaffen regional neue Arbeitsplätze.

Obwohl weltweit betrachtet alle fossilen durch nachwachsende Energieträger ersetzt werden könnten, werden Holz und Biomassen aus verschiedenen Gründen real nur einen relativ geringen Anteil am gesamten Primärenergieverbrauch sichern können. Wegen ihres vergleichsweise ungünstigen Verhältnisses von Volumen zu Heizwert und ihrer Sperrigkeit sind Brennhölzer für eine globale Distribution wenig geeignet. Um so größer ist aber ihre Bedeutung unter regionalen Aspekten. In waldreichen Gebieten mit intensiver Forst- und Holzwirtschaft bietet sich die energetische Nutzung dieses nachwachsenden Rohstoffes geradezu an. Obgleich Deutschland eine Waldfläche von rund 1/3 aufweist, wird hierzulande von diesen Optionen bisher nur nachgeordnet Gebrauch gemacht.

Für Deutschland wird ein Wert von rund 5 % bis zum Jahre 2005 prognostiziert (Quelle: Prognos-Institut 1993). Das entspricht einer Steigerung um 300 bis 400 % gegenüber dem aktuellen IST-Zustand, ein beachtliches Potential immerhin. In anderen europäischen Ländern werden heute bereits mehr als 15 % des Primärenergiebedarfs durch Energie aus Biomasse abgedeckt. Weltweit wird man jedoch über einen Wert von 15 bis 20 % kaum hinaus kommen können.

Dieses Buch soll einen bescheidenen Beitrag dazu leisten, daß die vorhandenen Potentiale einer verstärkten Energiegewinnung an Brennholz und anderen Biomassen schneller und besser zugeführt werden. Die Kenntnis der technischen Möglichkeiten, der Umweltaspekte und nicht zuletzt auch der wirtschaftlichen Zusammenhänge sind für potentielle Betreiber von Holz- und Biomassefeuerungsanlagen von großer Bedeutung und notwendige Vorbedingung für den erfolgreichen Einsatz. In diesem Sinne soll das vorliegende Werk insbesondere dem Praktiker helfen, sich in einer oft schwer überschaubaren Materie direkt zu informieren oder Hinweise auf vertiefende Quellen bekommen zu können.

Die Verfasser bedanken sich beim DRW-Verlag für die Bereitschaft, dieses Buch unter Nutzung der gegebenen Möglichkeiten einer breiten Leserschicht bekannt zu machen und es zu vertreiben. Es ermöglichte die Darstellung der langjährigen praktischen und wissenschaftlichen Erfahrungen beider Verfasser. Viele Erkenntnisse wurden auch aus Berichten und Veröffentlichungen andere Autoren und Arbeitsgruppen übernommen. Zu nennen sind hier insbesondere die Arbeiten der Gruppen um Dr. Thomas Nussbaumer in Zürich, Professor Dr. Günther Baumbach in Stuttgart, Dr. Arno Strehler in Weihenstephan und Dr. Ingwald Obernberger in Graz. Da das Buch gut lesbar sein sollte, wurde auf ausführliche Literaturzitate verzichtet. Bei übernommenen Bildern und Tabellen fremder Autoren findet sich eine kurze Quellenangabe. Am Ende des fachlichen Teils erlaubt eine umfangreiche Literaturzusammenstellung dem interessierten Leser, vertieft in das Thema und die angegebenen Quellen einzudringen. Ein besonderer Dank gilt dabei Herrn Dr. Hartmann von der Bayerischen Landtechnik Weihenstephan, der uns die Zusammenstellung der Anlagenhersteller zur Verfügung stellte. Unser Dank gilt auch allen Mitarbeitern des Büros Seeger Engineering und des Fraunhofer-Instituts für Holzforschung, die geholfen haben, dieses Fachbuch in relativ kurzer Zeit druckreif zu machen.

Die Verfasser

Braunschweig und Kassel, Juli 1999

1 Einleitung

1.1 Energieverbrauchsentwicklung

Seit Beginn der Industrialisierung im 19. Jahrhundert galt die Energie als Motor der wirtschaftlichen Entwicklung. Die Energie stand dabei in Form von Stein- und Braunkohle preisgünstig und in großer Menge zur Verfügung. Am Anfang dieses Jahrhunderts kamen das Erdöl und das Erdgas als weitere Energieträger hinzu. In den sechziger Jahren entstanden zudem zahlreiche Kernkraftwerke. Der bis in das 19. Jahrhundert wichtigste Energieträger, das Holz, verlor gleichzeitig zumindest in den Industriestaaten völlig an Bedeutung. Die Überzeugung, daß Energie unbeschränkt und zu niedrigen Kosten zur Verfügung stand, wurde Anfang der siebziger Jahre erheblich erschüttert. Zum einen machten die Ölkrisen von 1973 und 1980 bewußt, daß beim Erdöl eine politische Abhängigkeit bestand. Dabei wurde auch die Endlichkeit der Vorräte deutlich. Die mit dem steigenden Einsatz von fossilen Energieträgern verbundene Zunahme des Kohlendioxids (CO_2) in der Atmosphäre wurde ebenfalls als Gefahr für das Klima der Erde erkannt. Bei der Kernenergie wurde durch den Reaktorunfall von Tschernobyl das Risiko dieser Technik deutlich. Auch trat immer stärker die ungelöste Frage der Entsorgung der radioaktiven Abfälle hervor. Viele Institutionen und noch mehr Wissenschaftler beschäftigen sich seit dieser Zeit mit der „brennenden" Frage:

Wie wird sich der Weltenergieverbrauch in der Zukunft entwickeln und wie kann er durch die verschiedenen Energieträger abgedeckt werden?

Die Antworten variieren z. T. sehr stark. Einigkeit herrscht aber darüber, daß der Energiebedarf auf absehbare Zeit wesentlich stärker als die Weltbevölkerung steigen wird, weil der spezifische Bedarf je Einwohner ebenfalls stark wächst. Insbesondere wenn in China und den südostasiatischen Ländern der Lebensstandard und die Motorisierung weiter ansteigen, wird es weltweit zu einer Verknappung und damit auch zur Verteuerung der Energie kommen. Erneuerbare Energie aus Sonne, Wasser oder Wind werden den wachsenden Bedarf nur begrenzt bedienen können.
Bis zum Jahre 1950 kam die Welt noch mit etwa 2 Mrd. Steinkohleeinheiten (SKE) pro Jahr aus. 50 Jahre später, im Jahre 2000 wird die sechsfache Menge, nämlich 12 Mrd. SKE den Bedarf kaum mehr decken können. Die Weltbevölkerung stieg im gleichen Betrachtungszeitraum um den Faktor 3, der spezifische Energieverbrauch je Einwohner und Jahr verdoppelte sich also. Eine beängstigend anmutende Entwicklung.
Auch für die vor uns liegenden Jahre prognostizieren die Experten weiter steigende absolute und relative Verbrauchsmengen für die fossilen Energieträger Erdöl, Kohle und Erdgas. Den erneuerbaren Energieträgern wird in den Langfristprognosen nur eine geringe Zunahme bei den absoluten und eine Verminderung bei den relativen Zahlen eingeräumt.
Gleichzeitig wird prognostiziert, daß die wirtschaftlich gewinnbaren Vorräte an fossilen Energieträgern bei statischer Reichweitenbetrachtung beim Erdöl nur noch für etwa 14 Jahre und bei Erdgas für etwa

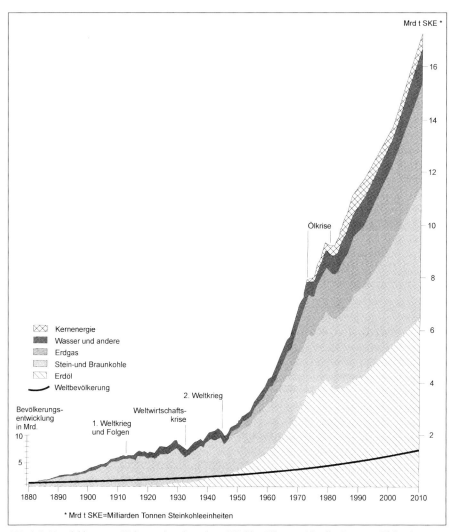

Abb. 1-1: Entwicklung von Weltenergieverbrauch und Weltbevölkerung (Quelle: Preussen Elektra)

60 Jahre reichen werden. Zwar ist anzunehmen, daß die Reserven in den nächsten Jahren durch Entdeckung neuer Gas- und Ölfelder und durch Verbesserung der Fördertechniken steigen werden, doch ist unzweifelhaft ein Ende der öl- und gasbasierten Energienutzung im 21. Jahrhundert absehbar.

Die Tatsache, daß der Energieverbrauch in den traditionellen Industrieländern von 1990 bis 1995 nicht und seitdem nur wenig angestiegen ist, gibt Anlaß zu der Hoffnung, daß die gegenwärtigen Weltverbrauchsprognosen Schritt für Schritt nach unten korrigiert werden können. In den Industrienationen ist es tatsächlich gelun-

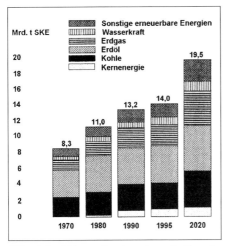

Abb. 1-2: Weltenergieverbrauch nach Energieträgern (Quelle: DNK, 1997)

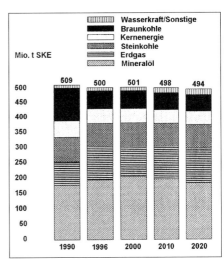

Abb. 1-4: Primärenergieverbrauch in Deutschland nach Energieträgern (Quelle: DNK, 1997)

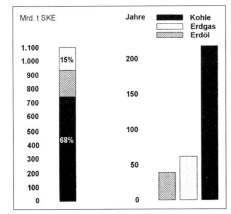

Abb. 1-3: Wirtschaftlich gewinnbare Vorräte an fossilen Energieträgern und ihre statische Reichweite (Quelle: DNK, 1997)

gen, Wirtschaftswachstum und Energieverbrauch zu entkoppeln. Für Deutschland sagen die Experten sogar einen leicht sinkenden Energieverbrauch und eine stark abnehmende Energieintensität voraus (-35 % bis zum Jahr 2020).
Diese Entwicklung ist positiv, darf aber kein Anlaß dafür sein, die Bemühungen zu Energieeinsparungen zu verringern und die Erschließung regenerativer Energien zu vernachlässigen.
Den erneuerbaren Energien wird eine wachsende Bedeutung auf jedoch gleichbleibend unbedeutend erscheinendem Niveau (rund 2,5 %) vorausgesagt. Dabei lassen Energieexperten und Politiker keinen

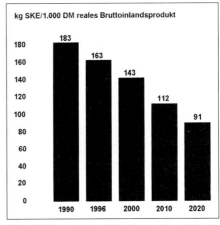

Abb. 1-5: Energieintensität in Deutschland (Quelle: DNK, 1997)

Zweifel daran, daß wir im Rahmen des sog. Energiemix alle Möglichkeiten der verstärkten Nutzung erneuerbarer Energien ausschöpfen müssen und seien diese auch noch so unbedeutend im Hinblick auf ihren Anteil am Gesamtbedarf. Dem Motto der Agenda 21 „Global denken – regional handeln" folgend sollte daher jeder Ansatz verfolgt und unterstützt werden, Holz und andere Biomassen in dezentrale Konzepte der Energieversorgung einzubinden. Auch wenn die weltweiten Energieprobleme durch verstärkte energetische Nutzung von Biomassen schwerlich gelöst werden können, trägt jeder geleistete Beitrag zum Schutz der Umwelt und zur Schonung anderer Ressourcen bei.

1.2 Klimaschutz und Schonung der Umwelt

Um die Frage, ob und mit welchen konkreten Folgen der parallel zum Verbrauchsanstieg bei fossilen Energieträgern steigende CO_2-Ausstoß das weltweite Klima verändert bzw. verändern wird, gibt es zwischen den Wissenschaftlern aus den unterschiedlichen Lagern widersprüchliche Aussagen, die es dem Außenstehenden schwer bis unmöglich machen, sich ein eigenes Urteil zu bilden. Unstrittig ist allenthalben, daß die globale CO_2-Konzentration in der Erdatmosphäre seit Beginn der sogenannten industriellen Revolution meßbar angestiegen ist und damit Auswirkungen auf das Klima haben kann.

Vorstellbar ist auch für den Laien, daß ein weiterer Anstieg, der sich aus wachsendem Verbrauch an fossilen Energieträgern ableiten läßt, die klimabestimmenden Bedingungen negativ beeinflussen wird. Allein der Verdacht, daß die CO_2-Problematik global Schädigungen verursachen könnte, sollte für alle, die für zukünftige Generationen Verantwortung spüren, Grund genug sein, das in ihren Möglichkeiten Stehende zu tun, um zumindest den Anstieg der CO_2-Emissionen zu stoppen. In Deutschland sieht die Entwicklung der energiebedingten CO_2-Emissionen durchaus positiv aus, wobei der im Betrachtungszeitraum gestiegene Anteil der Kernenergie und eine höhere Effizienz der Wärmekraftwerke zu einer Reduktion um etwa 18 % von 1980 bis 1996 geführt haben.

Die Bundesregierung hat sich selbst das Ziel gesetzt, die CO_2-Emissionen durch geeignete Maßnahmen bis zum Jahre 2005 um weitere 25 % bezogen auf den Ausstoß im Jahr 1990 senken zu wollen. Ziele und Maßnahmen zur Verringerung sind
- drastische Verminderung des Energiebedarfs von Neubauten (Niedrigenergiehausstandard flächendeckend)
- weitestgehende Ausschöpfung der CO_2-Minderungspotentiale im Gebäudebestand
- Verdoppelung des Anteils erneuerbarer Energien am Primärverbrauch auf 4 % und in der Stromerzeugung auf 10 % bis 2010
- Erhöhung des Anteils erneuerbarer Energie am Primärenergieverbrauch auf 25 % bis 2030 und auf 50 % bis 2050
- Reduzierung der CO_2-Emissionen beim Verkehr um 5 % bis 2005, bezogen auf 1990
- Reduzierung der CO_2-Emissionen im produzierenden Gewerbe und in der Energiewirtschaft um 20 % bis 2005, bezogen auf 1990

Diese ehrgeizige Zielsetzung wird – das ist bereits heute erkennbar – wohl deutlich verfehlt werden. Auf europäischer Ebene sieht die Situation noch schlechter aus und weltweit kann trotz mehrerer Weltklimakonferenzen nicht einmal an ein Einfrieren der gegenwärtigen CO_2-Ausstöße gedacht werden. Das kann jedoch kein Alibi für die sein, die schon Schritte in die richtige Richtung getan haben, die Hände in den Schoß zu legen, nach dem Motto: Selbst wenn Deutschland kein CO_2 mehr emittieren würde, wäre das weltweit kaum zu spüren, denn absolut betrachtet tragen wir nur mit 2,5 bis 3 % zum Gesamt-CO_2-Ausstoß bei. Die Zahlen für Österreich und die Schweiz liegen noch um eine Zehnerpotenz niedriger. So wie die Industrienationen letztlich für eskalierende Energieverbräuche verantwortlich sind und sie durch Ausweitung insbesondere der Motorisierung ständig weiter steigern, so besteht in gleicher Weise die Verpflichtung, Wege zur Energieeinsparung, zum rationelleren Umgang mit Ressourcen und zum verstärkten Einsatz erneuerbarer Energien aufzuzeigen und die entsprechenden Technologien möglichst schnell in die Regionen der Welt zu tragen, in denen wachsender Lebensstandard mit einem Anstieg des Energieverbrauches verbunden und die Entkopplung von Lebensstandard und Energieverbrauch noch nicht gelungen ist.

Es gibt aber auch andere wichtige Gründe, Holz energetisch zu nutzen. Seit mehr als 200 Jahren wird in Mitteleuropa der Wald nachhaltig bewirtschaftet, d. h. es wird nicht mehr Holz eingeschlagen als nachwächst. Der Wald ist daher die Produktionsstätte für den Bau-, Werk- und Rohstoff Holz. Der Wald gestaltet die Landschaft und ist Lebensraum für viele Pflanzen und Tieren. Für den Menschen bietet er zahlreiche Möglichkeiten der Erholung und Freizeitgestaltung. Mit Blick auf den Waldanteil von 30 % an der Gesamtfläche kommt somit auch der Forstwirtschaft eine Schlüsselrolle für die Erhaltung dieser Vorteile zu.

Ein wirtschaftlich genutzter Wald bedarf der Pflege. Hierbei fällt Schwachholz an. Bei der Be- und Verarbeitung des Holzes gibt es Resthölzer. Nach Gebrauch werden Holzprodukte zu Altholz. Die unvermeidlichen „Abfälle" der Forstwirtschaft, der Holzwirtschaft und der Holzverwendung sind wertvolle Energieträger. Ihre Nutzung steigert die Wertschöpfung, schont Ressourcen und trägt so zur Pflege und zum Erhalt des Waldes bei. Gleiches gilt ebenso für die tropischen Wälder. Der Raubbau und die Zerstörung können nur gestoppt werden, wenn diesen eine für den Menschen wichtige Funktion und ein entsprechender Wert zugewiesen wird.

1.3 Energiesparen als größtes CO_2-Minderungspotential

Von allen CO_2-Minderungspotentialen, die wir haben, ist das Energiesparen das eindeutig größte und das am ehesten zu erschließende. Um in Haushalt, Gewerbe und Industrie meßbar Strom und Wärme einzusparen, bedarf es oft nur eines anderen Verbrauchsverhaltens oder einiger organisatorischer Anweisungen. Das mit vertretbarem Aufwand erschließbare Potential für die Industrieländer Mitteleuropas wird einheitlich auf etwa 20 bis 25 % geschätzt, bezogen auf die vor uns liegenden nächsten zehn Jahre.

Ganz konkret ist für den Verkehrsbereich, der etwa 18 % der Gesamtenergie benötigt, durch den Einsatz kraftstoffsparender Motoren (z. B. das sog. 3-Liter-Auto) und Triebwerke mit einer Reduktion des Energieverbrauches um 20 bis 25 % zu rechnen. Im Haushaltsbereich werden die neuen Wärmeschutzbestimmungen zur Dämmung im Gebäudebereich und zur Begrenzung der zulässigen Verluste von Heizungsanlagen ebenfalls zu einem spürbaren Rückgang des Bedarfs beitragen. Ähnliches gilt für die sog. Kleinverbraucher (Handwerk, Gewerbe, Schulen usw.). In der Industrie wird seit Beginn der 80er Jahre sehr konzentriert an Energieeinsparkonzepten gearbeitet, mit dem Ergebnis, daß der spezifische Verbrauch je Produktionseinheit im Durchschnitt um fast 40 % gesenkt werden konnte. Diese Bemühungen werden fortgesetzt und in den nächsten 10 Jahren eine weitere Verminderung des spezifischen Bedarfs um etwa 20 % zur Folge haben. Auch im größten Verbrauchsblock „Energiesektor", also bei der Strom- und Wärmeerzeugung im Kraftwerksbereich sind auf-

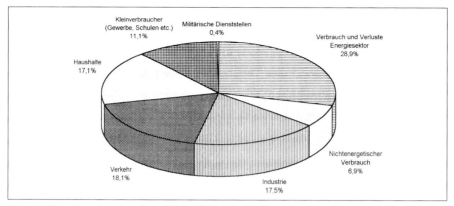

Abb. 1-6: Primärenergieverbrauch – 478 Mio. SKE davon in %

grund neuerer Technologien (u. a. GuD-Kraftwerke) und der damit erzielbaren besseren Wirkungsgrade sowie durch verstärkte Abwärmenutzung aus Kraftwerken die genannten gesamtdurchschnittlichen Einsparquoten wahrscheinlich. Wenn es tatsächlich gelingt, den Energieverbrauch in dem hier gezeigten Maße zurückzufahren, steigt der prozentuale Anteil der erneuerbaren Energieträger automatisch ohne Änderung der absoluten Mengen. Energiesparen liegt damit voll im Interesse der erneuerbaren Energien.

Neben den bereits genannten Faktoren ist es für einen sparsamen Umgang mit Energie ganz allgemein und den endlichen fossilen Energieträgern im Besonderen wichtig, das Energiesparbewußtsein der Gesellschaft zu fördern und die Preise für Energie so zu gestalten, daß die sogenannten sozialen Folgekosten von Gewinnung, Transport und Nutzung durch gezielte Steuern ebenfalls eingehen. Dadurch würde nicht nur der sparsamere Umgang mit den begrenzten Ressourcen gefördert. Die in aller Regel teureren erneuerbaren Energieträger würden gleichzeitig konkurrenzfähiger und verstärkt genutzt, wie die Erfahrungen in Ländern mit Energiesteuern (Schweden, Dänemark, Österreich, Italien) zeigen.

1.4 Regenerative Energieträger

Mehr als 70 % der Weltenergieversorgung werden zur Zeit durch die fossilen Energieträger Kohle, Erdöl und Erdgas gedeckt. Deren Nutzung führt zu einer starken CO_2-Anreicherung in der Atmosphäre. Die Förderung der fossilen Energieträger ist mit zahlreichen schädlichen Umweltbelastungen verbunden. Diese sind vor allem:
– ökologisch schädliche Flächeninanspruchnahme
– Bergschäden, Abwässer und Abraumhalden
– Verschmutzung der Weltmeere und Landflächen
– Öltankerhavarien und Tanklasterunfälle

Durch Erschließung neuer Öl- und Gasfelder in abgelegenen Teilen der Erde werden die Förderung und der Transport der fossilen Brennstoffe immer aufwendiger und umweltschädlicher. Auch die Kernenergie, mit der zur Zeit etwas mehr als 10 % des globalen Energiebedarfs gedeckt werden, bietet keine Zukunft, solange das beträchtliche Restrisiko bei der Nutzung gegeben ist und die Fragen der Entsorgung der radioaktiven Rückstände ungelöst sind.

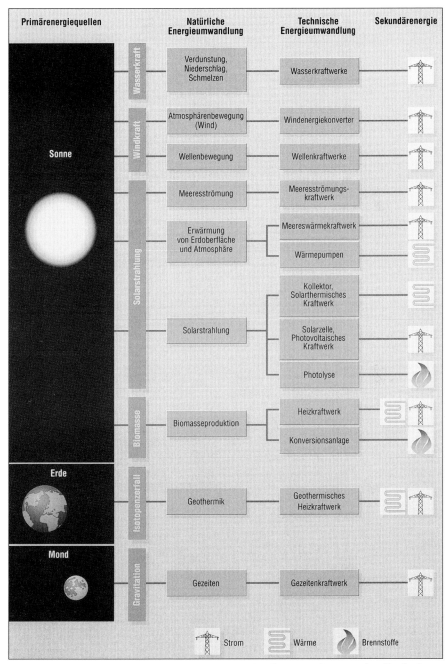

Abb. 1-7: Erneuerbare Energiequellen – Gesamtüberblick über die regenerativen Energien (Quelle: Preussen Elektra)

Als langfristige Altenative verbleibt somit nur eine verstärkte Nutzung sogenannter regenerativer Energiequellen. Hierzu gehören:
– Biomasse
– Wind- und Wasserkraft
– Solarenergie
– Gezeitenenergie
– Geoenergie

Derzeit nutzbar sind vornehmlich die Biomasse und die Wasserkraft, mit Abstrichen auch die Windenergie. Solar-, Gezeiten- und Geoenergie haben dagegen weltweit gesehen nur eine geringe Bedeutung.
Im Hinblick auf die globale CO_2-Problematik und um die endlichen fossilen Energieressourcen zu schonen, besteht auf absehbare Zeit die Notwendigkeit, fossile Energieträger zu substituieren. Weltweit decken regenerative Energien derzeit etwa 17 % des Primärenergieverbrauches ab. Zwei Drittel davon sind nicht kommerzielles Brennholz und andere Biomassen, ein weiteres Drittel kommt aus Wasserkraft. Der Anteil regenerativer Energien am Gesamtbedarf ist enttäuschend niedrig, denn das theoretische Potential an nutzbaren erneuerbaren Energiequellen ist um ein Vielfaches größer als der derzeitige weltweite Primärenergieverbrauch.
Abbildung 1-7 verdeutlicht die Vielfalt der erneuerbaren Energieträger.
Die niedrigen Preise für fossile Energieträger haben bisher eine weitere Verbreitung der erneuerbaren Energien verhindert. In einigen europäischen Ländern (u. a. in Österreich, Dänemark und Schweden) konnte die Bedeutung regenerativer Energien durch eine erhöhte Besteuerung der fossilen Energieträger in wenigen Jahren erheblich gesteigert und ein wichtiger Beitrag zur Reduktion der CO_2-Belastung geleistet werden. In der Schweiz ist es durch gezielte Projektförderung und gebündelte Initiativen gelungen, neben der Wasserkraft Holz und Biomasse als weitere bedeutende Säule im Energiemarkt zu etablieren.
In Deutschland hat man sich trotz jahrelanger Diskussionen noch nicht zu einer Energie- oder CO_2-Steuer durchringen können, die diesen Namen verdienen würde.

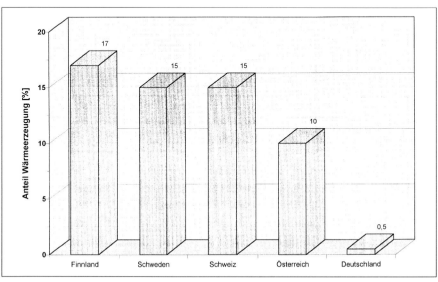

Abb. 1-8: Anteil der energetischen Nutzung von Holz und anderen Biomassen für die Wärmeerzeugung (Quelle: Seeger Engineering)

Die aktuelle Lage wird vom Deutschen Nationalen Komitee des World Energy Council wie folgt gesehen:
- Einem deutlichen Ausbau des Versorgungsbeitrages erneuerbarer Energien sind in Deutschland natürliche, technische und insbesondere wirtschaftliche Grenzen gesetzt:
- Wasserkraft wird heute zu großen Teilen wirtschaftlich genutzt, ihr Potential ist weitgehend ausgeschöpft.
- Die Wirtschaftlichkeit von Windkraftanlagen hat sich in den letzten Jahren zwar deutlich verbessert, der Kostensprung zur Stromerzeugung aus den traditionellen Einsatzenergien ist aber immer noch erheblich.
- Die direkte Nutzung der Sonnenenergie mittels Photovoltaik ist nach wie vor außerordentlich teuer. Selbst bei starker finanzieller Förderung werden die Erzeugungskosten in absehbarer Zeit keinesfalls auf ein Niveau sinken, das in unseren Breiten einen wirtschaftlichen Betrieb ermöglicht. Hier sind noch technische Durchbrüche notwendig. Auch solarthermische Kraftwerke haben für den Standort Deutschland witterungsbedingt nur wenig Chancen. Dagegen hat die Erzeugung von Niedertemperatur-Wärme durch solarthermische Anlagen, also Solarkollektoren z. B. auf Dächern sowie mittels Wärmepumpen mittelfristig positive Perspektiven.
- Biomasse ist eine relativ preiswerte, jedoch ebenfalls heute noch nicht wirtschaftliche Form der regenerativen Energieerzeugung. Ihre Vorteile sind die geringere Standortabhängigkeit und eine weitgehend ausgereifte Anlagentechnik.

Vor dem Hintergrund dieser Einschätzung wird die Entwicklung der erneuerbaren Energien vom gleichen Komitee wie folgt gesehen:
Neben den rein betriebswirtschaftlichen Aspekten zählen bei der Beurteilung erneuerbarer Energieträger verstärkt auch ar-

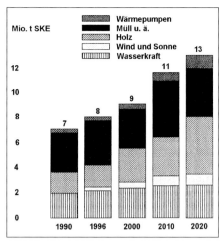

Abb. 1-9: Der Beitrag der erneuerbaren Energien zur Energieversorgung Deutschlands (Quelle: DNK 1997)

beitsmarktpolitische und damit volkswirtschaftliche Argumente. So hat eine Studie der Eidgenössischen Technischen Universität (ETH) in Zürich ergeben, daß durch die Substitution von 400.000 t Heizöl durch ca. 1 Mio. t Holz netto zusätzlich etwa 700 neue regionale Arbeitsplätze geschaffen werden können. Damit könnten etwa 140 bis 200 Mio. DM/Jahr an Arbeitslosenunterstützung eingespart werden. Da die reinen Energiekosten beim Holz ohnehin bereits niedriger als beim Öl liegen (bei gleichem Energieinhalt kosten 400.000 t Heizöl EL z. Zt. rund 240 Mio. DM, für 1 Mio. t Waldholz sind lediglich 100 Mio. DM zu zahlen), gibt es auch für Deutschland gute Gründe, in gleicher Weise wie in Österreich und der Schweiz, die aufwendigere Anlagentechnik zur energetischen Nutzung von Holz und Biomasse verstärkt „anschubweise" zu subventionieren.
In Österreich wurden in den zurückliegenden 15 Jahren 3.000 neue, mit öffentlichen Mitteln geförderte Biomasseheizanlagen errichtet. Viele Fremdenverkehrsorte werben inzwischen erfolgreich damit, Ölheizungen komplett aus ihren Gemeinden ver-

bannt und auf den natürlichen Brennstoff Holz umgestellt zu haben. Das ganze ist bei weitem kein Werbegag. Es gibt für diesen Weg reale ökologische und ökonomische Argumente: Der bei Inversionswetterlagen im Winter durch die Vielzahl von Heizungen verursachte blaue Schleier über den Dächern bleibt bei heutigen Holzfeuerungsanlagen aus. Selbst die unkritische Wasserdampffahne wird aus optischen Gründen durch den Feuerungsanlagen nachgeschaltete Rauchgas-Kondensationsanlagen noch eliminiert. Die wirtschaftliche Bedeutung der sehr oft in Form von Genossenschaften betriebenen kommunalen Heizwerke ist ebenfalls leicht nachvollziehbar: Statt importiertes Öl einzukaufen, zahlt der Verbraucher für die von ihm aus dem Netz entnommene Wärme. Das Geld bleibt im Ort oder in der Region, denn der Energieträger Holz stammt aus der Durchforstung heimischer Wälder. Für viele Waldbauern stellt die Energieholzwerbung eine wichtige Einnahmequelle dar, die einseitige Abstützung auf den Tourismus kann so gemindert und neue Erwerbsquellen erschlossen werden. Auch in der Schweiz konnte innerhalb von weniger als 10 Jahren der Anteil der Wärmeerzeugung aus Holz und Biomasse nahezu verdoppelt werden.

1.5 Wechselwirkungen bei der energetischen Nutzung

Um als Brennstoffe genutzt werden zu können, müssen sowohl die Biomasse in ausreichender Menge als auch eine geeignete Feuerungstechnik und Logistik verfügbar sein. Zwischen diesen Komponenten gibt es zahlreiche Wechselwirkungen. Auf die Auslegung des Feuerungssystems und die Logistik haben folgende Brennstoffkenngrößen einen entscheidenden Einfluß:
– Brennstoffeuchte und Aschegehalt
– Schmelzverhalten der Aschen
– Störstoffgehalte (Verschmutzungen, sonstige Brennstoffbestandteile)
– Gehalt des Brennstoffs an emissionsrelevanten Elementen (z. B. N, S, Cl u.a.)
– Stückigkeit und Korngrößenspektrum
– Schütt- und Energiedichte

Hier gibt es zwischen dem Holz und den verschiedenen anderen Biomassen beträchtliche Unterschiede. Beim Holz kann z. B. in unbehandeltes und behandeltes Holz unterschieden werden, wobei das Spektrum der Behandlungsmittel sehr vielfältig ist.
Das Feuerungssystem besteht aus verschiedenen Komponenten vom Brennstofflager über die Aufbereitungs- und Transporteinrichtungen bis zur eigentlichen Verbrennungsanlage. Diese umfaßt die Feuerung, den Wärmetauscher oder Heizkessel und die nachgeschalteten Vorrichtungen zur Abgasreinigung. Weitere Anlagenteile sind die Steuerung, die Wasseraufbereitung, die Additivsilos und die Aschebunker.
Bei der Auslegung sind auch logistische Probleme wie Brennstofftransport, -aufbereitung und -lagerung zu beachten. So weisen feinstückige Holz und halmartige Biomassen eine niedrige Schüttdichte auf, was den Transport und die Lagerung erschweren. Auch die Energiedichte aller Biomassen und insbesondere der feinstückigen ist gering. So hat das schwere Buchenholz bereits eine vierfach geringere Energiedichte als Heizöl. Bei Hackschnitzel liegt der Wert um das sieben- bis zwölffache niedriger, bei Ballenstroh beträgt der Faktor gar 25. Die energetische Nutzung von Holz und Biomasse erfordert daher angepaßte technische und logische Konzepte. Forschungs- und Entwicklungsarbeiten haben in den vergangenen Jahren erhebliche Fortschritte gebracht. Diese gilt es auch zukünftig voranzutreiben, um die energetische Nutzung von Holz und Biomasse noch attraktiver zu gestalten.

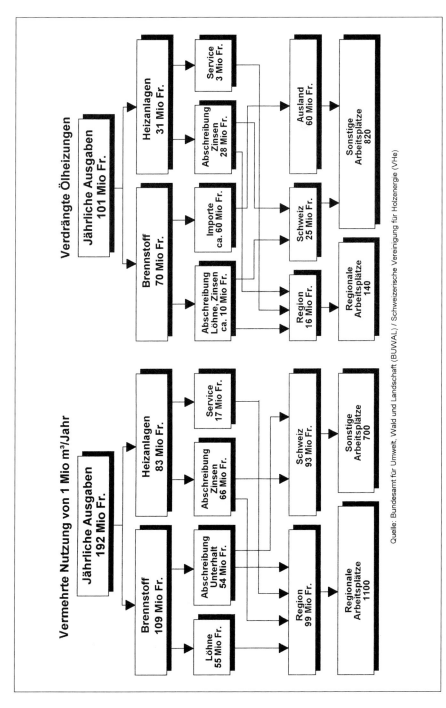

Abb. 1-10: Die durch Substitution von 200.000 t Heizöl durch 1 Mio. m³ Holz veränderten Geldflüsse und Arbeitsplatzeffekte

1.6 Hindernisse der energetischen Verwertung

Holz und andere Biomassen sind den fossilen Energieträgern gegenüber vor allem aus Kostengründen benachteiligt. Sie fallen dezentral an, haben eine vergleichsweise niedrige Energiedichte und somit einen hohen Transport- und Lagerungsaufwand. Bei landwirtschaftlichen Biomassen begrenzt sich die Produktion auf wenige Wochen bis Monate. Als weitere Hemmnisse kommen insbesondere in Deutschland gesetzliche und politische Rahmenbedingungen hinzu, welche die energetische Holz- und Biomassenutzung erschweren.

Um die Versorgung der deutschen Wirtschaft mit preisgünstiger Energie in ausreichender Menge zu sichern, wurden von politischer Seite Strukturen geschaffen oder zumindest gefördert, welche die großen Energieträger begünstigen und so indirekt die alternativen Energien benachteiligen. Vorteile für die Energiegewinnung aus Kohle, Gas, Öl und Uran sind:
– Subvention der einheimischen Kohleförderung
– Massive Förderung bei der Einführung der Kernenergie
– Indirekte Förderung der Entsorgungskosten für radioaktive Abfälle
– Politische Billigung von landschaftszerstörenden Braunkohletagebauen
– Schaffung von Strukturen zum günstigen Ferntransport von Energie
– Günstige Rahmenverträge mit Drittländern zur Sicherung der Energieversorgung

Die dezentral und in vergleichbar niedriger Energiedichte anfallende Biomasse kann diese Vorteile nicht nutzen. Hinzu kommt, daß Öl und Gas überwiegend in Drittländern mit niedrigerem Niveau bei den Lohnkosten und den Umweltauflagen gewonnen werden, während Holz und Biomassen zwangsläufig im Hochlohnland Deutschland produziert werden müssen.

Die Sicherung der wichtigen Energiequellen für die deutsche Wirtschaft hat zweifellos ihre politische Berechtigung. Daraus dürfen aber anderen, mengenmäßig weniger bedeutsamen Energieträgern keine Nachteile erwachsen. Um Holz und anderen Biomassen bei der Energieversorgung eine angemessene Chance im nationalen Energieverbund zu geben, bedarf es daher einer entsprechenden Marktregulierung. Ein erster Ansatz ist das Stromeinspeisungsgesetz (siehe Kapitel 16). Es zwingt die großen Energiekonzerne, aus regenerativen Quellen gewonnenen Strom zu angemessenen Konditionen in ihr E-Netz zu übernehmen. Auch Förderprogramme unterstützen Biomassefeuerungen durch Zuschüsse bei der Anschubfinanzierung. Noch wichtiger wäre es, auch den Betrieb der Anlagen durch angemessene steuerliche Vorteile zu stützen. Vorbild sind hier verschiedene Staaten in Skandinavien sowie Österreich, die durch CO_2-Steuern bzw. Steuererleichterungen für Energie aus Biomasse den gewünschten Vorteil geschaffen haben.

Außer den wirtschaftlichen und politischen Rahmenbedingungen behindert aber auch das Genehmigungsrecht die Holzfeuerungen. So ist der Brennstoff Holz in Deutschland der mit Abstand am stärksten reglementierte Energieträger außerhalb der Nuklearwirtschaft. Hierdurch wird insbesondere die Genehmigung von Feuerungsanlagen erschwert, die mit Produktionsabfällen und Gebrauchthölzern betrieben werden. Auch darf nicht vergessen werden, daß der administrative Aufwand für ein Genehmigungsverfahren von 50 Holzfeuerungen mit je 5 MW Feuerungswärmeleistung auch praktisch fünfzigfach höher ist als für ein einzelnes Heizkraftwerk von 250 MW, betrieben mit Öl oder Gas.

Letztlich ist darauf hinzuweisen, daß erst eine energetische Biomassenutzung in größerem Maßstab bei den Feuerungsanlagen und anderen für Ernte und Betrieb notwendigen Maschinen zu Standardisierungs- und Rationalisierungseffekten führen kann. Die energetische Nutzung von Holz und Biomassen wird daher vom Betreiber der Anlage auch in absehbarer Zukunft einer gehörigen Portion an innerer Überzeugung, Idealismus und Optimismus verlangen. Die optimistische Einstellung ist aber berechtigt. Die fossilen Energieträger sind endliche Ressourcen, der Aufwand und die Transportkosten für die Erschließung neuer Quellen und Abbaugebiete in entfernten Gebieten der Erde wird immer aufwendiger werden. Daß Folgeschäden für die Umwelt bei der Gewinnung und Nutzung von fossilen Brennstoffen in die Kosten einbezogen werden müssen, ist offenkundig. Um so wichtiger ist es, die energetische Nutzung von Holz und Biomassen voranzutreiben, wenn auch in kleinen Schritten und auf einem vergleichsweise niedrigen Niveau, gemessen am Gesamtenergiebedarf unseres Landes.

2 Energietechnisch verwertbare Biomasse

Unter Biomasse wird die Gesamtmasse der in einem Lebensraum vorhandenen Lebewesen verstanden, alle Stoffe organischer Herkunft also. Dazu zählen Pflanzen, Tiere, ihre Abfall- und Reststoffe sowie im weiteren Sinne auch die durch Umwandlung entstehenden Stoffe wie Papier- und Zellstoff, organische Rückstände der Lebensmittelindustrie, organischer Haus-, Gewerbe- und Industriemüll. Hinzu kommen die bei der Verrottung oder durch bakterielle Umsetzungsprozesse organischer Substanzen entstehenden Biogase. Bezogen auf die energetische Nutzung land- und forstwirtschaftlicher Rohstoffe versteht man unter Biomasse in erster Linie cellulose-, stärke-, öl- und zuckerhaltige Pflanzen und Pflanzenteile sowie tierische Abfallstoffe.

Zur energetischen Verwertung werden in Mitteleuropa vornehmlich Holz und andere biogene Festbrennstoffe eingesetzt. Abbildung 2-1 gibt eine Übersicht der biogenen Festbrennstoffe.

Entstehungsgrundlage aller Biomasseprodukte ist letztlich die sogenannte Photosynthese. Dabei bauen die Pflanzen mit Hilfe des grünen Blattfarbstoffes Chlorophyll aus Kohlendioxid (CO_2) und Wasser (H_2O) unter Freisetzung von Sauerstoff (O_2) energiereiche Kohlenhydrate auf, die dann in vereinfachter Ausdrucksform als gespeicherte Sonnenenergie bezeichnet werden können. Der Wirkungsgrad der Photosynthese bewegt sich dabei lediglich zwischen 0,5 und 2 %, bezogen auf die jeweils zur Verfügung gestellte Sonnenenergie. Wichtig im Sinne der besonderen Bedeutung des Energieträgers Biomasse ist, daß bei der Photosynthese Kohlendioxid aus der Atmosphäre aufgenommen

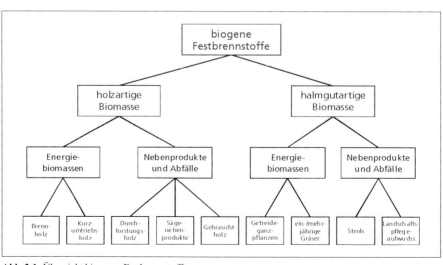

Abb. 2-1: Übersicht biogener Festbrennstoffe

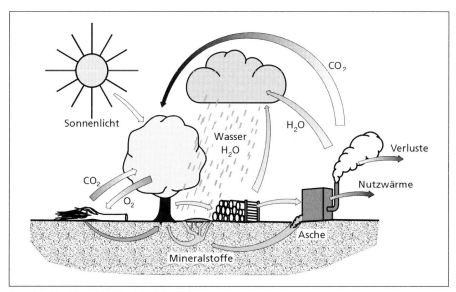

Abb. 2-2: Der biologische Kreislauf des Holzes

und der für Mensch und Tier lebensnotwendige Sauerstoff freigesetzt wird. Große Wald- und Pflanzenflächen sind gleichermaßen Kohlendioxidsenken und Sauerstoffproduzenten.

Abbildung 2-2 zeigt am Beispiel des Holzes den Biokreislauf vom Wachstum mit der CO_2-Einbindung, der energetischen Verwertung und der CO_2-Bildung und Einbringung der Asche in den Boden.

Nur etwa 15 % des in der Atmosphäre enthaltenen Kohlendioxids wird von den Pflanzen in der Photosynthese umgesetzt. Bezogen auf den reinen Kohlenstoff werden so etwa 100 Mrd. t/Jahr an CO_2 aus der Atmosphäre entnommen und in die organischen Verbindungen der Pflanzen eingebracht. Der Gesamtbestand an Biomasse auf der Erde (nur Landflächen) entspricht einem Energiepotential von etwa 1000 Mrd. t SKE (Steinkohleeinheiten). Der Holzanteil liegt bei etwa 90 %. Ausgehend von einem jährlichen Zuwachs von 100 Mrd. t SKE und einem theoretisch nutzbaren Anteil von 50 % (Blätter, Wurzeln z. B.

sind energetisch nicht oder nur sehr schwer nutzbar) ist das Energiepotential der zuwachsenden Biomasse rein rechnerisch 6 bis 7 mal größer als der gesamte Weltenergieverbrauch.

Derzeit werden weltweit Biomassen mit einem Primärenergieäquivalent von etwa 1 Mrd. SKE energetisch genutzt. Das sind immerhin 10 % des gegenwärtigen Weltenergieverbrauches. 90 % der genutzten Mengen sind Holzreste, der Rest teilt sich auf in Stroh, Fruchtschalen und sogenannte Energiepflanzen (z. B. Chinagras). In Deutschland werden lediglich etwa 4 – 5 Mio. t Biomasse (vorwiegend Holzsortimente) gezielt zur Energieerzeugung eingesetzt. Das entspricht etwa 2,5 Mio. t SKE oder 0,5 % des gesamten deutschen Primärenergiebedarfes. Das in Deutschland theoretisch nutzbare Energiepotential aus Biomasse wird von Experten auf 26 Mio. t SKE/a und das sinnvoll verwertbare auf etwa 6 Mio. t SKE pro Jahr geschätzt. Darin sind nicht enthalten die Mengen, die durch gezielten Anbau sogenannter Energiepflanzen auf Stillegungsflächen (rund 1,5 Mio. ha) gewonnen werden könnten. Das wären je nach Art und Intensität der Plantagen nochmals 3 bis 12 Mio. t SKE an zusätzlicher Primärenergie.

In Österreich werden gegenwärtig etwa 1.000 000 t/a an Holz und Biomassen energetisch genutzt. Damit werden mehr als 10% des Gesamtwärmebedarfes des Landes gedeckt. Die Schweiz verwertet etwa 850.000 t/a entsprechend einem Anteil am Wärmemarkt von über 4%. Auch in diesen Ländern gibt es noch beträchtliche Reserven an nicht genutzten Biomassen.

2.1 Energieträger Holz

Von allen Biomassen ist Holz in seinen unterschiedlichen Arten und Anfallformen aus energetischer Sicht die bedeutendste. Seit mindestens 400.000 Jahren verbrennt der Mensch Holz, um Wärme zu erzeugen. Holz ist von daher auch der traditionsreichste Energieträger unter den Biomassen. Weil Öl, Gas und Kohle nicht in ausreichendem Maß zur Verfügung stehen bzw. in ländlichen Haushalten Holz einfach preiswerter zu beschaffen ist, hat es heute auch regional durchaus noch seine Bedeutung. Bundesweit gesehen ist es in Deutschland von geringer Bedeutung.

Das war früher wesentlich anders. Insbesondere im Krieg und in der Nachkriegszeit war Holz ein begehrter Brennstoff. Noch vor 50 Jahren bestand Mangel an Waldbrennholz in Deutschland. Inzwischen verrotten Millionen Tonnen absterbender bzw. wirtschaftlich nicht verwertbarer Sortimente in unseren Wäldern. Durch den Verrottungsprozeß wird ebenfalls Kohlendioxid ausgestoßen, jedoch ohne einen Beitrag zur Energieversorgung zu leisten. Große Mengen an Alt- und Abbruchholz werden darüber hinaus noch immer auf Mülldeponien gebracht oder ins Ausland transportiert, obwohl diese Sortimente hochwertige Energieträger sind.

In Österreich und der Schweiz liegt der Nutzungsgrad bezogen auf die energetisch verwertbaren Sortimente deutlich höher als in Deutschland. Im Gebrauchtholzbereich gibt es jedoch auch hier bisher wenig genutzte Potentiale.

Nachfolgend sollen die wichtigsten Sortimente angesprochen und aus Sicht der möglichen energetischen Nutzung bewertet werden.

2.1.1 Waldholzsortimente

Weltweit nimmt der Wald etwa 25% der Landoberfläche von 15 Mrd. ha ein. Lediglich 4% davon liegen in Europa, etwa 1% in Deutschland, insgesamt etwa 10,7 Mio. ha. Dies entspricht rund einem Drittel der Fläche der Bundesrepublik Deutschland. Der Anteil nach Baumarten sieht wie folgt aus:

Eiche, Buche	9%
anderes Laubholz	24%
Kiefer und Lärche	33%
Fichte, Tanne, Douglasie	34%
	100%

Jährlich werden in Deutschland derzeit etwa 37 Mio. m^3 Holz eingeschlagen. Der Zuwachs liegt dagegen bei etwa 60 Mio. m^3/a. Damit nimmt das nutzbare Holzpotential pro Jahr um mehr als 20 Mio. m^3/a zu.

Der jährliche Verbrauch an heimischen Nutzholzsortimenten bewegt sich in einer Größenordnung von 28 bis 29 Mio. m^3 und teilt sich in etwa wie folgt auf:

	%	1.000 m^3/a
Sägewerke	68,50	19.595
Furnierwerke	0,45	128
Sperrholzwerke	2,10	601
Holzfaserplatten	0,92	264
Holzspanplatten	14,36	4.106
Zellstoff- und Papierwerke	13,67	3.909
		28.597

Tabelle 2-1: Waldholzmenge, die für energetische Zwecke gewonnen werden könnte (Quelle: P. Haschke 1998)

Pos.	Herkunft 10,7 Mio. ha Waldfläche	Gesamt Rohholz-potential (1000 m³/a)	Energie-holz (1000 m³/a)
0	Potentielles jährliches Rohholzaufkommen bei der festgelegten unteren Nutzungsgrenze von BHD = 10 ... 15 cm	57.400	
1	„Realisierbares Nutzungspotential" auf Basis Holzeinschlagstatistik 1990-1994 Ausschöpfungs-grad Differenz aus Pos. 0 und 1 69 %	39.800	17.600
2	Erhöhtes potentielles Aufkommen bei Herab-setzung der Nutzungsgrenze auf BHD = 7 cm; Erhöhung in den alten Bundesländern um 10 %	45.900	4.600
3	Kronenholz jenseits des praxisüblichen Zopf-durchmessers; 10 % vom Stammholz der ABL	26.900	2.700
4	NV- und X-Holz, neue Bundesländer		2.500
5	Astholz, zusätzlich zum Energieholzpotential der Positionen 1, 2 und 4 15 %	24.600	3.700
	Zwischensumme		31.100
6	Rinde, Anteil vom Energieholz 10 %		3.110
7	Gesamtsumme Energieholz		34.210

Neueste Untersuchungen gehen von 34 Mio. m³/a, entsprechend 17 Mio. t/a Trockenmasse an Waldholzsortimenten aus, die für energetische Zwecke gewonnen werden könnten. Dies ist ein theoretischer Wert, der sich wie in Tabelle 2-1 dargestellt errechnet.

Das wirtschaftlich nutzbare Energieholz-potential ist stark von der Entwicklung der ökonomischen Randbedingungen (z. B. Preise für Wettbewerbsenergien, staatliche Rahmenbedingungen) und der Marktlage abhängig.

Gegenwärtig sind es nur etwa 6 Mio. m³ (3 Mio. t/a Trockenmasse) oder rund 21 %, die von den stofflich nicht verwertbaren bzw. nicht als Nutzholz verkäuflichen Sortimenten energetisch genutzt werden. Ein geringer Teil davon wird gezielt als Brennholz eingesetzt. In ländlichen Regionen wird traditionsbedingt noch viel mit Holz geheizt, aber auch in den größeren Städten gibt es immer mehr Holzfeuerstätten, wie Kamine, Kachel- oder Kaminöfen.

Größenordnungsmäßig sind das zusammen etwa 3 Mio. m³/a. Weitere 3 Mio. m³/a werden in größeren Hackschnitzelheizungen verfeuert.

Erhebliche Mengen an Durchforstungs-, Derb- und Schwachholz werden aus Kostengründen im Wald belassen und verrotten dort. Wenigstens weitere 3 bis 6 Mio. m³/a könnten auch jetzt schon mit wirtschaftlich vertretbarem Aufwand energetisch verwertet werden.

In Österreich werden jährlich etwa 3,2 Mio. m³/a gezielt als Brennholz eingeschlagen. Vom Waldboden werden weitere 1,3 Mio. m³/a als Brennholz ausgewiesen und genutzt. Dazu fließen 400.000 m³/a in die energetische Verwertungsschiene. Das ergibt etwa 3 Mio. t/a Trockenmasse, die aus 3,3 Mio. ha österreichischem Nutzwald in die energetische Verwertung fließt, je Hektar mithin 0,9 t/a. In Deutschland werden aus 10 Mio. ha lediglich etwa 4,5 bis 5 Mio. t/a energetisch genutzt (um 0,5 t/ha a). Die Untersuchungen für Österreich weisen ein bisher noch ungenutztes Potential von rund 1,12 Mio. t/a in Form des Schlagrücklasses aus.

In der Schweiz werden derzeit rund 2,2% des Gesamt- und 4% des Wärmeenergieverbrauchs durch Holz gedeckt. Es ist damit nach der Wasserkraft der zweitwichtigste regenerative Energieträger des Landes. Der jährliche Energieholzverbrauch liegt bei 2,5 Mio. m^3. Sie substituieren damit etwa 480.000 t/a an Heizöl entsprechend einer CO_2-Menge von mehr als 1,5 Mio. t/a. Das Potential ließe sich kurz- bis mittelfristig auf bis zu 5 Mio. m^3 steigern. Bei Nutzung aller verfügbaren Holzmengen ständen sogar bis 6 Mio. m^3 Energieholz zur Verfügung.

2.1.2 Sägewerksrestholzsortimente

Bei einem Rundholzverbrauch von fast 20 Mio. m^3/a in Deutschlands Sägewerken werden etwa 13,5 Mio. m^3 Schnittholz produziert. Etwa 6,5 Mio. m^3 Restholzsortimente fallen in Form von

- Säge-/Gatterspänen
- Hackschnitzel
- Schwarten und Spreißel

an. Dazu kommen noch etwa 1–1,5 Mio. m^3 Rinde.

Von diesen Mengen wird derzeit nur ein relativ geringer Anteil von etwa 10% oder 600.000 bis 750.000 m^3 vorwiegend in den Sägewerken selbst energetisch genutzt. Der überwiegende Teil der Sägewerksreste dient der Papier- und Holzwerkstoffindustrie als Rohmaterial. Tendenzen in Österreich und den skandinavischen Ländern zeigen allerdings, daß eine rasche Verschiebung in Richtung energetischer Nutzung eintritt, wenn angemessene Erlöse erzielbar sind. Allein in Dänemark und Schweden werden jährlich etwa 1 Mio. t sogenannter Holzpellets aus getrockneten Sägespänen produziert und als Brennstoff verkauft, weil auf diese Weise eine höhere Wertschöpfung als bei Verkauf an die weiterverarbeitende Industrie erreicht wird.

Österreich hatte 1997 einen Gesamteinschlag von 14,7 Mio. m^3/a ohne Rinde. Der Anteil an Nutzholz betrug 11,3 Mio. m^3/a. Daraus läßt sich ein Anfall an Sägenebenprodukten von etwa 4,5 Mio. m^3/a ableiten. Für die innerbetriebliche Wärmeerzeugung werden davon derzeit rund 40% genutzt. Der andere Teil geht als Rohstoff in die Holzwerkstoff- und Zellstoffindustrie. Weiterhin werden etwa 150.000 m^3/a der anfallenden Rinde energetisch verwertet. Der Rest der Rinde geht in die Kompostieranlagen und wird zu Rindenmulch und Rindenhumus verarbeitet. Erste Anlagen zur gezielten Biobrennstofferzeugung (Holzbriketts und Holzpellets) aus Säge- und Hobelspänen arbeiten bereits. Die Prognosen geben diesem Verwertungsweg gute Wachstumschancen.

Rund 30% der schweizerischen Landesfläche sind von Wald bedeckt. Der jährliche Zuwachs von 10 Mio. m^3 wird zur Zeit ungenügend ausgeschöpft. Einschließlich natürlicher Abgänge sind dies pro Jahr 7 Mio. m^3, wovon etwas mehr als 5 Mio. m^3 industriell verwertet oder exportiert werden. In Sägewerken wurden 1995 2,3 Mio. m^3 Rundholz zugeschnitten, wobei 875.000 m^3 Sägenebenprodukte anfallen, die stofflich oder energetisch verwertet werden.

2.1.3 Produktionsreste der Holz- und Möbelindustrie und des holzverarbeitenden Handwerkes

In Deutschlands Holz- und Möbelindustrie sowie im holzverarbeitenden Handwerk werden jährlich ca. rund 10 Mio. m^3 Schnittholz und etwa 8 Mio. m^3 an Spanplatten verarbeitet (zusammen 9 Mio. t/a). Davon fallen etwa 25 bis 30% entsprechend 3 Mio. t/a an Produktionsresten in Form von Spänen, Stäuben und stückigen Resten an. Diese Mengen werden vorwiegend in den jeweiligen Betrieben selbst zur Wärme- und Stromerzeugung eingesetzt. Ein geringerer Teil geht zurück in die Holzwerkstoffindustrie zur stofflichen und/oder energetischen Verwertung. Genaue Mengenangaben liegen dazu nicht vor.

Dagegen gibt es in Österreich sehr detaillierte Erhebungen, die in prozentualer Form wohl auch auf Deutschland übertragbar sind. So beträgt das Restholzaufkommen im österreichischen holzverarbeitenden Gewerbe 105.800 t/a. Etwa 60 bis 65 % dieser Mengen werden innerbetrieblich energetisch verwertet. Der Rest wird weitestgehend an Private abgegeben, nur 3 % der Anfallmengen werden von Entsorgungsbetrieben aufgenommen. In der holzverarbeitenden Industrie Österreichs fallen insgesamt etwa 830.000 t/a an Produktionsresten an, die sich gemäß Abbildung 2-3 auf verschiedene Branchen aufteilen.

Die Verwertungsmengen ergeben sich aus Abbildung 2-4.

In der Schweiz liegt der Anfall an energetisch genutzten Produktionsabfällen in diesem Bereich bei etwa 450.000 t pro Jahr.

2.1.4 Produktionsreste der Holzwerkstoffindustrie

In der Holzwerkstoffindustrie machen Schleifstaub, Späne, Reste beim Plattenzuschnitt und Ausschußware etwa 8 bis 10 % der Produktionsmenge aus. Dies sind in Deutschland rd. 850.000 m^3 (ca. 500.000 t/a) an. Für Österreich liegen die Werte bei etwa 100.000 m^3, für die Schweiz bei 30.000 m^3. Diese Sortimente werden ausnahmslos in den Betrieben selbst stofflich oder energetisch genutzt, wobei etwa 70 % verbrannt und 30 % wieder in die Produkte eingebaut werden. Damit werden insbesondere Heizöl und Erdgas substituiert.

2.1.5 Gebraucht- oder Altholzsortimente

Alles Holz, das im und am Bau, im Verpackungs- oder im Möbelbereich eingesetzt wird, hat eine begrenzte Nutzungsdauer.

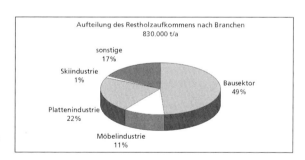

Abb. 2-3: Aufteilung des Restholzanfalls nach Branchen

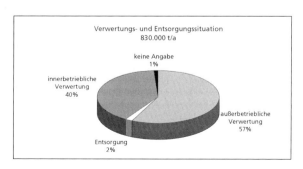

Abb. 2-4: Verwertung und Entsorgung der Holzreststoffe- und -abfälle

Manche Holzelemente überleben Jahrhunderte, wie das Fachwerkgebälk, und andere, wie die Einwegpaletten, werden nach wenigen Wochen oder Monaten „nutzlos" und unter dem Oberbegriff „Gebrauchtholz" oder „Altholz" gehandelt. Bis vor wenigen Jahren wanderten diese Sortimente überwiegend auf die Mülldeponien. Seit Inkrafttreten der Verpackungsverordnung (1991) und der TA Siedlungsabfall (1993) werden Gebrauchtholzsortimente verstärkt stofflich oder energetisch genutzt. Mit der Einführung des Kreislaufwirtschafts- und Abfallgesetzes (1996) hat die Verwertung sogar Vorrang bei der Entsorgung.

Über die Anfallmengen in den verschiedenen Sortimentsbereichen wurden in den zurückliegenden Jahren zahlreiche Untersuchungen durchgeführt. Die Ergebnisse differieren zwar bei einzelnen Sortimenten, in der Summe nähern sie sich in jüngster Zeit immer mehr an (Tabelle 2-2).

In Österreich erfolgt eine etwas andere Einteilung, die zu dem in Tabelle 2.3 dargestellten Ergebnis kommt.

Tabelle 2-2: Geschätzter Gebrauchtholzmengenanfall

	Beispiele	Mengenanfall Mio. t/a
Verpackungsrestholz	Kisten, Paletten	1,0
Holz aus dem Bau- und Abbruchbereich	Fenster, Türen, Balken, Vertäfelungen	3,2
Holz aus der Außenanwendung	Schwellen, Masten, Zäune, Stangen, Pfähle	0,7
Holzhaltiges Sperrgut und Altmöbel	Möbel aller Art, Böden, Paneele, Zäune	2,8
Sonstige	Kabeltrommeln, Pfähle	0,3
Gesamt		**8,0**

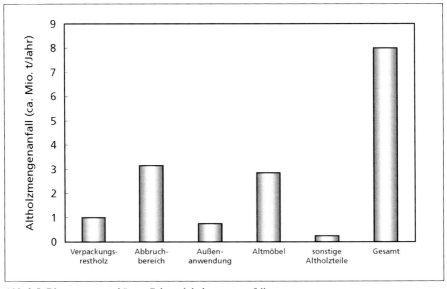

Abb. 2-5: Diagramm – geschätzter Gebrauchtholzmengenanfall

Tabelle 2-3: Gebrauchtholzaufkommen in Österreich

	Holzmenge t/a
Holzanteil im Systemmüll	12.000
Holzanteil im Sperrmüll	46.000
Holzanteil in Baustellenabfällen	200.000
Bau- und Abbruchholz	370.000
Schwellen	20.000
Maste	18.000
Gesamt (gerundet)	**666.000**

Aus den Zahlen für Deutschland und Österreich ergeben sich folgende spezifische Werte, bezogen auf einen Einwohner (EW):

Deutschland: $\dfrac{8'000.000 \text{ t/a}}{80'000.000 \text{ EW}} = 0{,}1$ t/EWa

Österreich: $\dfrac{666.000 \text{ t/a}}{7'500.000 \text{ EW}} = 0{,}088$ t/EWa

Für die Schweiz gibt es lediglich regionale Einzeluntersuchungen, die etwa für die Stadt Zürich zu einem spezifischen Wert von 0,09 t/EWa kommen. Insgesamt dürfte die spezifische Anfallmenge etwas niedriger liegen, weil in ländlichen Gegenden eher weniger Gebrauchtholz auf dem Entsorgungsmarkt ankommt. Bei etwa 6,5 Mio. Einwohnern ist mit einem Gebrauchtholzanfall von etwa 550.000 t/a zu rechnen.

In der Schweiz bestehen nur begrenzte Möglichkeiten der energetischen Verwertung. Ein Teil des Altholzes wird in Kehrichtverbrennungsanlagen behandelt. Der Einsatz als Brennstoff in einem Zementwerk wurden inzwischen eingestellt. Damit ist eine kostendeckende Verwertung von Altholz in der Schweiz nur schwer möglich, so daß der Altholzmarkt durch den Export bestimmt wird. Große Mengen werden dabei nach Italien ausgeführt.

Die besondere Problematik der stofflichen und energetischen Verwertung von Altholzsortimenten liegt in der oft stark schwankenden Belastung durch Holzschutzmittel, Oberflächenbeschichtungen, Farbanstriche und nutzungsbedingte Verunreinigungen. Zur durchschnittlichen Schadstoffbeladung von Gebrauchtholzsortimenten wurden in den zurückliegenden Jahren ebenfalls zahlreiche Untersuchungen durchgeführt. Jede der vielen Analysen stellt letztlich nur eine Momentaufnahme dar, wobei sich die Größenordnungen, abgesehen von einigen Ausreißern annähern. Tabelle 2-4 verdeutlicht die Relationen auch in der Schwankungsbreite von einer Probe zur anderen.

Die Abgasemissionen, das haben Untersuchungen am Fraunhofer-Institut für Holzforschung in Braunschweig und an der ETH Zürich gezeigt, werden durch die höhere Schadstofffracht im Altholz kaum

Tabelle 2-4: Durchschnittliche Schadstoffbeladung von Altholzsortimenten (Quelle: Nussbaumer 1994)

		Altholz AH 1	AH 2	Restholz von Baustellen Massivholz	Schaltafeln	Unbelastetes Holz Waldholz	Späne
Stickstoff (N)	mg/kg	7.900		11.000	16.000		1.500
Schwefel (S)	mg/kg	2.000		200	100		60
Chlor (Cl)	mg/kg	890	1.370	< 100	< 100	72,0	50
Fluor (F)	mg/kg	21	110	< 10	< 10	< 20,0	k. B.
Arsen (As)	mg/kg	5	1,4	1	1	< 0,1	0,1
Cadmium (Cd)	mg/kg	3	3	k. B.	k.B.	0,04	0,1
Chrom (Cr)	mg/kg	30	50	6	7	0,7	2,4
Blei (Pb)	mg/kg	410	1.030	4	20	4,2	0,4
Kupfer (Cu)	mg/kg	25	1.430	2	3	2,8	1,2
Zink (Zn)	mg/kg	670	1.540	20	20	120,0	11,0

beeinflußt. Lediglich bei Vorhandensein von arsen- bzw. quecksilberhaltigen Holzschutzmitteln (in Deutschland seit Jahren verboten) erfolgt eingeschränkt eine entsprechende Negativbeeinflussung der Emissionen. Die Schadstoffgehalte in den Aschen aus der Wald- und Altholzverbrennung differieren zwangsläufig ebenfalls, wie Tabelle 2-4 zeigt. Dabei ist schon bemerkenswert, daß Waldholz im vorliegenden Fall einen höheren Zinkanteil aufweist als die übrigen Sortimente. Tabelle 2-5 dagegen zeigt, wie hoch der Schwermetallgehalt in der Retortenasche bei der Verbrennung ansteigen kann.

Tabelle 2-5: Schadstoffgehalte von Altholzasche (Quelle: Nussbaumer 1994)

		Restholz von Baustellen	Altholz
Spez. Asche-menge	Gew.-%	1,6	5,0
Schwefel (S)	mg/kg	2.500	17.830
Chlor (Cl)	mg/kg	< 230	660
Fluor (F)	mg/kg	< 10	90
Arsen (As)	mg/kg	5	17
Cadmium (Cd)	mg/kg	< 1	20
Chrom (Cr)	mg/kg	220	470
Blei (Pb)	mg/kg	10	2.140
Kupfer (Cu)	mg/kg	90	1.230
Zink (Zn)	mg/kg	140	6.910

Eben wegen der hohen Schadstoffgehalte im Altholz hat es in den zurückliegenden Jahren viele Diskussionen um die Frage gegeben, ob und wann die stoffliche Verwertung der energetischen vorzuziehen ist und umgekehrt. Durch die Gliederung der Altholzsortimente in mehrere Güteklassen, soll mehr Transparenz in diesen Bereich getragen und die Verwertung insgesamt erleichtert werden:

Gruppe 1: Unbehandelte Holzabfälle
- Naturbelassenes, d. h. lediglich mechanisch bearbeitetes, aber nicht verleimtes, beschichtetes, lackiertes, gestrichenes oder mit sonstigen organischen bzw. anorganischen Stoffen behandeltes Holz, das bei seiner Verwendung nicht mehr als nur unerheblich mit holzfremden Stoffen verunreinigt wurde und der Abfalldefinition unterliegt.

Holz mit geringen chemischen Verunreinigungen aus der ubiquitären, natürlichen Grundbelastung und aus der Behandlung mit naturbelassenen Stoffen (z. B. Öle und Wachse) sind im Sinne dieser Zuordnung „nicht mehr als nur unerheblich mit holzfremden Stoffen verunreinigt".

Gruppe 2: Behandelte Holzabfälle ohne schädliche Verunreinigungen
- Verleimte, beschichtete, lackierte, gestrichene und sonstige behandelte Holzabfälle **ohne** halogenorganischen Verbindungen in der Beschichtung und **ohne** Holzschutzmittel
- Holzabfälle **mit** halogenorganischen Verbindungen in der Beschichtung und **ohne** Holzschutzmittel sowie
- mit Holzschutzmitteln behandelte und sonstige mit Verunreinigungen belastete Holzabfälle.

Gruppe 3: Holzabfälle mit schädlichen Verunreinigungen
- Mit Holzschutzmitteln behandelte Holzabfälle, die Wirkstoffe wie Quecksilber-, Arsen- und/oder Kupfer-Verbindungen, Pentachlorphenol oder Pentachlorphenol-Verbindungen oder Teeröle enthalten.

Diese Zuordnung berücksichtigt auch Aspekte der stofflichen Verwertung und damit Bestimmungen aus dem Chemikalienrecht. Unter feuerungstechnischen Gesichtspunkten sind z. B. die Teeröle keine schädlichen Verunreinigungen, das Pentachlorphenol und seine Verbindungen sind im Energiebereich ebenfalls technisch beherrschbare Bestandteile des Gebrauchtholzes.

2.1.6 Grünschnitt aus Landschaftspflege

Beim Verschnitt von Bäumen und Hecken in Wohnanlagen, an Straßen und Böschungen sowie in Parks fällt sog. Grünschnitt an. In Deutschland sind dies jährlich etwa 400.000 t. In Österreich und in der Schweiz dürften die Mengen bei 40.000 bis 50.000 t/a liegen.
Der Grünschnitt aus der Landschaftspflege wird gegenwärtig in erster Linie kompostiert oder direkt als Bodenverbesserer aufgebracht. Eine energetische Nutzung ist zwar möglich, aber aufgrund des relativ geringen und dann saisonalen Anfalls auf absehbare Zeit wenig interessant. Auch der hohe Feuchtegehalt von rund 100 bis 120 % läßt dieses Material für eine energetische Verwertung wenig geeignet erscheinen. Vergleichbares gilt für den sogenannten Landschaftspflegeabfall. Hierbei handelt es sich um Gräser und andere Wiesenpflanzen, welche z. B. als Aufwuchs an Straßen- und Autobahnböschungen ein- bis zweimal in der Sommerperiode gemäht werden müssen. Gerade hier ist eine energetische Nutzung als spezielle Insellösung einzustufen.

2.2 Energiepflanzen

Seit Jahrzehnten gibt es auch hierzulande Bestrebungen, sog. Energiepflanzen gezielt auf den landwirtschaftlich nicht genutzten Flächen anzubauen, um so den Landwirten Nutzungsalternativen zu bieten und gleichzeitig Energie in umweltverträglicher Form zu produzieren. In Deutschland kämen für eine solche Nutzung bis zu 4 Mio. ha in Frage, auf denen 45 Mio. t Biomasse pro Jahr produziert werden könnten.
Die z. T. mit erheblichem Einsatz öffentlicher Mittel durchgeführten großflächigen Versuche mit
- Weiden
- Pappeln
- Chinaschilf (Miscanthus sinensis)
- Getreideganzpflanzen

haben im Hinblick auf die erzielbaren Mengenerträge die erwarteten positiven Ergebnisse gebracht. Tabelle 2-6 faßt durchschnittliche Erträge von mit Wald und Energiepflanzen bewirtschafteten Flächen zusammen. Trotz hoher Flächenerträge für Energiepflanzen sind bei der Umsetzung die Nachteile intensiver Landwirtschaft wie Bodenverdichtung oder Biozid- und Düngemitteleinsatz zu berücksichtigen. Gleichzeitig hat sich aber auch bestätigt, was von Beginn an klar war: Auf Basis der gegenwärtigen Preise für fossile Energieträger, und solange vorhandene Waldholzsortimente ungenutzt bleiben, können schnellwachsende Hölzer und Pflanzen im Energiemarkt nicht wettbewerbsfähig sein. Gegenwärtig wird darüber diskutiert, ggf. auch Getreideganzpflanzen zur energetischen Verwertung anzubauen.

Tabelle 2-6: Durchschnittliche Erträge an Holz und Energiepflanzen pro Jahr und Hektar

Biomasse	Menge	Heizwert
Waldholz	2,5 – 4 t	11 – 18 MWh
Energieholz	10 – 20 t[1]	45 – 90 MWh
Getreide	10 – 20 t[1]	45 – 90 MWh
Landschaftspflegeaufwuchs	4 – 6 t	18 – 27 MWh

[1] unterer Wert: extensiver Anbau; oberer Wert: intensiver Anbau

2.3 Landwirtschaftliche Reststoffe

In Deutschland geht es, wenn man von landwirtschaftlichen Reststoffen unter energetischen Gesichtspunkten spricht, in erster Linie um Stroh. Sein Heizwert liegt bei 17 MJ/kg. Das verfügbare Potential wird auf 5 bis 11 Mio. t SKE geschätzt. In Dänemark, wo das Öl umgerechnet fast 1 DM/l kostet, ist die Schwelle zur Wirtschaftlichkeit bei der energetischen Nutzung überschritten. In zahlreichen dezentralen Anlagen wird Stroh als Brennstoff

Abb. 2-6: Strohbergung mit einer Großballenpresse

zur Wärmeerzeugung eingesetzt. Hierzulande ist es wohl in erster Linie das niedrige Preisniveau für fossile Energieträger, das trotz einzelner ausgeführter, staatlich geförderter Anlagen den entscheidenden Durchbruch bisher verhindert.

Auch in Österreich und der Schweiz hat die Energiegewinnung aus Stroh keine nennenswerte Bedeutung. Neben der Problematik, Strohverbrennung insgesamt wirtschaftlich zu gestalten, stellt auch die gegenüber Holz aufwendigere Feuerungstechnik sowie der hohe Aschegehalt (über 10 %) und der niedrige Ascheerweichungspunkt (um 800 °C) große Hürden dar.

3 Zusammensetzung von Holz und anderen Biomassen

Festbrennstoffe lassen sich sowohl durch ihre brennbaren und nicht-brennbaren Bestandteile als auch durch ihre Elementar-Zusammensetzung beschreiben. Nichtbrennbare Bestandteile sind die Asche und das Wasser (Abbildung 3-1). Holz und Biomassen sind, verglichen mit Kohlebrennstoffen, gekennzeichnet durch einen hohen Gehalt an vergasbaren, flüchtigen Bestandteilen und einen geringen Gehalt an Asche. Der Wassergehalt ist bei Holz und anderen pflanzlichen Biomassen sehr variabel. Frisches Waldholz und frische Grünpflanzen enthalten z. T. mehr Wasser als Biomasse, d. h. der Wassergehalt ist größer als 50 %. Nach dem Einschlag bzw. der Ernte und im Winter verdunstet ein Teil des Wassers, und der Wassergehalt nimmt ab.

Völlig wasserfrei wird das Holz jedoch nicht, es sei denn, man trocknet es künstlich bei Temperaturen über 100 °C. Wird es danach der Luft ausgesetzt, nimmt es langsam wieder Feuchte auf.

Die Elementarzusammensetzung sagt etwas über den Heizwert des Brennstoffs aus, ermöglicht aber auch Rückschlüsse auf die zu erwartenden Emissionen und den Ascheanfall bei der Verbrennung. Wesentliche Elementarbestandteile eines Brennstoffs sind die Elemente Kohlenstoff und Wasserstoff, denn sie bestimmen den Heizwert. Bei der Verbrennung werden sie durch den Luftsauerstoff unter Energiefreisetzung zu Kohlendioxid und Wasser oxidiert. Holzkohle und Steinkohlekoks sind Brennstoffe, die nahezu vollständig aus Kohlenstoff bestehen. Kohlenwasserstoffe wie Erdgas (Methan) oder Heizöl sind gasförmige oder flüssige Brennstoffe, die beide Elemente enthalten. Reiner Wasserstoff ist derzeit noch ein Brennstoff, der vornehmlich in der Raumfahrt zum Antrieb von Raketen eingesetzt wird. Gerade diesem Energieträger wird aber in Zusammenhang mit der Technologie der Brennstoffzellen eine große Zukunft vorausgesagt.

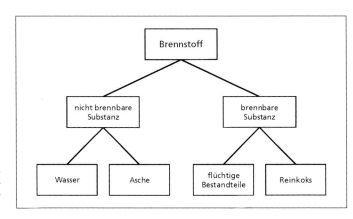

Abb. 3-1: Schematische Zusammensetzung von festen Brennstoffen

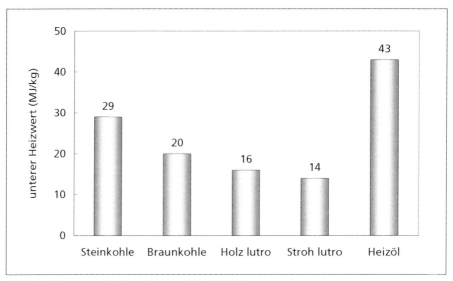

Abb. 3-2: Heizwert verschiedener Brennstoffe im Vergleich

Holz und andere pflanzliche Biobrennstoffe, die energetisch verwertet werden, enthalten außer Kohlenstoff und Wasserstoff auch erhebliche Mengen an gebundenem Sauerstoff. Dies zeigt an, daß ein Teil der Verbindungen bereits partiell oxidiert vorliegt. Sie haben daher einen geringeren Heizwert als Holzkohle, Koks oder Kohlenwasserstoffe (Abbildung 3-2). Der Heizwert des Holzes und der Biomassen wird weiterhin vermindert durch den Gehalt an gebundenem Stickstoff, an aschebildenden Mineralstoffen und an Wasser. Vor allem der Feuchtegehalt beeinflußt den Heizwert, während die Elementarzusammensetzung des trockenen Brennstoffs zusätzlich Aussagen über die Endprodukte des Verbrennungsprozesses sowie die Bildung von bestimmten Schadstoffen ermöglicht.

Die bei der Herstellung der Holzprodukte anfallenden Produktionsabfälle werden vielfach energetisch verwertet. Sie enthalten außer Holz sogenannte holzfremde Bestandteile, die Einfluß auf die Elementarzusammensetzung, den Heizwert, das Brennverhalten und die Emissionen haben können. Die darin enthaltenen Elemente und Verbindungen werden bei vollständiger Verbrennung entweder zu unbedenklichen Verbindungen oxidiert, verbleiben als mineralische Rückstände in der Asche oder verursachen zusätzliche Emissionen. Von Bedeutung sind insbesondere die Bestandteile, welche Halogene, Stickstoff, Alkaliverbindungen und umweltrelevante Schwermetalle enthalten. In den vergangenen Jahren hat es Veränderungen bei den Zusatzstoffen gegeben. So werden verschiedene chlorreiche Holzschutzmittel und schwermetallhaltige Pigmente nicht mehr verwendet. Es ist daher wichtig, zwischen Abfällen aus heutiger Produktion und Gebrauchtholz zu unterscheiden.

Der deutsche Gesetzgeber hat Hölzer nach holzfremden Bestandteilen in verschiedene Brennstoffgruppen eingeteilt. Abbildung 3-3 verdeutlicht diese Einteilung in vier Gruppen. Vereinfacht wird differenziert in:
– naturbelassene Hölzer (Gruppe 1)
– Hölzer mit holzfremden Bestandteilen, jedoch keine halogenorganischen Beschichtungen und Holzschutzmittel (Gruppe 2)

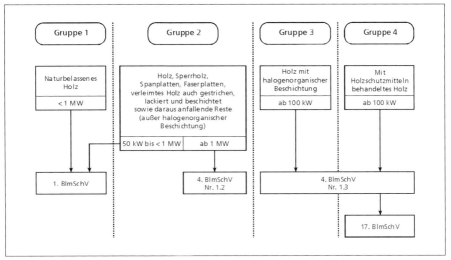

Abb. 3-3: Einsatzmöglichkeiten und Einteilung von Holz in vier Brennstoffgruppen zur energetischen Verwertung in Anlagen der 1., 4. und 17. Bundes-Immissionsschutzverordnung (Quelle: Hoffmann in Marutzky, Schmidt 1996)

– Hölzer mit halogenorganischen Beschichtungen, jedoch keine Holzschutzmittel (Gruppe 3)
– Hölzer mit Holzschutzmitteln (Gruppe 4)

Auf die genaue Zuordnung durch den Gesetzgeber und die emissionsrechtlichen Folgen wird in Kapitel 17 näher eingegangen. Wichtig ist hier zu wissen, daß die Brennstoffe der Gruppen 1 und 2 in gewerblichen Feuerungsanlagen als Regelbrennstoffe energetisch genutzt werden können. Dieser Zuordnung kommt beim Alt- oder Gebrauchtholz eine besondere Bedeutung zu, da hier – anders als bei Holzprodukten – die Zusammensetzung vielfach nicht oder nur unzureichend bekannt ist.

3.1 Wassergehalt und Heizwert

Die entscheidende Kenngröße des Holzes bei der energetischen Nutzung ist der Wassergehalt. Holz enthält in der Praxis stets mehr oder weniger große Mengen an Wasser. Dieser Wasser- oder Feuchtegehalt hat einen wesentlichen Einfluß auf das Verbrennungsverhalten des Holzes und den Heizwert. Ein Teil des Wassers wird durch die Substanzen des Holzes adsorptiv fest gebunden, ein anderer Teil ist in den Zellen und Kapillaren frei enthalten. So sind die Zellen des Holzgewebes, aber auch Hohlräume in den Zellwänden im lebenden Baum überwiegend mit wäßrigen Lösungen, zum geringeren Teil mit Gasgemischen gefüllt. Frisches Waldholz enthält daher häufig gewichtsmäßig mehr Wasser als Holzsubstanz. Bei der Trocknung des Holzes verflüchtigt sich das Wasser. Es verbleibt der adsorptiv gebundene Teil des Wassers, d. h. es wird ein Zustand der Gleichgewichtsfeuchte erreicht. In Freiluftlagerung wird der sogenannte lufttrockene Zustand (lutro) erreicht, der je nach Jahreszeit und Witterung bei etwa 15 bis 20 % liegt. In beheizten Innenräumen beträgt die Gleichgewichtsfeuchte von Holz 7 bis 10 %; die Holzfeuchte von Bauteilen und Möbeln entspricht diesen Werten. Durch Erwärmung auf Temperaturen über 100 °C läßt sich die Holzfeuchte vollständig entfernen. Dieser Zustand wird als absolut trocken (atro) bezeichnet. Völlig trockenes Holz nimmt aus der Luft solange Wasserdampf auf, bis erneut der Zustand der Gleichgewichtsfeuchte erreicht ist.

Der Wassergehalt von Holz wird in unterschiedlicher Form dargestellt.

Die **Holzfeuchte** (u) wird entsprechend Formel 3.1 aus der Differenz zwischen Frischgewicht (G_u = Gewicht bei u % Feuchte) und Darrgewicht (G_o = absolutes Trockengewicht) – auf das absolute Trockengewicht bezogen – errechnet und in Prozent angegeben.

$$u = \frac{G_u - G_o}{G_o} \times 100\,\% \quad [3.1]$$

Bei Holzfeuchteangaben in Zusammenhang mit dem Heizwert findet man häufig auch eine Feuchtedefinition, die sich auf das Frischgewicht (Feuchtgewicht) des Holzes bezieht und als **Wassergehalt** (x) angegeben wird (Formel 3.2):

$$x = \frac{G_u - G_o}{G_u} \times 100\,\% \quad [3.2]$$

Üblicherweise wird die Holzfeuchte bestimmt, indem man genau ausgewogenes Holzmaterial bei Temperaturen zwischen 100 und 120 °C solange trocknet, bis sich das Gewicht nicht mehr verändert. Die Trocknungsdauer beträgt je nach Stückigkeit und Holzart mehrere Stunden bis einige Tage. Die genaue Durchführung des Verfahrens ist in der Norm DIN 52 183 beschrieben. Die ungefähre Holzfeuchte kann auch durch Messen der elektrischen Leitfähigkeit bzw. des elektrischen Widerstandes ermittelt werden. Hierfür gibt es einfache Geräte mit zwei Einschlagelektroden, welche den Feuchtegehalt direkt anzeigen. Die Geräte arbeiten bei Feuchten bis etwa 30 % relativ zuverlässig. Höhere Feuchtegehalte können mittels dieses Verfahrens nicht ermittelt werden.

Ein hoher Feuchtegehalt vermindert den Heizwert des Brennstoffes (Abbildung 3-4) und führt zu niedrigeren Verbrennungstemperaturen. Niedrige Verbrennungstemperaturen begünstigen einen unvollständigen Ausbrand und ergeben so schadstoffreiche, geruchsintensive Abgase. Die meisten Holzfeuerungen benötigen für einen guten Ausbrand lufttrockenes Holz. Völlig trocken sollte Holz allerdings nicht sein, da Wasser an einigen Ausbrandreaktionen entscheidend beteiligt ist (siehe Kapitel 4).

Die Kenntnis der Holzfeuchte ist auch wirtschaftlich wichtig, denn beim Kauf von

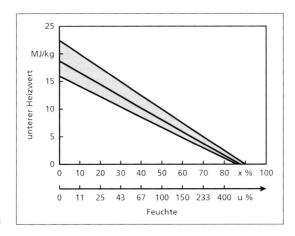

Abb. 3-4: Zusammenhang zwischen Wassergehalt x bzw. Holzfeuchte u und dem unterem Heizwert H_u bei Holz

Holz nach Gewicht wird das im Brennstoff enthaltene Wasser mitgewogen. Der Käufer sollte deshalb darauf achten, daß es lufttrocken ist bzw. daß ein entsprechender Preisnachlaß gewährt wird. Tabelle 3-1 macht Angaben, mit welchen Werten bei den verschiedenen Brennstoffsortimenten zu rechnen ist.

Tabelle 3-1: Typische Holzfeuchten u verschiedener biogener Festbrennstoffe

Brennstoff	Holzfeuchte[1]
Waldholz, frisch eingeschlagen	80 – 120 %
Waldholz, 6 Monate abgelagert	30 – 60 %
Rinde, frisch	60 – 120 %
Hackschnitzel aus Biomasse	60 – 100 %
Hackschnitzel aus Sägerestholz	30 – 60 %
Scheitholz, frisch	60 – 100 %
Scheitholz, lufttrocken[2]	15 – 25 %
Sägerestholz, frisch	40 – 70 %
Gebrauchtholz	10 – 20 %
Holzpellets, -briketts	8 – 12 %
Holzwerkstoffe	6 – 12 %
Stroh, lufttrocken	12 – 18 %

[1] Bei Lagerung im Freien sind durch anhaftendes Wasser oder Schnee höhere Werte möglich.
[2] Nach 1 bis 2 a Lagerung

Eine weitere wichtige Kennzahl von Festbrennstoffen ist der Heizwert. Der Heizwert ist definiert als die Wärmeenergie, die bei der Verbrennung von 1 Kilogramm Brennstoff frei wird. Die Einheit für die Wärmemenge ist das Joule (J). In manchen Büchern und Tabellen findet sich auch heute noch die früher gebräuchliche Einheit Kalorie (cal). 1 Kalorie entspricht 4,19 Joule. Beim Heizwert unterscheidet man zwischen dem oberen Heizwert H_o und dem unteren Heizwert H_u. Der obere Heizwert – auch Brennwert genannt – enthält die gesamte Verbrennungsenergie einschließlich der Kondensationswärme des in den Abgasen der Feuerung enthaltenen Wasserdampfs. Er ist daher bei sogenannten Kondensations- oder Brennwertfeuerungen einzusetzen. Derartige Feuerungen sind bei der energetischen Nutzung von Holz bisher selten zu finden. Für übliche Holzfeuerungsanlagen ist daher der untere Heizwert maßgebend. Dieser Wert gibt die Verbrennungsenergie ohne Kondensationswärme an. Der Brennwert wird durch Oxidation einer genau eingewogenen Brennstoffmenge mit Sauerstoff in einem Kalorimeter bestimmt. Das Verfahren ist in der DIN 51 900 festgelegt. Die Umsetzung erfolgt in einem Druckgefäß bei 25 bar Druck. Das Druckgefäß befindet sich in einem wärmegedämmten Wasserbad. Die nach Zündung des Brennstoff/Sauerstoffgemischs freigesetzte Wärmemenge wird an das Wasser übertragen. Aus der damit verbundenen Temperaturerhöhung, der Masse der Brennstoffprobe sowie der Wärmekapazität des Systems (Wasser und Druckgefäß) sowie einiger Korrekturfaktoren wird der Brennwert bestimmt. Das Verfahren erfordert aufwendige Geräte und spezielle Erfahrungen. Einfacher ist es, über die elementare Zusammensetzung der verschiedenen Festbrennstoffe, wie sie in Tabelle 3-3 aufgeführt ist, den Heizwert nach der Nährungsformel von Dulong zu berechnen:

$$H_u = 33{,}9\,C + 121{,}4\,(H - O/8) + 10{,}47\,S \text{ (MJ/kg)}$$
[3.3]

Die Zeichen C, H, O und S stehen dabei für die entsprechenden prozentualen Gewichtsanteile von Kohlenstoff, Wasserstoff, Sauerstoff und Schwefel ausgedrückt als Dezimalbruch. Der Term für Schwefel kann bei Holz und anderen pflanzlichen Biomassen anders als bei Kohle vernachlässigt werden.

Absolut trockenes Nadelholz erreicht einen theoretischen Heizwert H_u von rund 18,8 MJ/kg (rund 4.500 kcal/kg). In der Praxis rechnet man jedoch mit 15,5 MJ/kg (etwa 3.700 kcal/kg). Dieser Wert entspricht dem lufttrockenen Holz mit einer Holzfeuchte von etwa 15 bis 18 %. Bei Laubholz liegt der Heizwert bezogen auf das Holzgewicht

etwa 5% niedriger als bei Nadelholz. Lufttrockenes Brennholz hat gegenüber frisch eingeschlagenem Holz („waldfrisch") den doppelten Heizwert. Dies bedeutet, daß bei der Verfeuerung von lufttrockenem Holz nur halb soviel Brennstoff für den gleichen Energiebedarf benötigt wird.
Auch Stroh und andere pflanzlichen Biomassen enthalten Wasser. Bei Grünpflanzen liegt der Wassergehalt z. T. höher als der Biomassegehalt. Vor der Ernte nimmt der Wassergehalt erkennbar ab, wie die Gelbfärbung des Halmes anzeigt. Der Heizwert von absolut trockenem Stroh liegt bei etwa 17,5 MJ/kg. Lufttrockenes Stroh weist einen Wassergehalt von 10 bis 15% und einen Heizwert von etwa 13,5 MJ/kg auf. Ansonsten gelten beim Stroh die gleichen Zusammenhänge zwischen Wassergehalt und Heizwert wie beim Holz.

3.2 Zusammensetzung von naturbelassenem Holz und anderen Biomassen

Ausgangspunkt der Betrachtungen zur Zusammensetzung von Biobrennstoffen ist das naturbelassene, trockene Holz. Unter Holz werden dabei die in größerem Maße verholzten („lignifizierten") Teile von Bäumen und Sträuchern verstanden, befreit von Rinde und Bast. Holz ist ein gut zu charakterisierender Naturstoff. Die Beschreibung der Holzzusammensetzung kann einerseits durch die chemischen Bestandteile erfolgen, welche die Holzsubstanz aufbauen, anderseits durch die im Holz enthaltenen Elementarbestandteile (Tabelle 3-2).
Polymere sind hochmolekulare Verbindungen, die aus einem oder wenigen einfachen Grundbausteinen aufgebaut sind. Natürliche Polymere sind z. B. die Eiweißverbindungen des Körpers (Proteine), welche die Haare, die Haut und das Bindegewebe aufbauen. Synthetische Polymere kennen wir als Kunststoffe in zahlreichen Variationen.

Tabelle 3-2: Zusammensetzung von naturbelassenem Holz nach Bestandteilen und Elementen

Nach Bestandteilen	Nach Elementen
Cellulose (50%)	Kohlenstoff (50%)
Hemicellulosen (25%)	Sauerstoff (43%)
Lignin (25%)	Wasserstoff (6 %)
Extraktstoffe (< 5%)	Stickstoff (< 1%)
Aschebildende Mineralstoffe (< 1%)	Halogene, Schwefel, Schwermetalle (ppm-Bereich)

1 ppm = 1 mg/kg

Das mit Abstand bedeutsamste natürliche Polymer ist die Cellulose. Sie ist Bestandteil aller Pflanzen sowie einiger Mikroorganismen. Sie besteht aus Glucoseeinheit und macht rund 50% der Holzmasse aus. Es wird geschätzt, daß die Cellulose weltweit in einer Menge von etwa 270 Milliarden t vorkommt, d. h. rund 40% der gesamten Biomasse, die es auf der Welt gibt. Das Monomere der Cellulose ist die Glucose, auch unter dem Trivialnamen Traubenzucker bekannt. Abbildung 3-5 zeigt den Aufbau der Cellulose an einem Ausschnitt mit vier Glucosemolekülen. Holzcellulose besteht aus durchschnittlich 6.000 bis 10.000 dieser Moleküle. Die linearen Makromoleküle der Cellulose sind zu sogenannten Fibrillen zusammengeschlossen, die wiederum die Fasermatrix der Holzsubstanz bilden. Reine Cellulose hat einen Heizwert von 17,5 MJ/kg.
Weitere 20 bis 25% der Holzmasse bilden die Polyosen, auch Hemicellulosen genannt. Bausteine dieser Polmere sind ebenfalls Zuckermoleküle, doch ist die Zusammensetzung der Polyosen vielfältiger als der von Cellulose. Auch ist der Polymerisationsgrad geringer als der von Cellulose. Der Heizwert der Polyosen liegt im Durchschnitt zwischen 16,5 und 17 MJ/kg. Die dritte Hauptkomponente in pflanzlichen Biomassen ist das Lignin. Das Lignin kennzeichnet die Verholzung der Biomasse und wird daher auch Holzstoff genannt. Es

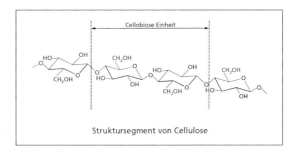

Abb. 3-5: Ausschnitt aus dem Cellulosemolekül

Struktursegment von Cellulose

ist ein hochmolekulares Polymer mit aromatischer Grundstruktur. Der Aufbau des Lignins ist komplex und läßt sich nur schematisiert darstellen. Abbildung 3-6 gibt einen Einblick in die Struktur am Beispiel des Buchenholzlignins.

Das Lignin umhüllt zusammen mit den Polyosen die Cellulosefasern und füllt die Zwischenräume der Holzzellen. Es ist quasi der Zement des Holzes, die Cellulosefasern die Armierung. Der Heizwert von Lignin ist mit rund 30 MJ/kg etwa doppelt so hoch wie der der anderen zwei Hauptbestandteile des Holzes. Laubhölzer enthalten etwa 25 % Lignin, Nadelhölzer bis etwa 30 %. Die drei Hauptbestandteile des Holzes – die Cellulose, die Polyosen und das Lignin – machen in der Regel zusammen mehr als

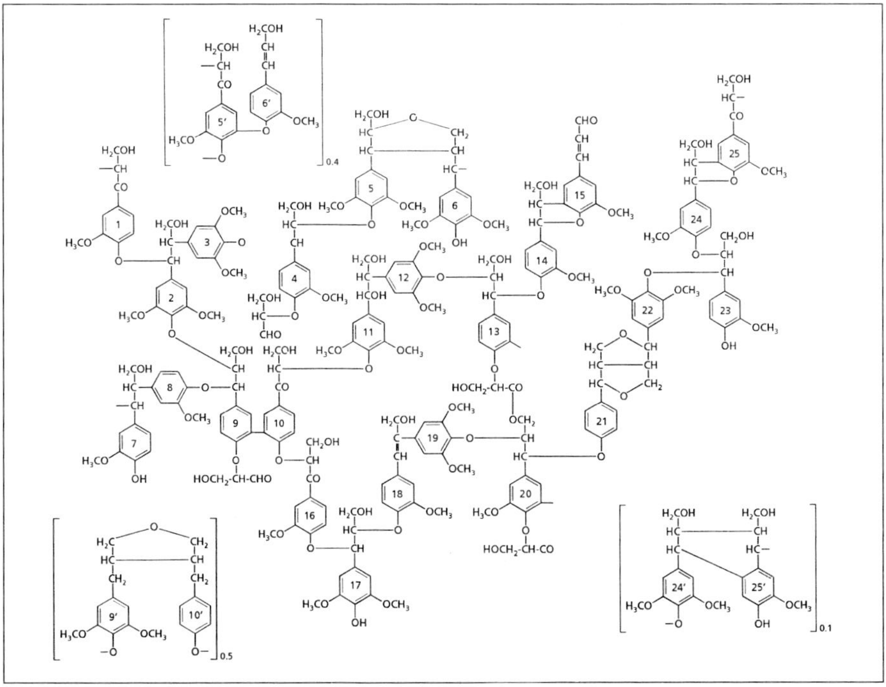

Abb. 3-6: Schematischer Aufbau des Buchenholzlignins (nach Nimz, 1974)

95 % der Holzmasse aus. Gemeinsam ist allen Hauptbestandteilen, daß sie nur aus Kohlenstoff, Sauerstoff und Wasserstoff bestehen. Bei vollständiger Verbrennung verbleiben als Endprodukte der Oxidation somit lediglich Kohlendioxid und Wasser.

Weitere Bestandteile des Holzes sind Harze, Wachse, Fette, Proteine, Aminosäuren, Stärken, mineralische Stoffe u. a. m. Die Gesamtmenge dieser Nebenbestandteile übersteigt in der Praxis selten den Wert von 5 % der Trockenmasse des Holzes. In Bezug auf den Heizwert kommt dabei den Harzen, Wachsen und Fetten eine Bedeutung zu, denn deren Heizwert liegt bei etwa 38 MJ/kg. Die Aminosäuren bzw. die damit gebildeten Polymere (Proteine oder Eiweißstoffe) sind für den Gehalt des Holzes an Stickstoff und Schwefel verantwortlich. Die Konzentration beider Elemente im Holz ist aber niedrig. Bei Stickstoff liegt sie zwischen etwa 0,2 und 0,5 %, bei Schwefel liegt der Wert zwischen 100 und 400 mg/kg. Bis 1 % der Holzmasse sind mineralische Bestandteile, welche bei der Verbrennung von Holz als Asche verbleiben. Auf die Zusammensetzung der Aschen wird in Kapitel 12 näher eingegangen.

Trotz holzartenabhängiger Unterschiede in der Mengenverteilung und Struktur der Haupt- und Nebenbestandteile sind diese Variationen unter feuerungstechnischen Gesichtspunkten von nachgeordneter Bedeutung. So sind Unterschiede im Heizwert vorrangig auf unterschiedliche Dichten der Holzarten und nur nachrangig auf Unterschiede im Gehalt des Holzes an Lignin, Fetten, Wachsen und Harzen zurückzuführen. Wegen ihres höheren Gehaltes an Lignin und Harzbestandteilen haben Nadelhölzer gewichtsbezogen im Mittel einen etwa 5 % höheren Heizwert als die Laubhölzer. Volumenbezogen haben dagegen die Laubhölzer einen Vorsprung, da lufttrockene Laubhölzer wie Buche oder Eiche eine Dichte um 650 kg/m^3 aufweisen, Nadelhölzer aber nur von etwa 450 kg/m^3. Bei gleichem Feuchtegehalt hat 1 Festmeter Laubholz somit einen um etwa ein Drittel höheren Heizwert als 1 Festmeter Nadelholz. Gemeinsam ist den wichtigsten heimischen Holzarten, daß sie einen geringen Gehalt an Schwermetallen, Schwefel und Halogenen aufweisen (Tabelle 3-3). Schädliche Emissionen, die auf diese Elementarbestandteile zurückzuführen sind, treten bei der Verbrennung von naturbelassenem Holz nicht oder nur in vernachlässigbaren Mengen auf.

Vergleicht man beispielsweise den Gehalt ökologisch relevanter Spurenstoffe von Holz mit dem von Kohle, dann ist das naturbelassene Holz ein sauberer Brennstoff (Tabelle 3-4). Sowohl bei Schwefel, Chlor und Stickstoff als auch bei den meisten Schwermetallen ist Kohle deutlich höher belastet als Holz. Beim Vergleich muß allerdings berücksichtigt werden, daß Kohle einen höheren Heizwert aufweist und bei gleicher Wärmeerzeugung nur etwa die Hälfte an Abgas ergibt wie Holz.

Tabelle 3-3: Elementarzusammensetzung von Holz, Rinde und anderen Biomassen bezogen auf Trockenmasse

	C %	H %	O %	N %	S mg/kg	Cl Mg/kg	Asche %
Fichtenholz	50,3	6,2	43,1	0,2	50	< 30	0,4
Buchenholz	49,0	6,1	44,3	0,3	70	50	0,5
Fichtenrinde	52,6	6,0	39,0	0,6	630	90	1,8
Buchenrinde	50,1	5,8	40,9	0,5	790	160	2,6
Weizenstroh	46,8	6,3	40,0	0,4	800	4.000	5,1
Miscanthus	48,6	5,5	41,1	0,5	400	2.300	3,6

Tabelle 3-4: Gehalte von bei der Verbrennung bedeutsamen Elementen in naturbelassenem Holz und in Kohle

Element	Werte in mg/kg Trockengewicht	
	Holz	Kohle
Arsen (As)	< 0,5 – 1	2 – 50
Blei (Pb)	0,5 – 5	25 – 200
Chlor (Cl)	10 – 100	> 1.000
Chrom (Cr)	< 0,5 – 5	5 – 100
Fluor (F)	0,5 – 30	25 – 250
Kupfer (Cu)	< 0,5 – 5	10 – 100
Quecksilber (Hg)	< 0,5	0,5 – 1
Stickstoff (N)	2.000 – 5.000	12.000 – 15.000
Schwefel (S)	100 – 400	5.000 – 20.000

Rinde macht im Mittel etwa 5 bis 10 Prozent der Masse eines Baumes aus. Anders als das Holz läßt sich die Zusammensetzung der Rinde weniger eindeutig beschreiben. Sie ist in der Regel reicher an Kohlenstoff und hat dann einen etwas höheren Heizwert (bis 19,5 MJ/kg). Zur Rinde gehört auch die Innenrinde mit der Wachstumsschicht des Baumes. Daher ist der Gehalt der Rinde an stoffwechseltypischen Elementen wie Stickstoff und Schwefel sowie an aschebildenden Mineralstoffen ebenfalls höher als beim Holz. In der Praxis ist Rinde häufig sehr feucht und enthält zudem mineralische Verschmutzungen, was ihre Eignung als Brennstoff beeinträchtigt.

Stroh, Energiepflanzen und ähnliche Biomassen unterscheiden sich in ihrer Zusammensetzung ebenfalls merklich von Holz. Stroh weist z. B. nur einen Ligningehalt von 12 bis 16 % auf. Entsprechend höher ist der Gehalt an Cellulose, Polyosen und anderen saccharidischen Komponenten. Auch der Gehalt an mineralischen Stoffen liegt mit Werten zwischen 3 und 18 % merklich höher als beim Holz. Gleiches gilt für den Gehalt dieser Biomassen an Stickstoff, Schwefel und Chlor. Der Heizwert des absolut trockenen Strohs und ähnlicher Biomassen beträgt zwischen 16 und 17 MJ/kg.

3.3 Zusammensetzung von Sägenebenprodukten und Produktionsabfällen

Bei der Holzbe- und -verarbeitung fallen Produktionsabfälle an. Ein Teil dieser Hölzer ist naturbelassen, ein Teil enthält holzfremde Bestandteile wie Klebstoffe, Anstrichstoffe oder Beschichtungsmittel. Holzabfälle mit Holzschutzmittelbestandteilen sind eher selten, da die Behandlung der Hölzer in der Regel erst am Ende des Bearbeitungsprozeßes erfolgt.

Im Säge- und Hobelwerk fallen Säge- und Hobelspäne sowie Schwarten, Spreißel, Knappstücke und andere Verschnittreste an. Diese sogenannten Sägenebenprodukte sind begehrte Rohstoffe für die Herstellung von Span- und Faserplatten. Gleiches gilt für Furnierrestrollen in Furnierwerken. Ein Produktionsabfall der Holzbe- und -verarbeitung ist auch die Rinde. Sie läßt sich zu Rindenmulch und Rindenhumus verarbeiten.

Unbehandelte Hölzer und Rinden werden vom Gesetzgeber als Regelbrennstoffe anerkannt und können in praktisch allen Feuerungen eingesetzt werden. Lediglich bei den Kleinstfeuerungsanlagen (Feuerungswärmeleistung kleiner 15 kW) darf nur stückiges Holz als Brennstoff eingesetzt werden. Störend ist bei einigen dieser Holzabfälle der relativ hohe Feuchtegehalt, der bei Furnierrestrollen und Rinden über 100 % betragen kann. Hier sollte der Brennstoff vor der Nutzung getrocknet werden bzw. nur in Feuerungsanlagen mit speziellen Vortrocknungszonen eingesetzt werden.

Die energetische Verwertung geschieht zum Teil in den Betrieben der Holzindustrie selbst, z. T. werden die Hölzer aber auch extern vermarktet. Insbesondere die feinstückigen Säge- und Hobelspäne werden getrocknet und dann zu Holzbriketts und -pellets für den privaten Endverbraucher verdichtet (siehe Kapitel 5 und 6).

Der überwiegende Teil des Holzes wird zu Holzprodukten verarbeitet, welche mit holzfremden Bestandteilen wie Klebstoffen, Anstrichstoffen oder Beschichtungsmitteln behandelt sind. Auch diese Holzabfälle sind Regelbrennstoffe, sofern sie im Bereich der Holzwirtschaft anfallen und dort in Feuerungsanlagen mit einer Feuerungswärmeleistung von mindestens 50 kW energetisch verwertet werden (Brennstoffgruppe 2). Wesentliche Einschränkungen gibt es nur, wenn das Holz mit halogenorganischen Beschichtungen versehen ist (Brennstoffgruppe 3) oder Holzschutzmittel enthält (Brennstoffgruppe 4).

Ein wichtiges Holzprodukt in diesem Segment sind die Holzwerkstoffe. Hierzu gehören die Span- und Faserplatten sowie das Sperrholz. Holzwerkstoffe bestehen bezogen auf ihr Trockengewicht zu 85 bis 95 % aus Holzteilen (Späne, Fasern, Furniere) und zu 5 bis 15 % aus Bindemittel. Das Bindemittel enthält häufig einen Härtungsbeschleuniger. Auch werden den Platten geringe Mengen an Paraffin zur Hydrophobierung zugesetzt. Holz- und Flammschutzmittel finden sich nur bei einem sehr kleinen Teil der Holzwerkstoffe (< 2 %). Diese Platten sind für spezielle Anwendungen im Bauwesen gefertigt und entsprechend gekennzeichnet (z. B. Plattentyp V100G; G für geschützt).

Die meisten Holzwerkstoffe werden bei der Verarbeitung zu Möbeln und Bauteilen beschichtet. Gebräuchliche Beschichtungen sind Anstriche, Folien, imprägnierte Papiere, Laminate und Holzfurniere. Tabelle 3-5 gibt eine Übersicht der wichtigsten Bestandteile, die in diesen Holzprodukten auftreten können. Auch werden die wesentlichen Einflüsse der Veränderung der Holzzusammensetzung unter dem Gesichtspunkt der Emissionen bei der Verbrennung genannt.

Tabelle 3-5: Typische holzfremde Bestandteile in Holzprodukten und Gebrauchtholz und deren Einfluß auf die Holzzusammensetzung unter dem Gesichtspunkt der Emissionen bei der Verbrennung

Holzfremde Bestandteile	Einfluß auf die Holzzusammensetzung
Anstrichstoffe, alt	Hoher Blei- und Zinkeintrag möglich
Anstrichstoffe, neu	Eintrag überwiegend nicht emissionsrelevanter Schwermetalle[1]
Beizen	Geringer Schwermetalleintrag möglich
Bindemittel	Häufig deutlicher Eintrag von Stickstoff, bei Ammoniumchloridhärtern Chloreintrag
Flammschutzmittel	Hoher Eintrag an Borsalzen und Ammoniumphosphat
Folienbeschichtungen, duroplastisch	Merklicher Stickstoffeintrag
Folienbeschichtungen, thermoplastisch	Bei PVC-Folien hoher Chloreintrag
Furnierbeschichtungen	Stickstoffeintrag durch Furnierleim
Holzschutzmittel, anorganisch	Hoher Eintrag von ökologisch relevanten Elementen möglich
Holzschutzmittel, organisch	Mäßiger Chloreintrag möglich
Holzschutzmittel, Teeröle und Carbolineen	Hoher PAK-Eintrag, sonst nur geringe Änderung der Elementarzusammensetzung
Kantenmaterialien	Hoher Chloreintrag bei Kantenmaterial auf PVC-Basis
Klebstoffe	Geringe Auswirkungen
Klarlackanstriche	Geringe Auswirkungen
Laminate	Merklicher Stickstoffeintrag
Sonstige Veredelungsmittel (Wachse, Öle)	Keine oder geringe Auswirkungen

[1] bei ausreichender Abgasentstaubung

Holzfremde Bestandteile sind **bei gutem Ausbrand** ohne Bedeutung auf die Emissionssituation der Feuerungsanlage, wenn sie wie die Hauptbestandteile des Holzes nur aus den Elementen Kohlenstoff, Sauerstoff und Wasserstoff bestehen oder als ökologisch unbedenkliche Verbindungen in der Asche verbleiben. Zu diesen Bestandteilen gehören beispielsweise das Polyvinylacetat („Weißleim"), Kunststoffteile auf Polyolefinbasis, Tannin-Formaldehyd-Leimharze, Wachse sowie nicht-pigmentierte Lacke auf Basis von Polyestern, Polyacrylaten, Alkydharze und einige Naturstoffe. Emissionsrelevante Elementareinträge sind bei den heute verwendeten Zusatzstoffen (ohne Berücksichtigung der Holzschutzmittel) vor allem Stickstoff und Chlor. Alle anderen Elementeinträge sind mengenmäßig unbedeutend oder haben bei gutem Ausbrand und effektiver Entstaubung keine Emissionsrelevanz.

Stickstoffhaltige Bestandteile: Die größte Bedeutung unter den stickstofforganischen Bestandteilen haben Klebstoffe. Hierbei handelt es sich um folgende Systeme:
– Harnstoff-Formaldehyd-Leimharze (UF)
– Harnstoff-Melamin-Formaldehyd-Leimharze (MUF, MUPF),
– Diisocyanat-Klebstoffe (PMDI)
– und Klebstoffe auf Proteinbasis (Casein-, Blutalbumin- und Glutinleime).

Bei den Beschichtungsmitteln, Anstrichstoffen und Kunststoffen sind es

– die Melamin-Formaldehyd-Imprägnierharze (MF),
– die Harnstoff-Melamin-Formaldehyd-Imprägnierharze (MUF),
– die Polyurethan-Lacke und –Kunststoffe (PUR),
– die Nitrocellulose-Lacke (CN),
– sowie die säurehärtenden Lacke (SH),

welche zusätzlich gebundenen Stickstoff in das Holz oder den Holzwerkstoff eintragen. Die Klebstoffe haben auf Grund des relativ hohen Bindemittelgehalts der Holzwerkstoffe (5 bis 15 %) einen besonders großen Einfluß auf die Elementarzusammensetzung. Eine mit einem UF- oder MUF-Leimharz gebundene Span- oder Faserplatte weist z. B. einen Stickstoffgehalt zwischen 3 und 4,5 % auf (Tabelle 3-6). Sind die Platten zusätzlich mit einem Melaminharz-imprägnierten Papier oder einem Laminat beschichtet, können Werte von mehr als 5 % erreicht werden. Weniger einflußreich sind die stickstoffhaltigen Anstrichstoffe. Bei mit derartigen Lacken versehenen Holzteilen sind zusätzliche Stickstoffeinträge in das Holz zwischen 0,5 und 1 % zu erwarten.

Chlorhaltige Bestandteile: Für das Element Chlor sind mehrere Einträge möglich. Chlor ist bei Produktionsabfällen vor allem auf PVC-Beschichtungen und -Kanten zurückzuführen. Bei PVC-beschichteten Hölzern und Holzwerkstoffen sind Gesamtchlorgehalte bis 2 % gemessen worden. Bei den mit UF- und MUF-Leimharzen gebun-

Tabelle 3-6: Chemische Zusammensetzung von naturbelassenem Holz und von Holzwerkstoffen

Anteil in Massen-%	Naturbelassenes Holz			Holzwerkstoffe gebunden mit			
	Nadel-Holz	Laub-Holz	Rinde	UF-/MUF-Harz[1]	Harz[2]	PF-Harz	PMDI-Klebst.
Kohlenstoff	50	49	50	48	48	50	49
Sauerstoff	44	45	43	42	42	44	43
Stickstoff	0,1	0,2	0,3	3 - 4,5	3 - 4,5	0,3 - 0,5	0,6
Schwefel	< 0,05	< 0,05	0,1	0,1	0,2	0,1	0,1
Chlor	< 0,03	< 0,03	0,3	0,1-0,3	< 0,02	0,05	0,05
Mineralstoffe	0,5	0,5	1,5-15	0,6	0,6	2,0	0,8

[1] mit Ammoniumchloridhärter
[2] mit Ammoniumsulfathärter

den Holzwerkstoffen war früher auch ein Eintrag durch den Härtungsbeschleuniger Ammoniumchlorid möglich. Die Holzwerkstoffindustrie hat jedoch am Beginn der 90er Jahre auf chloridfreie Härtersysteme umgestellt. Darüber hinaus finden sich Chloreinträge durch Zusatzstoffe, beispielsweise chlororganische Holzschutzmittel.

Schwefelhaltige Bestandteile: Dem Brennstoffbestandteil Schwefel wurde als wesentlichen Verursacher vom sauren Regen in den achtziger Jahren eine hohe Emissionsrelevanz beigemessen. Bei Holz hat Schwefel im Gegensatz zur Kohle oder zum schweren Heizöl eine geringe Bedeutung. Naturbelassene Hölzer und die meisten Produktionsabfälle sind schwefelarm (Gehalt < 400 mg/kg). Bei Rinde sind Schwefelgehalte zwischen 400 und 800 mg/kg möglich. Bei mit UF-Harzen gebundenen Holzwerkstoffen wird als Ersatzstoff für den Härtungsbeschleuniger Ammoniumchlorid häufig Ammoniumsulfat verwendet. Derart gehärtete Materialien enthalten 800 bis 1.000 mg/kg Schwefel.

3.4 Zusammensetzung von Alt- oder Gebrauchtholz

Am Ende ihrer Nutzung werden Holzprodukte zu Alt- oder Gebrauchtholz. Das Gebrauchtholz kann holzfremde Bestandteile sowohl durch Behandlung mit holzfremden Stoffen als auch in Form von Verschmutzungen durch Gebrauch enthalten. Gebrauchthölzer enthalten außer holzfremden Bestandteilen häufig auch Störstoffe. Hierbei handelt es sich z. B. um mineralische Verschmutzungen, Eisen- und Kunststoffteile oder Anhaftungen von Dämmstoffen, Glas, Putz, Teerpappe u. a. m. Diese Störstoffe können aus dem Gebrauchtholz in der Regel durch entsprechende Aufbereitung entfernt werden (siehe Kapitel 5).

Die Anstrichstoffe, Dekorfolien und Laminate enthalten zumeist verschiedene mineralstoffbildende Elemente. Bei heute üblichen Anstrichen und Beschichtungsmitteln sind dies überwiegend Verbindungen der Elemente Aluminium, Calcium, Chrom, Eisen, Mangan und Titan. Bei früheren Anstrichen waren Blei- und Zinkverbindungen häufige Bestandteile. Mit weißen Anstrichen versehene Gebrauchthölzer wie Altfenster oder -türen enthalten daher zumeist recht hohe Gehalte an Blei und Zink. Bei orientierenden Untersuchungen wurden Werte bis 15.000 mg/kg gefunden. Auf die besondere Rolle von Chromverbindungen in holzfremden Bestandteilen wird in Kapitel 12 näher eingegangen.

Elementeinträge durch andere Zusatzstoffe sind möglich, aber in der Praxis von geringerer Bedeutung (siehe Kapitel 12). Wesentlich bedeutsamer sind die anorganischen Holzschutzmittel. Dabei wird unterschieden in Mittel des chemischen Holzschutzes und des Brandschutzes. Als Flammschutzmittel werden bei Holz Ammoniumphosphat und Borsäure eingesetzt. Verbindungen des Antimons und des Broms werden als Flammschutzmittel bei Holzprodukten nicht eingesetzt.

Die chemischen Holzschutzmittel werden unterschieden in
– wässrige oder salzartige Holzschutzmittel,
– lösemittelbasierte Holzschutzmittel sowie
– Steinkohlenteerimprägnieröle und Carbolineen.

Wässrige Holzschutzmittel sind Salze oder Kombinationen von mehreren Salzen, die in das Holz zumeist durch Druckimprägnierung eingebracht werden. Gebräuchlich sind Kombinationen verschiedener Salze, die im Holz schwerlösliche Verbindungen bilden und so fixiert werden (Tabelle 3-7). Hierbei sind folgende wirksame Elementarbestandteile bedeutsam:
– Arsen (Kurzbezeichnung: A),
– Bor (Kurzbezeichnung: B),
– Chrom (Kurzbezeichnung: C),

Tabelle 3-7: Angewandte Holzschutzmitteltypen und ihre Einbringmengen auf Basis anorganischer Salze

Wirkstoffe und Wirkstoffkombinationen	Wesentliche Einbringmengen (HSM/Gesamtvol.)	Anteil der Einzelverbindung (%)	
Überwiegend fixierend			
CKA-Salze	CKA bis zu 10 kg/m³	As:	11 – 22
CFA-Salze	3 – 8 kg/m³	Cr:	12 – 16
		Cu:	8 – 12
		F:	10 – 22
CF-Salze	3 – 8 kg/m³	B:	2 – 4
CFB-Salze		Cr:	9 – 28
CK-Salze		Cu:	7 – 12
CKB-Salze		F:	13 – 46
CKF-Salze		Zn:	k. A.
CKFZ-Salze			
Quecksilberchlorid (HgCl₂)	0,4 – 0,8 kg/m³	HgCl:	74
		Cl:	26
Nicht fixierend			
Bor-Salze	50 – 60 g/m²	B:	ca. 10
HF-Salze	oder	F:	40 – 60
NaF-Salze	1 – 4 kg/m³	Zn:	ca. 30
SF-Salze[1]			

[1] SF-Salze werden überwiegend als Zink-Silikofluoride eingesetzt
k. A.: keine Angabe
Quelle: nach Voß, Willeitner 1994

– Fluor (Kurzbezeichnung: F),
– Kupfer (Kurzbezeichnung: K)
– und Zink (Kurzbezeichnung: Z).

Die Kombinationssalze tragen dann Kurzbezeichnungen wie z. B. CF, CKA, CKB, CKF oder CKFZ. Die Einbringmengen der Salze liegen zwischen etwa 3 und 12 kg pro m³ Holz. Bei einer durchschnittlichen Dichte des Nadelholzes von 500 kg/m³ berechnet sich daraus ein Eintrag an Elementen von 6.000 bis 20.000 mg/kg. Emissionsrelevant sind auf Grund ihrer partiellen Flüchtigkeit die Elemente Arsen und Fluor. Die anderen Elemente sind schwerflüchtig und lassen sich durch effektive Entstaubungsmaßnahmen aus den Abgasen entfernen.
Ein weiteres Element, welches in früherer Zeit als salzartiges Schutzmittel verwendet wurde, ist Quecksilber. Es wurde vornehmlich als wasserlösliches Quecksilber-II-chlorid eingesetzt. Das Salz wird im Holz zu unlöslichem Quecksilber-I-chlorid reduziert und liegt dann fest fixiert vor. Die Einbringmenge lag bei üblichen Rezepturen zwischen 0,4 und 0,8 kg/m³. Die heute verbotene Anwendung erfolgte vornehmlich durch Tränkung. Einsatzgebiete waren Telefon- und E-Masten sowie Holzteile für die Landwirtschaft (Obst-, Wein- und Hopfenstangen). Damit behandelte Hölzer sind bei der Verbrennung besonders emissionsrelevant, da das Quecksilber einerseits eine hohe Toxizität aufweist und anderseits wegen seines relativ niedrigen Siedepunkts (357 °C) bei der Verbrennung vollständig in die Gasphase übergeht.

Zu den salzartigen Holzschutzmitteln gehören auch verschiedene nicht fixierende Salze auf Basis von Bor und Fluor. Sie werden bei Holzteilen, die nicht der Witterung ausgesetzt sind, verwendet. Typische Anwendungsbereiche sind Dachstühle und vergleichbare konstruktive Holzbauteile.
Besonders bekannte Bestandteile von lösemittelbasierten Holzschutzmitteln sind z. B. die chlororganischen Wirkstoffe Pentachlorphenol (PCP), Gamma-Hexachlorocyclohexan (Lindan) und Dichlordiphenyltrichlorethan (DDT) (Abbildung 3-7). Sie wurden zwischen etwa 1950 und 1980 vielfach in diversen Formulierungen und Anstrichstoffen auf Holz aufgebracht (Tabelle 3-8). Diese Wirkstoffe sind heute verboten (PCP, DDT) oder verpönt (Lindan).
Derzeit verwendete Wirkstoffe enthalten gebundenes Chlor in geringeren Anteilen als die oben genannten „hochchlorierten" Wirkstoffe oder sind chlorfrei. Auch werden sie in geringerer Menge in das Holz eingebracht als früher eingesetzte Mittel.
Tabelle 3-9 gibt eine Übersicht der zu erwartenden Chlorgehalte in verschiedenen Hölzern und Holzwerkstoffen.
Von den Halogenen hat außer dem Chlor nur das Fluor bei schutzmittelbehandelten Hölzern eine nennenswerte Bedeutung. Es findet sich in Hölzern, die mit CF-, CKF-

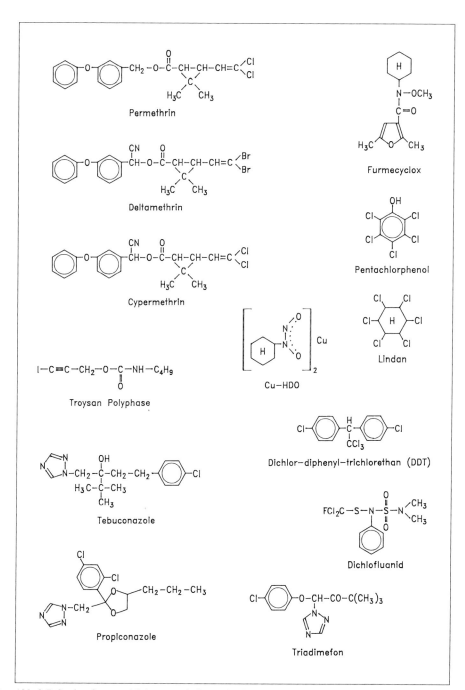

Abb. 3-7: Strukturformen wichtiger organischer Holzschutzmittelwirkstoffe

Tabelle 3-8: Angewandte Holzschutzmitteltypen und ihre Einbringmengen auf Basis organischer Wirkstoffverbindungen

Beispielhafte Wirkstoffe und Wirkstoffkombinationen	Einbringmengen (g/m^2)	Anteil der Wirkstoffe am HSM (%)
Lösemittelbasierte HSM		
Phenylquecksilber-Verbindungen	200 – 280	0,1 - 0,6
TBT-Verb., Aluminium-HDO	200 – 280	1,0 - 3,5
Dichlorfluanid, Endosulfan, Lindan, PCP u. a. z. B. Furmecyclox,	200 – 280	0,1 - 5,0
Parathion	200 – 280	0,1 - 5,0
Teeröle		
Steinkohlenteeröl	45 - 175	100
T-Präparate	300 – 400	100
T-Präparate mit Zusatz halogenorganischer Verbindungen	300 - 400 g/m^2	20 - 100 (T-Präp.) 0,1 – 10 (Zusätze)
Chlorierte ölige Verbind.		
Chlornaphthalin	250 - 350 g/m^2	100

Quelle: nach Voß, Willeitner 1994

Tabelle 3-9: Chlorgehalte in verschiedenen Hölzern, Holzwerkstoffen, Holzprodukten und Biomassen

Material	Cl-Gehalt in mg/kg
Holz, naturbelassen	10 – 300
Baumrinde	50 – 300
Stroh	2500 – 9800
Druckimprägnierte Hölzer	200 – 500
Holz mit PCP behandelt	300 – 800
Holz mit Lindan behandelt	100 – 300
Holz mit anderen Wirkstoffen behandelt	10 – 300
Span- oder Faserplatte[1]	50 – 500
Span- oder Faserplatte[2]	1.500 – 3.000
Holz/Holzwerkstoff, beschichtet[3]	100 – 600
Holz/Holzwerkstoff, PVC-beschichtet	10.000 – 50.000

[1] Aminoplastharz gebunden, mit Härtungsbeschleuniger Ammoniumsulfat oder -nitrat
[2] Aminoplastharz gebunden, mit Härtungsbeschleuniger Ammoniumchlorid
[3] außer PVC-Beschichtungen

und CKFZ-Salzen, Fluoriden oder Zink-Silikofluoriden behandelt wurden. Bei den Holzwerkstoffen ist ein Eintrag von Fluor bei Zugabe des Holzschutzmittels Natriumhydrogenfluorid möglich.

Steinkohlenteeröl ist das älteste organische Holzschutzmittel. Es wird durch Pyrolyse und Destillation von Steinkohle gewonnen. Steinkohlenteerimprägnieröle und Carbolineen weisen von allen Holzschutzmitteln die höchsten Einbringmengen auf. So haben frisch imprägnierte Bahnschwellen aus Buchenholz einen Teergehalt von bis zu 20 %. Die Teeröle sind ein Gemisch überwiegend aromatischer Kohlenwasserstoffverbindungen mit einem geringen Gehalt an gebundenem Sauerstoff, Stickstoff und Schwefel. Abbildung 3-8 gibt Beispiele von typischen Teerölbestandteilen. Halogene und Schwermetalle sind im Teeröl nicht oder nur als Spurenbestandteile enthalten. Die Teeröle erhöhen den Heizwert des Holzes um 10 bis 20 %, ohne daß die Elementarzusammensetzung wesentlich beeinflußt wird.

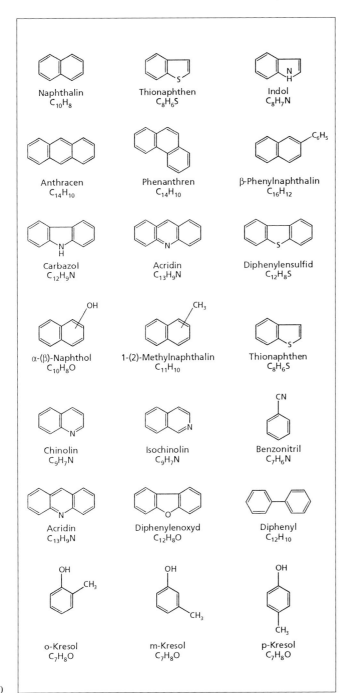

Abb. 3-8: Typische Bestandteile von Steinkohlenteerimprägnieröl

3.5 Zuordnung von Brennstoffen

Der deutsche Gesetzgeber hat die verschiedenen Holzbrennstoffe in Abhängigkeit von ihrer Zusammensetzung differenziert (siehe Abbildung 3-2). Das zu Brennstoffgruppe 1 gehörige Waldholz sowie naturbelassene Holzabfälle sind nach Aussehen und Herkunft eindeutig identifizierbar. Da die Zusammensetzung der Produktionsabfälle in der Regel bekannt ist, dürfte es auch keine Schwierigkeiten bereiten, sie einer Brennstoffklasse so zuzuordnen, daß sie ordnungsgemäß in einer dafür zugelassenen Feuerungsanlage verwertet werden können. Gebrauchthölzer sind hier schwerer einzuordnen. Da der Einsatzbereich und die Dauer der Verwendung eines Holzproduktes sehr unterschiedlich ist, kann Gebrauchtholz sowohl als dem naturbelassenen Holz nahekommender Brennstoff auftreten, als auch ein erheblich mit schädlichen Verunreinigungen versehener Abfall sein.

Zu den Gebrauchthölzern, die nicht mehr als nur geringfügig mit Schadstoffen belastet sind, gehören Paletten und Kisten und nach 1989 hergestellte Kabeltrommeln. Sofern sie während des Gebrauchs nicht nennenswert verschmutzt wurden, können sie als naturbelassenes Holz angesehen werden (Brennstoffgruppe 1).

In der Praxis ist jedoch der überwiegende Teil der Gebrauchthölzer als nicht-naturbelassen einzustufen. Ein entscheidendes Kriterium für die Einstufung als Brennstoff ist, ob diese Holzabfälle außer Klebstoffen, Anstrichstoffen und Beschichtungsmitteln auch noch halogenorganische Beschichtungen und Holzschutzmittel enthalten. Holz aus der Außenanwendung ist dagegen fast immer mit Holzschutzmitteln behandelt. Es ist der Brennstoffgruppe 4 zuzuordnen. Bei Bahnschwellen und Jägerzäunen sind Teeröle typisch, seltener finden sich Imprägnierungen mit Salzen. Telefon- und Elektromasten, Lärmschutzwände sowie Holz aus den Garten- und Landschaftsbau enthalten vornehmlich fixierende Salze. Bei einem Teil der Masten sowie bei Hopfenstangen und Weinbergpfählen sind Quecksilbersalze zu erwarten.

Bei Möbeln sind Anstriche, Beschichtungen und Kunststoffbestandteile typisch, Holzschutzmittelbehandlungen können dagegen ausgeschlossen werden. Feuerungstechnisch kritisch sind hier vornehmlich Chloreinträge durch PVC-Beschichtungen und -Kanten sowie durch Holzwerkstoffe, die mit chlorhaltigen Härtungsbeschleunigern versetzte Bindemittel enthalten. Altmöbel fallen daher in die Brennstoffgruppe 2 oder 3.

Die Herkunft des Gebrauchtholzes gibt somit wichtige Hinweise auf die Zusammensetzung. Ergänzt durch Sortierung und Aufbereitung läßt sich so aus Gebrauchtholz Recyclingholz für die energetische Verwertung gewinnen. Für die Festlegung einheitlicher Qualitätskriterien wurde das RAL-Gütezeichen 428 geschaffen (Abbildung 3-9).

Abb. 3-9: Logo des RAL-Gütezeichens 428 für Recyclingprodukte aus Gebrauchtholz

Tabelle 3-10: Maximale Störstoffbelastungen für Recyclingprodukte aus Gebrauchtholz zur energetischen Verwertung nach RAL-Gütezeichen 428

Sortimente	Max. Anteil an Störstoffen	Max. Anteil pro t Fertigmaterial in kg	Max. Anteil pro 500 g Mischprobe in g
Vorgebrochenes Gebrauchtholz	3 %	30	15
Recyclinghackschnitzel aus Gebrauchtholz	2 %	20	10
Recyclingspäne aus Gebrauchtholz	1 %	10	5

Das Gütezeichen umfaßt Vorgaben für den Aufbereitungsgrad des Gebrauchtholzes, die Probenahme, die Probenaufbereitung, die Bestimmung und Überwachung der Recyclingprodukte sowie die Anforderungen für die Kennzeichnung mit dem Gütezeichen. In den Tabellen 3-10 und 3-11 sind die Werte für zulässige Störstoffanteile und maximale Schadstoffbelastungen für Recyclingprodukte aus Gebrauchtholz zusammengestellt. Die Gehalte werden an einer Mischholzprobe bestimmt, die nach festgelegten Bedingungen entnommen und analysiert werden muß. Einzelheiten finden sich in den Ausführungsbestimmungen des RAL-Gütezeichens.

Störstoffe sind hierbei vornehmlich Bestandteile wie Eisen- und Kunststoffteile oder mineralische Verschmutzungen. Bei den Schadstoffen wurden Elemente und Wirkstoffe, die für eine Behandlung mit Holzschutzmitteln charakteristisch sind ausgewählt. Da eine Bestimmung von PVC im Brennstoff aufwendig ist, wurde als Leitwert ein Gesamtchlorgehalt festgelegt. Die Werte entsprechen dem Stand der wissenschaftlichen Kenntnisse und der Aufbereitungstechnik. Es ist zu erwarten, daß Gebrauchthölzer, die diese Werte einhalten, in Feuerungsanlagen nach der 4. Bundes-Immissionsschutzverordnung (Brennstoffe nach 1.2 der 4. BImSchV) ordnungsgemäß und ohne nennenswerte Schadstoffemissionen verbrannt werden können. Bei höheren Schadstoffgehalten ist in der Regel eine energetische Verwertung als Brennstoff nach 1.3 der 4. BImSchV möglich.

Tabelle 3-11: Maximale Schadstoffbelastung für Recyclingprodukte aus Gebrauchtholz zur energetischen Verwertung nach RAL-Gütezeichen 428

Elemente/Verbindungen	Grenzwert (mg/kg)
Arsen (As)	2
Kupfer (Cu)	20
Quecksilber (Hg)	0,4
Blei (Pb)	30
Chrom (Cr)	30
Chlor (Cl)	600
Fluor (F)	100
Pentachlorphenol (PCP)	5
Teeröle (Benzo-(a)-pyren)	0,5

4 Theorie des Verbrennungsprozesses und der Schadstoffbildung

4.1 Grundlagen

Um Holz zu verbrennen, muß man nicht unbedingt die beim Verbrennungsprozeß ablaufenden chemischen und physikalischen Reaktionen kennen. Wer aber die Heizwärme des Holzes optimal nutzen und einen guten Ausbrand erzielen möchte, der sollte auch etwas über Theorie des Verbrennungsprozesses wissen. Nur so ist er in der Lage, die komplexen Vorgänge zu verstehen, die in der Feuerungsanlage ablaufen und durch Nutzung dieser Kenntnisse die Betriebsbedingungen bestmöglich einzustellen und zu beherrschen. Auch die Minderung der Emissionen bedarf grundlegender Kenntnisse über die Verbrennungsvorgänge und die Prozesse, die für die Entstehung der Schadstoffe verantwortlich sind.

Im folgenden werden daher die bei der Verbrennung ablaufenden Vorgänge und die Reaktionen, welche zur Bildung von Schadstoffen führen, näher dargestellt. Diese Darstellung erfolgt am Beispiel des Holzes. Dabei wird auch auf Besonderheiten, wie beispielsweise den Einfluß der Holzschutzmittel, der Bindemittel und Beschichtungen, eingegangen. Die für das naturbelassene Holz geltenden Vorgänge und Reaktionen lassen sich grundsätzlich auch auf Rinde, Stroh und andere pflanzliche Biobrennstoffe übertragen.

Man sollte von diesen Kenntnissen aber auch keine Wunder erwarten. Biogene Festbrennstoffe wie Holz oder Stroh sind komplex zusammengesetzte Materialien und Verbrennungsvorgänge gehören zu den heftigsten chemischen Reaktionen, die es gibt. Die Bildung von luftverunreinigenden Emissionen („Schadstoffe") bei Verbrennungsprozessen ist unvermeidlich und läßt sich in der Praxis nur durch Optimierung der Verbrennung und durch Reinigung der Abgase vermeiden oder vermindern. Die Optimierung der Verbrennungsvorgänge wird als primäre Maßnahme bezeichnet, die Reinigung der Abgase als sekundäre Maßnahme.

Die Emissionen und die dabei gebildeten Emissionen von Holz- und Biomassefeuerungen werden in folgende Kategorien eingeteilt:

– Emissionen auch bei vollständigen Ausbrand: Kohlendioxid, Wasser, Aschepartikel, Schwefeloxide, Stickstoffoxide, Halogenwasserstoffe, Schwermetalle
– Emissionen durch unvollständigen Ausbrand: Kohlenmonoxid, Kohlenwasserstoffe (organisch Gesamt-C), polycyclische aromatische Kohlenwasserstoffe, Dioxine, Teer, Ruß, unverbrannte Partikel
– Emissionen durch Nebenreaktionen der Verbrennung: Stickstoffoxide, Dioxine

Die vollständigen Oxidationsprodukte der Holzsubstanz, d. h. Kohlendioxid und das Wasser werden im Gegensatz zu den anderen aufgeführten Verbindungen bei Feuerungsanlagen nicht als Emissionen im Sinne einer Luftverunreinigung bewertet.

4.2 Ablauf der Holzverbrennung

4.2.1 Trocknung und Entgasung

Die Verbrennung von Holz ist ein komplexer Vorgang, der in mehreren Stufen abläuft (Abbildung 4-1). Die Verbrennung beginnt mit der Trocknungs- und Entgasungsphase.

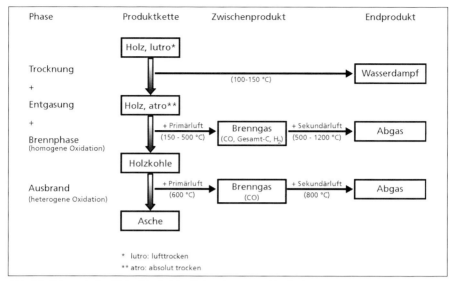

Abb. 4-1: Schematischer Verlauf der bei der Holzverbrennung ablaufenden Vorgänge

Das Holz gibt in der heißen Brennkammer zunächst das Wasser ab. Bei lufttrockenem Holz sind dies etwa 15 bis 20 % der Brennstoffmasse, bei feuchter Rinde oder waldfrischen Hackschnitzeln kann die zu verdampfende Wassermenge auch mehr als die Hälfte des Brennstoffgewichts ausmachen. Da für die Verdampfung des Wassers Energie benötigt wird, verringert sich mit steigendem Wasser- oder Feuchtegehalt des Holzes sein Heizwert (siehe Abschnitt 3.1). Während des Trocknungsvorganges erwärmt sich das Holz zunächst kaum über 100 °C, d. h. über den Siedepunkt des Wassers hinaus. Erst wenn das am Brennstoff anhaftende oder in den Hohlräumen der Zellen befindliche Wasser verdampft ist, steigt die Temperatur weiter an. Jetzt wird auch das chemisch-physikalisch an die Holzsubstanz gebundene Wasser verdampft.

Bereits ab Temperaturen über 60 °C werden aus der Holzsubstanz erste organische Abbauprodukte in Spuren freigesetzt. Die eigentliche thermische Zersetzung der Holzsubstanz beginnt jedoch erst zwischen etwa 160 bis 180 °C (Pyrolyse- oder Entgasungsphase). Die thermische Zersetzung erfaßt zunächst das Lignin und die Polyosen, während die Cellulose diesbezüglich merklicher stabiler ist (Abbildung 4-2). Die thermischen Abbaureaktionen nehmen mit steigender Temperatur immer stärker zu. Auch die zunächst größeren Zwischenprodukte der thermischen Zersetzung werden zu kleineren Molekülen abgebaut. Ab etwa 250 °C wird der Zersetzungsvorgang heftig. Jetzt erzeugen die Zersetzungsreaktionen mehr Wärme als sie verbrauchen, d. h. die Reaktionen gehen von der endothermen in die exotherme Phase über. Die Pyrolysereaktionen sind in dieser Phase nicht kontrollierbar und eine Ursache dafür, warum die Verbrennung von Holz in einer chargenweise beschickten Feuerung nicht durch Luftdrosselung geregelt werden kann. Die Entgasungsphase dauert bis etwa 600 °C an. Dann hat lufttrockenes Holz rund 85 % seiner Masse in Form von Wasserdampf, Kohlendioxid und brennbaren gasförmigen Stoffen verloren. Es verbleibt eine energiereiche Holzkohle.

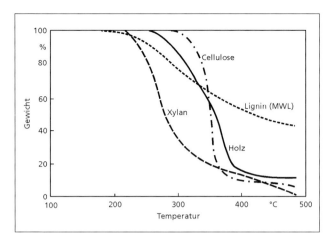

Abb. 4-2: Thermische Zersetzung von Holz als Funktion der Pyrolysetemperatur (Quelle: Hellwig 1988)

Während der Entgasungsphase werden rund 70 % des Heizwertes von Holz freigesetzt. Das bei der Entgasung gebildete Gas enthält als brennbare Bestandteile vor allem Kohlenmonoxid, zahlreiche organische Verbindungen und Wasserstoff. Es ist sehr reaktiv und wird in Gegenwart von Luftsauerstoff unter heftiger Energiefreisetzung zu Kohlendioxid und Wasser oxidiert (Flammenbildung). Werden die Verbrennungsvorgänge an dieser Stelle gestört, z. B. durch vorzeitigen Wärmeentzug dann entsteht ein schadstoffreiches und geruchsintensives Abgas. Außerdem bilden sich schwerflüchtige organische Stoffe in Form von Ruß und Teer, welche Teile der Feuerungsanlage verstopfen können. Wesentliche Aufgabe des Konstrukteurs und Betreibers einer Holzfeuerung ist es daher, einen möglichst ungestörten Ausbrand der Brenngase zu erreichen. Im Idealfall wären dann im Abgas nur noch die vollständigen Oxidationsprodukte des Kohlenstoffs und des Wasserstoffs, d. h. das Kohlendioxid und das Wasser nachweisbar. In der Praxis ist eine vollständige Verbrennung nicht erreichbar. Realistisches Ziel kann daher nur die Unterschreitung bestimmter Emissionswerte für unvollständige Verbrennungsprodukte sein. Leitkomponenten für die Vollständigkeit des Ausbrandes sind das Kohlenmonoxid und die Summe der gasförmigen organischen Stoffe (organisch Gesamt-C).

4.2.2 Verbrennung (Oxidation) der Brenngase

Die Reaktionen in der Flamme laufen über sogenannte Radikale ab. Hierbei handelt es sich um Moleküle oder Atome, die ungepaarte Elektronen enthalten. Diese Radikale entstehen bei höheren Temperaturen aus „normalen" Molekülen oder durch Reaktionen mit bereits vorhandenen Radikalen. Es handelt sich um sehr reaktive Elementarteilchen. In dieser Phase ist es notwendig, ausreichend Luftsauerstoff zuzuführen und mit dem Brenngas gut zu vermischen. Erste Voraussetzung für einen guten Ausbrand ist somit eine ausreichende Luftzufuhr, denn für die Oxidation des Holzes wird Luftsauerstoff benötigt. Die für eine vollständige Verbrennung erforderliche Sauerstoff- bzw. Luftmenge läßt sich berechnen. Chemisch läßt sich die Oxidation von Holz durch folgende Reaktionsgleichung beschreiben:

$C_1H_{1,4}O_{0,66}$ + 1,04 O_2 → CO_2 + 0,7 H_2O + Energie
Holz   Sauerstoff   Kohlendioxid   Wasser

Aus dieser Gleichung läßt sich berechnen, daß 1,39 Kilogramm Sauerstoff erforderlich sind, um ein Kilogramm absolut trockenes Holz zu verbrennen. Dies entspricht bei normalem Luftdruck (1013 hPA) und einer Temperatur von 0 °C einem Volumen von 0,97 Kubikmetern Sauerstoff. Da Luft nur zu 21 Volumen-% aus Sauerstoff besteht, sind für die Verbrennung von 1 Kilogramm Holz somit 4,62 Kubikmeter Luft erforderlich. Ist das Verhältnis von brennbarer Substanz und Luftsauerstoff ausgeglichen, wie in obiger Reaktionsgleichung dargestellt, dann spricht man von stöchiometrischer Verbrennung. In der Praxis erfolgt die Luftzugabe stets überstöchiometrisch, d.h. es wird mehr Luft zugegeben, als für die Verbrennung eigentlich erforderlich wäre. Zu hoch darf der Luftüberschuß aber nicht sein, da dann unnötige Wärmeverluste über das Abgas auftreten.

Das Verhältnis zwischen der tatsächlich vorhandenen und der theoretisch erforderlichen Luftmenge wird als Luftzahl Lambda (λ-Zahl) bezeichnet. Bei stöchiometrischer Verbrennung hat Lambda den Wert von 1,0. Gasfeuerungen, wo eine gute Durchmischung von Brenngas und Luft möglich ist, werden auf eine λ-Zahl knapp oberhalb von 1,0 betrieben. Bei der mehrstufigen Holzverbrennung sind derartig günstige Bedingungen nicht erreichbar. Gut eingestellte Holzfeuerungen weisen im Nennlastbetrieb eine λ-Zahl zwischen 1,4 und 2,0 auf. Weitere Faktoren für einen guten Ausbrand der Brenngase sind eine gute Durchmischung von Brenngas und Luft und eine ausreichende Reaktionszeit („Verweildauer").

4.2.3 Verbrennung (Oxidation) der Holzkohle

Das Endprodukt der Entgasung von Holz und anderen Biobrennstoffen ist Holzkohle oder Koks. Dieser kohlenstoffreiche Rückstand verbrennt bei Temperaturen über 600 °C (Ausbrandphase). Die Verbrennung von Holzkohle erfolgt im Gegensatz zur Entgasungsphase des Holzes praktisch flammlos. Die Oxidation der Holzkohle setzt nochmals rund 30 % des Heizwertes von Holz frei. Am Ende der Verbrennung verbleibt die Holzasche. Ihr Anteil liegt bei etwa 0,5 bis 1 % der Holzmasse. Die Unterschiede im Brennverhalten von Brenngas und Holzkohle sind beträchtlich.

Die Holzkohle ist ein poröser Festbrennstoff, der zu etwa 90 % aus Kohlenstoff besteht. Er verbrennt wesentlich weniger heftig als das Brenngas. Chemisch gesehen handelt es sich um eine heterogene Festphasenoxidation, bei der der reaktive, gasförmige Sauerstoff die Oberfläche der Holzkohle erreichen muß. Es entsteht zunächst Kohlenmonoxid, die noch nicht vollständig oxidierte Sauerstoffverbindung des Kohlenstoffs. Das gebildete Kohlenmonoxid wird dann in einer zweiten Stufe zum Kohlendioxid oxidiert. Das Kohlendioxid diffundiert zum Teil zurück an die Oberfläche. Hier reagiert es mit dem Kohlenstoff zu Kohlenmonoxid (Boudouard-Reaktion):

2 C + O_2 → 2 CO
Kohlenstoff   Sauerstoff   Kohlenmonoxid

2 CO + O_2 → 2 CO_2
Kohlenmonoxid   Sauerstoff   Kohlendioxid

CO_2 + C → 2 CO
Kohlendioxid   Kohlenstoff   Kohlenmonoxid

Die Holzfeuerung verhält sich in dieser Phase wie eine mit einem gasarmen Festbrennstoff (Koks oder Anthrazitkohle) betriebene Anlage.

Wichtig ist zu wissen, daß Holz ein gasreicher Festbrennstoff ist, also eine Zwitternatur aufweist. Eine für diesen Brennstoff ausgelegte Feuerung muß daher sowohl die Bedingungen erfüllen, die für eine Gasfeuerung gelten als auch die Merkmale aufweisen, die für eine „echte" Feststofffeuerung erforderlich sind.

Der stufenweise Verlauf der Verbrennung läßt sich gut am Verlauf der Kohlendioxidkonzentration im Abgas einer chargenweise beschickten Feuerung erkennen (Abbildung 4-3). Bei Aufgabe von rund 10 kg lufttrockenem Holz auf ein bestehendes Glutbett in die heiße Brennkammer eines kleinen Durchbrandkessels ist die Trocknungsphase relativ kurz. Bereits 2 bis 3 Minuten nach Aufgabe der Brennholzcharge setzten die Entgasungsreaktionen ein, verbunden mit Flammenbildung und einem steilen Anstieg der CO_2-Konzentrationen. Nach etwa 15 Minuten erreichen die Verbrennungsvorgänge und damit die CO_2-Werte ein Maximum, was etwa 10 Minuten anhält. Danach nehmen die CO_2-Werte ab und gehen in ein langsam abfallendes Niveau bei deutlich geringeren Konzentrationen als in der Entgasungsphase über. Nach etwa 1 Stunde sind mehr als 95 % des Holzes verbrannt. Auch der Verlauf der Temperatur im Abgas hinter der Brennkammer spiegelt die geschilderten Vorgänge wieder. Bei anderen Feuerungstypen wird der Brennstoff kontinuierlich zugeführt. Hier laufen die Verbrennungsphasen in der Brennkammer parallel ab, d. h. räumlich und nicht zeitlich getrennt. Bei einer Einblasfeuerung beginnt die Trocknung mit dem Eintritt des Brennstoffs in die Brennkammer, danach folgt im Fluge durch die Brennkammer die Entgasungsphase und zum Schluß die Ausbrandphase. Bei einer Rostfeuerung sind die einzelnen Zonen nacheinander auf dem in der Regel beweglichen Rost angeordnet. Abbildung 4-4 zeigt diese Abläufe schematisch am Beispiel einer Schrägrostfeuerung.

Dem mehrstufigen Verbrennungsablauf des Holzes wird dadurch Rechnung getragen, daß die Verbrennungsluft stufenweise zugeführt wird. Die Mindestanforderung für eine Holzfeuerung ist eine zweistufige Luftzugabe, die als Primär- und Sekundärluft bezeichnet wird. Bei einigen Feuerungen gibt es auch eine dritte Luftstufe, die sogenannte Tertiärluft.

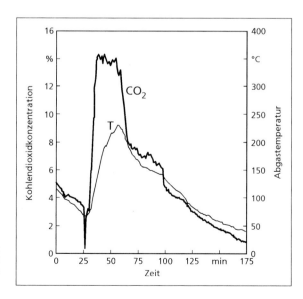

Abb. 4-3: Verlauf der Temperatur und Kohlendioxidkonzentration im Abgas einer chargenweise beschickten Holzfeuerung

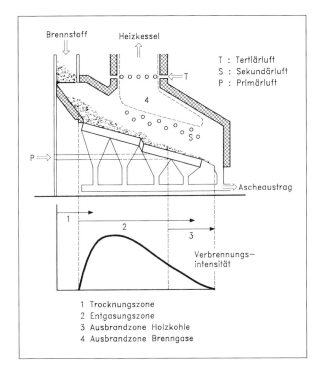

Abb. 4-4: Räumliche Differenzierung der verschiedenen Phasen des Verbrennungsvorgangs von Holz bei einer Schrägrostfeuerung

4.3 Kohlenmonoxid- und Kohlenwasserstoffemissionen

Zwischenprodukte des Entgasungs- und Verbrennungsvorgangs sind vor allem das Kohlenmonoxid und zahlreiche organische Verbindungen. Sie lassen sich im Abgas von Holzfeuerungen stets nachweisen, allerdings in unterschiedlichen Konzentrationen. Erhöhte Kohlenmonoxidemissionen sind bei einer Holzfeuerung stets Folge eines unvollständigen Ausbrandes. Kleinere, handbeschickte Holzfeuerungen mit unzulänglicher Luftregelung weisen im Emissionsmaximum z. T. recht hohe Emissionswerte auf (CO: 1.000 bis 3.000 mg/m^3; Gesamt-C: 50 bis 200 mg/m^3). Durch eine kontinuierliche Brennstoffzufuhr, eine optimierte Luftzufuhr und verbesserte Ausbrandbedingungen lassen sich diese Emissionen deutlich vermindern. Stand der Technik bei modernen Feuerungsanlagen mit kontinuierlicher Brennstoffbeschickung sowie gestufter und geregelter Luftzufuhr ist heute die gesicherte Einhaltung des Grenzwertes der TA Luft für Kohlenmonoxid von 250 mg/m^3 im Nennlastbereich, das heißt bei Betrieb im obersten Bereich der Leistung, für welche die Feuerung ausgelegt wurde. Unter besonders günstigen Bedingungen, d. h. in gut konstruierten und mit hochwertiger Regelungstechnik ausgerüsteten Anlagen, lassen sich auch CO-Werte unter 100 mg/m^3 erreichen. Die Emissionswerte für Kohlenwasserstoffe liegen dann häufig bereits im Bereich der Nachweisgrenze (1 bis 2 mg/m^3).

Unter dem Sammelbegriff „organisch Gesamt-C" verbirgt sich eine Vielzahl von organischen Verbindungen. Die ganze Vielfalt der Verbindungen zeigt das Gaschromatogramm einer Abgasprobe (Abbildung 4-5).

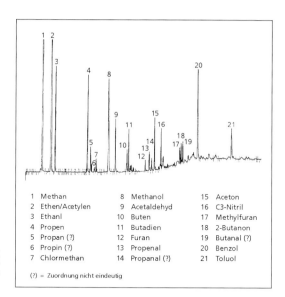

Abb. 4-5: Gaschromatogramm einer Abgasprobe bei unzulänglichem Ausbrand von Holz mit niedermolekularen Kohlenwasserstoffen

1	Methan	8	Methanol	15	Aceton
2	Ethen/Acetylen	9	Acetaldehyd	16	C3-Nitril
3	Ethanl	10	Buten	17	Methylfuran
4	Propen	11	Butadien	18	2-Butanon
5	Propan (?)	12	Furan	19	Butanal (?)
6	Propin (?)	13	Propenal	20	Benzol
7	Chlormethan	14	Propanal (?)	21	Toluol

(?) = Zuordnung nicht eindeutig

Die dominierenden Kohlenwasserstoffe sind C_1-, C_2- und C_6-Verbindungen, d. h. aus ein, zwei oder sechs Kohlenstoffatomen aufgebaute Verbindungen. Sie entstehen in sauerstoffarmen Bereichen der Flamme über entsprechende Kohlenwasserstoffradikale. Bei den stabilen, im Abgas beständigen C_1-Verbindungen handelt es sich um Methan und Methanal (Formaldehyd; hier nicht erkennbar), bei den C_2-Verbindungen um Ethan, Ethen, Ethin und Ethanal (Acetaldehyd). Diese Verbindungen machen etwa 70 bis 80 % der Gesamtmasse an organischen Verbindungen aus. Höhere siedende Kohlenwasserstoffe sind in Abbildung 4-6 zu erkennen. Die niedermolekularen C_1- und C_2-Kohlenwasserstoffe sind im Gaschromatogramm nicht aufgelöst und verbergen sich unter dem Anfangspeak. Die wichtigste C_6-Verbindung, das Benzol, ist dagegen erkennbar (Peak 1). Es hat einen Anteil an der Gesamtmasse der Kohlenwasserstoffe zwischen 5 und 10 %. Die meisten weiteren Verbindungen sind kondensierte Aromaten, die sich vom Benzol ableiten lassen. Vielfach enthalten sie Methyl- und Ethyl-Seitengruppen, d. h. sie sind entstanden durch Reaktion von C_6-Radikalen mit C_1- und C_2-Radikalen. Je komplexer die Moleküle sind, um so geringer ist auch ihr Anteil am organischen Gesamt-C. Polyaromatische Kohlenwasserstoffe (PAK) oder Dioxine treten daher bezogen auf die Gesamtmasse der emittierten organischen Verbindungen nur in Spuren auf.

Niedrige Kohlenwasserstoffemissionen sind bei der Holzverbrennung besonders wichtig, denn diese Stoffe sind für Geruch und Toxizität der Abgase verantwortlich. Ein guter Ausbrand verhindert somit eine Belästigung oder Gefährdung der Nachbarschaft durch geruchsintensive Abgase.

Voraussetzung einer vollständigen Verbrennung von Holz sind folgende Bedingungen in der Ausbrandzone der Feuerung:

– ausreichend hohe Temperatur (mindestens 800 °C)
– ausreichende Verweilzeit (mindestens 2 Sekunden bei 800 °C)
– genügend Luftsauerstoff durch Primär- und Sekundärluftzufuhr
– gute Durchmischung von Brenngas und Sekundärluft

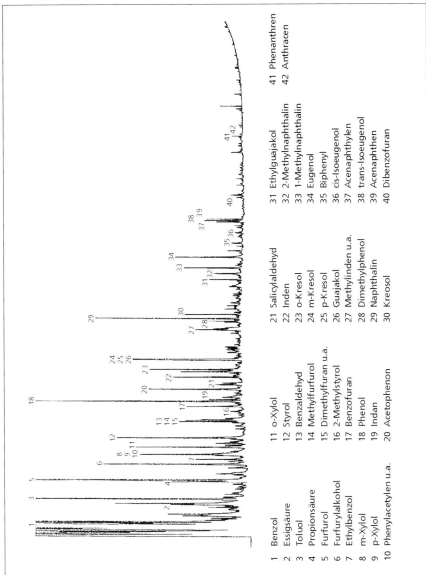

Abb. 4-6: Gaschromatogramm einer Abgasprobe bei unzulänglichem Ausbrand von Holz mit höhermolekularen Kohlenwasserstoffen

Im englischsprachigen Bereich werden die Vorbedingungen für einen guten Ausbrand durch die 3 T-Regel verdeutlicht: Temperature, Time and Turbulence. Auf Details bei der Umsetzung der Minderungsmaßnahmen in die Praxis wird in Kapitel 11 näher eingegangen.

4.4 Stickstoffoxidemissionen

Stickstoffoxide und Aschepartikel lassen sich durch Optimierung des Ausbrandes vermindern, aber nicht grundsätzlich verhindern. Sie sind unvermeidbare Bestandteile des Abgases von Holz- und Biomassefeuerungen.

Stickstoffoxide (NO_x) ist der Oberbegriff für die beiden Oxide des Stickstoffs: Stickstoffmonoxid NO und Stickstoffdioxid NO_2. Auch Distickstoffoxid N_2O (Lachgas) gehört im weiteren Sinn zu den sauerstoffhaltigen Stickstoffverbindungen. Bei Konzentrationsangaben wird unabhängig von der tatsächlichen Zusammensetzung des Abgases NO_x als NO_2 berechnet. Die Stickoxide werden auf dreierlei Weisen gebildet:
- Thermisches NO_x
- Chemisches NO_x
- Prompt-NO_x

Thermisches NO_x: Bei Temperaturen oberhalb 1300 °C reagieren der Luftstickstoff und der Luftsauerstoff miteinander unter Bildung von Stickstoffmonoxid. Diese Umsetzung läßt sich formell durch folgende Reaktionsgleichung darstellen:

N_2 + O_2 → 2 NO
Stickstoff   Sauerstoff   Stickstoffmonoxid

Die Bildungsreaktion nimmt mit steigender Temperatur stark zu (Abbildung 4-7). Da die kritische Verbrennungstemperatur von >1300 °C bei Holzfeuerungen nicht erreicht wird, spielt die Bildung von thermischen NO_x hier praktisch keine Rolle.

Chemisches NO_x: Holz enthält geringe Mengen an organisch gebundenem Stickstoff (0,2 bis 0,5 %). Bei der Verbrennung wird der gebundene Stickstoff zunächst als gasförmiger Ammoniak oder Cyanwasserstoff freigesetzt. Diese Stickstoffverbindungen werden im weiteren Verlauf der Verbrennung teilweise zu Stickoxiden oxidiert. Diese Art der Bildung ist bei der Verbrennung von Holz die wesentliche Ursache der Stickoxidemissionen. Die Bildung von chemischem NO_x nimmt ebenfalls mit der Temperatur zu, wenn auch weniger stark als bei der von thermischen NO_x

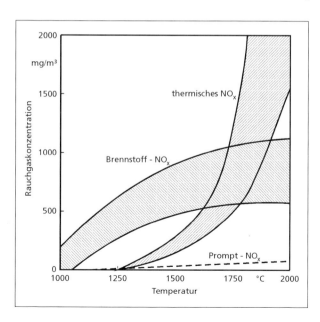

Abb. 4-7: Zusammenhang zwischen der Flammentemperatur und den verschiedenen Arten der NO_x-Bildung

(Abbildung 4-7). Sie ist vor allem bedeutsam bei gewerblichen Holzabfällen, die Klebstoffe und Beschichtungsmittel stickstofforganischer Natur enthalten. So können beschichtete Holzwerkstoffe Stickstoffgehalte erreichen, die mit 3 bis 5 % deutlich über dem Wert des reinen Holzes (0,2 bis 0,5 %) liegen.

Prompt-NO$_x$: Stickstoffoxid entsteht bei diesem Bildungsweg über Zwischenverbindungen, die aus kohlenstoffhaltigen Radikalen und Luftstickstoff in heißen, sauerstoffarmen Bereichen der Flamme gebildet und danach oxidiert werden:

HC*	+	N$_2$	→	HCN	+	N*
HC-Radikal		Stickstoff		Cyanwasserstoff		Stickstoffradikal

2 HCN	+	2 O$_2$	→	2 NO	+	CO	+ H$_2$O
Cyanwasserstoff		Sauerstoff		Stickstoffmonoxid		Kohlenmonoxid	Wasser

Diese Art der Bildung hat bei Holzfeuerungen ebenso wie die thermische Stickoxidbildung keine nennenswerte Bedeutung.

Bestimmend für die Bildung von Stickoxiden ist somit stets der Gehalt des Holzes an organisch gebundenem Stickstoff. Die Stickstoffoxidemissionen nehmen jedoch nicht proportional mit dem Stickstoffgehalt des Brennstoffs zu. Wie Abbildung 4-8 zeigt, ist die relative Bildung von Stickoxiden bei hohem Stickstoffgehalt deutlich geringer als bei niedrigem Stickstoffgehalt. Ursächlich hierfür sind in der Flamme ablaufende Konkurrenzreaktionen. Die Oxidation des organisch gebundenen Stickstoffs erfolgt nämlich keineswegs direkt. Als erste Produkte der thermischen Zersetzung von stickstofforganischen Verbindungen entstehen Amine, vornehmlich das NH$_2$-Radikal. Dieses reagiert mit bereits gebildeten Stickstoffoxidradikalen unter Bildung von Stickstoff:

R-NH$_2$	→	NH$_2$*	+	R*
org. Stickstoffverbindung		Aminradikal		Kohlenwasserstoffradikal

NH$_2$*	+	NO*	→	N$_2$	+	H$_2$O
Aminradikal		Stickstoffoxidradikal		Stickstoff		Wasser

Bei der Verbrennung von naturbelassenen Holzresten sind Stickoxidemissionen zwischen 100 und 200 mg/m^3 zu erwarten. Die stickstoffreichere Rinde und andere pflanzlichen Brennstoffe ergeben Werte bis

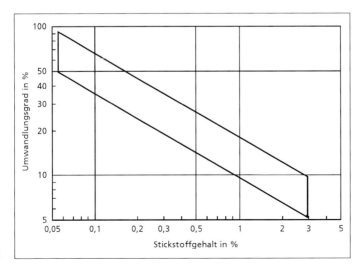

Abb. 4-8: Umwandlungsgrad von gebundenem Brennstoffstickstoff in Stickstoffoxide (Quelle: Nussbaumer 1989)

300 mg/m³. Bei der Verbrennung von Holz und Holzwerkstoffresten, die stickstofforganische Bindemittel, Anstrichstoffe und Beschichtungsmittel enthalten, sind deutlich höhere Emissionswerte möglich (bis über 1.000 mg/m³), sofern keine Gegenmaßnahmen getroffen werden.

Durch gestufte Luftführung und Abgasrezirkulation ist es auch bei stickstoffreichen Brennstoffen möglich, die Emissionswerte der TA Luft von 500 mg/m³ für Stickstoffoxide gesichert einzuhalten. Um noch niedrigere NO_x-Werte zu erreichen, z. B. die Grenzwerte der 17. BImSchV von 200 mg/m³ sicher einzuhalten, sind sekundäre Entstickungsmaßnahmen notwendig. Hierauf wird in Kapitel 11 weiter eingegangen.

4.5 Emissionen von Schwefeloxiden und Halogenwasserstoffen

Schwefeloxide (SO_2, SO_3) sowie gas- und dampfförmige Halogenverbindungen (HCl, HF) werden gebildet, wenn der Brennstoff Schwefel- oder Halogenverbindungen enthält. Am einfachsten ist die Bildung von Schwefeloxiden aus elementaren Schwefel oder aus Pyrit zu erklären, wie es bei Kohle der Fall ist. Diese Schwefelverbindungen werden durch Luftsauerstoff zu Schwefeldioxid oxidiert:

S	+	O_2	→	SO_2		
Schwefel		*Sauerstoff*		*Schwefeldioxid*		
2 FeS	+	3 O_2	→	2 SO_2	+	2 FeO
Pyrit		*Sauerstoff*		*Schwefeldioxid*		*Eisenoxid*

Holz enthält nur geringe Mengen an Schwefel (Tabelle 3-3). Auch liegt ein Teil des Schwefels in bereits oxidierter Form als Sulfat vor. Bei den holzfremden Zusatzstoffen haben Schwefelbestandteile eine in der Regel ebenfalls geringe Bedeutung. Im wesentlichen handelt es sich hier um Sulfate, z. B. als Calciumsulfat (Gips) in Anstrichstoffen und als Ammoniumsulfat in Klebstoffen. Aus dem sulfatischen Verbindungen wird Schwefeldioxid durch komplexe Reaktionen („Thermohydrolyse") bei hohen Temperaturen freigesetzt. Der Umwandlungs- oder Konvertierungsgrad von Sulfatschwefel in Schwefeldioxid ist nicht vollständig. Die Emission von Schwefeloxiden ist bei Holzfeuerungen daher anders als bei Kohlefeuerungen sowohl wegen der geringen Gehalte als auch wegen der unvollständigen Konvertierung von zumeist untergeordneter Bedeutung. Gemessene Werte liegen in der Regel um oder unter 100 mg/m³.

Anorganische Chlorverbindungen setzen Chlorwasserstoffe durch Thermohydrolyse frei. Der Umwandlungsgrad ist wie für das Schwefeldioxid bei den Sulfaten unvollständig. Anders sieht es bei chlororganischen Verbindungen aus. Hier wird bei erhöhter Temperatur (bei PVC z. B. ab 150 °C) Chlorwasserstoff direkt aus dem Molekül abgespalten („eliminiert"). Die alkalische Holzasche und die Eisenteile der Feuerung sind zwar in der Lage, gewisse Teile der sauren Halogenverbindungen zu binden, doch ist bei nennenswerten Anteilen an organischen Chlorverbindungen davon auszugehen, daß diese weitgehend vollständig als Chlorwasserstoff in das Rauchgas überführt werden. So reicht weniger als 0,1 % PVC im Brennstoff bereits aus, um den Emissionswert für Chlorwasserstoff nach der TA Luft '86 von 30 mg/m³ im Abgas zu überschreiten.

Fluorverbindungen sind im naturbelassenen Holz nur im Spurenbereich enthalten. Wesentliche Fluoreinträge sind bei bestimmten Holzschutzmitteln zu erwarten. Durch Thermohydrolyse wird aus den anorganischen Fluorsalzen ein Teil des Halogens als Fluorwasserstoff freigesetzt. Ansonsten gilt gleiches wie bei Chlorwasserstoff. Fluororganische Kunststoffe sind bei Holzabfällen bedeutungslos.

4.6 Dioxine

Dioxine ist der Oberbegriff für eine Gruppe hochtoxischer Chloraromaten. Diese Verbindungen erlangten in Zusammenhang mit dem Chemieunglück von 1976 in Seveso/ Oberitalien weltweite Aufmerksamkeit. Leider treten sie nicht nur als Nebenprodukte von Produktionsprozessen der Chlorchemie auf, sondern sind auch nahezu unvermeidliche Bestandteile von Feuerungsabgasen. Hier sind sie zum einen auf Verunreinigungen des Brennstoffs mit Vorläuferverbindungen, sogenannten Präkursoren, zurückzuführen. Zum anderen kann es in der Feuerungsanlage unter bestimmten Bedingungen zur Neubildung (De-Novo-Synthese) von Dioxinen kommen.

Bei den Dioxinen handelt es sich um den vereinfachten Sammelbegriff für eine Gruppe polychlorierter aromatischer Verbindungen. Die vollständige Bezeichnung dieser Gruppe ist polychlorierte Dibenzo-p-dioxine (PCDD) und Dibenzofurane (PCDF). Grundkörper der Substanzen sind zwei aromatische Ringe, die durch ein bzw. zwei Sauerstoffbrücken miteinander verbunden sind: Dibenzodioxin und Dibenzofuran. Die Ringe weisen insgesamt acht Positionen auf, die gebundenes Chlor enthalten können. Insgesamt ergeben sich so 210 Einzelverbindungen, sogenannte Kongenere (Abbildung 4-9). Unrühmliche Bekanntheit erwarb sich dabei das 3 4 7 8 Tetrachloro-dibenzodioxin (TCDD) als sogenanntes „Seveso-Dioxin". Es ist hochgiftig und zudem sehr dauerhaft in der Umwelt. Andere Dioxine haben eine geringere Toxizität. Die Dioxinwerte im Abgas von Feuerungen werden daher nicht an ihrer tatsächlichen Konzentration bemessen, sondern an der Toxizität bezogen auf das TCDD. Hierbei wird die Toxizität des TCDD mit dem Faktor 1 bewertet, andere Dioxine erhalten in der Regel niedrigere Faktoren (Tabelle 4.1). Aus den aufsummierten Konzentrationswerten der Dioxine, multipliziert mit ihrem Toxizitätsfaktor, ergibt sich eine Konzentration als Toxizitätsäquivalent (TE: Toxicity equivalence). Der Grenzwert für Anlagen der 17. BImSchV beträgt z. B. 0,1 ng TE/m^3.

Die Dioxine können zum einen als Brennstoffverunreinigungen, zum andern über Vorläuferverbindungen („Präkursoren") in die Feuerung gelangen. Präkursoren für Dioxine sind z. B. chlorierte Aromaten. Sie werden während der Verbrennung durch

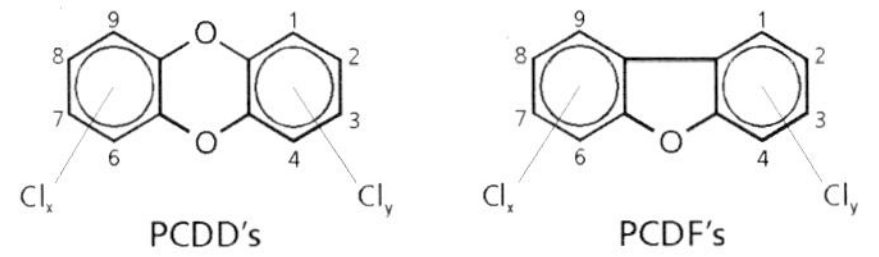

Anzahl Chloratome	Dibenzodioxin	Anzahl Isomere	Dibenzofuran	Anzahl Isomere
1	Monochlor- (MCDD)	2	Monochlor- (MCDF)	4
2	Dichlor- (DCDD)	10	Dichlor- (DCDF)	16
3	Trichlor- (TrCDD)	14	Trichlor- (TrCDF)	28
4	Tetrachlor- (TeCDD)	22	Tetrachlor- (TeCDF)	38
5	Pentachlor- (PeCDD)	14	Pentachlor- (PeCDF)	28
6	Hexachlor- (HxCDD)	10	Hexachlor- (HxCDF)	16
7	Heptachlor- (HpCDD)	2	Heptachlor- (HpCDF)	4
8	Octachlor- (OCDD)	1	Octachlor- (OCDF)	1
		$\Sigma = 75$		$\Sigma = 135$

Abb. 4-9: Strukturformeln der polychlorierten Dibenzofurane (PCDF) und Dibenzodioxine (PCDD) mit Zahl der möglichen Isomeren

Tabelle 4-1: Internationale Äquivalenzfaktoren (TEF) für PCDD und PCDF

Verbindung	TEF
2,3,7,8-TCDD	1,0
2,3,7,8-Penta-CDDs	0,5
2,3,7,8-Hexa-CDDs	0,1
2,3,7,8-Hepta-CDDs	0,01
Okta-CDDs	0,001
Mono-, Di-, Tri-, andere Tetra-, Hexa- und Hepta-CDDs	0
2,3,7,8-TCDF	0,1
1,2,3,7,8-Penta-CDFs	0,05
2,3,7,8-Penta-CDFs	0,5
2,3,7,8-Hexa-CDFs	0,1
2,3,7,8-Hepta-CDFs	0,01
Okta-CDFs	0,001
Mono-, Di-, Tri-, andere Tetra-, Hexa- und Hepta-CDFs	0

thermische Reaktionen in Dioxine überführt. Eine solche Vorläuferverbindung ist bei behandelten Holzbrennstoffen das Pentachlorphenol (PCP), welches über viele Jahre ein gebräuchliches Holzschutzmittel war. PCP enthält als technische Verunreinigungen darüber hinaus vielfach nennenswerte Mengen an Dioxinen. Dennoch wird die Bedeutung von PCP im Brennstoff hinsichtlich der Dioxinemissionen überschätzt. Chloraromaten wie PCP oder Dioxine sind zwar relativ stabile organische Verbindungen, doch werden auch sie bei Temperaturen oberhalb 500 °C in Gegenwart von Sauerstoff oxidativ zerstört. Bei einer Temperatur oberhalb 800 °C erfolgt diese Zerstörung wie auch die anderer Kohlenwasserstoffe sehr schnell. Eine erhöhte Dioxinemission bei der Verbrennung PCP-behandelter Hölzer ist daher nur bei unzureichendem Ausbrand zu erwarten.

Wesentlich bedeutsamer in Hinblick auf die Dioxinemission von Feuerungen ist die De-novo-Synthese. Sie ist die Bezeichnung für den Bildungsweg von Dioxinen im Temperaturbereich zwischen etwa 250 und 450 °C.

Voraussetzung für diese De-Novo-Synthese sind die Anwesenheit von Chlor- und Kohlenstoffverbindungen im Brennstoff oder im Abgas sowie die Gegenwart von Sauerstoff. Diese Vorbedingungen sind bei Feststoffeuerungen für Holz und Biomasse stets gegeben. Die Gefahr einer Dioxinbildung durch De-Novo-Synthese nimmt allerdings mit dem Gehalt an Chlor im Brennstoff zu. Naturbelassenes Holz mit sehr geringem Chlorgehalt (10 bis 300 mg/kg) wird daher bei der Verbrennung deutlich geringere Emissionen von Dioxinen verursachen als chlorreicheres Rest- oder Gebrauchtholz. Die De-Novo-Synthese kann bereits im Abgasstrom an die mitgeführten Aschepartikeln stattfinden, bedeutsamer ist jedoch die Bildung in Staubablagerungen. Derartige Staubablagerungen finden sich in den Wärmetauschern und Entstaubungseinrichtungen. Werden diese im kritischen Temperaturbereich betrieben, dann ist die Dioxinbildung unvermeidlich. Eine wesentliche und lange Zeit unerkannte Ursache erhöhter Dioxinemissionen waren daher Elektrofilter zur Staubabscheidung, die bei Temperaturen um 250 °C betrieben wurden. Verschiedene Untersuchungen haben gezeigt, daß die Dioxinkonzentrationen bei derartigen Anlagen im ungereinigten Rohgas vor dem E-Filter erheblich niedriger lagen als im gereinigten Abgas hinter dem Filter.

Um die Dioxinemissionen gering zu halten, sind bei Holzfeuerungen daher zwei Maßnahmen unbedingt zu beachten:
– guter Ausbrand
– weitgehende Vermeidung der Bedingungen der De-Novo-Synthese

So sollten Elektrofilter bei Temperaturen unterhalb 220 °C betrieben werden. Abgase mit höheren Temperaturen lassen sich durch Einsprühen von Wasser quenchen. Völlig vermeiden läßt sich die Dioxinbildung jedoch nicht, insbesondere bei Einsatz von chlorreichen Brennstoffen.

4.7 Polycyclische aromatische Kohlenwasserstoffe (PAK)

Polycyclische aromatische Kohlenwasserstoffe ist der Sammelbegriff für verschiedene aromatische Verbindungen mit kondensierten Ringsystemen. Abbildung 4-10 zeigt einige dieser PAK. Formal handelt es sich um kondensierte Benzolmoleküle. Wenn kohlenstoffreiche Brennstoffe wie Heizöl, Kohle oder Holz unzulänglich verbrannt werden, lassen sich im Abgas der Feuerung stets PAK nachweisen. Durch guten Ausbrand können sie aber ebenso wie das Kohlenmonoxid und die anderen Kohlenwasserstoffe oxidativ zerstört werden.

Da ein Teil der PAK krebserzeugende Eigenschaften hat, wird ihnen bei der Beurteilung der Schadstoffemissionen eine besondere Bedeutung beigemessen. Die PAK sind bei Holzfeuerungen zwar weniger bedeutsam als bei Kohlenfeuerungen, können aber bei Kleinfeuerungen mit unzulängli-

Tabelle 4-2: Emissionswerte für CO, Benzol, Kohlenwasserstoffe und ausgewählte PAK bei der Verbrennung von Nadelholz im Kaminofen bei offener und geschlossener Brennkammertür[1]

Stoff	Emission in mg/MJ offen	geschlossen
CO	3210	2410
KW (Gesamt)	710	285
Benzol	12	4
PAK: Phenanthren	0,28	0,11
Anthracen	0,059	0,015
Fluoranthen	0,11	0,025
Pyren	0,089	0,017
Benzo(b)fluoren	0,001	0,001
Benzo(a)anthracen	0,025	0,005
Chrysen	0,017	0,004
Benzo(b)fluoranthen	0,014	0,004
Benzo(k)fluoranthen	0,008	0,002
Benzo(a)pyren	0,014	0,004

[1] Brennstoffaufgabe von jeweils 2 kg Nadelholzscheiten mit Feuchte u = 20 %

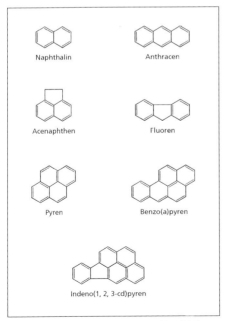

Abb. 4-10: Strukturformeln ausgewählter PAK

chem Ausbrand relativ hohe Emissionswerte ergeben, wie die in Tabelle 4-2 aufgeführten Werte zeigen. PAK können zudem mit dem Brennstoff in die Feuerung eingetragen werden. Erhebliche Brennstoffbelastungen durch PAK sind dann zu erwarten, wenn es sich um mit Steinkohlenteer-Imprägnieröl und Carbolineen getränkte Hölzer handelt. Die Emissionsminderung ist wesentlich einfacher als bei den Dioxinen, denn unerwünschte PAK-Emissionen lassen sich durch guten Ausbrand vermeiden. Eine der De-Novo-Synthese vergleichbare Problematik ist nicht vorhanden.

Es gibt mehrere Hundert verschiedene PAK. Für die Bestimmung der PAK muß daher auf Leitsubstanzen zurückgegriffen werden. Dies ist entweder das Benzo[a]pyren als Einzelverbindung oder eine Gruppe ausgewählter PAK. Es ist eine besonders kanzerogene und verbreitete Verbindung unter den PAK. Als Summenparameter wurde von der amerikanischen Umweltbehörde EPA eine Gruppe von 14 ausge-

Tabelle 4-3: Zusammenstellung von ausgewählten PAK nach EPA

Bezeichnung	Summenformel	Siedepunkt
Naphthalin	$C_{10}H_8$	218 °C
Acenaphtylen	$C_{12}H_8$	260 °C
Acenaphtylen	$C_{12}H_{10}$	278 °C
Fluoren	$C_{13}H_{10}$	293 °C
Phenanthren	$C_{14}H_{10}$	338 °C
Anthracen	$C_{14}H_{10}$	340 °C
Fluoranthen	$C_{16}H_{10}$	383 °C
Benz(a)anthracen	$C_{18}H_{12}$	438 °C
Chrysen	$C_{18}H_{12}$	441 °C
Benzo(b)fluoranthen	$C_{20}H_{12}$	481 °C
Benzo(k)fluoranthen	$C_{20}H_{12}$	481 °C
Benzo(a)pyren	$C_{20}H_{12}$	496 °C
Indeno(1,2,3-cd)pyren	$C_{22}H_{12}$	534 °C
Benzo(ghi)perylen	$C_{22}H_{12}$	542 °C
Dibenz(a,h)anthracen	$C_{22}H_{14}$	535 °C

wählten PAK empfohlen, die als typisch gelten und relativ leicht nachweisbar sind (Tabelle 4-3).

4.8 Ausbrandinhibitoren und -promotoren

Der Verlauf der Verbrennungsreaktionen ist komplex und wurde erst in den letzten Jahren wissenschaftlich durchschaut. So ist heute bekannt, daß es bestimmte Radikale gibt, welche besonders reaktiv sind. Sie bestimmen den Verlauf und die Geschwindigkeit der Abbau- und Oxidationsreaktionen der Kohlenwasserstoffe. Hierzu gehören in Flammen das Wasserstoff- und das Hydroxy-Radikal (H*, OH*). Man bezeichnet sie deswegen auch als Motoren der Verbrennungsreaktionen. Wird ihre Konzentrationen verringert, dann verlangsamt sich auch der Verbrennungsablauf. Man spricht dann von Inhibierung der Verbrennungsreaktionen. Stoffe, die in dieser Weise den Oxidationsvorgang verschlechtern, werden als Ausbrandinhibitoren bezeichnet. Dies ist besonders kritisch beim Kohlenmonoxid, da es spezifisch über die folgende Reaktion zu Kohlendioxid umgesetzt wird:

$$CO + OH^* \rightarrow CO_2 + H^*$$

Kohlen-   Hydroxy-   Kohlen-   Wasserstoff-
monoxid   radikal   dioxid   radikal

Zu den Stoffen, welche die Konzentration an Hydroxyradikalen in der Ausbrandzone vermindern, gehören das Natrium und das Kalium. Beide Elemente sind partiell flüchtig und können dann in die Flammenreaktionen eingreifen. Der Reaktionsablauf ist am Beispiel des Kaliums verdeutlicht:

$$K + OH^* \rightarrow KOH$$

Kaliumatom   Hydroxyradikal   Kaliumhydroxid

Bekannt ist der Inhibitoreffekt seit langem bei der Verbrennung von alkalischen Abfallstoffen der chemischen Industrie. Später wurde auch bei Holzwerkstoffen, welche mit Phenolharzen verleimt sind, dieses Phänomen erkannt. Die Phenolharze enthalten als Stabilisatoren und Härtungsbeschleuniger alkalische Verbindungen des Natriums oder Kaliums, bezogen auf die Holzmasse um 1 %. Wenn mit Phenolharzen gebundene Holzwerkstoffe verbrannt wurden, konnten bei gleichen Ausbrandbedingungen stets deutlich höhere Kohlenmonoxidkonzentrationen gefunden werden, als wenn Holz oder mit anderen Bindemitteln gebundene Holzwerkstoffe verbrannt wurden. Die Inhibierung ließ sich auch durch vergleichende Versuche mit Holzhackschnitzeln nachweisen, welche mit Natriumcarbonatlösung besprüht worden waren. Die behandelten Hackschnitzel ergaben bei der Verbrennung etwa das 2,5fache an Kohlenmonoxidemissionen wie die unbehandelten Hackschnitzel. Es gibt Hinweise darauf, daß selbst die Holzasche, die bis etwa 15 % Kaliumcarbonat enthält, diesbezüglich inhibierend wirkt. Dies könnte erklären, warum Feuerungen mit gutem Ausbrand zwar praktisch keine Kohlenwasserstoffemissionen mehr aufweisen, aber immer noch merkliche Kohlenmonoxidemissionen.

Auch Halogene können als Ausbrandinhibitoren wirken. Halogenverbindungen werden daher Kunststoffen als Flammschutzmittel zugesetzt. Die Wirksamkeit nimmt vom Chlor über Brom zum Iod zu. Fluor ist dagegen weitgehend wirkungslos. Bei Holzbrennstoffen ist vor allem das PVC wirksam, wenn es in merklichen Anteilen im Brennstoff vorliegt. Hohe PVC-Gehalte können zu schlechtem Ausbrand und damit zu erhöhten Schadstoffemissionen führen. Dabei kommt es auch zu erhöhter Bildung von Dioxinen. Bei Holzresten mit diesen Zusatzstoffen ist daher eine Abstimmung der den Ausbrand bestimmenden Betriebsparameter besonders wichtig.

Es gibt aber auch Brennstoffbestandteile, welche den Ausbrand fördern. Diese Stoffe werden als Ausbrandpromotoren bezeichnet. Als Ausbrandpromotoren wirken bei Holzbrennstoffen vornehmlich stickstofforganische Bestandteile. Span- und Faserplatten, die mit stickstoffhaltigen Bindemitteln gebunden sind, weisen daher zumeist einen erkennbar günstigeren Ausbrand auf als zum Beispiel das naturbelassene Holz. Es ist wahrscheinlich, daß Stickoxidradikale die Ausbrandreaktionen zusätzlich fördern, zum Beispiel formal durch folgende Reaktionsgleichung:

$$2NO^* + CH^* \rightarrow CO_2 + H_2 + N_2$$

Stickoxidradikal   *CH-Radikal*   *Kohlendioxid*   *Wasserstoff*   *Stickstoff*

Meßbar ist, daß Feuerungen, die mit Harnstoffleimharz gebundenen Holzwerkstoffen betrieben werden, etwa 20 bis 50% niedriger Kohlenmonoxid- und Kohlenwasserstoffemissionen aufweisen als Feuerungen, die unter vergleichbaren Bedingungen mit Holz befeuert werden. Es gibt auch spezielle Zusätze zu Brennstoffen, welche den Ausbrand fördern. Diese enthalten katalytisch wirksame, nicht-toxische Schwermetalle, welche positiv in den Ablauf der Verbrennungsreaktionen eingreifen.

5 Sortimente, Aufbereitung, Lagerung und Transport der Brennstoffe

5.1 Brennstoffsortimente

„Brennholz" ist ein Sammelbegriff und beinhaltet die verschiedenen Formen, in denen Holz zur Energiegewinnung anfällt oder angeboten wird. Es wird dabei im wesentlichen unterschieden nach der Größe. Grobstückiges Brennholz wird als Stückholz bezeichnet. Zum Stückholz gehören Meterholz – auch Schicht- oder allgemein Brennholz genannt –, Holzscheite und Holzbriketts. Hackschnitzel und Holzpellets haben eine mittlere Stückigkeit, während Späne, Sägemehl und Stäube zu den feinen Materialien gehören. Diese Einteilung ist durchaus sinnvoll, denn die Stückigkeit des Holzes bestimmt die Art der Lagerung, des Transports, der Förderung und der Feuerungsanlage.

Im engeren Sinne ist Brennholz ein spezielles Segment des Waldholzes, welches bei Durchforstungs- und Pflegemaßnahmen anfällt. Darüber hinaus sind aber auch die Nebenprodukte der Sägewerke sowie schnellwachsendes Plantagenholz („Kurzumtriebsholz") geeignete Materialien für die Energieerzeugung. Diese Holzsortimente sind weitgehend naturbelassen. Davon abzugrenzen sind nicht-naturbelassene Holzsortimente. Hierbei handelt es sich vor allem um Produktionsabfälle der Holzbe- und -verarbeitung sowie um Gebrauchtholz.

5.1.1 Handelssortimente

Als **Meterholz** werden ein Meter lange Abschnitte von Stämmen und Ästen bezeichnet. Ist es in Stößen aufgesetzt (geschichtet), so spricht man von Schichtholz. Meterholz wird entweder im Bestand eingeschnitten, wobei stärkere Abschnitte mittels Spalthammer und Keilen von Hand gespalten werden, oder am Wege. Das dazu notwendige Herausziehen der langen Stämme, das sogenannte „Vorliefern", erfolgt durch Schlepper, so daß hier mechanische Spaltgeräte, z. B. Spalthammergeräte oder Spiralkegelspalter, als Dreipunkt-Anbaugeräte mit Zapfwellenantrieb eingesetzt werden können.

Der Verkauf von Meterholz erfolgt in Raummetern. Ein Schichtraummeter (rm) ist ein Stapel von 1 m x 1 m x 1 m locker aufgeschichtetem Holz und entspricht 0,7 Festmeter (fm). Ein Festmeter ist ein Kubikmeter Holzsubstanz. Ein Raummeter lufttrockenes Laubholz hat je nach Holzart ein Gewicht zwischen 450 und 550 kg, bei lufttrockenem Nadelholz liegt der Wert bei etwa 350 bis 450 kg. Dies entspricht je nach Wirkungsgrad der Feuerung einer Heizölmenge zwischen 190 und 230 l bei Laubholz bzw. zwischen 160 und 200 l bei Nadelholz.

Holzscheite entstehen durch Halbieren, Dritteln oder Vierteln von Meterholz – entsprechend der Brennraumgröße der Feuerungsanlage – mit anschließendem Spalten. Bei kleineren Feuerungen und einem geringen Eigenbedarf kann diese mühsame Arbeit händisch getätigt werden. Der Zuschnitt größerer Mengen erfolgt heute jedoch in der Regel mit Motor-, Kreis- und Bandsägen. Auch beim Spalten haben sich motorische Verfahren durchgesetzt. Die meisten Spalter sind Spaltkeilgeräte, die horizontal oder vertikal arbeiten. Der Spaltkeil wird hydraulisch über einen Hubkolben in das Holz getrieben. Bei vertikalen Spaltern wird das Holz auch gegen einen feststehenden Keil oder eine Klinge gedrückt. Der Antrieb erfolgt z. T. über die Hydraulik oder die Zapfwelle des Schleppers, z. T. auch über einen eignen E-Motor. Die Gerätekosten liegen je nach Größe und Ausstattung zwischen etwa 1.500 und 10.000 EURO. Mit entsprechenden Geräten lassen sich bis etwa 5 Raummeter Holz pro Stunde verarbeiten. Außer den reinen Spaltaggregaten gibt es auch Kombigeräte, welche Holz in zwei Arbeitsschritten halb- oder vollautomatisch schneiden und spalten. Derartige Brennholzmaschinen sind ab etwa 5.000 EURO erhältlich.

Frisch eingeschlagenes Waldholz weist je nach Holzart und Jahreszeit **Feuchtegehalte** zwischen etwa 50 und 120 % auf. Dieser Wert ist für eine energetische Nutzung in Feuerungsanlagen zu hoch. Bei der Lagerung des Meterholzes verdunstet ein Teil des natürlich vorhandenen Wassers. Wird das Meterholz zu Holzscheiten zerkleinert und so gestapelt, daß eine gute Durchlüftung erfolgt, dann trocknet es erheblich schneller ab. Das Holzlager sollte sich möglichst an einer Süd- oder Ostseite eines Gebäudes befinden, da hier die Sonne den Trocknungsvorgang zusätzlich unterstützt. Dabei sollte es vor Regen und Schnee geschützt sein, z. B. durch ein überstehendes Dach oder eine Abdeckung mit einer Folie oder einem Brett. Nach etwa 1 bis 2 Jahren Lagerungsdauer hat das Holz einen Zustand erreicht, der als lufttrocken bezeichnet wird. Der Feuchtegehalt liegt dann je nach Witterung und Temperatur bei 15 bis 25 %. Nadelhölzer trocknen dabei rascher als harte Laubhölzer (Abbildung 5-1). Besonders lange dauert der Trocknungsvorgang bei Eichenholz. Vorgetrocknetes Scheitholz kann vor der endgültigen Nutzung noch einige Tage in einem Innenraum nachtrocknen. Dabei sind die Vorschriften des Brandschutzes zu beachten.

Hackschnitzel (Waldhackschnitzel) oder **Hackgut** sind etwa streichholzschachtelgroße Holzstücke, die durch spezielle Hackmaschinen aus Schwachholz (Holz mit geringem Durchmesser, z. B. Läuterungs- und Erstdurchforstungsmaterial, Kronenholz, Schlagabraum, usw.) oder Sägewerksnebenprodukten erzeugt werden. Die Maßeinheit bei Hackschnitzeln ist der Schüttraummeter (sm^3). Ein Schüttraummeter Hackschnitzel

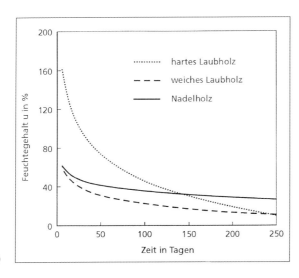

Abb. 5-1: Verlauf des Feuchtegehalts von Scheitholz verschiedener Holzarten bei der Lagerung im gut belüfteten Stapel

entspricht je nach Holzart, Stückigkeit und Feuchte einer Menge von 200 bis 300 kg. Der Energiegehalt liegt bei 40% Feuchte zwischen etwa 2,5 bis 4,0 GJ/Sm³.
Hackschnitzel haben gegenüber dem konventionellen, stückigen Brennholz Vorteile:
– Die Aufarbeitung ist erheblich erleichtert: kein Entasten, Einschneiden, Spalten, Aufsetzen, Vermessen, Auf- und Abladen usw.
– Die Ausbeute wird deutlich erhöht durch die Aufarbeitung auch von Holz unterhalb der Derbholzgrenze, d.h. unter 7 cm Durchmesser.
– Transport, Lagerung und Beschickung der Feuerungsanlage werden durch die Schüttfähigkeit des Brennstoffes erleichtert.
– Die Brennstoffzufuhr kann wie bei einer Ölzentralheizung voll automatisiert entsprechend dem aktuellen Wärmebedarf gesteuert werden.

– Hackgut läßt sich im Vergleich zu Scheitholz auch mit höheren Feuchtewerten als Scheitholz, d.h. bis max. 60% Holzfeuchte- oder 35% Wassergehalt, noch mit befriedigenden Ergebnissen verbrennen.

Die Qualität der Hackschnitzel wird in Österreich durch eine eigene Norm geregelt. Sie teilt das Hackgut in Abhängigkeit von der Größe, dem Wassergehalt, der Schüttdichte und dem Aschegehalt in verschiedene Klassen ein (Tabelle 5-1).
Die in Sägewerken und Schreinereien anfallenden **Sägespäne** und das **Sägemehl** werden entweder lose oder als **Holzbriketts** oder **-pellets** in gepreßter Form angeboten. Die ungepreßten feinen Holzteile müssen in Einblasfeuerungen eingesetzt werden. Günstiger ist der Einsatz in verdichteter Form, denn Briketts und Pellets haben eine höhere Energiedichte als vergleichbare

Tabelle 5-1: Zusammenstellung der Grenzwerte und Bedingungen für die Zuordnung zu den österreichischen Hackgutklassen nach Önorm M7133

A) Hackgutklasse	Zulässige Massenanteile und jeweilige Bandbreite für Teilchengröße (Siebanalyse) in mm				zulässige Extremwerte für Teilchen	
	max. 20%	60 – 100%	max. 20%	max. 4%	max. Querschnitt	max. Länge
G 30	>16	16 – 2,8	2,8 – 1	<1	3 cm²	8,5 cm
G 50	>31,5	31,5 – 5,6	5,6 – 1	<1	5 cm²	12 cm
G 100	>63	63 – 11,2	11,2 – 1	<1	10 cm²	25 cm

	Hackgutklasse	Klassengrenzen	Erläuterungen
B) Wassergehaltsklassen: (Wassergehalt bezogen auf feuchte Masse)	W 20	<20%	„lufttrocken"
	W 30	20 – 30%	„lagerbeständig"
	W 35	30 – 35%	„beschränkt lagerbeständig"
	W 40	35 – 40%	
	W 50	40 – 50%	„feucht"
			„erntefrisch"
C) Schüttdichteklassen: (Angaben für wasserfreien Zustand)	S 160	<160 kg/m³	„geringe Schüttdichte"
	S 200	160 – 250 kg/m³	„mittlere Schüttdichte"
	S 250	>250 kg/m³	„hohe Schüttdichte"
D) Aschegehaltsklassen:	A 1	>1%	„geringer Aschegehalt"
	A 2	1 – 5%	„erhöhter Aschegehalt"

Holzscheite und -hackgut. Die einheitliche Qualität und der niedrige Feuchtegehalt begünstigen zudem die Lagerung und die Verbrennung. Trotz des für die Herstellung notwendigen zusätzlichen Energiebedarfs sind Vorteile gegeben, die diesen Brennstoffformen in jüngerer Vergangenheit eine wachsende Bedeutung verschafft haben. Auf die Technik der Brikettierung wird in Abschnitt 5.2.3 näher eingegangen.

Holzbriketts werden in Längen zwischen 15 und 30 cm angeboten, der Durchmesser liegt bei 7 bis 10 cm. Die DIN 51731 begrenzt den Wassergehalt auf maximal 12 %, der Aschegehalt darf 1,5 % nicht überschreiten. Der Heizwert liegt zwischen 17,5 und 19,5 MJ/kg und damit etwa 10 bis 20 % höher als bei lufttrockenem Scheitholz. Die Norm regelt auch den Gehalt der Holzbriketts an schädlichen Verunreinigungen. In Tabelle 5-2 sind die Grenzwerte für verschiedene Elemente und Verbindungen zusammengefaßt.

Vergleichbarer Herkunft und Zusammensetzung sind Holzpellets. Diese kleinen Presslinge sind zwischen 0,5 und 3 cm lang, der Durchmesser liegt bei 0,5 bis 1 cm. Die Zusammensetzung und der Heizwert entspricht dem der Holzbriketts. Während Briketts wie Scheitholz einsetzbar sind, können Pellets vergleichbar den Hackschnitzeln genutzt werden. Die runden oder eckigen Holzbriketts und Pellets haben den Vorteil, daß sie im Vergleich zu Spänen geringeren Lagerraum benötigen. In Kleinfeuerungsanlagen bis 15 kW Nennwärmeleistung dürfen außer naturbelassenem, stückigem Holz auch Holzbriketts oder -pellets verbrannt werden, sofern sie aus naturbelassenem Holz bestehen. Die Preßlinge werden daher ohne Zusätze von Bindemitteln hergestellt. Für vollautomatische Pelletöfen mit handbefülltem Vorratsbehälter werden die Preßlinge in Papiersäcken handhabbarer Menge verpackt und palettenweise angeboten.

5.1.2 Holzabfälle in holzverarbeitenden Betrieben

In holzverarbeitenden Betrieben des Handwerks fallen Holzreste und -abfälle an, die sich für eine energetische Verwertung anbieten. Da die Entsorgung dieser Hölzer mit Aufwendungen verbunden sind, lassen sich damit nicht nur Öl und Gas substituieren, sondern auch Kosten für die Entsorgung vermeiden. Zudem sind die Hölzer relativ trocken. Sie haben daher einen hohen Heizwert und brauchen nicht zeitaufwendig getrocknet zu werden. Gerade in den Betrieben des Handwerks und der Sägeindustrie bietet sich daher eine solche Lösung der Restholzverbrennung an. Auch bei Holzabfällen, die mit Beschichtungen und Klebstoffen versehen sind, stellt das Holz den weit überwiegenden Anteil der Brennstoffmasse dar. Wer als Tischler oder Möbelbauer also zum Beispiel Verschnittreste von beschichteten Span- und Faserplatten in seinem Betrieb energetisch nutzt, trägt ebenso zur sinnvollen und klimaneutralen Verwertung eines nachwachsenden Rohstoffs bei wie der Privatmann, der sein Haus mit Scheitholz beheizt. Dabei sind aber einige Dinge zu beachten, die über die Energietechnik hinausgehen.

Tabelle 5-2: Grenzwerte für Spurenstoffe in Holzbriketts nach DIN 51731

Element bzw. Verbindungen	Grenzwert
Schwefel	0,08 %
Chlor	0,03 %
Stickstoff	0,3 %
Arsen	0,8 mg/kg
Cadmium	0,5 mg/kg
Chrom	8 mg/kg
Kupfer	5 mg/kg
Quecksilber	0,05 mg/kg
Blei	10 mg/kg
Zink	100 mg/kg
EOX[1]	3 mg/kg

[1] Gehalt an extrahierbaren organisch gebundenen Halogenen als Summenparameter

Zum einen dürfen in Kleinfeuerungsanlagen nicht alle Holzreste verbrannt werden, zum anderen ist die Größe der Feuerung und die Stückigkeit der Holzteile zu beachten. Die folgenden Ausführungen berücksichtigen die Bestimmungen in Deutschland. Die davon etwas abweichenden Regelungen in Österreich und in der Schweiz sind im Kapitel 17 zusammengestellt.

In Kleinfeuerungsanlagen holzverarbeitender Betriebe dürfen außer dem naturbelassenen Holz auch Holzwerkstoffe sowie verklebte, gestrichene oder beschichtete Hölzer verbrannt werden. Die Beschichtungen dürfen aber nicht aus halogenorganischen Kunststoffen – das heißt in der Praxis PVC – bestehen. Nicht verboten ist die Verbrennung von Hölzern oder Span- und Faserplatten, die mit Furnieren, imprägnierten Papierfolien, Kunststofffolien (außer PVC), Laminaten oder Anstrichen behandelt wurden oder Klebstoffe enthalten.

Die Hölzer und Beschichtungen dürfen weiterhin keine Holzschutzmittel enthalten. Zu den Holzschutzmitteln werden auch die Flammschutzmittel gezählt. Werden in einem holzverarbeitenden Betrieb auch PVC-beschichtete oder mit Schutzmitteln imprägnierte Hölzer oder Holzwerkstoffe verwendet, dann sind die Abfälle unbedingt getrennt zu erfassen und zu lagern. Die ausgesonderten Holzreste und -abfälle sind einer zulässigen Entsorgung zuzuführen. Auch ist darauf hinzuweisen, daß andere brennbare Abfälle nicht in eine Kleinfeuerungsanlage für Holz gehören. Wer seine Holzfeuerung als Müllverbrennungsanlage mißbraucht, verstößt nicht nur gegen Gesetze und Verordnungen, sondern gefährdet auch Nachbarn und Umwelt.

Zulässig ist die Verbrennung von Holz- und Holzwerkstoffabfällen mit Klebstoffen, Anstrichstoffen und Beschichtungen erst in Feuerungsanlagen mit einer Feuerungswärmeleistung von mindestens 50 kW. In vielen holzverarbeitenden Betrieben fallen sowohl grobe Holzabfälle als auch feinstückige Späne und Stäube nebeneinander an. Diese Brennstoffe benötigen aus technischen Gründen unterschiedliche Feuerungsanlagen. Zwar gibt es die Möglichkeit, eine Einblasfeuerung für feine Brennstoffe mit einer Rostfeuerung für grobstückige Teile zu verbinden, doch dürfte sich eine solche Kombination wegen des hohen Aufwandes erst bei größeren Feuerungen lohnen. Sinnvoll ist es dagegen, grobe Holzteile zu Hackschnitzeln zu zerkleinern und begrenzt mit feinem Material zu vermischen. Bei großem Anfall an feinstückigen Holzabfällen ist zu prüfen, ob sich die Beschaffung einer Pelletier- oder Brikettiereinrichtung rechnet. Zu beachten ist außerdem, daß die Verbrennung nichtnaturbelassenen Holzes zumeist einen merklich höheren Anfall an Asche ergibt als die Verfeuerung des naturbelassenen Holzes.

Die unterschiedlichen Bedingungen in holzverarbeitenden Betrieben ermöglichen keine Standardlösungen, sondern erfordern individuelle Planungen, die bestmöglich an die jeweiligen Betriebsverhältnisse angepaßt sein müssen. Bezüglich der Aufbereitungs-, Lagerungs-, Transport- und Anlagentechnik existiert aber eine große Vielfalt an Varianten, so daß für fast alle Fälle ein geeignetes energetisches Nutzungskonzept gefunden werden kann.

5.1.3 Verrechnung von Brennholz

Brennholz ist ein Handelsgut und hat daher einen Preis. Das Holz kann dabei nach Volumen oder Gewicht verrechnet werden. Die gebräuchlichste Form der Verrechnung ist nach Volumen. Die Abrechnung ist einerseits recht unkompliziert, weil sich ein Volumen mit einfachen Mitteln bestimmen läßt. Es ist anderseits aber unsicher, da die tatsächlich gelieferte Holzmenge von der Dichte des Holzes abhängig ist. 1 Kubikmeter schweren Buchenholzes enthält bei-

Tabelle 5-3: Raumgewichte von Buchen- und Fichtenholz in Abhängigkeit von der Aufbereitungsform und der Holzfeuchte

Holzfeuchte %	Buche (kg/m³)[1]	(kg/m³)[2]	(kg/m³)[3]	Fichte (kg/m³)[1]	(kg/m³)[2]	(kg/m³)[3]
0	558	391	229	379	265	155
20	656	460	269	446	312	182
40	797	559	327	541	379	221
100	1.116	781	458	758	531	311

[1] Festmeter (fm)
[2] Raummeter oder „Ster" (rm)
[3] Schüttkubikmeter (Sm³)

spielsweise gut 30 % mehr Holzmasse als 1 Kubikmeter Nadelholz. Auch der Feuchtegehalt des Holzes bleibt bei dieser Form der Verrechnung unberücksichtigt. Die Feuchte hat zwar nur einen geringen Einfluß auf das Volumen des Holzes, wohl aber auf den tatsächlichen Heizwert.

Wesentlich genauer, aber auch aufwendiger ist die Verrechnung nach Trockengewicht. Hierbei ist man unabhängig von der Holzart und Schüttdichte und hat eine große Genauigkeit bezüglich des Energiegehaltes. Um das Trockengewicht zu ermitteln, benötigt man eine geeignete große Waage. Außerdem muß an einer repräsentativen Probe der Feuchtegehalt des Brennstoffs ermittelt werden. Der genaue Feuchte- bzw. Wassergehalt wird nach festgelegten Normen bestimmt (siehe Kapitel 3). In der Praxis reicht es häufig aus, wenn diese Werte näherungsweise bekannt sind.

Für die Bestimmung können einfache Geräte wie Haushaltswaage und Backofen eingesetzt werden. Hierzu wird eine Menge von 0,5 bis 1 kg Brennholz ausgewogen und dann etwa 6 Stunden im Backofen bei 120 bis 130 °C getrocknet. Holzscheite sollten hierbei in feinere Streifen zerkleinert werden. Der Feuchte- bzw. Wassergehalt wird aus dem nach der Trocknung ermittelten Gewicht und dem Ausgangsgewicht nach den in Kapitel 3 dargestellten Formeln berechnet. Bestehen Zweifel, ob das Holz nach 6 Stunden Trocknungsdauer bereits absolut trocken ist, dann kann in Intervallen von 2 Stunden nachgetrocknet werden. Ändert sich das Gewicht der Holzprobe kaum noch, dann ist der Zustand der absoluten Trockenheit erreicht. In keinem Fall darf jedoch bei der Trocknung die Temperatur auf Werte über 130 °C gesteigert werden, da ansonsten die Gefahr einer thermischen Zersetzung und Entzündung des Holzes besteht.

Der Kauf oder Verkauf nach Trockengewicht erfolgt vornehmlich im industriellen Bereich. Bei Kleinanlagen im privaten Bereich dürfte dagegen die Verrechnung nach Volumen die Regel bleiben. Um in diesem Bereich jedoch den Einfluß der Holzart und der Holzfeuchte berücksichtigen zu können, sind in Tabelle 5-3 einige Anhaltswerte zusammengestellt.

Die Angaben für Fichtenholz lassen sich nährungsweise auch auf andere Nadelhölzer wie Tanne, Kiefer oder Lärche übertragen. Gleiches gilt bei Buche für andere Laubholzarten.

5.2 Aufbereitung

Seit dem Inkrafttreten verschärfter Emissionsanforderungen für Holzfeuerungsanlagen wie etwa der TA Luft von 1986 zeigt sich, daß eine emissionsarme energetische Nutzung von Holzsortimenten nicht allein eine Frage von Feuerung und Abgasreinigung, sondern insbesondere auch der verfahrensgerechten Brennstoffaufbereitung ist. Neben dem ökologischen Aspekt der Brennstoffaufbereitung gibt es noch den ökonomischen Aspekt: Es kann durchaus wirtschaftlich sein, verstärkt in Zerkleinerungs- und Trocknungstechnik zu investieren, um die Kosten für die Feuerung minimieren zu können. Bei Einsatz von Restholzsortimenten in der Zementindustrie macht der Aufschluß zu Feinstspänen den Einsatz technisch überhaupt erst möglich.

5.2.1 Zerkleinerungstechnik

Holzsortimente zur energetischen Nutzung fallen sehr oft in unterschiedlicher und bisweilen stark wechselnder Stückigkeit an. Dies gilt in besonderem Maße für Gebrauchtholzsortimente, die zumeist auch noch einen mehr oder weniger großen Anteil an Fremdstoffen wie Eisen- und Nicht-Eisenmetalle, Kunststoffpartikel oder Mineralien (Steine, Erden) enthalten können. So unterschiedlich Stückigkeit, Feuchte, Verschmutzungsgrad und Ansprüche an die Qualität des fertigen Materials sein können, so vielgestaltig sind auch die technischen Möglichkeiten der Aufarbeitung. Das Angebot an Zerkleinerungsanlagen für den feuerungsgerechten Aufschluß von Holzsortimenten ist entsprechend vielgestaltig und für die meisten potentiellen Betreiber kaum zu überschauen.

Holzzerkleinerungsanlagen in einfachster Form als Trommelhacker mit am Trommelumfang angebrachten Schneidmessern werden vorzugsweise für die Aufarbeitung naturbelassenen Frischholzes aus dem Wald oder dem Sägewerk eingesetzt. Im Wald werden diese Aggregate stets in mobiler Form mit händischer oder mit mechanischer Beschickung eingesetzt. Abbildung 5-2 zeigt eine solche mobile Einheit, bei der das aufzuarbeitende Material vom Schwachholz bis zum Reisig mittels hydraulischem Greifer den dem eigentlichen Zerkleinerungselement vorgeschalteten Einzugswalzen zugeführt wird.

Bei der im Bild gezeigten Anlage werden die vom Hacker erzeugten Schnitzel in einen Schüttcontainer geblasen. Dieser kann

Abb. 5-2: Mobile Waldhackeinheit (selbstfahrend)

entweder im ganzen von einem Straßentransportfahrzeug aufgenommen oder in ein solches abgekippt werden.

Die Hackschnitzelherstellung erfolgt motorisch mittels geeigneter Zerkleinerungsaggregate. Bei den Hackmaschinen handelt es sich meist um Anbau- oder Anhängegeräte, die über die Zapfwelle landwirtschaftlicher Schlepper angetrieben werden. Je nach Funktionsprinzip handelt es sich entweder um Scheiben-, Trommel- oder Schneckenhacker (Abbildung 5-3). Daneben gibt es aber auch Hacker und Zerkleinerungsmaschinen unterschiedlicher Größe als eigenständige Aggregate, die mit einem E-Motor ausgerüstet sind und lediglich einen Stromanschluß benötigen.

Abbildung 5-4 zeigt einen Trommelhacker in stationärer Ausführung. Kernstück der Anlage ist die Hacktrommel, bestückt mit auswechselbaren Schneidwerkzeugen. Das Hackgut wird solange zerkleinert, bis es durch einen auf der Gegenseite angeordneten Siebkorb ausgetragen wird. Die Stückigkeit des Hackgutes wird durch die Maschenweite des Siebes bestimmt. Üblich sind 20 bis 50 mm Kantenlänge. Trommelhacker gibt es als Schnell- und Langsamläufer. Der Trommelhacker ist ungeeignet für erheblich mit Metallteilen und Mineralien behaftete Hölzer. Dies betrifft in der Regel das Gebrauchtholz.

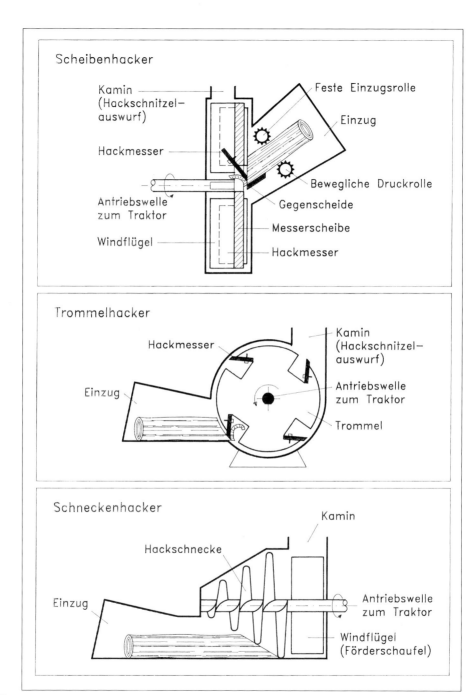

Abb. 5-3: Aufbau und Funktionsprinzip der drei grundsätzlichen Hackertypen (Quelle: CMA 1997)

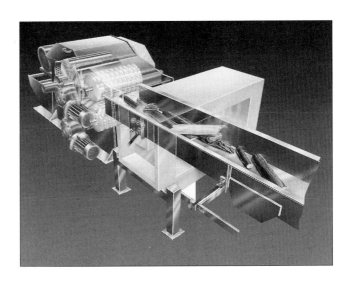

Abb. 5-4:
Trommelhacker

Die **Hackmaschinen** werden sowohl zur Zerkleinerung von Grüngut als auch zur Aufbereitung von Waldholz eingesetzt. Durch die Zerkleinerung läßt sich auch sperriges Material wie Buschwerk oder Zopfenden energetisch nutzbar machen. Die homogenen Hackschnitzel sind der Feuerung automatisch und bedarfsgerecht zuführbar, was die Regelbarkeit und Verbrennungsqualität verbessert. Der finanzielle und technische Aufwand von Hackschnitzelfeuerungen ist jedoch zumeist höher als bei Stückholzfeuerungen.

Die Einzugsorgane der Hackmaschinen mit in der Regel veränderlicher Vorschubgeschwindigkeit ermöglichen eine Anpassung an unterschiedliche Holzstärken. Scheibenhacker haben eine schwere und stabile Schwungscheibe von 600 bis 1000 mm Durchmesser mit 2 bis 4 Hackmessern. Wurfschaufeln auf der Rückseite der Scheibe fördern das Hackgut zum Auswurfrohr, welches in der Regel in jede gewünschte Richtung geschwenkt werden kann. Durch die große Schwungmasse hat der Scheibenhacker einen geringeren Kraftbedarf als die anderen Hackerarten.

Der Trommelhacker hat eine rotierende Trommel von 450 bis 600 mm Durchmesser mit 2 bis 20 Hackmessern. Da die Hacktrommel eine vergleichsweise geringe Schwungmasse hat, ist eine entsprechend größere Motorleistung erforderlich. Scheiben- und Trommelhacker erzeugen Fein- und Mittelschnitzel im Größenbereich zwischen etwa 5 und 50 mm. Schneckenhacker erzeugen Grobschnitzel von gleichmäßiger Größe zwischen 60 und 80 mm. Obgleich sie einfach gebaut sind und keine Einzugvorrichtung benötigen, werden sie in Mitteleuropa selten eingesetzt. Die Hacker werden in verschiedenen Größen angeboten. Tabelle 5-4 gibt eine Übersicht.

Der Energieaufwand für die Holzzerkleinerung liegt zwischen 1 und 3 % des Heizwertes der Hackschnitzel. Der Kraftbedarf für das Hacken ist bei frischem Holz geringer als bei trockenem Material. Wird frisches, ästiges Holz, zum Beispiel Buschholz zerkleinert, dann können allerdings zahlreiche kleine Äste den Hacker passieren, ohne zerkleinert zu werden. Diese können durch Brückenbildung im Vorrats-

Tabelle 5-4: Kenndaten unterschiedlicher Hackmaschinengrößen

	Durchsatz (m³/h)	Max. Mat.-Durchmesser (cm)	Beschickungsart	Antriebsart	Antriebsleistung (kW)	Preis (Euro)
Klein-Hacker	3 – 25	8 – 35	manuell Kran	Zapfwelle E-Motor Verbr.-Motor	20 – 100	7000 - 40 000
Mittlere Leistungs-Klasse	25 – 40	35 – 40	manuell Kran	Zapfwelle Verbr.-Motor	60 – 200	25000 – 80 000
Groß-Hacker	40 – 100	40 – 55	Kran	Verbr.-Motor	200 – 550	100000 – 320 000

Quelle: nach C. Brüggemann, Landwirtschaftskammer Hannover 1998

behälter oder durch Störungen der Brennstoffzufuhraggregate zu Problemen führen. Im Gebrauchtholzbereich wird wegen der oft sehr sperrigen Teile, die aufzuarbeiten sind, zunächst mit sog. Vorbrechern gearbeitet. Sie können mit relativ geringem spezifischen Kraftaufwand große Mengen Material zu grobstückigen Teilen (bis zu 500 mm Kantenlänge) aufarbeiten. Abbildung 5-5 zeigt einen solchen Vorbrecher mit einer Durchsatzleistung von 10 bis 15 t/h.

Das geeignete Nachschaltaggregat im Anschluß an den Vorbrecher ist die sog.

Abb. 5-5: Vorbrecher

Hammermühle, bei der auf einem Rotor angeordnete Metallschläger (hartmetallbeschichtet) das vorgebrochene Material an einem feststehenden Gegenmesser vorbei bereits soweit zerkleinern, daß die Nutzung in einer Rost- oder Unterschubfeuerung möglich ist. Hammermühlen sind robust im Aufbau und haben gegenüber dem Trommelhacker den Vorzug geringen Werkzeugverschleißes und weitgehender Unanfälligkeit gegenüber kleineren Metallteilen. Abbildung 5-6 zeigt eine Hammermühle, wie sie im Gebrauchtholzbereich eingesetzt wird.

Wenn ein Feinheitsgrad des Brennstoffes verlangt wird, der unter 5 mm Kantenlänge liegt (etwa für die Einblasfeuerung), dann muß in der letzten Stufe mit einer Feinmahlmühle gearbeitet werden.

Abbildung 5-7 zeigt eine Feinmahlmühle in geöffnetem Zustand. Gut erkennbar sind die am Umfang des Mahlrotors angeordneten zahlreichen (30 bis 50) „Messer", die das zu zerkleinernde Gut, das aufgrund der Eigenfliehkraft an den feststehenden Siebring gedrückt wird, durch die Sieböffnungen zwängen und damit in der gewünschten Form, bestimmt durch den sog. Sieblochdurchmesser, zerkleinern.

Auf dem Bild ist links unten die Materialaustrittsöffnung erkennbar. Oben mittig sieht man den Beschicktrichter. Das zu zerkleinernde Material tritt mittig durch die Tür in den Mahlraum ein. Die vorbeschriebenen Aggregate arbeiten in aller Regel in einem Zerkleinerungsverbund mit anderen Zerkleinerern oder Sichtungsgeräten.

Für geringere Durchsatzleistungen oder für einfachere Aufgabenstellungen (zum Beispiel Nachzerkleinerung kleinstückiger Produktionsreste) hat sich in den letzten Jahren ein im Vergleich zu Hammermühle oder Trommelhacker langsamdrehende Aufarbeitung, der sog. Langsamläufer durchgesetzt. Zahlenmäßig ist er wohl führend in der Aufarbeitung von Energieholzsortimenten.

Abbildung 5-8 zeigt ein solches Aggregat. Typisch dabei ist neben dem hartmetallbestückten Rotor der hydraulisch betätigte Schieber, der das zu zerkleinernde Material in Richtung Rotor drückt. Ein besonderes Kennzeichen des Langsamläufers ist der Beschicktrichter oberhalb des Schiebers. Die Durchsatzleistungen der Langsamläufer liegen für Kleinsteinheiten (Schreinereien) bei 50 kg/h und reichen bis hin zu 10.000 kg/h für Großanlagen im Gebrauchtholzbereich. Langsamläufer zeichnen sich durch vergleichsweise niedrigen spezifischen Kraftbedarf, Bedienfreundlichkeit, geringe Lärmbelastung, niedrige Werkzeugkosten und hohe Flexibilität aus. Diese kann durch den Einbau eines hydraulischen

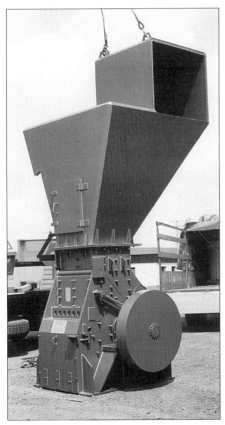

Abb. 5-6: Hammermühle

Abb. 5-7: Feinmahlmühle

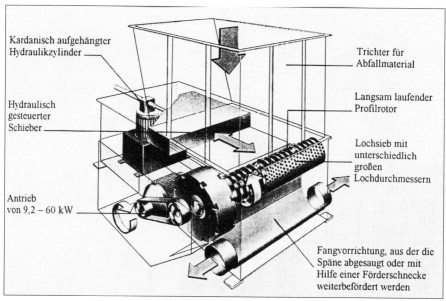

70 **Abb. 5-8:** Langsamläufer

Niederhalters für das zu zerkleinernde Material noch gesteigert werden.

Mobile Zerkleinerungsanlagen werden nicht nur im Wald eingesetzt. Auch für die dezentrale Gebrauchtholzaufbereitung setzen sich Mobilhacker mit eigenem Dieselantriebsaggregat immer mehr durch. Abbildung 5-9 zeigt ein solches Gerät für Radladerbeschickung und mit Gummiaustragegurtförderer zur Austragung des zerkleinerten Materials.

Für einen störungsarmen Ablauf der energetischen Verwertung ist es unerläßlich, nicht ausreichend zerkleinertes Material aus dem Stoffstrom nach der Aufbereitung auszuschleusen und entweder nachzuzerkleinern oder völlig auszusondern. Letzeres gilt für Fremdstoffe wie Mineralien, Metalle oder Kunststoffteile. Die Industrie hat zur entsprechenden Sichtung von Holzbrennstoffsortimenten zahlreiche Sieb- und Sortierverfahren entwickelt, von denen

Abb. 5-9: Mobiles Aggregat für die Gebrauchtholzzerkleinerung (Hakenliftausführung)

Abb. 5-10: Mechanisches Sieb (mobile Trommelsiebmaschine in Anhängerausführung)

nachfolgend die am häufigsten eingesetzten Systeme erwähnt werden. Abbildung 5-10 zeigt ein Trommelsieb, das vorwiegend bei der Gebrauchtholzaufbereitung eingesetzt wird.

Ein anderes Abtrennungsaggregat, geeignet für kleinere Stoffströme, ist das Flachsieb mit Rüttelmotor (Abbildung 5-11).
Für Metallteile gibt es spezielle Vorrichtungen, die diese unabhängig von der Grö-

Abb. 5-11: Mechanisches Sieb - flach

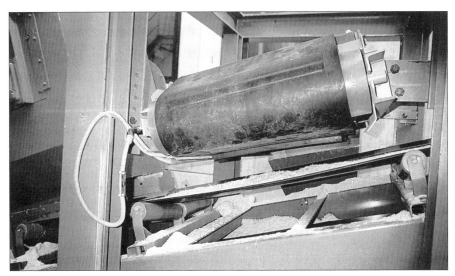

Abb. 5-12: Überbandmagnet

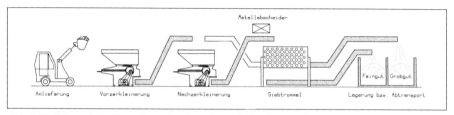

Abb. 5-13: Schematische Darstellung einer komplexen Aufbereitungsanlage

ße entfernen. In Abbildung 5-12 ist ein Überbandmagnet mit Gummigurtaustrageband oberhalb eines Förderbandes für Holzspäne zu sehen. Der Elektromagnet mit hoher Feldstärke zieht alle Eisenmetalle aus dem Transportgut an. An der Umlenkung erfolgt die Abstreifung der magnetisch angezogenen Eisenteile.

Sollen auch Nichteisenmetalle aussortiert werden, müssen aufwendige Wirbelstrommagneten eingesetzt werden. Zentrale Aufbereitungsanlagen für unterschiedliche Gebrauchtholzsortimente sind, um den Forderungen nach möglichst niedrigen Aufarbeitungskosten und optimaler Sortenreinheit gerecht zu werden, komplex aufgebaut und verfügen über Durchsatzleistungen bis zu 100 t/h. In Abbildung 5-13 ist eine solche Anlage schematisch dargestellt. Mit diesen Aggregaten ist es heute möglich, auch stark mit Störstoffen verunreinigtes Gebrauchtholz zu Brennstoffen passabler Qualität aufzubereiten.

5.2.2 Trocknungstechnik

Nicht nur stark schwankende Teilegrößen, vom Staubkorn bis zum Spreißel, machen in der Feuerung oder im Vergaser Probleme, auch wechselnde Materialfeuchten führen zu Schwierigkeiten beim thermischen Verwertungsprozeß. Diese reichen von Überschreitungen des Emissionswertes bei hohen Feuchten über erhöhten Feuerungsverschleiß durch zu hohe Temperaturen bei extrem trockenen Brennstoff bis hin zu hohen Anteilen unverbrannten Materials in der Asche. Die gezielte Trocknung der eingesetzten Sortimente erweist sich zunehmend mehr als notwendig und auch als Chance, Akzeptanz und Wirtschaftlichkeit der energetischen Nutzung von Holzsortimenten nachhaltig zu verbessern. Es ist ein Weg, um hinsichtlich Homogenität und Gleichmäßigkeit des Heizwertes näher an die konkurrierenden Brennstoffe Öl, Gas und Kohle heranzukommen.

In der einfachsten, aber dennoch wirksamen Form wird eine Trocknung von Holzsortimenten dadurch erreicht, daß man das Material lose aufschüttet (in Boxen oder nicht eingefaßten Haufen) und dabei eine Verdunstung der Feuchte durch die entstehende Eigenwärme aufgrund beginnender Gärung bewirkt. Das Material muß dabei in regelmäßigen Abständen umgeschichtet werden, um eine Selbstentzündung zu verhindern.

Effektiver als dieses Einfachstverfahren ist die durchlüftete Haufentrocknung. Dabei wird das Material möglichst in Boxen eingebracht, deren Boden Öffnungen zum Lufteintrag enthält (z.B. massive Regenrinnenabdeckungen). Durch diese Öffnungen wird entweder frei angesaugte oder leicht erwärmte Luft geblasen, die dann durch das Schüttgut wandert und für den Feuchteabtransport sorgt. Auf diese Weise sind bei waldfrischem Material innerhalb von 3 bis 5 Tagen Feuchteminderungen um 20 bis 30 % erzielbar. Dieses Verfahren wird in erster Linie bei Waldhackgut angewendet.

Hackschnitzelfeuerungen sind in der Lage, feuchteres Holz zu verbrennen als Stückholzfeuerungen. Dennoch sollte auch hier der Wassergehalt nicht zu hoch sein (maximal 30 bis 40 %). Der Wassergehalt des Brennstoffs kann durch Waldvortrocknung des zu Hackschnitzeln aufbereiteten Holzmaterials oder durch Nachtrocknung im Lager erfolgen. **Das Trocknungs- und Lagerungsverhalten der Hackschnitzel** wird entscheidend von ihrer Größe und Struktur beeinflußt. Die Nachtrocknung im Lager ist bei groben Hackschnitzeln relativ unproblematisch, da bedingt durch die Struktur des Materials eine Luftzirkulation in der Schüttung möglich ist. Um die verdunstende Feuchte zu entfernen, müssen die Hackschnitzel ausreichend mit Frischluft versorgt werden. Lagerhallen und -silos müssen daher entsprechende Belüftungsöffnungen aufweisen. Bei feineren Hackschnitzeln ist eine solche natürliche Nachtrocknung nicht oder nur unzureichend gegeben. Hier sind künstliche Durchlüftungsmaßnahmen der Schüttung, z. B. durch mechanische Ventilation, notwendig.

Hinzu kommt ein weiteres Problem. Werden aus waldfrischem Holz hergestellte Hackschnitzel in größeren Haufen oder Silos gelagert, so kommt es infolge biologischer Abbauvorgänge zu einer Erwärmung. Im Haufeninneren können so Temperaturen von 60 bis 80 °C erreicht werden. Durch die Erwärmung wird Wasser verdampft, bei kühler Witterung an der Dampfbildung über den Haufen gut erkennbar. Dabei kommt es aber auch zu einem geringen Verlust an Holzmasse. Diese Verluste nehmen zu, wenn holzzerstörende Pilze das Holz angreifen. Größere Hackschnitzellager sollten daher bei längerer Lagerung von unten mit trockener, möglichst vorgewärmter Luft belüftet werden können. Die Vorwärmung kann über Abwärme der Feuerungsanlage erfolgen. Bei überdachten Brennstofflagern ist auch eine solare Erwärmung möglich (Abbildung 5-14)

Für die kontinuierliche Trocknung sind aus der Holzwerkstoffindustrie der Trommeltrockner und der sog. Röhrenbündeltrockner bekannt. Beide Verfahren erfordern hohe Investitionskosten und arbeiten, um wirtschaftlich zu sein, auf relativ hohem Temperaturniveau. Für die definierte Trocknung von Säge- und Gatterspänen sowie Hackschnitzeln zur Konditionierung vor der Verbrennung oder der Weiterverarbeitung zu Briketts oder Pellets hat sich inzwischen der in der Futtermittelindustrie seit Jahren bewährte Bandtrockner durchgesetzt. Er arbeitet auf einem Temperaturniveau von etwa 110 °C im Eintritt und 60 bis 70 °C im Austritt. Er benötigt keine

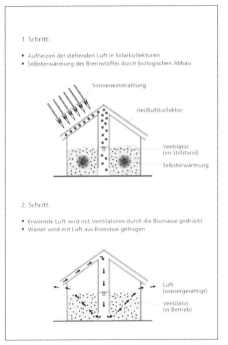

Abb. 5-14: Schematische Darstellung des Prinzips einer pulsierenden Solartrocknung bei einen Lager für Holzhackschnitzel (Quelle: Obernberger 1997)

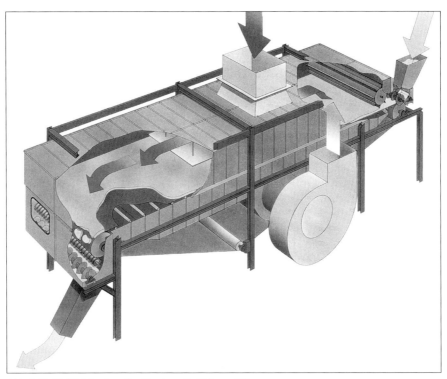

Abb. 5-15: Einblick in einen Bandtrockner für Holz und Biomasse

Abb. 5-16: Bandtrockner in der Montage

separate Entstaubung und ist relativ kostengünstig. Sein besonderer Vorzug liegt in der niedrigen Trocknungstemperatur, die geruchsintensive Brüden nicht entstehen läßt.

- Von der Produktaufgabe wird das Produkt in die Umlaufschnecke befördert und auf das Band aufgegeben.
- Der Aufgabehaspel verteilt das Produkt gleichmäßig auf das Band.
- Auf dem luftdurchlässigen Förderband durchläuft das Produkt langsam den Trockner. Es wird dabei von Warmluft von oben nach unten durchströmt und auf die geforderte Restfeuchte getrocknet.
- Am Ende des Bandes fällt das getrocknete Produkt in die Austragschnecke und gelangt zur Produkte-Weiterverarbeitung.

Der Trommeltrockner (Abbildung 5-17), der sich seit Jahrzehnten in der Spanplattenindustrie bewährt hat, wird auch zur Holzbrennstofftrocknung eingesetzt. Gegenüber dem Bandtrockner besteht der Nachteil, daß mit relativ hohen Gastemperaturen gearbeitet und zur Reinigung der staubbeladenen Luft nach dem Trockner ein spezieller Abscheider eingesetzt werden muß.

5.2.3 Brikettierung

Energetisch verwertbare Holzreste aus Produktionsprozessen wie Sägen, Hobeln, Fräsen fallen in aller Regel ganzjährig an, während sich die Nutzungsmöglichkeiten oft nur auf die Heizperiode bzw. die extrem kalten Monate Dezember, Januar und Februar konzentrieren. Daraus ergibt sich der Zwang zur Pufferung der auch im Sommer anfallenden Abfälle für den Bedarfszeitraum. Holzspäne haben von Natur aus ein niedriges spezifisches Gewicht (100 bis 250 kg/m^3) und machen für eine lose Lagerung die Schaffung entsprechend großer Bunkervolumen notwendig, die oft schwierig realisierbar und teuer sind. Die Überlegung, durch Verdichten der Abfälle das notwendige Lagervolumen zu verkleinern und die Handhabung zu erleichtern, liegt von daher nahe. Schon seit Jahrzehnten werden

Abb. 5-17: Trommeltrockner für Holzspäne

deshalb Brikettieranlagen zur gezielten Komprimierung von Holzstäuben und -spänen eingesetzt. Dabei wird grundsätzlich nach mechanisch und hydraulisch angetriebenen Brikettpressen unterschieden. Beide erreichen, auf das Volumen bezogen, eine Verdichtung im Verhältnis 4 : 1 bis 5 : 1.
Die Form und Größe der Briketts variiert je nach Anlagenfabrikat. Zumeist werden runde Preßquerschnitte von 30 bis 100 mm

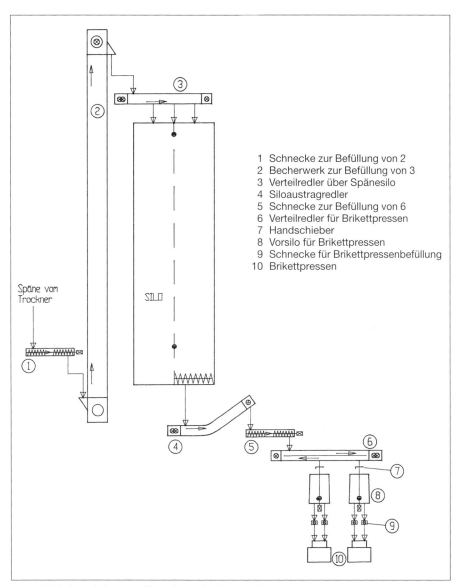

1 Schnecke zur Befüllung von 2
2 Becherwerk zur Befüllung von 3
3 Verteilredler über Spänesilo
4 Siloaustragredler
5 Schnecke zur Befüllung von 6
6 Verteilredler für Brikettpressen
7 Handschieber
8 Vorsilo für Brikettpressen
9 Schnecke für Brikettpressenbefüllung
10 Brikettpressen

Abb. 5-18: Schematische Darstellung einer Brikettierungsanlage

Durchmesser gewählt. Während die Brikettierung zunächst lediglich für den innerbetrieblichen Ausgleich zwischen Anfall- und Bedarfssituation eingesetzt wurde, hat sich insbesondere in den Ländern, in denen Heizöl relativ teuer ist (Skandinavien, Österreich, Schweiz, Italien) das Holzbrikett zum Marktprodukt entwickelt. Diese aus naturbelassenen Holzspänen hergestellten und in 25 kg schweren Packungen vertriebenen Preßlinge werden vornehmlich in Kaminöfen und speziellen Kleinfeuerungen im privaten Bereich eingesetzt.

Leistungsfähige Brikettierstraßen produzieren zwischen 2,5 und 5 t/h an fertig verpackten Briketts. Die Auswahl der für den Einzelfall bestgeeigneten Brikettieranlage fällt angesichts eines weit gefächerten Angebots nicht leicht. Die Erfahrung lehrt, daß befriedigende Erfolge nur mit einer robusten und zunächst teurer erscheinenden Anlagentechnik erreichbar sind. Für eine dauerhaft gute Formstabilität der Briketts sind folgende Punkte zu beachten:

- gleichbleibende Ausgangsfeuchte von 12 bis 14%
- konstante Druckverhältnisse (Gegendruckregelung)
- ausreichend dimensionierte Kühlstrecke (bis zu 50 m lang, um eine langsame Auskühlung zu bewirken und den Zerfall der Briketts zu vermeiden)
- feuchtegeschützte Lagerung der Briketts

5.2.4 Pelletierung

Die gleichen Überlegungen, die zur Holzspänebrikettierung geführt haben, liegen auch der Pelletierung zugrunde, d. h. Volumenverminderung und einfachere, staubfreie Handhabung des feinstückigen Brennstoffs.

Ein weiterer Vorteil dieser, aus der Futtermittelindustrie bekannten Preßtechnik gegenüber der Briketts ist die deutlich bessere Dosierbarkeit. In Pelletform gepreßt sind z. B. Hobel- oder Sägespäne aus der Verarbeitung naturbelassenen Holzes der ideale „Biobrennstoff" schlechthin:

- hohe Energiedichte
- ideale Dosierbarkeit
- handliche Verpackungen
- riesel- und blasfähig
- minimaler Ascheanfall

Bei der Pelletierung muß noch mehr als bei der Brikettierung auf eine zuverlässige Einhaltung der Feuchte des Ausgangsmaterials von 12 bis 14% und eine Gleichmäßigkeit in den geometrischen Abmessungen der Späne geachtet werden. In vielen Fällen ist eine künstliche Trocknungsanlage notwendig. Die Pelletiertechnik ist recht investitionsaufwendig. Sie ist weniger für eine innerbetriebliche Aufarbeitung von Produktionsresten geeignet. Vielmehr wird sie zur gezielten Herstellung von Biobrennstoff als Handelsprodukt eingesetzt. Der spezifische Kraftbedarf für die Pelletierung liegt mit 30 bis 40 kWh/t etwas niedriger als bei der Brikettierung.

Die Kosten von Pelletieranlagen schwanken in weiten Grenzen, ebenso aber auch die Qualität und Verfügbarkeit (Standzeiten). Die billigste Anlage ist gerade bei die-

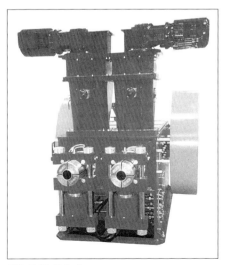

Abb. 5-19: Brikettpresse

Abb. 5-20: Pelletierpresse

ser Technik oft nicht die wirtschaftlichste. Pelletieranlagen erfordern daher stärker noch als die Brikettierung eine sehr sorgfältige Planung von Technik und Wirtschaftlichkeit. Gleichwohl besitzt dieses Verfahren zur Herstellung eines vermarktungsfähigen und ökologischen Brennstoffs gute Zukunftschancen. Es ist in idealer Weise geeignet, insbesondere die Wertschöpfung von Sägespänen aus der Schnittholzproduktion zu optimieren.

5.3 Brennstofflagerung

Holzsortimente weisen je nach Art und Feuchte unterschiedliche Energiedichten auf. Stets aber liegt sie, auf Gewicht und Volumen bezogen, deutlich (Faktor 2 bis 6) niedriger als etwa bei leichtem Heizöl. Daraus leitet sich die Notwendigkeit nach ausreichend groß dimensionierten und dennoch nicht zu teueren Lagersystemen ab. Im einfachsten Fall lassen sich Holzbrennstoffsortimente auf befestigtem Untergrund lagern und mit einem Flurförderfahrzeug (Radlader) handhaben. Dieser Form der Bevorratung von Energieholzsortimenten sind jedoch enge ökologische und ökonomische Grenzen gesetzt:
- Gefahr der Staubentwicklung
- Selbstentzündungsgefahr

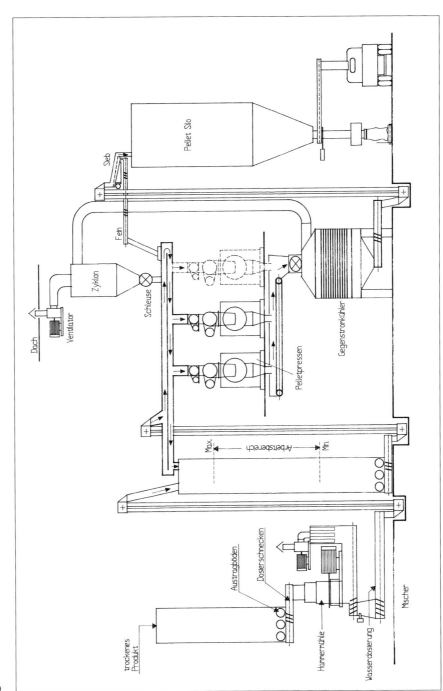

Abb. 5-21: Schema einer Pelletieranlage

- Heizwertverminderung durch Witterungseinflüsse
- Abwasserproblem durch Auswaschung
- hohe Manipulationskosten

Das Lager muß ausreichend groß sein und einen möglichst mit Beton befestigten Boden aufweisen. Bei Lagerung auf unbefestigten Böden können ansonsten Steine in das Hackgut gelangen und die Beschickungs- und Feuerungsanlage beschädigen. Empfohlen wird vielfach eine Größe, welche die Einlagerung eines gesamten Jahresbedarfs ermöglicht. Bei kleineren Lagern ist ein Auffüllen während der Heizperiode unvermeidlich, d.h. zu einer Zeit mit ungünstigen Witterungs- und Arbeitsbedingungen.

Das Lager sollte weiterhin so liegen, daß der Brennstoff arbeits- und kostensparend zur Feuerungsanlage transportiert werden kann. Am günstigsten, aber auch mit den höchsten Kosten verbunden sind mechanische Beschickungseinrichtungen. Ist das Hauptlager nicht bei der Heizanlage einrichtbar, dann muß zumindest ein Zwischenlager oder -silo nahe der Feuerung vorhanden sein, welches den Bedarf über zwei bis drei Tage abdeckt. Es muß mit vertretbarem Aufwand aus dem Hauptlager aufgefüllt werden können, denn es ergibt wenig Sinn, eine automatisch betriebene Feuerung für viel Geld einzurichten und das Lager dann mühselig, wie bei einem Stückholzkessel, händisch befüllen zu müssen. Darstellungen von Bunkern und Lager-

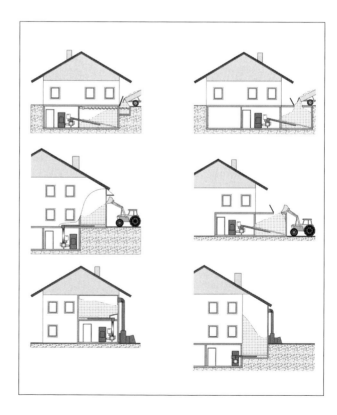

Abb. 5-22: Möglichkeiten für die Integration eines Hackschnitzellagers in ein Gebäude

räumen für Hackschnitzel, wie sie immer wieder in der Literatur oder in Herstellerprospekten auftauchen (Abbildung 5-22), geben nützliche Hinweise, funktionieren aber nur, wenn die oben genannten Anforderungen erfüllt werden.

Bei der Integration des Lagers und der Feuerungsanlage müssen häufig Kompromisse eingegangen werden, wenn eine Gebäudestruktur bereits besteht und vorhandene bauliche Anlagen (Heizraum, Kamin u. a. m.) berücksichtigt werden müssen. Bei kleingewerblichen und landwirtschaftlichen Betrieben kann die Errichtung einer Feuerungszentrale mit Lagerraum in einem eigenständigen Gebäude eine sinnvolle Lösung sein. Dann muß die Wärme über Transportleitungen in die Wohn- und Arbeitsräume geleitet werden.

Witterungsgeschützte, mechanisierte Lagerungssysteme sind zwar in der Erstbeschaffung wesentlich teurer als die Freilagerung, im Dauerbetrieb aber unproblematischer und wirtschaftlicher. Die Vielfalt der angebotenen Systeme erschwert die Auswahl. Eine sorgfältige Einzelfallbetrachtung und die Abwägung aller Entscheidungskriterien ist bei diesen Systemen zwingend angeraten.

5.3.1 Schubbodenlagerung

Die sog. Schubbodenlagerung ist nach der Freilagerung für bestimmte Sortimente die einfachste, flexibelste und oft auch beste Möglichkeit, Holzbrennstoffsortimente zu lagern und wieder auszutragen. Insbesondere für Rinde und Hackgut werden Schubbodensysteme eingesetzt. Aber auch Sägespäne lassen sich auf diese Weise lagern und austragen. Schubbodenelemente werden auf dem befestigten Lagerboden installiert und lassen sich mit Flurförderzeug oder LKW beschicken. Die seitliche Begrenzung steigert das Speichervolumen gegenüber einer einfachen Haufenschüttung um mehr als 100 %.

Abbildung 5-23 zeigt die wesentlichen Elemente des Schubbodens und deutet die seitlichen Wände an, die entweder in Beton oder als Holzbohlenwände mit Stahlstütz-

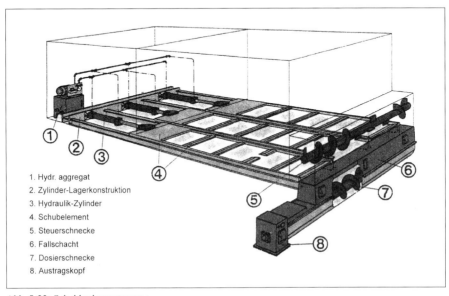

1. Hydr. aggregat
2. Zylinder-Lagerkonstruktion
3. Hydraulik-Zylinder
4. Schubelement
5. Steuerschnecke
6. Fallschacht
7. Dosierschnecke
8. Austragskopf

Abb. 5-23: Schubbodenaustragung

profilen ausgeführt werden. Die Hydraulik und die Schubelemente sind ausreichend zu dimensionieren, denn die auftretenden Kräfte sind bisweilen sehr hoch. Zum Abtransport des Brennstoffs in Richtung Feuerung wird statt der im Abbildung 5-23 dargestellten Schnecke vielfach auch ein Kratzkettenförderer eingesetzt.

Abbildung 5-24 zeigt zwei nebeneinander liegende überdachte Sägespänebunker in Massivbauweise mit frontseitiger Entleerung und Oberfloor-Austragungen.

Die Lagerhöhe in Rechtecksilos mit Schubbodenaustrag kann je nach Material 3 bis 10 m betragen. Die Breite der einzelnen Boxen bzw. Lagerbereiche bewegt sich zwischen 5 und 10 m. Die Länge kann bis zu 20/25 m betragen, so daß je Einheit bis zu 2.500 m³ Fassungsvermögen erreichbar ist. Bei Auswahl der Schubbodenelemente muß auf folgende Punkte besonders geachtet werden:
- Robuste Ausführung der Mitnehmer und Längsträger
- definierte Führung auf dem Lagerboden (separate Metallschienen)
- sichere Vermeidung von Reibung zwischen Mitnehmerarmen und Lagerboden (Verschleißgefahr)
- ausreichend dimensionierte Hydraulikaggregate
- Sicherheitsabschaltung bei Lastüberschreitung

Im Austragbereich sollten Rückhaltebalken oder Rückstreifschnecken für einen möglichst gleichmäßigen Austrag in den Förderer zur Feuerung sorgen. Gegenüber der diskontinuierlichen Radladerbeschickung haben Schubbodensysteme vor Holzfeuerungsanlagen folgende entscheidende Vorteile:
- gleichmäßigere, kontinuierliche Materialzugabe
- Möglichkeit des vollautomatischen Gesamtanlagenbetriebes
- dauerhaft geringere Material- und Energiekosten
- kein Bedienungsaufwand

Als Nachteil der Schubbodenanlage wird bisweilen angeführt, daß eine Brennstoff-

Abb. 5-24: Spänebunker

mischung nicht oder nur schwer möglich ist. Dies gilt nur für das Ein-Box-System. Wenn zwei und mehr parallele Boxen installiert werden und in einem gemeinsamen Querförderer arbeiten, ist eine definierte Brennstoffmischung möglich.

5.3.2 Walking-Floor

Von der Art der Lagerung ähnlich, aber vom Austragsystem völlig anders gestaltet ist das sog. Walking-Floor-System. Im Ruhezustand ist der Lagerboden völlig glatt. Bei der Austragbewegung wird jede zweite der parallel angeordneten metallischen Dielen angehoben und in Austragrichtung bewegt. Das Besondere dieses „Walking-Floor" ist seine Funktionsweise. Das geschichtete Material wird nicht schichtenweise abgetragen, sondern komplett und als Ganzes vorwärts bewegt. An der Entladerampe wird dadurch ständig Platz für neu eintreffende Sendungen geschaffen.

Diese Art der Austragung arbeitet sehr verschleißarm und mit geringem Kraftbedarf. Die Erstbeschaffung ist deutlich teurer als beim Schubboden. Die Gesamtwirtschaftlichkeit dürfte bei beiden Systemen ähnlich sein. Der sog. Walking-floor wird eher bei trockenem und feinem Material zum Einsatz kommen, während der Schubboden etwa bei Rinde und Hackgut zu bevorzugen ist.

5.3.3 Hochsiloanlagen

Für Stäube und trockene Späne sind Schubbodenanlagen wegen der notwendigerweise eher offenen Bauweise in aller Regel weniger gut geeignet, da die Gefahr einer Staubentwicklung bei Windeinwirkung besteht. Trockene, feine Sortimente verlangen hermetisch abgeschlossene Systeme. So sind freistehende Betonsiloanlagen, meist in runder Form, das von weitem erkennbare Zeichen von Möbel-, Holz- oder Holzwerkstofffabriken mit energetischer Nutzung der Produktionsreste geworden.

Es werden Silohöhen von 30 bis 40 m bei Durchmessern bis 12 m (Ausnahmen bis 15 m) ausgeführt. Die Spezialanbieter am Markt arbeiten entweder mit Fertigteilen oder sie fertigen vor Ort mit Gleitschalung. Von der Funktionalität gibt es im Prinzip keine Unterschiede zwischen beiden Varianten. Das Fertigteilsilo ist schneller aufgebaut und führt so im allgemeinen geringere betriebliche Einschränkungen. Die Gleitschalvariante ist in aller Regel etwas

Abb. 5-25: Walking-floor

billiger. Bei Bau und Betrieb von Betonsiloanlagen sind eine Reihe von sicherheitstechnischen Vorschriften zu beachten, die im einzelnen in der TRD (Technische Richtlinien Dampf) 414 und der VGB 112 der Berufsgenossenschaft fixiert sind. Darin sind unter anderem geregelt:
- Art und Größe der sog. Explosionsdruckentlastungsflächen
- Art, Zahl und Abmessung von Einstiegs- und Entleermöglichkeiten
- Art und Dimensionierung der notwendigen Feuerlöscheinrichtungen
- Ausbildung von Ruhepodesten

Neben der Beachtung der einschlägigen behördlichen und berufsgenossenschaftlichen Vorschriften sollte vor endgültiger Entscheidung über Art, Größe, Ausführung und Standort eines Betonhochsilos auch der Sachversicherer zu Rate gezogen und eine Bauvoranfrage gestellt werden, denn oft gibt es in den Bebauungsplänen der Kommunen Höhenbeschränkungen, von denen für diesen Zweckbau in aller Regel erfolgreich Ausnahmen erwirkt werden können. Neben der reinen Lagerfunktion können gerade die Betonsiloanlagen im unteren Bereich auch als Heizhaus und oberhalb des Siloraumes als Filterbehausung und zur Aufnahme des Späneabscheiders dienen.
Die Holzfeuerungsanlage unterhalb des Lagerbodens anzuordnen, bietet sich allein deshalb oft an, weil dieser Raum ansonsten in aller Regel ungenutzt bleibt und weil die Transportwege für den Brennstoff so optimal kurz und preiswert zu gestalten sind.
Vom Einbau eines Gewebefilters zur Span-/Staubabscheidung auf dem Silo ist man in letzter Zeit weitestgehend abgerückt. Dafür gibt es durchaus gute Gründe:
- Aufwendige und lange Rohrleitungen für Absaug- und Rückluftleitung, verbunden mit hohem Kraftbedarf
- Unflexibilität bei betrieblichen Veränderungen
- Aufwendige Störungsbeseitigung (Silo-Aufstieg) und höheres Brandrisiko

Sinnvoller ist es in aller Regel Gewebefilter möglichst dicht an den abgesaugten Anlagen zu positionieren und den Weg zum Silo mit einer speziellen klein dimensionierten Spänetransportleitung oder einem mechanischen Förderer zu überwinden.
Statt in Beton können Hochsiloanlagen auch in Stahl gebaut werden. Hier sind die Brandschutzvorschriften (Abstand zum nächstliegenden Gebäude) jedoch strenger, so daß sich das Betonsilo allenthalben durchgesetzt hat.
In Abbildung 5-26, die ein Rundsilo aus Betonfertigteilen zeigt, sind die Einstiegsluken mit Bedienpodesten, die Aufstiegs-

Abb. 5-26: Rundes Spänesilo in Fertigbeton-Bauweise

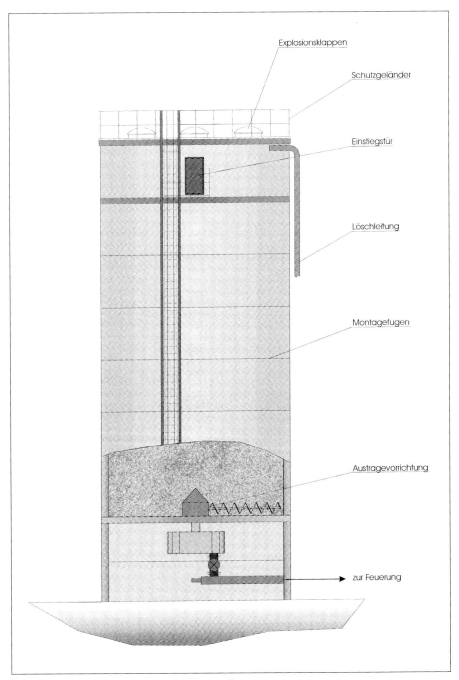

Abb. 5-27: Schemazeichnung eines Fertigteil-Betonsilos

Abb. 5-28: Explosionsklappen (Druckentlastungsklappen) auf dem Silodach

leiter mit Rückenschutz, die daneben angebrachte Löschleitung und das Schutzgeländer gut zu erkennen.
Explosionsflächen zur Druckentlastung bei Verpuffungen werden entweder am Silodach oder im oberen Drittel der Außenhaut angeordnet. Die notwendige Gesamtfläche errechnet sich aus dem Silovolumen nach der in der TRD 414 fixierten Formel.
Zur wirksamen Reduktion des Risikos von Staubexplosionen in Staub- und Spänesiloanlagen, die über pneumatische Förderanlagen beschickt werden, sind in den Zuführleitungen Funkenlöschanlagen zwingend vorgeschrieben. Dabei erfaßt ein Infrarot-Detektor selbst kleinste Lichtquellen (Funken) und löst einen Löschvorgang in der in Abbildung 5-29 dargestellten Form aus.
Wichtiger Bestandteil von Hochsiloanlagen sind die üblicherweise am Boden angeordneten Austragvorrichtungen. Fachleuten ist bekannt, daß die qualitative und preisliche Bandbreite bei diesen Aggregaten groß ist. Es gibt einfache Austragungen (z. B. Schrägschnecke), die um den Faktor 10 preiswerter

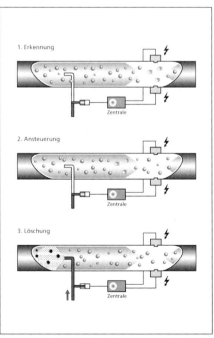

Abb. 5-29: Prinzip einer Funkenlöschanlage in Förderleitungen

sind als diese robusten Drehschnecken. Für größere Austragleistungen und den Durchfahrbetrieb sollte eher auf Betriebssicherheit als auf den Beschaffungspreis geachtet werden. Manuelles Ausräumen eines Silos kann unter bestimmten Umständen ebenso viel kosten, wie eine billig eingekaufte Austragung.

Die in Abbildung 5-30 gezeigte Schrägschnecke mit Blattfederrührwerk ist nur bis zu etwa 5 m Silodurchmesser einsetzbar, da ansonsten die Gefahr besteht, daß die Blattfedern brechen und zu Schäden an der Austragschnecke führen.

Die in Abbildung 5-31 gezeigte Drehschnecke mit einem Arbeitsradius von 11 m ist besonders robust ausgeführt und besitzt Fräszähne am Anfang der Schneckenwindungen zum „Freischneiden" im Lagergut. Die Förderleistung kann bis auf 500 m³/h gesteigert werden.

Auch bei Hochsiloanlagen können Schubbodenaustragungen oder auch Kratzkettenförderer eingesetzt werden, wie Abbildung 5-32 verdeutlicht.

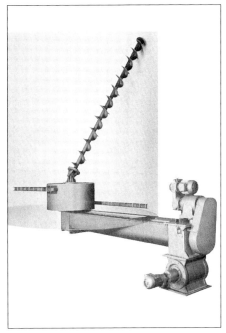

Abb. 5-30: Schrägschnecke (mit Blattfederrührwerk)

Abb. 5-31: Drehschnecke (schwere Ausführung)

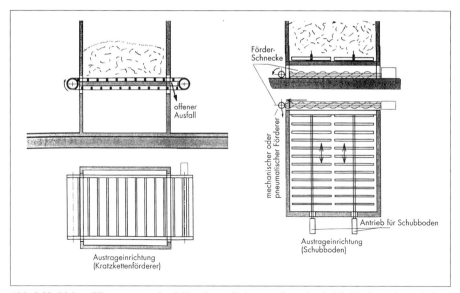

Abb. 5-32: Links – Siloaustragung durch Kratzkettenförderer; rechts – durch Schubboden (schematisch)

5.3.4 Mobile Lagertechnik

Bei Konzeptionen, die ohne großen Zwischenpuffer auskommen und bei denen Anfall- und Verwendungsstelle nicht auf einem Grundstück liegen, kann der Einsatz einer sog. mobilen Lagertechnik interessant sein. Dabei dienen Transportcontainer gleichzeitig als Brennstofflager. Sie sind mit einem Austragsystem ausgestattet, das ein Andocken an die Beschickeinrichtung der Feuerung ermöglicht. Mit diesem System können aufwendige Manipulationen erspart und die Staubentwicklung gering gehalten werden.

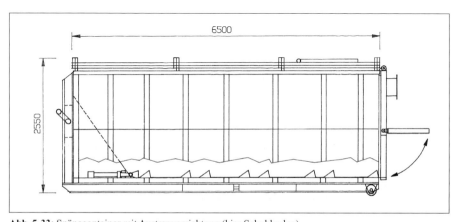

Abb. 5-33: Spänecontainer mit Austragvorrichtung (hier Schubboden)

5.4 Transportsysteme

So vielfältig Biomasse-Brennstoffe in Art und Partikelgröße anfallen, so umfangreich sind auch die Möglichkeiten, diese Materialien zu transportieren.
Bei der Auswahl des geeigneten Systems sind zahlreiche Einflußfaktoren zu beachten:
- Transportgut (Stückigkeit, Feuchte, Empfindlichkeit)
- Transportentfernung
- Höhendifferenz
- Lärmbelastung
- Witterungseinflüsse (Frost, Regen, Schnee)
- laufende Energiekosten
- Wartungs- und Instandhaltungsaufwand
- Investitionskosten
- Verfügbarkeit

In der einfachsten Form erfolgt der Transport von Holzbrennstoffsortimenten mit dem Radlader. Er ist flexibel und leistungsfähig. Die Kosten dieses Transportsystemes werden oft unterschätzt. Sie liegen in jedem Falle im Vergleich zu angepaßten automatischen Transportsystemen hoch. Insbesondere die Personalkosten wirken sich bei gleislosen Flurförderfahrzeugen negativ aus. Abbildung 5-34 zeigt einen solchen Radlader beim Einsatz zur Hackerbeschickung mit Gebrauchtholz unterschiedlichster Zusammensetzung.

Im Bereich der Späne-, Hackgut- sowie Rindenförderung haben sich die sog. Kratz- oder Trogkettenförderer durchgesetzt. Richtig dimensioniert und ausgestattet arbeiten diese Aggregate zuverlässig, geräusch- und verschleißarm und mit geringem Energieaufwand im Vergleich etwa zur pneumatischen Förderung. Bei der Auswahl der mechanischen Transportsysteme muß insbesondere auf robuste Zweistrang-Ausführung und auf geräuscharme Mitnehmer geachtet werden.

Abb. 5-35: Kratzkettenförderer

Abb. 5-34: Radlader

Mechanische Kettenfördersysteme sind in besonderer Weise geeignet, auf kurze Entfernung große Höhenunterschiede zu überwinden. Abbildung 5-35 zeigt einen Kratzkettenförderer für Hackgut. Gut erkennbar sind die robusten Laschenketten und die Mitnehmerstege aus Buchenschichtholz. Die Mitnehmer können auch in Stahl oder Kunststoff ausgeführt werden.

Für die Senkrechtförderung werden vielfach Becherwerke eingesetzt, die auf kleinem Querschnitt große Materialmengen transportieren können. Die Bilder 5-32 und 5-36 zeigen Details bzw. den oberen Teil eines Becherwerks mit Übergabe auf ein schrägliegendes Gummigurtförderband.

Schnecken sind beliebte Fördereinrichtungen in der Holzwirtschaft und eignen sich sehr gut für den Transport nahezu aller bekannten Holzbrennstoffsortimente. Sie benötigen wenig Platz, können flach und steil fördern und sind relativ kostengünstig. Allerdings eignen sich Schnecken nur für kürzere Transportentfernungen. Sie sind deshalb eher als Ergänzung zu Trogkettenförderern zu sehen, mit denen sie in idealer Weise kombiniert werden können. Je nach Aufgabenstellung werden sog. Trogschnecken, Rohr- oder Spiralschnecken eingesetzt. Gegenüber dem Trogketten- und Gummigurtförderer ist die Schnecke anfälliger gegenüber grobstückigen Teilen (über etwa 50 mm Kantenlänge) und deren Verklemmen zwischen Förderspirale und Außenwand

Auch Gummigurtförderer werden zum Transport von Holzbrennstoffsortimenten eingesetzt. Die Verschmutzungsprobleme im sog. Untertrum haben einen verstärkten Einsatz bis jetzt jedoch verhindert. Allenfalls zur Überwindung großer Entfernungen kann dieses Transportsystem eine geeignete Einzelfalllösung sein.

Aus Sicht der Zahl der ausgeführten Anlagen ist die pneumatische Förderung im Holzbrennstofftransport noch immer mit großem Abstand führend. Das liegt daran, daß dieses System sehr flexibel ist, schnell installiert werden kann und in der Erstinstallation vergleichsweise wenig kostet. Auch wenn der mechanische Förderer spezifisch nur etwa 25 bis 30 % der Antriebs-

Abb. 5-36: Einblick in ein Becherwerk (Elevator)

Abb. 5-37: Becherwerk (Elevator)

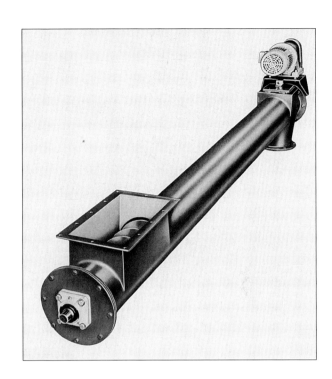

Abb. 5-38: Rohrschnecke

energie benötigt wie ein vergleichbar leistungsfähiges pneumatisches System, so wird sich letzteres doch auch in der Zukunft bei sehr kleinen Anlagen und weiten, verwinkelten Transportwegen behaupten. Bei pneumatischen Transportanlagen wird in Abhängigkeit von Luftdruck im System nach Nieder-, Mittel- und Hochdruckanlagen unterschieden. Während bei den erstgenannten Systemen mit Radialventilatoren gearbeitet wird, werden im Hochdruckbereich Schraubenverdichter eingesetzt.

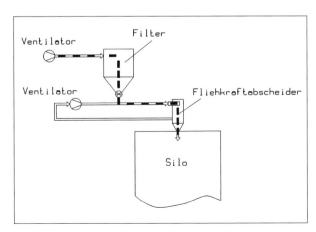

Abb. 5-39: Pneumatische Späneförderung mit Niederdruckventilatoren

Abb. 5-40: Hochdruck-Gebläse-Pneumatik

Abbildung 5-40 zeigt eine Hochdruckförderanlage nach einem Spänetrockner. Links unten im Bild ist die Schalldämm-Ummantelung für den Schraubenverdichter und in Bildmitte die Hochdruckzellenradschleuse zur Fördergutaufgabe zu erkennen. Die Fördergeschwindigkeiten liegen um 40 m/s. Der besondere Vorteil dieses Systems liegt im geringen Luftbedarf (etwa 1/4 bis 1/3 gegenüber der Niederdruckpneumatik). Dadurch können in relativ kleinen Rohrdurchmessern hohe Transportleistungen erzielt werden. Die starkwandigen Rohre lassen sich ähnlich wie Heizungsrohre verlegen. Die Trennung von Transportluft und Fördergut erfolgt jeweils am Ende der Transportstrecken über Gewebefilter.

Den Nebenbereichen Aufbereitung, Lagerung und Transport wird beim Bau von Holzfeuerungsanlagen oft noch immer eine zu geringe Aufmerksamkeit geschenkt und dabei zu wenig beachtet, daß die Qualität der Verbrennung, der Anlagenwirkungsgrad und die Verfügbarkeit wesentlich von den der Feuerung vorgelagerten Komponenten abhängen.

6 Kleinfeuerungsanlagen

6.1 Einsatzbereich von Kleinfeuerungsanlagen

Holz ist der älteste Energieträger der Menschheit. Während er in Ländern der Dritten Welt seine Bedeutung als Brennstoff bis heute beibehalten hat, wird er in Mitteleuropa und insbesondere in Deutschland nur noch in geringem Maße zur Beheizung von Gebäuden und zum Kochen verwendet. In den letzten Jahren hat aber das Interesse im privaten und kleingewerblichen Bereich stark zugenommen. Gerade die energetische Verwertung des Holzes in diesem Bereich könnte einen wichtigen Beitrag zur Nutzung von Schwachhölzern und damit zur Pflege unserer Wälder liefern. Derzeit gibt es große Potentiale von ungenutzten Schwachhölzern und Grünschnitt, die sich als Brennstoffe für Kleinfeuerungsanlagen anbieten. Der dezentrale Einsatz von Brennholz weist keine langen Transportwege auf und hilft, damit verbundene ökologische Nachteile zu vermeiden. Es wird geschätzt, daß durch verstärkten Einsatz von Brennholz allein in Deutschland ein Energiepotential bis etwa 3 Mio. t Heizöl substituiert werden könnte. So schön und nahe der Brennstoff Holz zu sein scheint, gibt es doch keinen Brennstoff, dessen Verbrennung komplexer und schwerer zu beherrschen ist. Kleine Holzfeuerungen zeichnen sich daher oft durch unzulänglichen Ausbrand und die Abgabe geruchsintensiver Abgase aus. Insbesondere in der Schweiz und in Österreich wurde deswegen in den vergangenen Jahren die Feuerungstechnik bei kleinen und mittleren Holzheizanlagen entscheidend fortentwickelt. Heute können neuartige Holzfeuerungen auch hinsichtlich der Schadstoffemissionen und der Energieausnutzung mit Öl- und Gasfeuerungen konkurrieren. Was die ökologische Wertigkeit betrifft, war das Holz den fossilen Brennstoffen ohnehin immer weit überlegen.

Der Begriff „Kleinfeuerungsanlagen" wird in Deutschland durch den Geltungsbereich der 1. Bundes-Immissionsschutzverordnung („Verordnung über Kleinfeuerungsanlagen" – 1. BImSchV) für Feuerungsanlagen für feste Brennstoffe festgelegt. Danach sind als Kleinfeuerungsanlagen die Holzfeuerungen anzusehen, die eine Feuerungswärmeleistung zwischen 15 kW und 1 MW aufweisen. Der Begriff schließt den handbeschickten Kaminofen im untersten Leistungsbereich ab 15 kW ebenso ein wie eine vollautomatisch arbeitende Anlage an der oberen Grenze des Geltungsbereichs der 1. BImSchV.

Feuerungen mit einer Leistung von weniger als 15 kW werden als Kleinstanlagen bezeichnet und unterliegen nicht den Anforderungen der 1. BImSchV. Die Verordnung begrenzt diese Anlagen allerdings dahingehend, daß in ihnen nur wenige Brennstoffe eingesetzt werden dürfen. Bei Holzfeuerungen beschränkt sich die Palette der zugelassenen Brennstoffe auf naturbelassenes stückiges Holz, einschließlich anhaftender Rinde, beispielsweise in Form von Scheitholz, Hackschnitzeln sowie Reisig und Zapfen.

Nachfolgend werden im wesentlichen Anlagen beschrieben, die sich im Leistungsbereich der Kleinst- und Kleinfeuerungsanlagen bewegen und in erster Linie zur Beheizung von Wohnräumen, Werkstätten und kleineren Gebäuden sowie zur Warmwassererzeugung eingesetzt werden. Hierbei handelt es sich um speziell für den gasreichen Festbrennstoff Holz konstruierte Verbrennungssysteme. Systemziel ist die möglichst effiziente Nutzung des Heizwertes von Holz in Form von Raumwärme und Heißwasser. Kleinfeuerungsanlagen werden von zahlreichen Herstellern angeboten. Im Anhang A4 findet sich eine Zusammenstellung mit Adressen und technischen Hinweisen.

6.2 Grundlegende Anforderungen

Die Beschaffung einer Kleinfeuerungsanlage für Holz will wohl überlegt sein, denn eine ökologisch motivierte Hinwendung zum Brennstoff Holz ist eine begrüßenswerte Einstellung, reicht aber allein nicht aus, diese auch in die Tat umzusetzen.
Vor dem Kauf einer Feuerungsanlage sollten folgende Fragen beantwortet werden:
- Welche Holzbrennstoffe stehen in welcher Form und Menge zur Verfügung und sollen verheizt werden?
- Soll Holz als Zusatzbrennstoff oder als Hauptbrennstoff genutzt werden?
- Soll die Holzfeuerung nur der Raumbeheizung oder zusätzlich auch der Warmwasserbereitung dienen?
- Muß das Holz weiter aufbereitet werden?
- Welche Feuchte hat das Brennholz?
- Ist eine weitere Trocknung notwendig und welche technischen Maßnahmen sind hierfür erforderlich?
- Steht die Leistung der Feuerung in richtigem Verhältnis zum Wärmebedarf?
- Welche baulichen Maßnahmen sind mit der Erstellung einer Holzfeuerungsanlage verbunden?
- Gibt es geeignete Lagerungsräume für das Brennholz?
- Welche rechtlichen Vorschriften sind zu beachten?

Im häuslichen Bereich **erlaubte Brennstoffe** sind naturbelassenes Holz sowie Briketts und Pellets aus naturbelassenem Holz. Mit Klebstoffen, Anstrichen oder Beschichtungen versehene Hölzer sowie Span- und Faserplatten sind dagegen nur im gewerblichen Bereich zugelassen, wo mit Holz umgegangen wird, zum Beispiel in Tischlereibetrieben. Holz, welches mit halogenorganischen Kunststoffen wie zum Beispiel PVC beschichtet ist oder mit Holzschutzmittel behandelt wurde, darf in Kleinfeuerungen, d. h. Anlagen der 1. BImSchV nicht verbrannt werden.

Soll Holz nur als **Zusatzbrennstoff** dienen, dann ist der Erwerb eines Zimmerofens, Kachelofens oder Kamins ins Auge zu fassen. Damit kann die Heizung einzelner Räume über zeitlich begrenzte Heizphasen abgedeckt werden. Für die Beheizung ganzer Gebäude über die volle Heizperiode sollte dagegen eine Kesselanlage beschafft werden. Für die Aufstellung einer solchen Anlage ist in der Regel ein eigener Raum (Heizraum) erforderlich. Bei Hackschnitzelfeuerungen werden Zerkleinerungsaggregate benötigt. Hinzu kommen geeignete Räumlichkeiten zur Trocknung und Lagerung des Holzes. Bei kontinuierlich beschickten Hackschnitzelfeuerungen sind auch Transporteinrichtungen für den Brennstoff zu berücksichtigen. Zu den weiteren Maßnahmen gehören der Bau eines geeigneten Schornsteins oder der Umbau eines vorhandenen.

Heizungsraum und Lagerraum für Brennstoffe: Die Anforderungen an diese Räume sind durch die Baugesetzgebung festgelegt. Es gelten die Feuerverordnung, die Heizraumrichtlinie und die Verordnung zur Verhütung von Bränden, welche in den jeweiligen Landesbauordnungen ausführlich dargestellt sind. Informationen erhält man über die Bauämter und kommunalen Einrichtungen. Auch der zuständige Schornsteinfegermeister wird bei der Beratung behilflich sein.

Schornstein, Kessel und Installation: Für den Schornstein ist die Baugesetzgebung zuständig. Schornsteine müssen dabei nach dem in DIN 4705 festgelegten Verfahren ausgelegt sein und in der Ausführung den Forderungen der DIN 18 160 entsprechen. Beim Betrieb von mehreren Kesseln an einem Schornstein müssen die Forderungen der DIN 4759 erfüllt sein. Die bautechnische Abnahme des Schornsteins erfolgt durch das Bauamt, die feuerungstechnische durch den Schornsteinfegermeister. Der Schornsteinfeger überprüft den Querschnitt, die Dichtheit und die Wärmedämmung des Schornsteins und legt eventuell erforderliche Sanierungsarbeiten fest.

Für Heizkessel mit Leistungen bis 50 kW genügt in der Regel eine **Anzeige der Inbetriebnahme** bei der zuständigen Baubehörde, ggfs. verbunden mit einer Unbedenklichkeitsbescheinigung für Brandschutz und Betriebssicherheit. Größere Kessel müssen nach den Technischen Richtlinien Dampf Nr. 702 (TRD 702) geprüft und registriert sein. Die Prüfregeln sind in der DIN 4702 festgelegt. Die sicherheitstechnischen Anforderungen an die Kesselanlage sind in DIN 4751 enthalten, für die elektrische Ausrüstung der Feuerungsanlage gelten die Anforderungen der DIN 57 116. Da es bei den gesetzlichen Anforderungen jedoch länderspezifische Unterschiede gibt, sollte vor dem Erwerb und der Installation einer Kleinfeuerungsanlage der Kontakt zum zuständigen Bauamt und Bezirksschornsteinfeger aufgenommen werden, sofern diese Aufgabe nicht in den Leistungskatalog der mit der Installation beauftragen Heizungsbaufirma fällt.

Der Bezirksschornsteinfeger ist auch für die Durchführung der **Emissionsmessungen** nach der 1. Bundes-Immissionsschutzverordnung zuständig. Im gewerblichen Bereich sind fernerhin die Vorschriften der Unfallverhütung und des Arbeitsschutzes zu beachten. Hierüber geben die Berufsgenossenschaften und die Gewerbeaufsichtsämter Auskunft. Auch haben die meisten Bundesländer Informationsstellen eingerichtet, die bei der energetischen Nutzung von Holz und anderen pflanzlichen Biomassen beraten und informieren. Sie sind zumeist den Länderministerien für Landwirtschaft und Forsten oder für Wirtschaft zugeordnet. Hier bekommt man auch Auskünfte über Förderzuschüsse. Vergleichbares gilt in Österreich und in der Schweiz. Eine zentrale Anlaufstelle für Fragen der energetischen Holzverwertung ist in der Schweiz auch das Bundesamt für Konjunkturfragen in Bern. Diese und weitere Adressen finden sich im Anhang.

Zur Vorplanung gehört auch die **Festlegung des Typs und der Leistung** der Anlage. Handelt es sich um eine Anlage nur für die Raumheizung, dann reicht ein Zimmer- oder Kachelofen aus. Für die zentrale Beheizung mehrerer Räume und Gebäude sowie die Erzeugung von Warmwasser ist ein Stückholzheizkessel oder eine Hackschnitzelfeuerung erforderlich. Die Leistung der Anlage sollte möglichst genau am maximalen Wärmebedarf des zu beheizenden Raumes oder Gebäudes ausgerichtet werden. Häufig werden Anlagen überdimensioniert. Derartige Anlagen sind dann schlecht ausgelastet, vergleichsweise unwirtschaftlich und neigen vermehrt zu Betriebsstörungen. In der Regel ist es daher günstiger, die Feuerungsanlage etwas unterdimensioniert zu errichten und Bedarfsspitzen für Wärme oder Warmwasser durch eine Zusatzheizung oder eine Gastherme abzudecken. Eine Zusatzheizung ist inbesondere dann erforderlich, wenn das Gebäude in der kalten Jahreszeit längere Zeit ungenutzt bleibt.

Der **Wärmeleistungsbedarf** wird aus der zu beheizenden Fläche abgeschätzt. Er liegt bei Neubauten zwischen 20 und 30 W/m^2, bei weniger gut gedämmten Altbauten bei etwa 40 bis 60 W/m^2. Für die Warmwasserbereitung und ggfs. für Aufheizspitzen werden nochmal jeweils 10 W/m^2 kalkuliert. Danach bedarf ein Einzelraum mit zum Beispiel 40 m^2 Fläche selbst in einem Altbau nur eines Zimmerofens mit einer Wärmeleistung um 2 bis 3 kW. Für ein Einfamilienhaus mit Warmwasserbeheizung und 160 m^2 Wohnfläche liegt bei einem Neubau der Leistungsbedarf bei 8 kW, bei einem Altbau etwa doppelt so hoch. In vielen Fällen reicht also eine Kleinstfeuerungsanlage unterhalb des Geltungsbereichs der 1. BImSchV aus. Für die Beurteilung muß man also die Leistung der geplanten Anlagen kennen.

Die **Nennwärmeleistung** einer Feuerungsanlage wird vom Hersteller angegeben. Sie wird nach festgelegten Anforderungen einer Prüfvorschrift oder Norm bestimmt und gibt die von der Anlage stündlich nutzbar abgegebene Wärmemenge wieder. Die Einheit der Leistung ist Watt (W), die Angabe bei Kleinanlagen erfolgt stets in Kilowatt (kW). Ein weiterer wichtiger Parameter ist der Wirkungsgrad. Er drückt das Verhältnis von Wärmeleistung zum Heizwert des eingebrachten Brennstoffs in Prozent aus, d. h. beschreibt den wirklich genutzten Energiegehalt des Holzes. Moderne Heizkessel und Hackschnitzelfeuerungen haben hohe Wirkungsgrade (80 bis 90 %). Zimmer- und Kachelöfen haben einen geringeren Wirkungsgrad. Offene Kamine nutzen die Heizwärme nur in einen sehr geringem Maße (Wirkungsgrad um 10 %).

Ein wichtiges Entscheidungsmerkmal ist zweifellos auch die **Kostensituation.** Diese ist bei Feuerungsanlagen für Holz- und Biomasseanlagen aus zwei Gründen recht ungünstig:
1. Feststofffeuerungen haben einen generell höheren Aufwand bei der Anlagentechnik als Feuerungen für Gas und Öl. Gleiches gilt für Transport und Lagerung der Brennstoffe.
2. Der Energiepreis für fossile Brennstoffe liegt in Mitteleuropa seit langem auf einem niedrigen Niveau. Die Liberalisierung des Energiemarktes wird hier ohne staatliche Eingriffe auch weiterhin für günstige Preise bei Öl und Gas sorgen.

Der **Anlagenpreis** ist von verschiedenen Faktoren abhängig. Als Richtwerte können bei einfachen Öfen und Hackgutfeuerungen Beschaffungskosten von 100 bis 250 Euro pro kW Nennwärmeleistung zugrunde gelegt werden. Mechanisch beschickte Anlagen für Holz mit elektronischer Regelung und Wärmespeicher liegen zwischen etwa 300 und 700 Euro/kW. Bei Strohfeuerungen mit Ballenauflösung kann der Aufwand bis auf Werte über 1000 Euro/kW ansteigen. Bei den Brennstoffkosten gibt es beträchtliche Vorteile,
– wenn der Brennstoff zum Nullwert zur Verfügung steht, d. h. als Betriebsabfall oder im eigenen Wald
– sowie die Arbeitskosten für Gewinnung und Aufbereitung durch Eigenleistungen aufgebracht werden.

Das Heizen mit Holz und anderen Biomassen in Kleinfeuerungen ist unter rein kaufmännischen Gesichtspunkten daher häufig nicht zu rechtfertigen. Um so wichtiger ist es, daß bei der Entscheidung für einen Holzofen auch der Gedanke des **Umweltschutzes und der Eigenleistung** gesehen werden. Bei Kaminen sowie Kachel- und Pelletöfen kommen emotionale Beweggründe hinzu. Aus dieser Zusammenstellung wird deutlich, daß die Errichtung einer kleinen Holzfeuerungsanlage weit über den Kauf des Ofens oder Kessels hinausgeht. Auf dem Markt wird eine Vielzahl unterschiedlicher Holzfeuerungssysteme angeboten, so daß dem Interessenten eine große Auswahl an Systemen und Systemvarianten zur Verfügung steht. Bevor die verschiedenen Systeme im Detail dargestellt werden, soll jedoch zunächst eine Übersicht der wesentlichen Unterscheidungsmerkmale gegeben werden.

6.3 Einteilung der Kleinfeuerungsanlagen

Die Kleinfeuerungsanlagen lassen sich grundsätzlich einteilen in Stückholzfeuerungen und Hackschnitzelfeuerungen. Sie eignen sich, wie der Name sagt, für den Betrieb mit stückigem Holz oder mit zerkleinertem Holz. Für sehr feinstückige

Tabelle 6-1: Vor- und Nachteile von modernen Stückholz- und Hackschnitzelfeuerungen

Vorteile	Nachteile
Stückholzfeuerungen	
• Geringere Investitionskosten	• Höherer Bedienungsaufwand
• Geringerer Lagerraumbedarf für den Brennstoff	• Pufferspeicher zur Vermeidung von Schwachlastbetrieb
• Hoher Wirkungsgrad (bis 90 %)	
Hackschnitzelfeuerungen	
• Sehr hoher Wirkungsgrad (über 90 %)	• Höhere Investitionskosten
• Bedienungsfreundlich und wartungsarm	• Höherer Lagerraumbedarf für den Brennstoff
• Automatische Wärmebereit-Haltung	
• Auch schwaches Restholz verwertbar	

Materialien wie zum Beispiel Säge- und Hobelspäne gibt es als weitere Form die Einblasfeuerungen. Die Einblasfeuerung muß eingesetzt werden, wenn der Staubgehalt im Brennstoff (Teile unter 0,5 mm Kantenlänge) mehr als 50 % beträgt.
Stückholzfeuerungen sind für die Verbrennung von Meterholz, Holzscheiten, Holzbriketts nach DIN 51 731 oder sehr groben Hackschnitzeln (zum Beispiel aus dem Schneckenhacker) ausgelegt. In solchen Feuerungsanlagen können also sowohl kurze als auch längere und sperrige Holzstücke verbrannt werden. Die maximale Stückgutlänge richtet sich nach den Abmessungen des Brennraumes. Hackschnitzelfeuerungen sind geeignet für die Verbrennung von kleinstückigem Holz, d.h. klein- und mittelstückige Hackschnitzeln sowie Pellets. Stückholz- und Hackschnitzelfeuerungen weisen bestimmte Vor- und Nachteile auf. Tabelle 6-1 gibt hierzu einen Überblick.
Ein weiteres Unterscheidungsmerkmal ist die Art der Beschickung, d.h. manuell oder automatisch. Grobstückige Holzteile wie Meterholz oder Scheitholz werden der Feuerung fast immer durch Handbeschickung zugeführt. Feinstückige Holzteile wie Hackschnitzel oder Pellets lassen sich dagegen gut mechanisch über Schnecken und andere automatische Zufuhreinrichtungen in den Ofen einbringen. Sägespäne und andere feine Holzteile werden zumeist pneumatisch gefördert und in die Brennkammer eingeblasen. Eine Sonderform sind Zufuhreinrichtungen, in denen ein Brennstoffsilo oder -behälter so über dem Ofen angebracht ist, daß feinstückige Holzteile unter dem Einfluß der Schwerkraft nach Bedarf nachrutschen. Tabelle 6-2 gibt eine Übersicht der Systematik bei Kleinfeuerungsanlagen.
Bei den Kleinfeuerungen ist auch die Art der Verbrennungsführung wichtig. Öfen und Kessel für Stückholz und grobe Hackschnitzel lassen sich in der Regel drei Grundtypen (Abbildung 6-1) zuordnen:
• Verbrennung mit oberem Abbrand
• Verbrennung mit Durchbrand
• Verbrennung mit unterem Abbrand.

Bei **Feuerungen mit oberem Abbrand und Durchbrand** finden Entgasung und Ausbrand des Holzes in der Regel in einer gemeinsamen Brennkammer statt. Dieser Feuerraum übernimmt die Funktion des Vorrats- und Verbrennungsraums. Für die Verbrennung von Holz wird weiterhin ein Überschuß von Luft benötigt. Die Verbrennungsluft wird bei Holzfeuerungen stets zweistufig als Primär- und Sekundärluft zugeführt. Einige Anlagen weisen sogar eine Tertiärluftzugabe auf.
Feuerungen mit oberem Abbrand oder Durchbrand werden chargenweise mit dem Brennstoff befüllt. Der Verbrennungsvor-

Tabelle 6-2: Systematik der Feuerungsanlagen für biogene Festbrennstoffe

Beschickungsart	Brennstoff-zufuhr	Brennstofform bzw. -aufbereitung	Feuerungsprinzipien und -anlagen
Handbeschickung Anlagen (diskontinuierliche Wärmelieferung	manuell	Scheitholz, Briketts	Durchbrand, oberer und unterer Abbrand Anlagen: Einzelöfen (z. B. Heizkamin, Warmluftofen, Kaminofen), Zentralheizkessel
Teilautomatisch (kontinuierliche Wärmelieferung)	Schwerkraft	Hackschnitzel, (Scheitholz)	Unterbrandfeuerung (z. B. Anlagen mit vergrößertem Füllschacht, mechanisch oder manuell befüllt)
Automatisch beschickte Anlagen (kontinuierliche Wärmelieferung)	Schnecken	Feine Hackschnitzel, Häckselgut, Pellets	Vorofen-, Unterschub-, Vorschub oder Schrägrostfeuerung, Schneckenrostfeuerung, Wirbelschichtfeuerung
	(Trog-)Ketten	Feine u. grobe Hackschnitzel, Häckselgut, Pellets, Späne, Rinde	Vorschub- oder Schrägrostfeuerung, Schneckenrostfeuerung, Wirbelschichtfeuerung
	Schleuderrad	Hackschnitzel	Feuerung mit waagerechtem Rost
	pneumatisch	Sägemehl, Staub, (Späne)	Brenner (Einblasfeuerung)
	Förderbahn	Ballen	Zigarrenabbrandverfahren

Quelle: nach Hartmann 1994

gang ist bei diesen Feuerungstypen diskontinuierlich und daher ungleichmäßig. Nach Entzündung des Brennstoffs oder Aufgabe auf ein bestehendes Glutbett kommt es zunächst zu einer Entgasungsphase mit heftiger Flammenbildung. Für einen guten Ausbrand wird viel Luft benötigt, die mit dem Brenngas gut durchmischt werden muß. Die nach Abschluß der Entgasung verbleibende Holzkohle verbrennt dann in der Ausbrandphase nur noch langsam und ohne Flammenbildung. Der Luftbedarf ist zu diesem Zeitpunkt deutlich geringer als in der ersten Phase der Verbrennung. Die Brennkammer und die Luftzufuhr ist somit dem gestuften Brennverhalten des gasreichen Holzes anzupassen.

Wegen der besonderen Verbrennungseigenschaften des Holzes muß eine Holzfeuerungsanlage folglich bestimmte Konstruktionsmerkmale aufweisen, um wirtschaftlich und umweltfreundlich zu arbeiten. Zu diesen Konstruktionsmerkmalen gehören

- ein heißer, möglichst ungekühlter Brennraum (Entgasungszone),
- eine heiße, ungekühlte Nachbrennkammer (Ausbrandzone),
- getrennt regelbare Zufuhr der Verbrennungsluft als Primärluft und als Sekundärluft sowie
- eine intensive Vermischung von Sekundärluft und Brenngasen.

Feuerungsanlagen zur Warmwasserbereitung benötigen weiterhin ausreichend große Wärmetauscherflächen hinter der Ausbrandzone und eine gute Wärmedämmung des Kessels. Die Brennkammer sollte nicht nur ungekühlt, sondern auch ausreichend dimensioniert sein. Unterdimensionierungen führen dazu, daß Flammen in Sturz- und Steigzüge hineinschlagen. Die Flammen kühlen dann an den Wärmetauscherflächen vorzeitig ab. Es kommt zu unvollständigem Ausbrand sowie Teer- und Rußbildung, wodurch die Wärmetauscherflächen verschmutzen und verrußen.

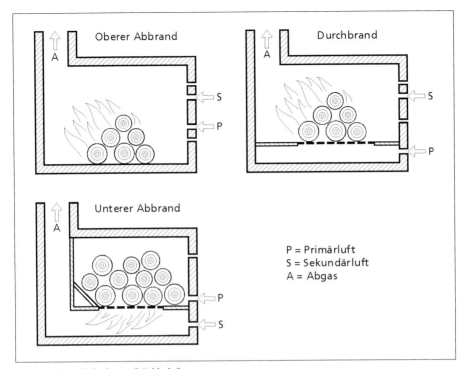

Abb. 6-1: Grundprinzip von Stückholzfeuerungen

Überdimensionierungen bewirken niedrigere Verbrennungstemperaturen in der Brennkammer und beeinflussen so den Ausbrand ebenfalls ungünstig.

Die meisten Feuerungen mit oberem Abbrand oder Durchbrand enthalten einen Rost unter dem Glutbett, durch den die Asche in einen Aschebehälter fällt. Über die Notwendigkeit eines Rostes bei Holzfeuerungen gibt es unterschiedliche Meinungen. Nach Ansicht verschiedener Fachleute ist die Verbrennung des Holzes im Aschebett besonders sauber. Bei Feuerungen mit oberem Abbrand kann auf den Rost verzichtet werden. Hier liegt die Glut auf einer Platte aus Schamotte oder feuerfester Keramik. Unumgänglich ist ein Rost aber, wenn im Heizkessel außer dem Holz auch aschereiche Biomasse oder Kohlen verbrannt werden sollen.

Bei **Unterbrandfeuerungen** rutscht der Brennstoff von oben in eine Entgasungszone. Neuere Entwicklungen wie zum Beispiel die sogenannten Vergasungskessel trennen dabei die Entgasungs- und Ausbrandzone. Sie werden typischerweise vor allem mit Hackschnitzeln betrieben, die über einen Füllschacht der Verbrennungszone gleichmäßig zugeführt werden. Es gibt aber auch Unterbrandfeuerungen, die mit Scheitholz betrieben werden können. Unterbrandfeuerungen zeichnen sich durch eine gleichmäßige, kontinuierliche Verbrennung aus. Sie lassen sich daher besser regeln und einstellen als die chargenweise betriebenen Feuerungen mit oberem Abbrand oder Durchbrand. Bezüglich der Luftzufuhr und Ausbrandbedingungen gilt gleiches wie bei den zuvor genannten Feuerungstypen. Moderne Heizkessel sollten heute durchgängig mit einer elektronischen Regelung ausgerüstet sein, welche einen optimalen Betrieb der Anlage ermöglicht. Bei Hackschnitzelfeuerungen kann eine solche Ausstattung als obligatorisch angesehen werden.

Bei den **Hackschnitzelfeuerungen** wird unterschieden in Anlagen mit Vorofen und solche mit Brennstoffmulde (Abbildung 6-2). Die Vorofenfeuerung besteht aus einem Vorofen und einem gewöhnlichen Heizkessel. Im Vorofen erfolgt die Entgasung des Holzes und die Vergasung der Holzkohle. Der Vorofen wird dafür mit Luftmangel betrieben. Das gebildete Brenngas wird danach mit der Sekundärluft vermischt und über ein Flammrohr oder Feuerkanal in einen nachgeschalteten Heizkessel geleitet, wo der vollständige Ausbrand und die Wärmeabnahme stattfindet. Weiterhin gibt es dem Vorofenprinzip vergleichbare Feuerungen, bei denen die Entgasungskammer in den Kessel integriert ist. Die Brennstoffzufuhr in den Vorofen erfolgt automatisch über eine Schnecke oder durch Schwerkraft aus einem über dem Vorofen befindlichen Brennstoffspeicher.

Die Hackschnitzelfeuerung mit Brennstoffmulde entspricht dem Typ der Unterschubfeuerung, die Beschickung erfolgt automatisch über Schnecken, Kolben oder Schieber. Die Entgasung und der Ausbrand des Holzes erfolgen in der Verbrennungsmulde oder -retorte. In diesem Bereich wird auch die Primärluft zugeführt. Der Ausbrand findet über der Mulde im schamottierten Teil der Brennkammer des Heizkessels statt.

Ein weiteres wichtiges Unterscheidungsmerkmal ist die **Art der Luftzuführung.** Bei älteren Anlagen oder einfachen Klein-

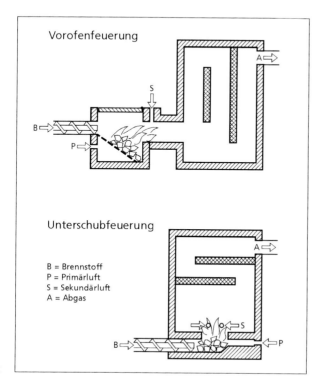

Abb. 6-2: Grundprinzip von Hackschnitzelfeuerungen

feuerungsanlagen wird die Brennluftzufuhr über den Zug des Kamins (Naturzug) erzeugt. Die Regelung der Luftmenge erfolgt über verstellbare Klappen an der Feuerung (Primär- und Sekundärluftklappe) und im Abgasrohr (Drosselklappe). Der Naturzug ist nur noch bei kleineren Feuerungsanlagen wie Kachelöfen, Kaminen oder Kaminöfen, nicht aber bei Heizkesseln zu empfehlen. Moderne Heizkessel erzeugen die Brennluftzufuhr über eine elektrische Ventilation. Bei Hackschnitzelfeuerungen ist eine mechanische Luftzufuhr obligatorisch. Diese kann als Druckgebläse oder als Saug-Zug-Gebläse ausgeführt sein. Feuerungen mit elektrischer Ventilation lassen sich erwartungsgemäß besser regeln als solche mit natürlicher Luftzuführung.

Wesentlich ist außerdem, in Holzfeuerungsanlagen eine lebhafte Verbrennung zu unterhalten, um eine ausreichende Ausbrandtemperatur zu haben und eine Kondensation von Wasserdampf und unverbrannten Brenngasen zu verhindern. Holzfeuerungen können nur dann im Schwachlastbetrieb gefahren werden, wenn außer der Luft auch die Brennstoffzufuhr gedrosselt werden kann. Dies ist bei handbeschickten Anlagen schwer möglich. Kann die bei der Verbrennung freigesetzte Energie nicht unmittelbar genutzt werden, ist ein Wärmespeicher zu installieren. Ferner muß die ungehinderte Abführung der Verbrennungsprodukte (Rauchgase) durch einen ausreichend dimensionierten, absolut dichten, auf voller Länge gegen Wärmeverluste geschützten Schornstein gewährleistet sein.

6.4 Stückholzfeuerungen

Die Stückholzfeuerung ist die traditionelle Form einer Heizanlage für Holz. In diesem Bereich gibt es daher auch das größte Angebot an unterschiedlichen Anlagetypen und Systemvariationen. Die Tabelle 6-3 gibt eine Übersicht der Systematik von Holzfeuerungsanlagen im häuslichen Bereich.

Nachfolgend werden verschiedene Holzfeuerungssysteme vorgestellt. Die in den Abbildungen dargestellten Anlagen sind

Tabelle 6-3: Systematik der Bauarten für Holzfeuerungsanlagen im häuslichen Bereich

Bauart	Wärmeabgabe	Beschreibung/Bemerkung
Einzelöfen		
Heizkamin	Strahlung (Konvektion)	Hauptsächlich zur Wohnwertsteigerung, offene Kamine dürfen nur noch gelegentlich betrieben werden, teilweise mit Luft- und Wassererwärmung
Kaminofen	Konvektion	Freistehend, meist aus Gußeisen, geringe Wärmespeichermasse
Heizungsherd	Wärmeleitung Strahlung (Konvektion)	Mehrzwecknutzung (Kochen, Backen, Heizen, Brauchwasser), auch in Heizwasserkreislauf integrierbar
Kachel-Grundofen	Strahlung	Feuerraum und Züge gemauert, Kachelmasse oder Putz als Wärmespeicherung
Kachel-Warmluftofen	Konvektion und Strahlung	Heizeinsatz und Nachheizkasten ummauert, mit Raumluftleitkanälen, auch in Heizwasserkreislauf integrierbar
Pelletofen	Strahlung und Konvektion	Automatisch beschickter Einzelofen
Zentralheizkessel		
Unterbrandkessel	Konvektion	Anschluß an Heizwasserkreislauf, Brauchwassererwärmung, Pufferspeicher empfehlenswert
Durchbrandkessel	Konvektion	Anschluß an Heizwasserkreislauf, Brauchwassererwärmung, Pufferspeicher empfehlenswert

Quelle: nach Hartmann 1994

nur Beispiele. Anlagen mit abweichenden Konstruktionsmerkmalen können als ebenso geeignet angesehen werden, wenn die genannten Grundanforderungen eingehalten werden.

Damit lassen sich nahezu alle Formen der Wärmenutzung erreichen: Einzelraumheizung, Zentralbeheizung ganzer Gebäude und Warmwasserbereitung für verschiedene Zwecke. Das stückige Holz kann in Eigenleistung hergestellt werden, ist aber ebenso käuflich zu erhalten. Je nach Anlage wird der Brennstoff als Meterholz, als Holzscheite oder als grobe Hackschnitzel eingesetzt. Kleinere Hackschnitzel und Holzteile können den großen Holzteilen bis zu 25 % beigemischt werden. Säge- und Hobelspäne sowie Holzstäube sind für die Verbrennung in diesen Kesseln nicht geeignet. Bei Aufgabe staubförmiger Holzteile auf das Glutbett kommt es zu heftigen Entgasungs- und Verbrennungsreaktionen, im schlimmsten Falle sogar zu Verpuffungen und Staubexplosionen, die Mensch und Anlage gefährden. Wichtig ist, daß fast alle Stückholzfeuerungen auf die Verbrennung von lufttrockenem Holz ausgelegt sind. Anders als bei Hackschnitzelfeuerungen darf kein feuchtes Holz verwendet werden. Stückholz muß daher vor der Nutzung ausreichend abgetrocknet sein. Weitere Hinweise zur Trocknung von Holz finden sich in den Kapiteln 4 und 5 dieses Buches.

6.4.1 Einzel- oder Zimmerofen

Beim Einzel- oder Zimmerofen wird das Brennholz durch die obere Ofentür in den schamottierten Brennraum geschoben. Das Feuer wird mit zerkleinertem Holz (zum Beispiel Holzspäne) und Kaminanzünder entfacht. Die Verbrennungsluft tritt zumeist unterhalb des Rostes ein, d. h. es handelt sich um Feuerungen nach dem Durchbrandprinzip. Der Rost ist in der Regel ein Planrost, durch den die Asche in einen darunter befindlichen Aschebehälter oder -kasten fällt. Die Luftmenge wird normalerweise von Hand, in manchen Fällen durch einen Feuerungszugregler gesteuert. Der Unterdruck im Feuerraum kann über eine Drosselklappe geregelt werden. Die gesamte Brennstoffmenge brennt nahezu gleichzeitig ab.

Eine Regelung der Verbrennung durch Drosselung der Luft ist nur in geringen Grenzen möglich. In keinem Fall darf bei einer solchen Feuerung die Luft so stark gedrosselt werden, daß es zum Schwelbrand kommt. Hierbei würde die Anlage durch Teerbildung verschmutzt und die Umgebung durch schadstoffreiche und geruchsintensive Abgase belästigt werden. Ein Ofen konventioneller Bauart mit Rüttelrost ist in Abbildung 6-3a dargestellt. Bei Öfen dieser Bauart wird außer dem Standardrost häufig ein speziell für Holz konstruierter Rost angeboten, z. T. wird auch ein verän-

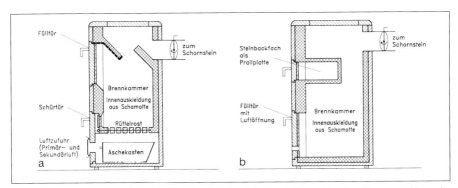

Abb. 6-3: Einzelofen für Holz und Kohle mit Rüttelrost (a) und als Grundofen ohne Feuerrost (b) nur für Holz (Quelle: CMA 1997)

derlicher Rost angeboten, der auf mehrere Brennstoffe eingestellt werden kann. Dieser Ofentyp ist dann sowohl für die Verbrennung von Kohle als auch von Holz geeignet. Gegen die Verbrennung des gasreichen Festbrennstoffs Holz auf einem Feuerrost bestehen jedoch Einwände. Als alternative Konstruktion wird der sogenannte Grundofen gesehen, bei dem das Holz ohne Feuerrost auf eine Fläche im Aschebett verbrennt (Abbildung 6-3b). Dieser Ofentyp eignet sich nicht für den Einsatz ascherreicher Festbrennstoffe wie Braunkohlenbriketts.

Ein großer Teil der Wärmeabgabe eines Zimmerofens erfolgt durch Strahlung. Der Ofen sollte daher von jedem Teil des Raumes gut sichtbar sein. Die Wärmeabstrahlung ist dann gleichmäßig. Der Ofen muß, mit einem gewissen Abstand zu brennbaren Gegenständen, auf einer nicht brennbaren Unterlage stehen. Da Schornsteine meist zentral im Gebäude untergebracht sind, muß der Ofen oft auf der den Fenstern gegenüberliegenden Innenwand aufgestellt werden. Durch die Erwärmung der Rauminnenseite und die Abkühlung an den Fensterflächen kommt es bei schlecht gedämmten Räumen zu einer ausgeprägten Luftzirkulation. Kaltluft fällt vom Fenster auf den Boden, während Warmluft im Ofenbereich zur Zimmerdecke strebt. Es kann ein Gefühl der Unbehaglichkeit entstehen. Ein hoher Strahlungsanteil wird dagegen als angenehm empfunden. Deshalb sollte bei Stubenöfen die Wärmeabgabe nur zu einem Teil durch Konvektion erfolgen, denn bei Wärmeabstrahlung ist die Temperaturschichtung im Raum weniger ausgeprägt.

In gut wärmegedämmten Gebäuden mit modernen Fenstern schafft ein richtig plazierter Einzelofen ein hohes Maß an Behaglichkeit. Allerdings muß bei dichten Fenstern ein Luftkanal zum Ofen vorgesehen werden, damit die Feuerstelle stets ausreichend mit Frischluft versorgt wird. Auch ist der Wärmebedarf einzelner Räume in gut gedämmten Gebäuden so gering, daß es immer schwieriger wird, Öfen mit ausreichend kleinen Abmessungen zu bekommen.

6.4.2 Kachelöfen

Während die Zimmeröfen in der Regel aus Stahl oder Guß bestehen und nur innen durch Schamotte verkleidet werden, sind Kachelöfen durch ihre vollständige Ausbekleidung mit keramischem Material gekennzeichnet (Abbildung 6-4). Bei den Kachelöfen unterscheidet man zwei grundsätzliche Bauarten, den sogenannten Grundofen und den Kachelofen mit Heizeinsatz. Ein Kachelofen wird meistens zentral in ein Haus eingebaut. Vor dem Einbau solcher Öfen muß die Tragfähigkeit der Fußbodenkonstruktion überprüft werden, denn gemauerte Kachelöfen können mit Heizeinsatz mehrere Hundert Kilogramm wiegen. Die Anlage kann unter Berücksichtigung individueller Wünsche durch einen Kachelofenbauer errichtet werden, es

Abb. 6-4: Beispiel eines Kachelofens (Quelle: Brunner)

gibt aber auch vorgefertigte Bausätze für den versierten Heimwerker.

Der Grundofen ist die klassische Form des Kachelofens. Der Grundofen weist keinen Rost auf und ist daher ein Feuerungssystem mit oberem Abbrand. Das Holz verbrennt auf einem glatten Herd im Aschebett. Brennraum und nachgeschaltete Züge sind vollständig aus keramischen Material gefertigt, zum Beispiel Schamottesteinen. Außen ist er meist kunstvoll mit Kacheln bekleidet. Die keramische Hülle des Kachelofen erwärmt sich weit weniger als die metallische der Zimmeröfen. Die Wärmeabgabe erfolgt daher vornehmlich durch Wärmeabstrahlung. Da diese zudem in einem niedrigeren Temperaturbereich („Niedertemperaturstrahlung") liegt, gilt die Raumheizung mit konventionellen Kachelöfen als besonders angenehm und behaglich.

Beim Typ des Grundofens wird wiederum unterschieden in Öfen mit mittlerer bis großer und Öfen mit geringer Speichermasse. Der Ofentyp mit großer Speichermasse ist solide gemauert und hat mehrere nachgeschaltete Züge, in denen die heißen Abgase ihre Wärme an die Ausmauerung abgeben. Er ist entsprechend relativ träge, d. h. er erwärmt sich nur langsam über mehrere Stunden und gibt die Wärme danach auch lange wieder ab. Der Speicherkachelofen wird in der Regel einmal, im kalten Winter zweimal pro Tag befeuert. Als Alternative gibt es aber auch Kachelöfen in leichter Bauweise, welche die bei der Holzverbrennung freigesetzte Wärme schneller in Strahlungswärme umsetzen als der traditionelle Kachelofen (Abbildung 6-5a)

Der Kachelofen mit Heizeinsatz aus Guß oder Stahlblech erwärmt die Luft zusätzlich durch Konvektion (Abbildung 6-5b). Er wird auch als Warmluft-Kachelofen bezeichnet. Der Heizeinsatz und der Nachheizkasten sind von einem Kachelmantel umgeben. Dieser Ofentyp ist daher im Prinzip eine Kombination von Zimmerofen und konventionellem Kachelofen. Die Heizeinsätze werden heute in einer Vielzahl von Bauweisen angeboten. Dabei finden sich die verschiedenen Verbrennungsführungen ebenso wie gestufte Luftführung und -regelung. Ein Kachelofen wird üblicherweise von Hand bedient, doch gibt es auch automatisch mit Hackschnitzeln beschickte Kachelöfenheizeinsätze.

Kachelöfen können mit Backröhren zum Backen und Braten oder zum Warmhalten von Speisen oder Getränken ausgerüstet sein. Außerdem werden Kachelöfenheizeinsätze zur direkten Wassererwärmung an-

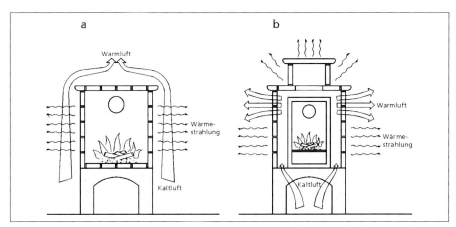

Abb. 6-5: Kachelofen als Grundofen (a) mit geringer Speichermasse und als Warmluftofen mit Heizeinsatz (b)

geboten. Zur Verkürzung der Aufheizzeit und zur Beheizung entlegener Räume kann der Kachelofen auch als Warmluftheizung ausgebildet sein. Die erwärmte Luft wird dann durch natürliche oder erzwungene Zirkulation verteilt. Bei derartigen Systemen muß für die abgekühlte Heizluft eine Rückführung vorhanden sein, damit Warmluft dorthin gelangen kann, wo Heizwärme benötigt wird.

Neueste Kachelöfen weisen getrennte Primär- und Sekundärluftführungen sowie elektronische Regelungseinrichtungen auf. Sie sind z. T. auch mit vollautomatischen Brennstoffzündungseinrichtungen ausgestattet. Mit der Regelung wird der Abbrand des Scheitholzes überwacht, danach stoppt die Luftzufuhr automatisch. Damit werden ein optimaler Ausbrand, eine hohe Nutzung des Heizwertes (Wirkungsgrad um 90 %) und niedrige Emissionswerte erreicht.

6.4.3 Kamine und Kaminöfen

Offene Kamine besitzen einen zum Wohnraum hin offenen Feuerraum und geben vornehmlich Strahlungswärme ab. Ein offenes Kaminfeuer bereitet „romantische" Behaglichkeit, nutzt jedoch nur einen geringen Teil der Heizwärme des Holzes. Offene Kamine dürfen daher nur noch gelegentlich, und zwar ausschließlich mit naturbelassenem, stückigem Holz, betrieben werden. Ein offener Kamin sollte wärmetechnisch so sinnvoll aufgestellt werden, daß er als Zusatzheizung dienen kann. Da das Kaminfeuer hauptsächlich Strahlungswärme abgibt, sollte es von jedem Punkt eines Raumes aus gut sichtbar sein. Der Kamin muß auf einer nicht brennbaren Unterlage stehen, die auch die durch Funkenflug gefährdete Fläche vor dem Kamin abdeckt. Im Strahlungsbereich des Kamins muß der Abstand zu Bauteilen aus brennbaren Baustoffen mindestens 80 cm betragen. Wenn ein Strahlungsschutz vorhanden ist, genügt ein Abstand von 40 cm. Ein einfacher, offener Kamin wird in Abbildung 6-6a gezeigt.

Jeder offene Kamin muß an einen eigenen Schornsteinzug angeschlossen sein. Die Sogwirkung des Schornsteins muß so groß sein, daß über dem gesamten Querschnitt der Feuerraumöffnung ein Unterdruck entsteht. Rauchgase können dann nicht in den Raum austreten. Nicht jedes Holz ist als Kaminholz geeignet. Bei Nadelhölzern können Glutteilchen abspringen und Brände verursachen. Aus diesem Grund sollten Nadelhölzer nicht ohne Schutzgitter in offenen Kaminen verbrannt werden. Laubhölzer wie Buche oder Birke eignen sich besser als Kaminholz.

Offene Kamine dürfen nicht in Räumen errichtet oder betrieben werden, in denen sich noch andere Feuerstellen befinden. Ausgenommen sind Feuerstätten mit völlig abgeschlossenem Verbrennungsraum. Es muß gewährleistet sein, daß dem offenen Kamin je Stunde und je Quadratmeter Feuerraumöffnung 360 m^3 Verbrennungsluft zuströmen können. Wenn der Aufstellungsraum des Kamins mit anderen Räumen in Verbindung steht, in denen sich ebenfalls Feuerstellen befinden, müssen offenen Kaminen 540 m^3 Verbrennungsluft je Stunde und je Quadratmeter Feuerraumöffnung zugeführt werden. Für jedes Kilowatt Nennwärmeleistung müssen mindestens 1,6 m^3 Verbrennungsluft je Stunde den anderen Feuerstätten zuströmen können.

Heute sind Kamine erhältlich, die Raumluft konvektiv erwärmen. Die kältere Bodenluft wird im Sockelbereich des Kamins angesaugt. Sie streicht außen an den Feuerraumwänden und dem Rauchsammler entlang, erwärmt sich dort und tritt oberhalb der Feuerraumöffnung wieder aus. Durch diese Konstruktion läßt sich der Wirkungsgrad nahezu verdoppeln. Eine bessere Energieausnutzung wird jedoch erst durch den Einbau von Türen, zum Beispiel aus feuerfestem Glas, erreicht. Offene Kamine können nachträglich durch Einbau sogenannter Kaminkassetten (Heizkamineinsätze) zu ei-

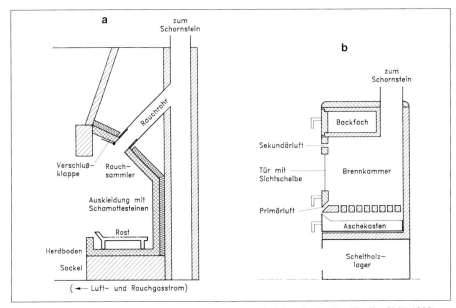

Abb. 6-6: Offener Kamin in konventioneller Bauweise (a) und als Kaminofen (b); (Quelle: CMA 1997)

ner effizienteren Zusatzheizung ausgebaut werden. Diese Form der Nachrüstung gewinnt mehr und mehr an Bedeutung. Einerseits steigt hierdurch der Wirkungsgrad erheblich an (von 10 bis 15 % auf 60 %), andererseits werden Funkenflug oder Qualm im Wohnraum vermieden. Bei Neuanlagen sollten offene Kamine nicht mehr gebaut werden.

Eine günstige Alternative ist der Kaminofen. Er vereint die klassischen Merkmale des herkömmlichen offenen Kamins und des Ofens. Er ist eigentlich ein Ofen, der wahlweise mit geöffneten oder geschlossenen Türen betrieben werden kann. Mit geschlossenen Türen gibt der Kaminofen zwei- bis dreimal mehr Wärme an den Raum ab, als mit geöffneten. Kaminöfen sind besonders wirksam, wenn die Rauchgaswege durch Umlenkbleche verlängert und für den Wärmeaustausch auch genügend große Wärmeübertragungsflächen vorhanden sind. Ein typischer Kaminofen ist in Abbildung 6-6b dargestellt. Um eine zusätzliche konvektive Wärmeabgabe an die Luft zu ermöglichen, sind einige Modelle mit Konvektionsschächten oder Kanälen ausgerüstet. Kaminöfen sollten ebenfalls mit einer direkten Außenluftzuführung versehen sein.

6.4.4 *Automatischer Pelletofen*

Seit wenigen Jahren werden mit beachtlichem Markterfolg sog. Pellet- oder Primäröfen angeboten, die rein äußerlich und vom sichtbaren Flammenbild her dem Ölofen mit Sichtscheibe ähnlich sind. Als Brennstoff werden Pellets aus naturbelassenem Holz eingesetzt, die aus einem an der Rückseite des Aggregates angebauten Vorratsbehälter abgegeben werden. Der Behälter kann je nach Anlagetyp 25 bis 50 kg Pellets aufnehmen. Der Brennstoff wird aus dem Behälter über eine Schnecke vollautomatisch in den Brennertopf gefördert. Es gibt Öfen nur zur Zimmerbeheizung und solche mit zusätzlicher Warmwassererzeugung („Ofenkessel").

Die Öfen werden über elektrischen Widerstandsdraht automatisch gezündet. Der Betrieb wird mit Hilfe eines Mikroprozessors elektronisch geregelt. Bedarfsabhängig und fein dosiert werden die Pellets in Intervallen in die kleine Retorte eingegeben und sehr schadstoffarm verbrannt (Abbildung 6-7). Auch die Luftzufuhr erfolgt geregelt über ein Sauggebläse. Bei Störungen unterbricht die Elektronik die Brennstoffzufuhr.

Die Anlagen werden mit Nennwärmeleistungen bis 10 kW angeboten, weisen dabei aber einen hohen Regelungsbereich auf (ab etwa 2 kW). Wegen der feinfühligen Regelbarkeit und dem günstigen feuerungstechnischen Wirkungsgrad arbeiten diese Anlagen sehr sparsam. Im Halb- und Vollastbetrieb wurden Wirkungsgrade von 90 % ermittelt, ein für Kleinstanlagen außergewöhnlich guter Wert. Auch die Emissionswerte sind sehr niedrig. Bei 2 kW Schwachlastbetrieb reicht eine Befüllung des Vorratsbehälters mit 50 kg Pellets für bis zu 90 Stunden Betriebszeit aus.

Der Pelletofen wird heute oft als Alternative bzw. Zusatz zur zentralen Ölheizung angesehen und betrieben. Außerhalb extrem niedriger Außentemperaturen reicht der Ofen aus, um eine Wohnung oder ein kleines Einfamilienhaus im Wohnbereich und bei stillgelegter Zentralheizung ausreichend mit Wärme zu versorgen. Auch bei Niedrigenergiehäusern sind sie gut einsetzbar. Der Bedienkomfort mit Infrarot-Fernsteuerung steigert die Marktchancen dieses Heizsystems zusätzlich.

6.4.5 Küchenherde

Auch für die Zubereitung von Speisen läßt sich Holz als Energieträger nutzen. Kochherde liegen sogar in den Verkaufszahlen an der Spitze aller Holzfeuerungsanlagen. Sie werden hauptsächlich im Leistungsbereich 15 bis 25 kW angeboten. Der klassische mit Holz beheizte Küchenherd ist aus Guß- bzw. Stahlteilen gefertigt. Die äußeren Flächen sind emailliert und der Brennraum ist ausgemauert. Die heißen Rauchgase heizen die Kochplatte und die Backröhre. Es gibt auch Kochöfen mit Grundfeuer, die in ihrer Konstruktion den Einzelöfen gleichen. Bei einigen Modellen sind Wasserschlangen in der Ausmauerung des Brennraumes angeordnet und mit einem Warmwasserboiler verbunden.

Mit solchen Zentralheizungsherden kann gekocht und Heizungswasser erwärmt werden. Derartige Herde werden heizungstechnisch als Feststoffkessel behandelt. Bei Anschluß an eine geschlossene Heizungsanlage muß eine thermische Ablaufsicherung eingebaut werden (s. folgender Abschnitt). Der Brennraum des Zentralheizungsherdes läßt sich, wie Abbildung 6-8 zeigt, durch Umkippen oder Absenken des Rostes vergrößern. In den Rauchgaszügen sind wasserführende Wärmeübertragungs-

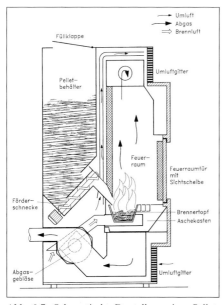

Abb. 6-7: Schematische Darstellung eines Pelletofens

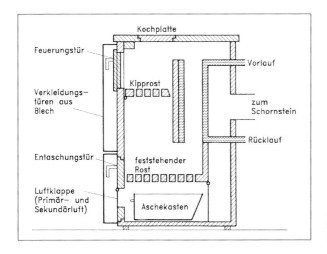

Abb. 6-8: Zentralheizungsherd mit Kipprost (Quelle: CMA 1997)

flächen angeordnet. Der Zentralheizungsherd funktioniert dann wie ein Feststoffkessel. Durch die Brennraumvergrößerung können auch größere Holzstücke verbrannt werden. Damit kann die Feuerung dem Wärmebedarf im Sommer- und Winterbetrieb angepaßt werden.

Kochherde werden nach der benötigten Kochplattenfläche dimensioniert. Zentralheizungsherde sollten lediglich als Zusatzheizung betrieben werden, also nicht auf den maximalen Wärmebedarf des Hauses ausgelegt sein.

6.4.6 Stückholzkessel

Der Wunsch nach Komfort und gleichzeitiger Beheizung mehrerer Räume durch Warmwasser von einer Feuerstelle aus, hat zur Entwicklung von Stückholzkesseln als Zentralheizungsanlagen geführt. Der Stückholzkessel wird wie ein Öl- oder Gaskessel im Keller oder in einem eigenen Heizraum aufgestellt. Bei der Aufstellung der Kesselanlage sollte vor allem im privaten Wohnhaus auf gute Zugänglichkeit geachtet werden, da die Einbringung des Brennholzes und der Abtransport der Asche durch Transportkarren erleichtert wird. Der Einsatz solcher Wagen erfordert jedoch, daß der Kessel ebenerdig oder über Rampen zugänglich ist und nicht in einem nur über Treppen erreichbaren Kellerraum aufgestellt wird. Besonders für die Verbrennung von Meterscheiten müssen Heizungsraum und Feuerungstür gut zugänglich sein. Nur so kann der Arbeitsaufwand vertretbar gering gehalten werden.

Der Kessel besteht aus Gußeisen oder Stahlblech und weist innen mit Wasser gefüllte Wärmetauscher auf. Das durch die Verbrennung von Holz erhitzte Wasser wird über sogenannte „Vorlauf"-Rohrleitungen den einzelnen Heizkörpern zugeführt und gelangt, nachdem es die Wärme an den Raum abgegeben hat, über den „Rücklauf" wieder zum Kessel. Neben dem Transportmedium Wasser werden vereinzelt auch Kessel zur Erzeugung von Warmluft angeboten. Kessel speziell zur Verbrennung von Stückholz sind sowohl für Ein- und Zweifamilienhäuser (Leistungsbereich etwa 20 bis 50 kW) als auch für mittlere und große Bauten (Leistungsbereich bis etwa 200 kW) erhältlich. Der Stückholzkessel sollte nicht überdimensioniert sein, damit er auch in Übergangszeiten nach Möglichkeit voll belastet ist und mit hohem Wirkungsgrad arbeitet.

Zur Deckung von Spitzenbedarf – zum Beispiel an extrem kalten Tagen oder bei verstärktem Brauchwassereinsatz (Warmwasser für Küche, Dusche, Bad) – sollte entweder ein Warmwasserspeicher oder eine Kombination mit anderen Energieträgern gewählt werden. Zentralheizungsanlagen für Stückholz erfordern – je nach Jahreszeit und Bauart – eine mehrmalige Beschickung pro Tag. Durch entsprechende mechanische Einrichtungen läßt sich auch eine automatische Beschickung erreichen, doch ist der Kostenaufwand in den meisten Fällen nur bei mittleren und großen Anlagen vertretbar. Hier ist die Hackschnitzelfeuerung sinnvoller.

6.4.6.1 Kessel mit offenem und geschlossenem Wasserkreislauf

Bei den Heizungssystemen gibt es zwei Grundprinzipien: Anlagen mit **offenem** und mit **geschlossenem** Wasserkreislauf. Bei offenen Anlagen steht das Heizungswasser mit einem hochliegenden, offenen Ausdehnungsgefäß in Verbindung (siehe Abbildung 6-9a). Beim Ansteigen des Drucks im Heizungssystem weicht das Wasser dorthin aus. Wird zum Beispiel zu viel Brennstoff nachgelegt und überschreitet die Wassertemperatur im Kessel den Siedepunkt, dann wird der entstehende Dampf nach oben abgeleitet und kondensiert im kälteren Wasser aus. Offene Anlagen sind dabei ohne großen technischen Aufwand sicher. Diese Systeme sind allerdings korrosionsgefährdet, da Luftsauerstoff in das offene System gelangen und Eisenteile oxidieren können. Beim geschlossenen System muß das Ausdehnungsgefäß etwaige Druckerhöhungen aufnehmen. Wird der zulässige Druck im System überschritten, dann öffnet sich ein Sicherheitsventil und läßt den Druck entweichen (siehe Abbildung 6-9b). Um eine Dampfbildung im Kessel zu vermeiden, tritt bei etwa 95 °C eine thermische Ablaufsicherung in Funktion. Diese Sicherheitsfunktionen sind bei Holzheizkesseln mit chargenweiser Beschickung und Naturzug besonders wichtig, da sich hier der Verbrennungsvorgang nach Aufgabe des Brennstoffs anders als bei einer Gas- oder Ölfeuerung nicht einfach unterbrechen läßt. Holzheizkessel mit kontinuierlicher Beschickung wie Hackschnitzel- oder Einblasfeuerungen sind günstiger regelbar.

Moderne Feuerungsanlagen weisen dabei eine elektronische Regelung auf, die mit Hilfe eines Mikroprozessors die Leistung der Anlage steuert und in einem für die Verbrennung optimalen Bereich hält. Regelungs- und Steuergrößen sind die Leistung des Gebläses, der Brennstoffzufuhr sowie der Temperatur des Wassers und des Abgases. Auch der Sauerstoffgehalt im Abgas wird häufig über eine Lambda-Sonde gemessen und als Regelgröße berücksichtigt. Heutige Holzfeuerungsanlagen weisen damit diesbezüglich einen Komfort auf, der sie nicht mehr von Gas- und Ölfeuerungen unterscheidet. Bezüglich weiterer Informationen über die Regelungstechnik wird auf Kapitel 10 verwiesen.

6.4.6.2 Durchbrandkessel

Die über viele Jahre gebräuchliche Form des Stückholzkessels war der Durchbrandkessel. Er wurde in der Regel auf den wahlweisen Betrieb mit Holz und mit Kohle ausgelegt. Diese Kesseltypen wiesen etliche Unzulänglichkeiten auf, unter anderem einen häufig unzureichenden Ausbrand mit hohen Emissionswerten. Sie werden daher – auch in weiterentwickelter Form – nur noch selten angeboten. In Abbildung 6-10 ist ein solcher Durchbrandkessel dargestellt.

Durchbrandkessel besitzen stets einen großen Feuerraum, der zu maximal einem Drittel mit Brennstoff gefüllt wird. Größere Aufgabemengen führen zu unkontrollierter Entgasung und schlechtem Ausbrand. Die Primärluft wird unterhalb oder in Höhe des Brenngutes zugeführt. Nach dem Anheizen entzündet sich das gesamte Brennmaterial relativ rasch und brennt durch. Die in der Entgasungsphase austretenden Schwelgase

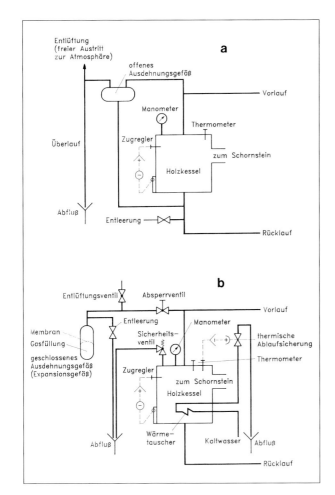

Abb. 6-9: Schema einer Heizanlage mit offenem (a) und mit geschlossenem (b) Wasserkreislauf (Quelle: CMA 1997)

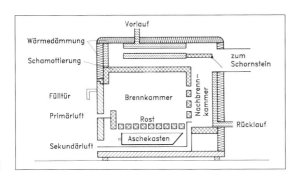

Abb. 6-10: Durchbrandkessel für Stückholz mit Naturzug (Quelle: CMA 1997)

und Teere sammeln sich oberhalb der Glutzone und reagieren mit der Sekundärluft in einer zweiten Verbrennungsstufe. Die Verbrennungsluft wird vom Kaminzug in den Feuerraum gesogen.

Durchbrandkessel können nicht in Schwachlast betrieben werden. Ein solcher Kessel muß regelmäßig mit angemessen Holzmengen aufgefüllt werden und sollte stets im Nennlastbereich arbeiten. Eine Leistungsabsenkung durch Luftdrosselung ist zu vermeiden, denn eine stärkere Drosselung der Verbrennungsluft führt zu einer unvollständigen Verbrennung. Zusammen mit dem Rauchgas verlassen dann unverbrannte Gase den Kesselbereich. Hierdurch kommt es zu schlechter Nutzung des Heizwertes und zu Umweltbelastungen durch schadstoffreiche Abgase. Auch verschmutzen und verrußen Anlagenteile und Schornstein. Ein Feuerungszugregler, der die Luftmenge durch Veränderung der Lufteinlaßöffnung dosiert und so die Kesseltemperatur regelt, ist für Holzfeuerungen ungeeignet.

6.4.6.3 Pufferspeicher

Damit die Verbrennung ungedrosselt bei gutem Wirkungsgrad und hoher Umweltfreundlichkeit ablaufen kann, sollte stets ein ausreichend bemessener Wärmespeicher vorhanden sein. Der Speicher nimmt in diesem Fall die augenblicklich nicht benötigte Energie auf und gibt sie bei Bedarf wieder ab, zum Beispiel wenn die Thermostatventile bei Erreichen der gewünschten Temperatur die Wasserzufuhr unterbrechen. Wärmespeicher sind Wasserbehälter, die entweder direkt oder über einen Wärmeaustauscher mit dem Heizkessel verbunden sind. Diese Wasserbehälter müssen gut wärmegedämmt sein, damit die im Wasser gespeicherte Wärme verbleibt. Der Speicher sollte ausreichend dimensioniert werden, d. h. etwa 100 l pro kW Nennleistung. In diese Tanks wird überschüssiges Heißwasser aus dem Kessel von oben zugeführt (siehe Abbildung 6-11). Der Kesselrücklauf zieht Kaltwasser vom unteren Tankbereich ab. Bei Heizbetrieb wird dieser Vorgang umgekehrt. Man entnimmt dem Wärmespeicher Heißwasser vom oberen Abgang und führt den Heizungsrücklauf unten ein.

Der Wärmespeicher ist ein besonders gutes Wärmereservoir, wenn sein Inhalt nicht durch eine turbulente Wasserzufuhr ver-

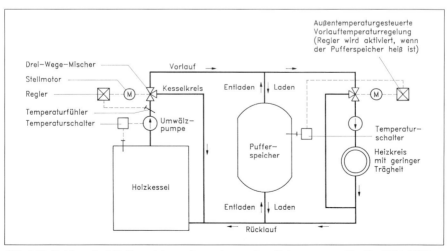

Abb. 6-11: Holzkessel mit Pufferspeicher und zentral geregeltem Heizungssystem (Quelle: CMA 1997)

mischt wird. Die Betriebstemperatur des Speichers liegt zwischen 50 und nahe 100 °C, die nutzbare Temperaturdifferenz bezogen auf Raumheizung liegt dann bei etwa 30 bis 50 °C. Im Mittel kann eine Temperaturdifferenz von 40 °C zugrunde gelegt werden. Um eine Nutzung über Nacht (ca. 12 h) im Halblastbereich zu ermöglichen, wird bei händisch beschickten Feuerungsanlagen dann ein Verhältnis Speichergröße in Liter Wasservolumen zu Nennwärmeleistung von 125 empfohlen, d. h. der Speicher sollte bei einem Heizkessel mit 20 kW Feuerungswärmeleistung einen Speicher von etwa 2.500 Litern oder 2,5 m^3 haben.

Mit angeschlossenem Wärmespeicher kann ein Durchbrandkessel bei vollem Luftüberschuß und hoher Energieausbeute ausbrennen, auch wenn kein simultaner Wärmebedarf vorhanden ist. Insbesondere in der Übergangszeit kann so mittels Wärmespeicher vernünftig mit Holz geheizt werden.

6.4.6.4 Unterbrandkessel

Konstruktiv aufwendiger als Kessel mit Durchbrand sind solche mit unterem Abbrand. Sie lassen einen gleichmäßigeren und umweltfreundlicheren Ausbrand zu als die chargenweise beschickten Durchbrandkessel. Unterbrandkessel mit Druck- oder Saug-Zug-Gebläse haben sich daher weitgehend im Bereich der Stückholzkessel durchgesetzt und gelten heute als Standard. Beim Unterbrandkessel wird eine gewisse Brennstoffmenge im Füllschacht zwischengelagert. Am unteren Ende des Füllschachts strömt die Verbrennungsluft in die Feuerzone. Das Brenngut rutscht von selbst nach und zwar stets nur soviel, wie an unten abgebrannter Menge verbraucht wurde.

Der Brennraum muß im unteren Bereich des Kessels schamottiert sein. Die Entgasung und Verbrennung ist dann gut und vollständig. In der Nachbrennzone wird den Brenngasen erhitzte Sekundärluft beigemischt. Bei derartigen Unterbrandkesseln ist also auch die Nachverbrennung sehr effizient. Durch diese Art der Verbrennung läßt sich die Wärmeabgabeleistung durch Drosselung der Luftzufuhr wesentlich besser regeln als bei Durchbrandkesseln. Dennoch ist auch hier ein Pufferspeicher zu empfehlen.

Eine thermostatisch gesteuerte Rauchgasklappe verhindert die Versottung der nachgeschalteten Heizflächen mit Teer während der Aufheizphase, indem der Rauchgas-Bypass freigegeben wird. Die Abbildung 6-12 zeigt einen solchen Unterbrandkessel. Bei Unterbrandkesseln dürfen die Holzstücke nicht zu groß sein, da sonst die Flammen in den Füllschacht durchschlagen. Sehr feines Material kann wiederum durch Brückenbildung Schwierigkeiten bei der Beschickung der Entgasungs- und Glutzone bereiten. Gut geeignet sind in der Regel die groben Hackschnitzel der Schneckenhacker. Die Verbrennung von unzerkleinerten Meterscheiten ist dagegen nur bei großen Leistungsklassen möglich. Die Brennholzzerkleinerung bereitet zusätzlichen Aufwand, erhöht jedoch die Verbrennungsqualität und die Regelbarkeit der Wärmeerzeugung.

Oft kann der Füllschacht nach oben verlängert werden. Dadurch werden die im Kessel gelagerten Holzmengen erhöht und die Nachfüllintervalle vergrößert. Bei verlängertem Füllschacht kann man ferner den Kessel im Keller unter der Holzlagerebene aufstellen und auf diese Weise problemlos beschicken. Beim Unterbrandkessel ist man bei der Wahl des Aufstellungsortes also nicht so beschränkt wie beim Durchbrandkessel. Auch werden Unterbrandkessel häufig mit Ölbrennern bestückt und als Wechselbrandkessel eingesetzt.

Eine besondere Form des Unterbrandkessels ist die gebläsegesteuerte Anlage mit heißer Nachbrennkammer, auch als Vergaser- oder Sturzbrandkessel bezeichnet (Abbildung 6-13). Die Nachbrennkammer befindet sich unterhalb des Füllschachtes. Dank der Verwendung eines Frischluftventilators werden die leichtbrennbaren Gase

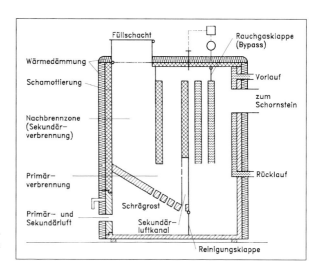

Abb. 6-12: Heizkessel für grobe Hackschnitzel mit unterem Abbrand (Quelle: CMA 1997)

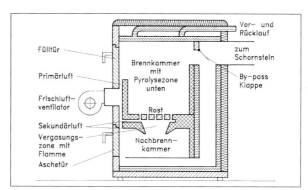

Abb. 6-13: Sturzbrandkessel mit Brennluftzufuhr durch Gebläse (Quelle: CMA 1997)

mit Überdruck durch einen stark verengten Rost geblasen, wo sie intensiv mit der Sekundärluft durchmischt werden. Das Verhältnis Primär- zu Sekundärluft liegt im Regelbetrieb bei etwa 1 : 3, so daß es sich im Prinzip um eine Scheitholzfeuerung mit Vorvergasungsstufe handelt. Die Flamme brennt daher nach unten (Sturzbrand) in die ungekühlte Nachbrennkammer, wo sie auf eine Stahl- oder Schamottehalbschale trifft und umgelenkt wird. Diese Zwangsumlenkung gewährleistet eine gute Durchmischung von Holzgas und Sekundärluft sowie eine relativ lange Aufenthaltszeit der Gaspartikel in der Nachbrennzone und damit eine vollständige Verbrennung. Der Nachteil besteht wie beim Unterbrandkessel darin, daß relativ gleichmäßiges Stückholz verwendet werden muß, um ein optimales Nachrutschen zu gewährleisten.

Der Wunsch der Verbraucher nach Bedienungskomfort hat bei den Stückgutfeuerungen zur Entwicklung von automatischen Beschickungsvorrichtungen geführt. In Abhängigkeit vom technischen System (zum Beispiel Kettenförderer, Kratzförderer, Transportzylinder) ist mit mehr oder weniger hohen Investitionskosten zu rechnen. Die Beschickungsvorrichtungen werden mit Durch- oder Unterbrandkesseln kombiniert, in denen das Holz gut regelbar verbrennt. Besonders geeignet für Ketten- und Kratzförderer sind die groben Hackschnitzel der Schneckenhacker. Hierfür wurden spezielle Kessel entwickelt, die sich wegen ihres hohen technischen Aufwands und der Störanfälligkeit des Systems jedoch nicht durchgesetzt haben.

6.5 Hackschnitzelfeuerungen

Für die Verfeuerung von Hackschnitzeln werden heute hauptsächlich Unterschubfeuerungen und Voröfen mit automatischer Beschickung eingesetzt. Hackschnitzelfeuerungen liegen typischerweise im Leistungsbereich zwischen etwa 30 und 200 kW. Wegen der relativ hohen Investitionskosten und des hohen Platzbedarfs ist die Betreibergruppe mehr im handwerklichen und landwirtschaftlichen Bereich mit mittlerem Wärmebedarf angesiedelt als im privaten Bereich mit Ein- und Zweifamilienhäusern. Hackschnitzelfeuerungen werden dann zur Beheizung und Warmwasserbereitung größerer Gebäudekomplexe mit Wohnräumen, Werkstätten, Stallungen usw. eingesetzt. Der Brennstoff ist häufig entweder Produktionsabfall des Betriebs oder stammt aus Durchforstungsmaßnahmen des eigenen Waldes. Auch für die Beheizung kommunaler Einrichtungen, wie Schulen, Verwaltungsgebäude oder Schwimmbäder, eignet sich die Hackschnitzelfeuerung. Hier können als Brennstoff zum Beispiel Hackschnitzel aus der Pflege von Straßenbäumen, Parkanlagen u. a. m. eingesetzt werden. Derartige Hackschnitzelfeuerungen können Feuerungswärmeleistungen von mehr als 1000 kW aufweisen.

Voraussetzung für eine automatische Feuerungsanlage ist ein transportfähiges Brennmaterial. Hackschnitzel sind transportfähig und können durch Schnecken, Schubstangen u. ä. der Feuerung zugeführt werden. Der Zerkleinerungsgrad des Holzes führt typischerweise zu Hackschnitzeln zwischen etwa 10 und 50 mm Kantenlänge. Die günstigste Form sind dabei Feinhackschnitzel mit eine Kantenlänge bis maximal 30 mm. Ungleichmäßige Zerkleinerung und übergroße Holzteile können Störungen bei der Beschickung verursachen. Hackschnitzelfeuerungen weisen über einen breiten Leistungsbereich einen hohen Wirkungsgrad auf, da der Brennstoff dosiert nachgefüllt wird. Die Verbrennung kann daher umweltfreundlicher durchgeführt werden als bei diskontinuierlich beschickten Holzfeuerungen. Der Kesselbetrieb ist mit dem einer Öl- oder Gasfeuerung vergleichbar. Der Nachteil gegenüber diesen Feuerungen ist, daß Hackschnitzelfeuerungen mit erheblich höheren Anschaffungskosten verbunden sind. Auch bedarf der Brennstoff eines großen Lagerraums.

Durch die Schüttfähigkeit von Hackschnitzeln stellt die automatische Beschickung von Hackschnitzelfeuerungsanlagen kein Problem dar. Die Hackschnitzel oder Späne werden mit Hilfe von Austragevorrichtungen aus dem Silo entnommen und dann von Förderschnecken zur Brennkammer gebracht. Abbildung 6-14 zeigt die Beschickungseinrichtung einer Unterschubfeuerung. Das gehackte Holz wird über eine Zentrumsschnecke aus dem Silo entnommen und fällt in die Zellradschleuse. Diese sich drehende Trommelkammer ermöglicht den Durchfluß des Brenngutes, ohne jemals eine offene Verbindung zwischen Brennkammer und Silo zu bilden. Die Hackschnitzel fallen dann zur Förderschnecke, an deren Ende eine Sicherheitsklappe angeordnet ist, die bei Überhitzung automatisch schließt und die Brennstoffzufuhr unterbindet. Die dritte Schnecke dient der dosierten Zuführung des Brennstoffes zum Feuerraum.

Für Vergasungsanlagen ist die Brennstoffzufuhr zum Vorofen in Abbildung 6-15 schematisch dargestellt. Wiederum wird der Brennstoff über die Austragung, die Zellradschleuse und die Förderschnecke zur Dosierschnecke gebracht, die – dem je-

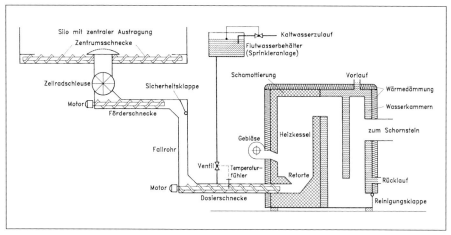

Abb. 6-14: Brennstoffzufuhr zu einer automatischen Unterschubfeuerung für Hackschnitzel (Quelle: CMA 1997)

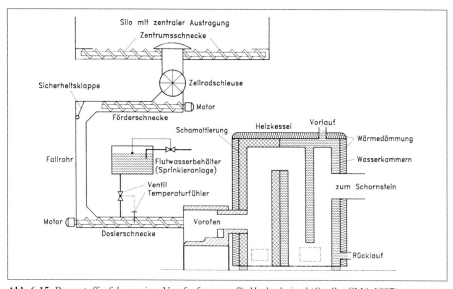

Abb. 6-15: Brennstoffzufuhr zu einer Vorofenfeuerung für Hackschnitzel (Quelle: CMA 1997)

weiligen Wärmebedarf folgend – bewegt wird. Die Dosierung kann durch Variation der Fördergeschwindigkeit (Drehzahlregelung) oder durch einen intermittierenden Betrieb des Schneckenantriebs erfolgen. Bei kleineren Anlagen wird das intermittierende Prinzip fast ausschließlich eingesetzt. Es erfordert eine Regelung für den Motorantrieb. Auch wenn ein externer Wärmebedarf nicht vorhanden ist, muß die Schnecke von Zeit zu Zeit bewegt werden, damit immer eine kleine Flamme erhalten bleibt. Im Falle eines Rückbrandes wird die Dosierschnecke geflutet und gleichzeitig abgestellt. Die Wiederinbetriebnahme muß in solchen Fällen von Hand vorgenommen werden.

Hackschnitzelfeuerungen sind heute stets mit einer modernen elektronischen Regelung ausgerüstet, die eine Optimierung der Verbrennung und eine Steuerung der Anlagenleistung vergleichbar einer Gas- oder Ölfeuerung ermöglicht.

6.5.1 Vorofenfeuerungen

Vorofenfeuerungen eignen sich für die Verbrennung von Feinhackschnitzeln (Kantenlänge 10 bis 30 mm). Es werden Anlagen mit mechanischer und mit Schwerkraftzuführung des Brennstoffs angeboten. Bei der Holzverbrennung werden der im Holz enthaltene Kohlenstoff und Wasserstoff bzw. die bei der Entgasung freigesetzten Kohlenwasserstoffe durch den Sauerstoff der Luft zu Kohlendioxid und Wasser oxidiert (siehe Kapitel 4). Diese Reaktionen laufen um so besser und vollständiger ab, je höher die Wandtemperaturen in der Flammenumgebung sind. Bei ausreichender Reaktionszeit verhindert die hohe Reaktionstemperatur Ausbildung und Abscheidung von Teer und Ruß. Hohe Reaktionstemperaturen können jedoch nicht erreicht werden, wenn schon während der Verbrennung eine Wärmeabgabe an das Heizungswasser erfolgt.

Aus diesem Grunde wurde der sogenannte Vorofen entwickelt. Im ausschamottierten Vorofen wird bei hoher Temperatur das Holz entgast und die Holzkohle zu Kohlenmonoxid vergast. Die gebildeten Brenngase werden anschließend verbrannt. Die Wärmeabgabe erfolgt in einem nachgeschalteten Heizkessel. Vergasungsphase und Verbrennungsphase mit Wärmetausch sind so räumlich voneinander getrennt. Im Vorofen selbst findet mit begrenzter Primärluftzufuhr die Vergasung statt (Pyrolyse und Primärverbrennung). Es entsteht ein Brenngas, welches reich an Kohlenmonoxid und Wasserstoff ist. Teer und andere höhermolekulare Kohlenwasserstoffe sind weitgehend abgebaut. Das heiße Brenngas brennt nach Zugabe von Sekundärluft im Flammkanal aus (Ausbrand oder Sekundärverbrennung). Für einen guten Ausbrand darf das Flammrohr keine Wärmeverluste zulassen und ausreichend lang sein. Bewährt haben sich hierfür keramische Rohre. Weist das Flammrohr eine Umlenkung, zum Beispiel einen rechtwinkligen Knick auf, dann bilden sich Verwirbelungszonen, und es kommt zu sogenannten Wandreaktionen, was den Ausbrand zusätzlich begünstigt. Einen typischen Vorofen mit nachgeschaltetem Kessel wird in Abbildung 6-15 gezeigt.

Durch die zwei getrennten Anlagenteile haben Vorofenfeuerungen einen relativ hohen Platzbedarf, was bei der Planung zu berücksichtigen ist. Wichtig ist weiterhin, daß Vorofen und Kessel sorgfältig aufeinander abgestimmt sind. Bei aschereichem Brennstoff bietet sich eine Vorofenfeuerung mit Rost an. Aus einem Silo über der Brennkammer, das von Hand gefüllt werden muß, oder über eine Dosierschnecke gelangen die Hackschnitzel in den Vorofen. Die Vergasung kann hier in einer Brennstoffmulde oder auf einem Schrägrost erfolgen. Durch die kleine Glutzone und somit hohe Feuerraumbelastung werden sehr hohe Temperaturen erreicht. Eine Auskleidung des Vorofens mit Schamotte oder Keramik stabilisiert und erhält die Temperatur. Hierdurch wird eine vollständige Vergasung erreicht. Die heißen Holzgase gelangen anschließend unter Beimischung von Sekundärluft durch ein Flammrohr in den Kessel, wo die Nachverbrennung erfolgt. Je nach Kesselkonstruktion wird die Wärme im Brennraum oder im nachgeschalteten Wärmetauscher an das Heizwasser abgegeben.

Die Güte der Nachverbrennung, des Wärmetausches und der Flugascheabscheidung beeinflussen den CO_2-Gehalt, die Abgastemperatur und die Feststoffemission. Die Abgaseigenschaften hängen wesentlich vom Heizungskessel und vom eingestellten Luftverhältnis ab. Bei kleinen Voröfen für den Hausbrand dominieren die sogenannten Tagessilos. Sie nehmen jeweils nur so viel Hackschnitzel auf, wie in etwa 24 Stunden bei Vollast verheizt werden können. Das Brenngut rutscht bei Bedarf in den Vergasungsbereich. Die Abbrandgeschwindigkeit wird über einen Zugregler bestimmt, der bei Wärmebedarf die Luftklappe hebt, also die Verbrennungsluftmenge erhöht. Bei größeren Anlagen erfolgt die Brennraumbeschickung in der Regel automatisch aus einem größeren Brennstofflager.

Als Übergang zu den Hackschnitzelfeuerungen mit Brennstoffmulde gibt es auch Kessel mit integriertem Vorofen, die sich durch eine kompakte Bauweise auszeichnen. Abbildung 6-16 zeigt ein Beispiel für eine solche kompakte Anlage.

Das Hackgut kann aus einem Brennstofflager oder einem Tagesbehälter zugeführt werden. Die Beschickung der Vergasungskammer erfolgt dann über eine seitlich am Kessel angebrachte Brennstoffschnecke. Die Regelung- und Leistungsspezifikationen für derartige Anlagen entsprechen ansonsten denen der anderen Vorofentypen.

6.5.2 Unterschubfeuerungen für Hackschnitzel

Wie der Name besagt, wird bei dieser Beschickung der Brennstoff von unten in die Verbrennungszone geschoben. Dies geschieht durch eine oder mehrere Transportschnecken, die den Kessel mit dem Brennstoffsilo verbinden. Die letzte Schnecke (Dosierschnecke) fördert das Brenngut bedarfsgerecht in die Brennschale oder -kalotte, die anstelle eines Verbrennungsrostes im Kessel eingebaut ist. Diese „Retorte" kann als Brennschale oder Feuermulde ausgebildet sein und besteht aus Schamotte, Keramik, Feuerbeton oder ähnlichem Material. Darüber hinaus gibt es auch Retorten, die als eigenständige Feuerräume ausgebildet sind und eine Art Vor-

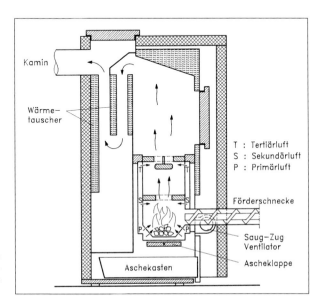

Abb. 6-16: Kompakter Hackschnitzelkessel mit in die Brennkammer integriertem Vorofensystem

ofen im Heizkessel darstellen (Abbildung 6-16). Die Feuchte des Brennstoffs darf bei einer Unterschubfeuerung nicht zu hoch sein. Als obere Grenze gilt eine Holzfeuchte um 60 bis 70 %. Eingesetzt werden Feinhackschnitzel mit einer Kantenlänge zwischen 10 und 30 mm, doch können auch feinere Materialien verbrannt werden. Der Feingutanteil (Holzspäne mit Kantenlänge von weniger als 0,5 mm) im Brennstoff darf jedoch maximal 50 % betragen. Auch hohe Aschegehalte sind unerwünscht, da die Entaschung dieser Brennstoffmulde deutlich schwieriger ist als z. B. die bei einer Feuerung mit Rost.

Gegenüber der Vorofenfeuerungen zeichnet sich die Unterschubfeuerung durch eine kompakte Bauweise und damit durch einen geringeren Platzbedarf aus. Die Verbrennungsluft wird durch ein oder mehrere Gebläse entweder direkt in die Glutzone geblasen oder über ein Kanalsystem durch die Ausmauerung des Feuerraums geleitet und erhitzt zu den Brenngasen geführt, was die Sekundärverbrennung günstig beeinflußt. Günstig ist auch, wenn das Holzgas und die Sekundärluft über der Entgasungszone verwirbelt werden (Zyklon-Unterschubfeuerung). Unterschubfeuerungen für Hackschnitzel werden mit oder ohne Kessel angeboten. Man bezeichnet sie auch als Stokeranlagen. Sie können grundsätzlich an jeden Stückholzkessel und an die meisten Feststoff- oder Ölkessel angeschlossen werden.

Um einen Rückbrand aus der Feuerzone in die Brennstoffzuführung hinein zu verhindern, muß eine Sprinkleranlage vorhanden sein (siehe Bilder 6-14 und 6-15). Wenn die Temperatur im Dosierrohr über einen vorgegebenen Wert ansteigt, öffnet ein Ventil und eine bestimmte Wassermenge wird aus einem Wasserbehälter in das Dosierrohr geleitet. Dadurch wird der Rückbrand sofort gelöscht und die Übertemperatur abgebaut. Nach einem Ansprechen dieser Sicherheitsvorrichtung wird der automatische Schnitzelnachschub gestoppt. Das Feuer erlischt und die Anlage muß manuell wieder in Betrieb genommen werden. Wenn kein Wärmebedarf vorhanden ist, wird bei einigen Anlagen der Brennstoffvorschub sofort, bei anderen erst nach einer gewissen Verzögerung gestoppt. Gleichzeitig wird auch die Luftzufuhr unterbrochen und mit einer zeitlichen Verzögerung auch das Rauchgasgebläse abgeschaltet, falls ein solches eingebaut ist. Unter einer sich bildenden Ascheschicht schwelt der Brennstoff weiter und bleibt für einige Stunden zündfähig. Wenn alle Glut erloschen ist, muß das Brenngut bei Bedarf von Hand, elektrisch oder mit einer Öl- oder Gasflamme neu entfacht werden.

Eine Variante der Unterschubfeuerung ist die sogenannte Stokerfeuerung. Diese Feuerung weist eine Brennschale über einem Planrost auf, in die, vergleichbar der Brennstoffmulde einer Unterschubfeuerung, mechanisch Feinhackschnitzel zugeführt werden. Die Intervalle für die Brennstoffzufuhr können variiert werden. So ist eine Regelung der Feuerung über einen größeren Leistungsbereich möglich.

6.6 Sonstige Kleinfeuerungsanlagen

Im oberen Leistungsbereich der 1. BImSchV werden bereits Feuerungen mit mechanisch bewegtem Rost angeboten und wirtschaftlich sinnvoll eingesetzt. Da sich die Technik dieser kleineren Rostfeuerungen im Grundsatz nicht von der größerer Anlagen unterscheidet, wird hier auf die entsprechenden Darstellungen im Kapitel 7 verwiesen.

6.6.1 Einblasfeuerungen

Bei der Verbrennung von flüssigen oder gasförmigen Brennstoffen wird ein Gemisch aus Luft und Brennstoff in den Feuerraum geblasen und dort gezündet. Derartige Feuerungssysteme sind durch Unterbrechung der Brennstoff-Luft-Zufuhr

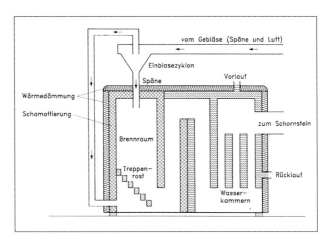

Abb. 6-17: Einblasfeuerung für feinstückige Holzpartikel (Quelle: CMA 1997)

relativ gut regelbar. Ferner beeinflußt die Vergrößerung der spezifischen Reaktionsflächen die Oxidationsreaktion günstig, d. h. die Verbrennungsbedingungen werden verbessert. Die Verbrennung kann so rascher und vollständiger ablaufen.

Um diese Vorteile bei der Verbrennung von Holzspänen nutzen zu können, muß das Brenngut feinkörnig sein und gut mit der Verbrennungsluft vermischt werden. Es sollte ferner fein dosiert in den Brennraum gelangen. Einblasfeuerungen können daher nur zur Verbrennung von Spänen, Staub, Sägemehl und dergleichen eingesetzt werden. Das Brenngut gelangt vom Silo über die Austragung in das Dosierrohr. Hier wird es von einem Luftstrom, der vom Transportventilator erzeugt wird, in den Einblaszyklon getragen. Das Brennstoff-Luft-Gemisch gelangt dann in den Brennraum. Wenn die Kesselanlage kein zusätzliches Verbrennungsluftgebläse besitzt, wird ein Teilstrom der Transportluft als zusätzliche Verbrennungsluft unterhalb des Rostes zugeführt. Das Schema einer Einblasfeuerung wird aus Abbildung 6-17 deutlich.

Die Verbrennung findet in der Regel schon im Fluge statt und wird deshalb auch Flugverbrennung genannt. Unverbrannte Partikel brennen auf dem Rost aus. Hier bildet sich ein Glutbett, das auch nach Abschalten der Brennstoffzuführung eine gewisse Zeit zündfähig bleibt. Ist jedoch jegliches Feuer erloschen, muß das Brenngut von einer Öl-, bzw. Gasflamme gezündet werden. Hierfür sind in der Regel Stützbrenner vorgesehen. Bei Einblasfeuerungen können die Brennstoff- und Verbrennungsluftmengen in einem weiten Bereich geregelt werden. Dadurch sind derartige Feuerungsanlagen auch in Teillastbereichen mit optimalen Luftverhältnissen effizient und umweltfreundlich zu betreiben. Aufgrund ihrer aufwendigen Technik und besonderen Form des Brennstoffes kommen diese Anlagen überwiegend im holzverarbeitenden Gewerbe zur Anwendung.

Die Schleuderradfeuerung ist eine Variante für die Verbrennung feinstückiger Holzbrennstoffe. Die Anlage wird in Kapitel 7 näher beschrieben.

6.6.2 Kombinierte Anlagen

Die begrenzte Regelbarkeit von Stückgutfeuerungsanlagen und der dadurch bedingte schlechte Wirkungsgrad im Teillastbetrieb, aber auch der Wunsch, stets unter mehreren Energieträgern wählen zu können, hat zur Entwicklung kombinierter Anlagen geführt. Aufgrund des größeren technischen Aufwands liegen die Investitionskosten über denen einer reinen Holz- oder Gas/Öl-Zentralheizung. Ist ein Öl- oder Gaskessel bereits vorhanden, so bietet sich zunächst der Einbau eines zusätzlichen Holzkessels an. Man kann die beiden Einzelkessel entweder in Reihe schalten (siehe Abbildung 6-18a) oder nebeneinander über Vor- und Rücklaufverteiler verbinden (siehe Abbildung 6-18b). Bei Reihenschaltung sollte der Holzkessel in Strömungsrichtung des Heizungswassers vor dem Ölkessel angeordnet sein. Wenn der Holzkessel bereits die gewünschte Wärme abgibt, kann der Ölkessel abgeschaltet bleiben. Werden die beiden Kessel parallel geschaltet, so muß der Holzkessel mit einer Temperaturregelung durch Rücklaufbeimischung ausgestattet werden. Auch ist bei Parallelbetrieb ein Pufferspeicher dringend zu empfehlen.

Bei Kombination von Holzfeuerungssystemen mit einer Solar- oder Wärmepumpenanlage wird die Systemverbindung über den Pufferspeicher erreicht. Dort sollten die Wärmetauscher für den Solar- oder Wärmepumpenkreis in Bodennähe angeordnet sein, damit die Umweltwärme wirksam genutzt werden kann. Soll wegen Neu- oder Umbau der Zentralheizungsanlage ein neuer Kessel angeschafft werden, so wäre zu prüfen, ob nicht ein bereits werksseitig kombinierter Kessel (Wechselbrandkessel, Doppelbrandkessel) zwei Einzelkesseln vorzuziehen ist.

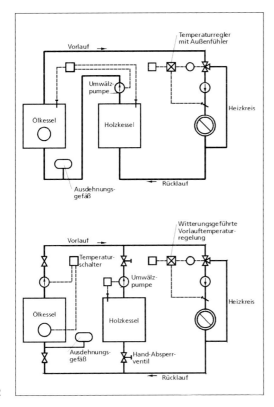

Abb. 6-18: Holz- und Ölkessel mit getrennten Geräten hintereinander (a) und parallel (b) geschaltet (Quelle: CMA 1997)

6.6.3 Wechsel- und Doppelbrandkessel

Mancher Betreiber einer Heizanlage möchte oder kann nicht allein auf den Brennstoff Holz zurückgreifen. Hier bietet sich eine Feuerungsanlage für zwei Brennstoffe an. Kessel dieses Typs werden wahlweise mit festen und flüssigen oder gasförmigen Brennstoffen betrieben. Es werden Wechselbrandkessel mit einer oder zwei Brennkammern angeboten. Wechselbrandkessel mit nur einer Brennkammer (Umstellbrandkessel) können in ein und derselben Brennkammer wahlweise mit Holz oder Öl/Gas beheizt werden. Bei geringerem Wärmebedarf, d. h. in den Übergangsmonaten des Herbstes und des Frühjahrs wird durch Einschwenken des Öl/Gas-Brenners mit fossilen Brennstoffen geheizt. Sobald der Wärmebedarf so groß ist, daß ein kräftiges Holzfeuer ständig unterhalten werden muß, wird der Öl/Gas-Brenner herausgeschwenkt und nur noch Holz als Brennstoff eingesetzt. Moderne Kesselkonstruktionen sollten einen variablen Feuerraum besitzen, so daß mit jedem Brennstoff ein optimaler Wirkungsgrad erreicht werden kann. Voraussetzung ist jedoch, daß vor jeder Umstellung von Holz auf Öl/Gas der Brennraum einschließlich der Wände gereinigt wird.

Günstiger zu bewerten sind Wechselbrandkessel mit zwei Brennkammern. Hierbei existiert für jeden Brennstoff jeweils eine spezielle Brennkammer, so daß bei Brennstoffumstellung auch ohne Reinigung optimale Wirkungsgrade erzielt werden. Es kann jedoch nur abwechselnd mit Holz oder Gas/Öl geheizt werden, da die Rauchgase des Öl/Gasbrenners durch die Holzbrennkammer hindurch entweichen. Wird mit Holz geheizt, so muß durch Umlegen eines Hebels die Trennklappe zwischen beiden Brennkammern geschlossen werden. Günstig ist, daß sowohl für Wechselbrandkessel mit einer als auch mit zwei Brennkammern nur ein Schornstein benötigt wird.

Doppelbrandkessel besitzen zwei vollständig getrennte Feuerungen, so daß normalerweise auch zwei separate Schornsteine vorhanden sein müssen. Dadurch ist eine automatische Umschaltung von Holz- auf Öl-/Gas-Feuerung möglich, sobald keine festen Brennstoffe mehr nachgelegt werden. Somit kommt es weder zu einer Unterbrechung der Wärmelieferung, noch sind feste Bedienungszeiten einzuhalten. Bei Anschluß an nur einen Schornstein muß technisch sichergestellt sein, daß stets nur eine Feuerung in Betrieb ist. Doppelbrandkessel werden sowohl mit übereinander liegenden (siehe Abbildung 6-19) als auch nebeneinander liegenden Brennkammern angeboten. Aneinander geflanschte Kessel besitzen gegenüber fest verschweißten den Vorteil, daß sie getrennt angeliefert werden können. Dadurch werden sowohl der Transport in den Heizungsraum und das Aufstellen als auch eine eventuell notwendige Reparatur einer der beiden Kessel wesentlich vereinfacht.

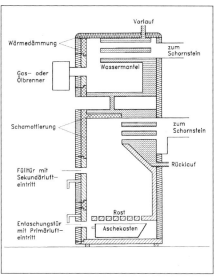

Abb. 6-19: Doppelbrandkessel mit übereinander liegenden Brennkammern für Holz (unten) und Heizöl oder Gas (oben) (Quelle: CMA 1997)

Wie der Abbildung zu entnehmen ist, weist die untere Brennkammer für das Holz eine Schamottierung auf. Damit soll vermieden werden, daß die Flammen des gasreichen Brennstoffs Holz vorzeitig gekühlt und der Verbrennungsprozeß gestört wird. Die Brennkammer für das Öl oder Gas mit wesentlich kompakterer Flamme ist dagegen direkt von einem Wassermantel umschlossen. Hier werden somit die unterschiedlichen Anforderungen an die Feuerungen unmittelbar deutlich.

6.6.4 Kleinfeuerungsanlagen nach dem Vergaserprinzip

Der Vorofen oder die moderne Unterbrandfeuerung weisen bereits eine von der Verbrennung räumlich getrennte Vergasungsstufe des Brennstoffs Holz auf. Daneben gibt es aber auch Anlagen, die nur zur Erzeugung von Holzgas dienen. Dieses kann zu Heizzwecken aber auch motorisch genutzt werden. Zwischen den beiden Weltkriegen und während des Zweiten Weltkrieges wurden in verschiedenen europäischen Ländern Holzgasgeneratoren kleinerer und mittlerer Größe zur Umwandlung von Holz in brennbares Gas entwickelt. Diese Verfahren sah man jedoch schon kurz nach dem Krieg als technisch überholt an, da fossile Energieträger in ausreichenden Mengen zur Verfügung standen. Das Wissen um deren Verknappung führte zunächst in den 70er Jahren nach den Ölkrisen und erneut seit Anfang der 90er Jahre zur Wiederaufnahme der Entwicklungsarbeiten, ohne daß sich diese Anlagen bis heute auf dem Markt in nennenswertem Maße durchsetzen konnten. Die in Verbindung mit der CO_2-Diskussion („Klima- oder Treibhauseffekt") gestiegene Nachfrage nach Blockheizkraftwerken im kommunalen Bereich hat zu verstärkten Anstrengungen geführt, diese Technologie wieder zu nutzen. Kraft-Wärme-Kopplung wird derzeit fast ausschließlich im Bereich der Holzbe- und -verarbeitung auf der Basis von Heißdampferzeugern mit nachgeschalteten Dampfmotoren oder -turbinen betrieben. Bezüglich weiterer Einzelheiten über die Vergasungstechnik bei Holz wird auf das Kapitel 8 verwiesen.

6.7 Kleinfeuerungsanlagen für Stroh und andere pflanzliche Biomassen

Außer Holz können auch landwirtschaftliche Reststoffe und Energiepflanzen zur Wärmegewinnung in Kleinfeuerungsanlagen genutzt werden. Der Heizwert des trockenen Strohs liegt im Mittel bei 17 MJ/kg und damit nur etwa 3 bis 8 % unter dem von Holz. Die Feuchte des lufttrockenen Strohs liegt bei 10 bis 15 %, der effektive Heizwert beträgt damit etwa 14 bis 15 MJ/kg. Diese pflanzlichen Biomassen unterscheiden sich in ihrer Struktur und Zusammensetzung merklich vom Holz. Der Aschegehalt kann bei Stroh bis 6 % betragen, der Ascheschmelzpunkt liegt mit Werten zwischen 1.000 und 1.100 °C gut 200 °C niedriger als beim Holz. Wegen ihrer halmartigen Struktur müssen sie besonders aufbereitet oder in speziellen Anlagesystemen verbrannt werden. Erste Versuche, Strohballen in Durchbrand- und Unterbrandkesseln als Brennstoffe einzusetzen, scheiterten an technischen Problemen und hohen Emissionswerten. Inzwischen wurden Feuerungssysteme auf Basis des Unterbrandes entwickelt, die zur Verfeuerung von Stroh-Hochdruckballen geeignet sind (Abbildung 6-20).

Auch in gehäckselter Form können Stroh und andere Halmpflanzen prinzipiell in Einblasfeuerungen verwertet werden. Das große Schüttvolumen erfordert allerdings große Lagerräume, so daß sich diese Form der Verbrennung nicht durchgesetzt hat. Wesentlich günstiger ist es, die Biomasse zu Briketts oder Pellets zu verpressen. Diese können in ähnlichen Feuerungsanlagetypen wie Holzbriketts oder -pellets eingesetzt werden. So gibt es zum Beispiel

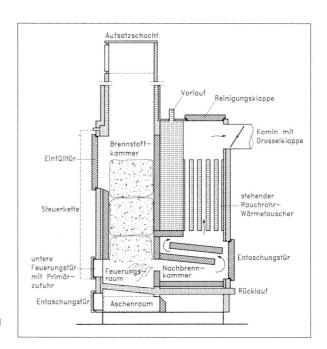

Abb. 6-20: Unterbrandkessel für Hochdruckballen aus Stroh

Vorofen- und Unterschubfeuerungen, die speziell für die Verbrennung von Strohpellets und ähnlichen Brennstoffen ausgelegt sind. Diese Anlagen benötigen wassergekühlte Brennkammern oder Brennmulden bzw. eine ausreichende räumliche Trennung von Primär- und Sekundärverbrennungsbereich, um die als kritisch geltende Temperatur von 900 °C nicht zu überschreiten.

Die Strohbriketts können im Grundsatz auch in Stückholzfeuerungen eingesetzt werden. Wegen des höheren Verdichtungsgrades und Aschegehaltes sind jedoch Abweichungen im Brennverhalten nicht auszuschließen. Bei der Zusammensetzung der Halmpflanzen ist verglichen mit Holz - insbesondere auf den höheren Gehalt an aschebildenden Mineralstoffen und den niedrigen Schmelzpunkt der Aschen zu achten. Wegen des hohen Aschegehalts sind auch die Anforderungen an die Rauchgasentstaubung merklich größer als bei Holzfeuerungen. Ein weiteres Problem bei der energetischen Nutzung von Stroh und Energiepflanzen ist der relativ hohe Chlorgehalt, wodurch es in der Feuerungsanlage zur gefürchteten Chlorkorrosion kommen kann. Hier sollte im Zweifelsfalle die Eignung der Anlage beim Hersteller erfragt oder bei vorhandener Anlage durch vergleichende Brennversuche ermittelt werden.

Dennoch wird die energetische Nutzung von Stroh in kleineren Feuerungsanlagen unter technischen und wirtschaftlichen Gesichtspunkten schwierig bleiben. Die Eigenheiten des Materials und die für eine gute Verbrennung benötigte Technik erfordern eine Mindestgröße der Feuerungsanlage. Hier wird das Stroh zu Ballen oder Rollen verdichtet und in speziellen Anlagekonstruktionen verfeuert. Ein Beispiel für eine solche Anlage ist die in Dänemark entwickelte sogenannte Zigarrenfeuerung. Bei dieser Technologie werden Strohballen oder -scheiben dem Feuerraum mittels eines hydraulischen Stößels zugeführt. Die Entgasung des Strohs setzt an der Ballenoberfläche bei Eintritt in die heiße Brennkammer ein, der Ausbrand des Strohs erfolgt auf einem Rost. Ein alternatives System arbeitet mit einer mechanischen Ballenauflösung beim Eintritt in den Feuerraum. Weitere Hinweise zu diesen Strohfeuerungen finden sich im folgenden Kapitel.

7 Größere Feuerungsanlagen

In Deutschland gibt es etwa 45 000 Kleinfeuerungsanlagen für Holz im Leistungsbereich zwischen 15 kW und 1 MW. Die Gesamtfeuerungswärmeleistung liegt bei etwa 6.000 MW. Der Bestand an Holz- und Biomassefeuerungen über 1 MW wird bundesweit auf etwa 2.000 geschätzt. Die installierte Feuerungswärmeleistung liegt bei über 7.000 MW. Der überwiegende Teil der größeren Feuerungen findet sich in den Betrieben der Holz-, Holzwerkstoff- und Möbelindustrie. Sie dienen hier zur energetischen Verwertung der Reststoffe und Holzabfälle aus der Produktion. Größere Anlagen (> 30 MW) finden sich vor allem in den Betrieben der Holzwerkstoffindustrie, die einen erheblich Bedarf an Prozeßwärme haben. Hier werden außer eigenen Produktionsabfällen auch fremdbezogene Holzbrennstoffe eingesetzt. In jüngerer Zeit werden aber zunehmend auch Kraftwerke installiert, die außerhalb der Holzbranche Heiz- und Prozeßwärme sowie elektrische Energie erzeugen. Die größeren Anlagen werden z. T. mit Holz und Biomassen, z. T. mit Gebrauchtholz betrieben. Der Einsatz letztgenannten Brennstoffsortiments wirkt sich günstig auf die Wirtschaftlichkeit der Anlage aus, erfordert allerdings auch zusätzlichen Aufwand für Aufbereitung und Abgasreinigung. Sofern holzschutzmittelhaltige Gebrauchthölzer energetisch verwertet werden, weisen die Anlagen eine Genehmigung nach der 17. Bundes-Immissionsschutzverordnung auf (s. Kapitel 17).

In Österreich gibt es etwa 15.000 Kleinanlagen mit einer Feuerungswärmeleistung unter 100 kW (ohne Kleinstfeuerungen). Die Zahl der Anlagen bis 1 MW Leistung liegt bei etwa 2.000. Beide Bereiche weisen zusammen eine Gesamtfeuerungswärmeleistung von 1.200 MW auf. Die Zahl der Großanlagen über 1 MW liegt bei knapp 250 Feuerungen. Die installierte Gesamtleistung beträgt etwa 450 MW. Die Bedeutung größerer Holzfeuerungen ist daher in Österreich erheblich geringer als in Deutschland. Dennoch ist die energetische Nutzung von Holz in Österreich, bezogen auf Bevölkerung und Gesamtenergieverbrauch, deutlich größer als hierzulande, findet aber vornehmlich in Anlagen kleiner und mittlerer Leistung statt. Gleiches gilt mehr noch für die Schweiz. Hier gibt es derzeit einschließlich Kleinstanlagen etwa 650.000 Stückholzfeuerungen und weitere 5.000 automatische Holzfeuerungen. Die Zahl der größeren Anlagen liegt dagegen nur bei etwa 30.

Gerade bei den größeren Holzfeuerungen liegt aber das entscheidende Wachstumspotential, wenn es um die verstärkte Verwertung in der Vergangenheit wenig genutzter Sortimente wie Gebrauchtholz, Stroh oder Energiepflanzen geht.

7.1 Einführung

Unter größeren Holzfeuerungsanlagen sollen jene verstanden werden, die den Emissionsbestimmungen der TA-Luft unterliegen und die im Sinne des Bundes-Immissionsschutzgesetzes genehmigungspflichtig sind (siehe Kapitel 17). Für Brennstoffe nach 1.2 des Anhanges zur 4. BImSchV liegt die Grenze bei 1 000 kW Feuerungswärmeleistung. Für Brennstoffe nach 1.3 der 4. BImSchV beginnt die Genehmigungspflicht bereits ab einer Feuerungswärmeleistung von 100 kW. Darüber hinaus gibt es in den Werken der Span- und Faserplattenindustrie zunehmend Feuerungsanlagen mit einer Leistung > 50 MW. Diese fallen bereits in den Geltungsbereich der 13. BImSchV („Großfeuerungsanlagen-Verordnung").

Im wesentlichen werden nachfolgend Feuerungen im Leistungsbereich von 1 bis 20 MW betrachtet, aber auch auf einige größere Anlagen mit einer Feuerungswärmeleistung > 50 MW wird eingegangen. Dabei handelt es sich durchweg um automatisch beschickte Anlagen. Die Beschickung erfolgt mechanisch oder pneumatisch. Handbeschickte Feuerungen sind einerseits bei den heutigen Personalkosten unwirtschaftlich und anderseits nicht in der Lage, die aktuellen Anforderungen des Immissionsschutzes zu erfüllen. Sie sind im Bereich der mittleren und größeren Holzfeuerungsanlagen insoweit nicht mehr als Stand der Technik anzusehen.

Größere Holzfeuerungen lassen sich drei Anlagegrundtypen zuordnen:
- Festbettfeuerung
- Wirbelschichtfeuerung
- Staubfeuerung

Zu den Festbettfeuerungen gehören die Rost- und die Unterschubfeuerung. Das Holz entgast bei dieser Art der Feuerung in einem Festbett, durch welches die Primärluft geleitet wird. Das gebildete Brenngas verbrennt unter Flammenbildung über dem Festbett. Ein Teil der dabei freigesetzten Energie fällt als Strahlungswärme zurück auf das Festbett und fördert so die Entgasung des Brennstoffs. Bei der Wirbelschichtfeuerung wird das Holz durch von unten strömende Luft zu einer selbstdurchmischenden Gas/Festbettsuspension gebracht. Die Verbrennung erfolgt ohne räumliche Trennung in der Suspension entweder in einem stationären oder in einem zirkulierenden Wirbelbett. Entsprechend wird unterschieden in stationäre Wirbelschichtfeuerung (SWS) und zirkulierende Wirbelschichtfeuerung (ZWS). Liegt das Holz in einer sehr feinen Form vor, kann es mit Luft vermischt als Staub-/Gasgemisch in die Brennkammer transportiert und verbrannt werden. Diese Art der Verbrennung wird als Staubfeuerung bezeichnet. Abbildung 7-1 zeigt schematisch die Grundtypen der Holzfeuerungsarten.

Darüber hinaus gibt es Variationen dieser Grundtypen. Hierzu gehören die Wurf- und die Muffeleinblasfeuerung. Fallen in einem

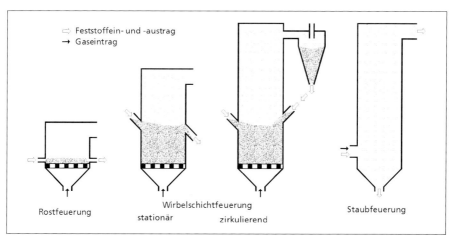

Abb. 7-1: Schematische Darstellung der grundlegenden Holzfeuerungsarten

Holzbetrieb klein- und grobstückige Holzabfälle gleichzeitig an, zum Beispiel Schleifstäube und Besäumungsreste bei der Span- und Faserplattenherstellung, dann werden z. T. auch Kombinationsfeuerungen eingesetzt. Ein Beispiel ist die Rostfeuerung zur Verwertung grobstückiger Holzteile mit nachgeschaltetem Staubbrenner, der mit Schleif- und Siebstäuben betrieben wird.

7.2 Rostfeuerungen

Rostfeuerungssysteme wurden zunächst für den Brennstoff Kohle entwickelt. Sehr bald wurde die Art der Feuerung auch für die energetische Verwertung von Holz und Rinde eingesetzt. Heute ist die Rostfeuerung der am meisten verbreitete Feuerungsanlagentyp im Bereich mittlerer und größerer Holzfeuerungsanlagen. Die Rostfeuerung bietet bei richtiger Konzeption der Anlage wohl die breiteste Anwendungspalette zur energetischen Verwertung von Holzresten. Durch den relativ langen Aufenthalt des Brennstoffes auf dem Rost und die hohen Temperaturen können auch sperrige und relativ feuchte Materialien gut verbrannt werden. Sie erlaubt somit die Verbrennung von nicht oder nur grob zerkleinerten Holzresten und sehr feuchtem Material. Auch ein hoher Gehalt an aschebildenden Bestandteilen bereitet vergleichsweise wenig Probleme. Lediglich bei sehr feinen und trockenem Brennstoff kann es zu Problemen kommen. In Betrieben der Holzwirtschaft, die sowohl grobstückige Holzabfälle als auch staubförmige Reststoffe haben, bietet es sich an, eine Rostfeuerung mit einer Staubeinblasfeuerung zu kombinieren. Dabei wird die Staubeinblasfeuerung an geeigneter Stelle oberhalb des Rostes im Feuerraum angeordnet.

Hinsichtlich der geeigneten Rostform und des mechanischen Antriebs (Brennstoff-Vorschub) sowie der Entaschung gibt es zahlreiche Varianten, so daß eine sorgfältige Planung und Auswahl unerläßlich sind, um zu optimalen Lösungen zu kommen.

7.2.1 Treppenrost

Noch heute sind jahrzehntealte Treppenroste mit nachgeschaltetem Ausbrennrost im Einsatz. Dieses starre System hatte im Hinblick auf eine emissionsarme Verbrennung gravierende Mängel:
- ungünstige Verbrennungsluftverteilung
- ungleichmäßige Brennstoffverteilung
- schwierige Reinigung des Ausbrennrostteiles
- undefinierter Brennstofftransport

Inzwischen wird es in dieser Form nicht mehr gebaut, so daß eine genauere Betrachtung dieses Anlagentyps nicht notwendig ist.

7.2.2 Wanderrost

Chronologisch gesehen ist der Wanderrost vor dem Vorschubrost einzuordnen. Er ist gekennzeichnet durch eine Vielzahl von Roststäben, die zu sog. Querbündeln zusammengefaßt und an den Außenseiten an den Gliedern endloser Ketten befestigt sind. Es entsteht so ein endloses Band, das in der Draufsicht zumeist einem Rolltreppenbelag ähnlich sieht. Abbildung 7-2 zeigt einen solchen Rost im Längsschnitt.
Der Antrieb des Rostbandes erfolgt durch Zahnräder an der Vorderseite des Rostes, die in die Glieder der seitlich angeordneten Ketten eingreifen. Am Ende des Feuerraumes entsteht durch die Umlenkung eine Reinigung der Rostelemente von anhaftender Asche und Fremdkörpern. Auf dem Weg zurück zur Brennstoffaufgabe bewegen sich die Elemente im Primärluftstrom der Feuerung und werden so abgekühlt. Dadurch ist sichergestellt, daß bei normalem Funktionsablauf keine Rostüberhitzung mit entsprechend hohem Verschleiß auftritt.
Die Vorschubgeschwindigkeit des Wanderrostes ist in aller Regel stufenlos regelbar und insoweit den Bedürfnissen einer emissionsarmen und sauberen Verbrennung gut

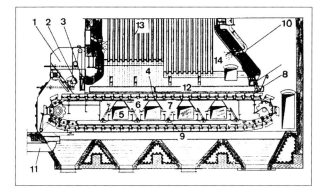

Abb. 7-2: Wanderrostfeuerung im Längsschnitt mit
1 Brennstofftrichter,
2 Brennstoffabsperrschieber,
3 Schichthöhenregler,
4 Rost,
5 Luftkanäle,
6 Luftregelklappe,
7 Unterwindzonen,
8 Pendelstauer,
9 Ascheklappen,
10 Zweitluft,
11 Warmluftansaugstutzen,
12 Kühlbalken,
13 Seitenwandkühlrohr,
14 Rückwandkühlrohr

anzupassen. Über verschiedene Zonen wird die Verbrennungsluft durch geregelte Primärluftgebläse zugeführt. Im Holzbereich werden Wanderrostsysteme einerseits für große Leistungen (50 bis 80 MW) und andererseits auch für kleinere Leistungen (500 bis 2.500 kW) gerade in jüngster Zeit verstärkt eingesetzt.

Abbildung 7-3 zeigt eine Wanderrostfeuerung für Leistungen von 500 bis 2.500 kW. Der Wanderrost besteht aus umlaufenden Rostgliedern, die den Brennstoff, der über eine Aufgabestation (Förderschnecken, usw.) auf den Rost aufgebracht wird, in einer gleichmäßigen Rostbelegung durch die Brennkammer durchfahren. Dabei wird die Brennkammer im sog. Gegenstromprinzip betrieben. Das bedeutet, daß die Flamme über den (evtl. feuchten) Brennstoff streicht und dadurch die Vortrocknung beschleunigt bzw. das Holz schneller zum Entgasen bringt. Durch die konstruktive Ausführung ist eine automatische Entaschung gegeben, da bei der Rostgliederumlenkung am Ende des Wanderrostes die Rostglieder umklappen und dadurch die Asche abwerfen. Die Verbrennung wird durch mehrere Primärluftzonen geregelt. Im Übergang in die Sekundärzone erfolgt die Sekundärlufteinbringung. Durch die gleichzeitige Querschnittverengung wird eine hohe Turbulenz und dadurch ein optimaler Ausbrand erreicht. Ein zweites Gewölbe sorgt für lange Verweilzeiten des heißen Rauchgases in der Brennkammer.

Die Brennstoffmengendosierung erfolgt in Abhängigkeit der vom Kessel abgeforderten Last stufenlos. Die Regelung enthält eine Flammtemperaturregelung, die in Abhängigkeit der Brennstoffeuchte und des Restsauerstoffgehaltes die Brennstoffmenge und den O_2-Sollwert vorgibt. Die Leistungsbegrenzung der Anlage ist durch die Vorgabe der maximalen Verbrennungsluftmenge gegeben. Die Ausbrandgeschwindigkeit ist über die Luftmengen der vier Unterluftzonen des Rostes sowie die Rost-Vorschubgeschwindigkeit steuerbar.

Die Regelung ermöglicht den Betrieb der Anlage in modulierender Weise. Über der Brennkammer sitzt der Wärmetauscher, der auf 200 °C Abgastemperatur bei Vollast optimiert ist. Der Wanderrost hat u. a. folgende Vorteile gegenüber anderen bekannten Systemen:

- infolge des ruhenden Brennstoffbettes geringe Staubgehalte im Rohgas
- geringe Verschlackung des Brennraumes, selbst bei stark verschmutzten und kontaminierten Hölzern durch Rostkühlung im Untertrum
- gute Wartungseigenschaften, da jedes Rostglied von einer Stelle außerhalb der Brennkammer zugänglich ist
- geringer Rostverschleiß aufgrund der zyklischen Abkühlung im Untertrum

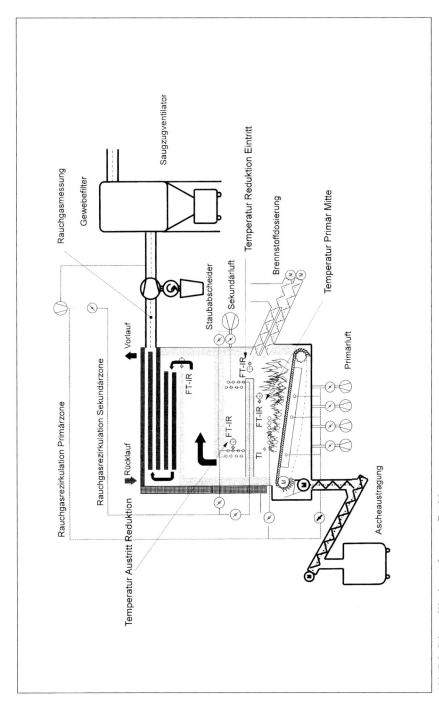

Abb. 7-3: Schema Wanderrostfeuerung Typ Mawera

Wanderrostfeuerungen werden mit Rostbreiten zwischen 400 und 4.000 mm für den Einsatz von Holz geliefert.
Große Wanderrostfeuerungen finden sich in einigen Spanplattenwerken. Abbildung 7-4 zeigt die schematische Darstellung einer solchen Anlage.
Der Betrieb von Anlagen derartiger Größe rentiert sich nur als Energiezentrale mit Kraft-Wärme-Kopplung. Die bisher realisierten Anlagen weisen eine Feuerungswärmeleistung von 43 bis 73,5 MW auf. Eine Wärmekopplung ist bis maximal etwa 85% möglich. Ein wesentlicher Teil der Wärme wird in der Regel für die Trocknung von Spänen und Fasern in indirekt beheizten Trocknungsanlagen verwendet, der Rest dient als Prozeßwärme zum Beispiel für die Presse sowie zur Beheizung von Gebäuden. Die elektrische Leistung der Turbine liegt bei etwa 15 bis 20% der Feuerungswärmeleistung und wird je nach Bedarf im Werk verwendet oder ins öffentliche Netz eingespeist. Als Brennstoffe werden zu betriebseigenen Holzabfällen (Schleifstäube, Plattenbe- und -verschnitt) auch fremdbezogene Regelbrennstoffe und Biomassen eingesetzt. Auch Brennstoffe nach 1.3 der 4. BImSchV wie zum Beispiel gebrauchte Eisenbahnschwellen lassen sich in derartigen Feuerungsanlagen gut nutzen.
Kernstück des Systems ist die Spreader-Stoker-Feuerung auf einem Wanderrost. Diese Art der Feuerung ermöglicht es, zerkleinerte Hölzer in einer Art und Weise zu verbrennen, wie es in einem herkömmlichen Wander- oder Vorschubrost sonst nicht möglich ist. Die vorzerkleinerten Brennstoffteile werden über Dosierschnecken und druckstoßfeste Zellradschleusen über einen Fallschacht zum Schürloch gefördert und mittels Spreader-Stoker auf den gegenläufigen Wanderrost gefördert. Die gröberen Teile fliegen dabei am weitesten und haben so die Möglichkeit, auf den sich bewegenden Rost für einen vollständigen Ausbrand ausreichend lange zu verweilen. Die feineren Teile verbrennen entweder im Fluge oder landen im Nah- oder Mittelbereich des Rostes. Auf dem dermaßen beschickten Rost gibt es daher anders als bei herkömmlich beschickten Rosten keine ausgeprägten Trocknungs-, Entgasungs-, Flamm- und Ausbrandzonen. Da auf den Rost nur Teilchen ähnlicher Granulometrie gelangen, ist eine Glut- oder Schwelnesterbildung weitgehend ausgeschlossen. Der gleichmäßige Verbrennungsvorgang hilft so, Zonen mit unzulänglicher Luftzufuhr oder überheiße Nester und damit Schadstoffemissionen zu vermeiden.
Schleifstäube werden mittels spezieller Staubbrenner etwa 5 und 7 Meter über dem Rost verbrannt. Der erste und zweite Zug sind als Ausbrandzone ohne Wärmeabnahme ausgelegt und relativ lang. Die Wärmeabnahme erfolgt erst im dritten Zug. Die Verweildauer der Brenngase im Temperaturbereich oberhalb 850 °C beträgt da-

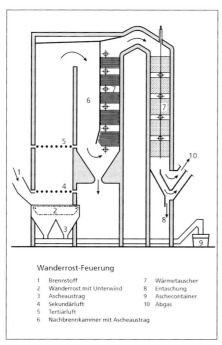

Abb. 7-4: Wanderrostfeuerung Typ Aalborg Boilers

Wanderrost-Feuerung
1 Brennstoff
2 Wanderrost mit Unterwind
3 Ascheaustrag
4 Sekundärluft
5 Tertiärluft
6 Nachbrennkammer mit Ascheaustrag
7 Wärmetauscher
8 Entaschung
9 Aschecontainer
10 Abgas

her je nach Anlagengröße 5 bis 7 Sekunden, was einen besonders guten Ausbrand gewährleistet. Verbunden mit den konstruktiven Eigenheiten einer langen Ausbrandzone und den Verwirbelungszonen im Bereich der Staubbrenner findet eine sehr gute Vermischung von Brenngas und Sekundärluft statt.

Die Ausrüstung der Anlagen mit hochwertiger Meß- und Regelungstechnik ist Stand der Technik. Viele Schadstoffemissionen und Abgasparameter werden kontinuierlich gemessen und als Regelgrößen genutzt. Die Anlagen können daher bei niedrigen Restsauerstoffwerten (3 bis 5 %) und günstigen NO_x-Werten betrieben werden. Sie zeichnen sich daher durch einen ausgezeichneten Ausbrand mit niedrigen CO- und Gesamt-C-Emissionen aus. Gewebefilter mit Additivzugabe (siehe Kapitel 11) sorgt auch bei den anderen Schadstoffen für sehr niedrige Emissionswerte.

7.2.3 *Vorschubrost*

Der Vorschubrost ist durch seine in aller Regel schräg nach unten gerichtete Anordnung im Feuerraum und durch die bewegten Rostelemente (Schürfunktion) im Wechsel mit feststehenden Elementen gekennzeichnet. Auch bei diesem Rostsystem wird der Unterwind (Primärluft) über Zonen entsprechend dem Verbrennungsablauf eingebracht. Im Gegensatz zum Wanderrost kann die Vorschubgeschwindigkeit nur in engen Grenzen variiert werden. Das bedeutet letztlich eine eingeschränkte Flexibilität. Deshalb ist die Variantenvielfalt beim Vorschubrost wohl auch deutlich größer als beim Wanderrost.

Der luftgekühlte Vorschubrost eignet sich vorzugsweise zur Verbrennung von Rinde, feuchten Spänen und Hackgut. Bei trockenen Holzsortimenten wie etwa Gebrauchtholz oder Resten aus der Möbelfertigung treten oft Überhitzungsprobleme auf, die zu einem „Verkleben" der Rostelemente durch zunächst geschmolzene Teile (zum Beispiel Leichtmetalle aus Verunreinigungen, Aschen) führen.

Abbildung 7-5 zeigt einen luftgekühlten Rost vor der Montage. Gut erkennbar sind die einzelnen Rostelemente und die stirnseitig angeordneten Luftauslässe.

Ein spezifischer Nachteil des luftgekühlten Vorschubrostes ist die Notwendigkeit, mit der Primärluft sowohl die Rostelemente kühlen als auch die Optimierung des Verbrennungsprozesses steuern zu müssen.

Abb. 7-5: Luftgekühlter Vorschubrost

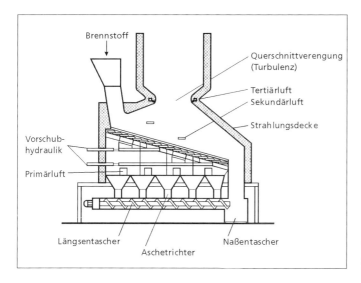

Abb. 7-6: Verbrennungsanlage mit luftgekühltem Vorschubrost

Diese beiden Erfordernisse befinden sich selten so im Einklang, daß beide Aufgaben optimal erfüllt werden können. Zumeist liegt der Kühlbedarf durch Unterwind höher, als es einer optimierten Feuerführung entspricht. Insoweit müssen zumeist Kompromisse eingegangen werden, die in aller Regel zu Lasten der Rostkühlung gehen. Diese Problematik hat schließlich zur Entwicklung des wassergekühlten Vorschubrostes geführt.

Im Bereich der energetischen Nutzung von Biomassen mit niedrigem Ascheerweichungspunkt (zum Beispiel Reisschalen) werden seit Jahrzehnten wassergekühlte Vorschubroste eingesetzt, weil luftgekühlte Systeme wegen des Schlackeflusses dort kaum erfolgreich verwendet werden können. Der Gedanke, bei energiereichen Holzsortimenten mit dem wassergekühlten Rost zu arbeiten, lag insoweit nahe und wird seit einigen Jahren praktisch umgesetzt. Die sich aus der Theorie dieses Systems ergebenden Vorteile gegenüber der luftgekühlten Variante bestätigen sich in der Praxis im wesentlichen. Ein Schwachpunkt bei manchen Konstruktionen war am Anfang die gesicherte Durchströmung aller Elemente mit dem Kühlmedium Wasser. Inzwischen sind diese Probleme weitestgehend gelöst.

Die verschiedenen angebotenen Systeme unterscheiden sich im Konstruktions- und Fertigungsaufwand und damit auch im Preis erheblich. Insoweit muß in jedem Einzelfall geprüft werden, welcher Aufwand technisch unabdingbar und wirtschaftlich vertretbar ist. Für den Einsatz von Holz scheiden in aller Regel aus wirtschaftlichen Gründen die für den Einsatz von Müll entwickelten und aufwendig gestalteten wassergekühlten Roste aus. Bei Holz und Biomassen sind aus wirtschaftlichen Gründen Abstriche notwendig, die jedoch die Funktionstüchtigkeit nicht gefährden dürfen. So werden bei Müllrosten sowohl die ruhenden als auch die bewegten Teile gekühlt. Bei Einsatz von Holz reicht es aus, nur die ruhenden Elemente mit Wasser zu kühlen. Auch Kombinationen von luftgekühltem und wassergekühltem Rostteil werden ohne Einbußen für die Qualität der Verbrennung mit gutem Erfolg eingesetzt.

Für alle Rostvarianten gleichermaßen gilt, daß zum Gesamtsystem auch der nachgeschaltete Feuerraum gehört.

Abb. 7-7: Feuerungsraum mit wassergekühltem Rost (System Noell)

Auf dem Gebiet der Feuerraumgestaltung haben Forschung und Praxis neue Erkenntnisse gebracht, die in letzter Konsequenz auch die aktuellen Erfolge der Rosttechnologie ganz allgemein ausmachen. Dazu zählt, daß man die Rauchgase zwangsweise oberhalb der Roste turbulent zusammenführt, um sog. Schlierenbildungen zu vermeiden und eine intensive Vermischung von Brenngasen und Sekundärluft im Sinne eines optimalen Ausbrandes zu gewährleisten. Je nach Heizwert des eingesetzten Brennstoffes wird der Feuerraum mit Schamotte ausgekleidet, hinterkühlt oder „kalt", d. h. mit Rohrwänden ausgeführt. Abbildung 7-8 zeigt in schematischer Darstellung einen wassergekühlten Rost mit wassergekühlter Rostüberbauung (Feuerraum). Gut erkennbar ist die gezielte Zusammenführung der Rauchgase in einen zylindrischen Austritt mit Schamotteauskleidung. Durch diese Anordnung werden hohe Rauchgasgeschwindigkeiten mit intensiver Vermischung der oberhalb des Rostes zugegebenen Sekundärluft erreicht. Der gesamte Bereich oberhalb des Rostes ist mit Schamottematerial ausgekleidet und zur besseren Temperaturabführung und Vermeidung eines vorschnellen Verschleißes der Feuerfestauskleidung hinterkühlt. Dazu wird ein Wasserrohrkäfig mit einer mehr oder weniger großen Zahl von Kühlrohren als selbsttragende Konstruktion gebaut. Sie nimmt sowohl die Schamotteauskleidung als auch die äußere Feuerungsummantelung auf. Auf dem Bild sind auch die durchgängigen, wassergekühlten Roststufen und die hydraulisch bewegten, nicht gekühlten Vorschubelemente erkennbar. Für die Entaschung (am unteren rechten Bildrand erkennbar) ist ein Kratzkettenförderer eingesetzt. Eine Längsentaschung, wie sie bei den meisten luftgekühlten Rostvarianten unerläßlich ist, wird für die im Bild dargestellte Konzeption mit lückenlos durchgängigen Roststufen nicht benötigt. Die dargestellte Feuerung arbeitet mit einem eigenen, in sich geschlossenen Kühlsystem auf Basis von

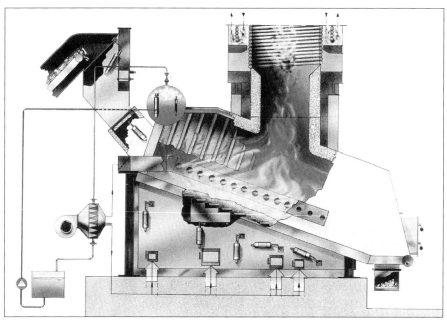

Abb. 7-8: Konzept eines wassergekühlten, dynamischen, schrägen Stufenrostes (System Vyncke)

Wasser (maximal 120 °C) bzw. Niederdruckdampf. Die anfallende Wärme wird zur Verbrennungsluftvorwärmung genutzt.

Eine besondere Form der wassergekühlten Vorschubrostfeuerung ist der Vibrationsrost. Er ist durch eine einfache Konstruktion mit nur wenigen bewegten Teilen und durch geringe Verschleißanfälligkeit gekennzeichnet. Der Rost besteht im Prinzip aus einer am Boden des Feuerraumes schräggestellten Flossenrohrwand mit Verteiler und Sammler an den Stirnseiten. Er ruht auf Weichfedern und wird durch zwei Vibratoren bedarfsabhängig in der Weise bewegt, daß Brennstoff und Asche eine Vorschubbewegung in Richtung Entascher erfahren. Die Verbrennungsluft wird unter den Rost, der in Sektionen aufgeteilt ist, geblasen und tritt durch Bohrungen in den Stegen der Flossenwand in den Feuerraum ein. Die Beschickung erfolgt entgegen der Förderbewegung auf dem Rost mittels Wurfbeschicker (Spreader) gemäß Abbildung 7-8.

Die Bedeutung der Luft- und Rauchgasführung in Vorschubrostfeuerungen für die Qualität der Verbrennung und die Schadstoffkonzentrationen wurde erst in den letzten Jahren aufgrund gestiegener Forderungen im Immissionsschutz grundlegend erforscht. Die Ergebnisse bestätigen grundsätzliche Überlegungen, wonach die Möglichkeiten primärer Maßnahmen zur Emissionsminderung weitaus größer sind, als bisher angenommen.

Je gezielter die Verbrennungsluft dort hingeführt werden kann, wo sie im Sinne einer optimierten Verbrennung benötigt wird, desto besser sind auch die Ergebnisse. Dies ist der Grund für die Aufteilung von Vorschubrostsystemen in verschiedene Rostzonen mit separater Luftzufuhr. In der Praxis wird in bis zu fünf Zonen unterteilt. Dabei zeigt sich, daß die Luftversorgung dann besonders optimal gelingt, wenn jede Rostzone von einem stufenlos geregelten Verbrennungsluftventilator versorgt wird.

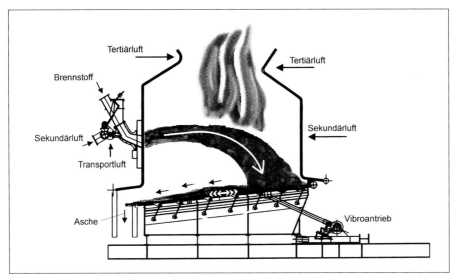

Abb. 7-9: Wassergekühlte Vibrationsfeuerung, System Völund

Durch klar definierte Verbrennungsluftzugabe läßt sich der Sauerstoffüberschuß im Abgas insgesamt niedrig halten (ca. 7 bis 9 %). Dies wiederum ist Voraussetzung für eine begrenzte Umwandlung von atomarem Brennstoff-Stickstoff in Stickstoffoxide und somit niedrigere NO_x-Gehalte im Abgas.

Auch die sog. gestufte Verbrennung setzt eine feinfühlig regelbare Luftzuführung voraus. Unter idealen Bedingungen sind durch die gestufte Verbrennung Minderungsraten bis zu 50 % gegenüber einer ungestuften Verbrennung möglich.

Die Abgasrückführung läßt sich bei Vorschubrostfeuerungen in idealer Weise zur Reduktion der Verbrennungstemperatur und Absenkung des Sauerstoffgehaltes in der Flamme einsetzen. Auf diese Weise wird einerseits die Gefahr der Rostüberhitzung reduziert und zum anderen die thermische Bildung von Stickoxiden gebremst. Bei Einsatz hochkaloriger Holzsortimente ist die Abgasrückführung bei Vorschubrost-Feuerungsanlagen inzwischen zur Selbstverständlichkeit geworden.

In der Praxis werden die Abgase am Kesselende oder nach dem Vorabscheider mittels separatem Heißgasventilator abgesaugt und dem Primärluftstrom der einzelnen Rostzonen definiert beigemischt. Üblicherweise wird mit Rückführungsraten von 10 bis 30 % des Gesamtabgasstromes operiert. Dabei gilt es bei Auslegung der Rauchgaswege und -ventilatoren den Rückführungsanteil angemessen zu berücksichtigen. Einen nicht unerheblichen Einfluß auf die Qualität der Verbrennung bei Vorschubrost-Feuerungsanlagen hat die Gasstromführung im Bereich oberhalb des Rostes. Dabei wird zwischen der sog. Gleichstrom- und Gegenstromfeuerung unterschieden (siehe dazu Abbildungen 7-10 und 7-11).

Die Führung der Abgase im Gegenstrom wird bei Sortimenten mit niedrigem Heizwert (zum Beispiel Rinde, feuchtes Hackgut) praktiziert. Die heißen Abgase aus der Hauptbrennzone helfen in Kombination mit der Strahlungswärme aus der Feuerraumdecke, den Brennstoff schnellstmöglich zu trocknen und das entweichende Wasser abzuführen. Nachteilig ist bei der Gegen-

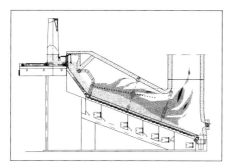

Abb. 7-10: Gleichstromfeuerung

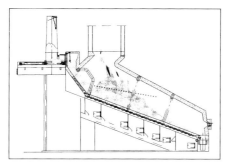

Abb. 7-11: Gegenstromfeuerung

7.2.4 Drehrost

In den skandinavischen Ländern wird für sehr feuchten und gefrorenen Brennstoff der sog. Drehrost eingesetzt. Für energiereiche Sortimente wie Altholz ist dieses System nicht geeignet. Von den Betreibern werden der geringe Verschleiß und die hohe Verfügbarkeit gelobt. In Mitteleuropa liegen mit dieser Varianten einer Rostfeuerung keine Erfahrungen vor.

Aus Abbildung 7-12 wird die mittige Zugabe des Brennstoffes mit der nach außen abfallenden, kreisförmigen Rostfläche deutlich.

Eine vom Drehrost abgeleitete Rostvariante ist die Brennkegelfeuerungsanlage (Abbildung 7-13). Der Brennkegelrost ist dabei ein im Prinzip „unendlicher", sich selbst schürender Rost. Durch ständiges Wälzen des Brennstoffs im Glutbett des schalenförmigen Rostes wird eine rasche und zuverlässige Zündung auch großer und/oder feuchter Brennstoffteile gewährleistet. Der Ausbrand ist daher weitgehend unabhängig von der Stückgröße des Brennstoffs.

Der Brennstoff wird über ein Einwurfschacht dem Brennkegel zugeführt. Ein Doppelklappensystem verhindert den Austritt von heißen Brenngasen. Die Zündung erfolgt über einen Gas- oder Ölzündbrenner. Die Abstimmung von Brennstoff- und Luftzugabe erfolgt über die Messung des Restsauerstoffs im Abgas nach der Nachbrennkammer. Die tangential in die Nachbrennkammer eingeführte Sekundärluft sorgt für eine gute Durchmischung und eine lange Verweildauer.

Grobasche fällt durch spezielle Rostschlitze in den Aschetrichter, die Mittelasche der Nachbrennkammer riesel an der Wand dorthin. Die kompakte Bauweise minimiert den Platzaufwand und kann so auch zu nennenswerten Kostenminderungen führen. Die Brennkegelrostfeuerung hat sich bisher vornehmlich bei der Verbrennung komplexer Abfälle bewährt. Eine Feuerung für Holzabfälle eines Spanplattenwerks wird derzeit realisiert.

stromfeuerung allerdings die Gefahr, daß Teilgasströme direkt in den Kesselteil gelangen, ohne die sog. heiße Zone (über 750 °C) zu durchströmen. Damit verbunden sind hohe Werte für Kohlenmonoxid (CO) und sonstige Restkohlenstoffverbindungen (Gesamt-C).

Bei der Gleichstromfeuerung werden zwangsläufig alle Gase durch den Bereich höchster Temperatur geführt und somit auch besser ausgebrannt. Für heizwertreiche Sortimente (zum Beispiel Gebrauchtholz) wird man im Prinzip die Gleichstromführung wählen. Vielfach wird auch eine Kombination (Mittelstromfeuerung) mit Abgaseinmischung am Eintritt in den Kesselteil gewählt. Durch Verbrennungsluftvorwärmung kann zudem der Effekt der Brennstoffvortrocknung gezielt gesteigert und selbst bei feuchter Rinde auf eine klassische Gegenstromfeuerung verzichtet werden.

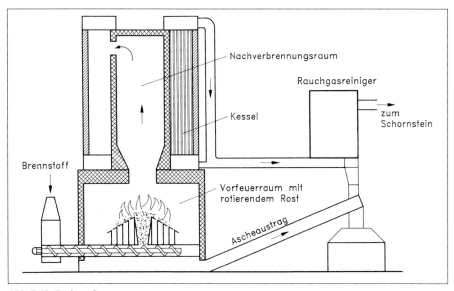

Abb. 7-12: Drehrostfeuerung

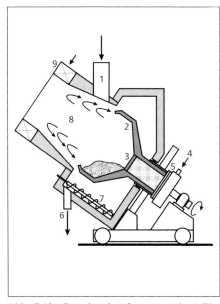

Abb. 7-13: Brennkegelrostfeuerung mit 1 Einwurfschacht, 2 Drehrost, 3 Kegelboden, 4 Primärluft, 5 Luftsteuerung, 6 Ascheaustrag, 7 Ascheschnecke, 7 Nachbrennkammer und 8 Sekundärluft (Typ Schoppe)

7.3 Drehrohrofenfeuerung

Der Drehrohrofen ist ein aus der Sonderabfallverbrennung bekanntes Verbrennungsprinzip. Die aufwendige Konstruktion führte dazu, daß er im Holzbereich bisher nur selten Anwendung fand. Er eignet sich besonders für die energetische Verwertung von stark unterschiedlichen Brennstoffqualitäten und -größen bei gleichzeitig gutem Ausbrand. Sehr grobstückige Holzteile werden dabei auf eine Kantenlänge von maximal 80 mm vorgebrochen. Bei feuchtem Material hat sich eine Rezirkulation von heißen Abgasen aus der Nachbrennkammer in das Drehrohr bewährt.

Der Kern der Anlage besteht aus dem Drehrohr und einer Nachbrennkammer (Abbildung 7-14).

Die Anlage wird vor Brennstoffaufgabe mittels eines Hilfsbrenners auf Betriebstemperatur gebracht. Da sich die Drehrohrdrehzahl als Regelgröße für die Leistungseinstellung nutzen läßt, zeichnet sich dieser Anlagentyp durch eine für eine Feststoff-

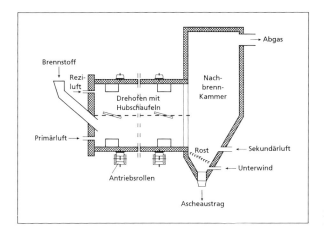

Abb. 7-14: Drehrohrofen mit Nachbrennkammer

feuerung schnelle Regelbarkeit und einen weiten Regelbereich (von ca. 25 bis 100 %) aus. Probleme können die Standfestigkeit der Schamottierung des Drehrohrs und die Dichtigkeit der Beschickungseinrichtung bereiten. Um einen guten Ausbrand der Asche zu gewährleisten, sollte in der Nachbrennkammer ein Ausbrandrost mit Unterwind installiert werden.

7.4 Schleuderrad-Feuerung (Wurfbeschickung)

Die Schleuderradfeuerung ist eine Kombination aus Einblas- und Rostfeuerung. Sie ermöglicht die Verbrennung fein- bis mittelstückiger Holzteile. Das bei der Kohle seit Jahrzehnten parktizierte Prinzip der Wurfbeschickung stand zumindest konzeptionell Pate, als die sogenannte Schleuderradbeschickung entwickelt wurde. Diesem Verfahren liegt die Überlegung zugrunde, den Brennstoff ohne nennenswerten Luftanteil in die Feuerung einzutragen und

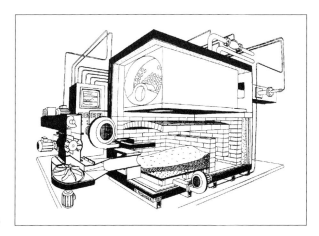

Abb. 7-15: Automatische Holzfeuerung mit Schleuderradbeschickung (Typ Alwina)

Tabelle 7-1: Gegenüberstellung von Feuerungsarten

Feuerungsart	Geeigneter Brennstoff	Feuerungs-wärmeleistung	Vorteile	Nachteile
Schachtfeuerung	Vorwiegend trockene, stückige Reste wie Scheitholz	Von 10 kW bis 100 kW (meist handbeschickt)	– keine Vorzerkleinerung nötig	– diskontinuierliche Brennstoffzufuhr – viel Anfähr- und Ausbrandphasen mit erhöhten Emissionen – meist Handregelung, dadurch oft schlechte Emissionswerte
Unterschub-, Unterschubzyklon-Feuerung	Trockene und feuchte Späne, Hackschnitzel, max. 50 % Staubanteil	Von 100 kW bis 5.000 kW	– einfache Technik	– Probleme durch Brennstoff im System bei Abschaltung – diskontinuierliche Entaschung
Vorofen-, Vergaserfeuerung	Späne, Pellets, Hackgut	Von 10 kW bis 6.000 kW	– niedrige CO- und Ges.-C.-Emissionen – geringe Rauchgasstaubgehalte	
Rostfeuerung	Unzerkleinerte Rinde, großstückige, feuchte Brennstoffe mit hohem Aschegehalt	Ab 1.000 kW	– breites Brennstoffspektrum – keine Vorzerkleinerung nötig	– Schlierenbildung nicht auszuschließen
Wirbelschichtfeuerung (zirkulierende)	Späne, Hackgut	Ab 5.000 kW	– niedrige NOx-Werte – Additivzugabe möglich – schnelle Regelbarkeit – gute Ausbrandbedingungen	– hohe Investitions- und Betriebskosten – erhöhter Ascheanfall und Ascheentsorgungskosten
Muffeleinblasfeuerung	Stäube, Späne	Von 1.000 kW bis 8.000 kW	– gute und schnelle Regelbarkeit – ideale Verbrennung von Stäuben – sehr gute Emissionswerte	– empfindlich bei Brennstoffschwankungen hinsichtlich Menge, Zusammensetzung und Feuchte – Muffel muß mit Stützbrenner auf Temperatur gebracht werden
Staubbrenner	Staub (< 0,5 mm)	Bis 15.000 kW	– gute Regelbarkeit – gute Staubverwertungsmöglichkeit	– Zünd- und Stützbrenner erforderlich

gleichzeitig die Vorzüge der Einblasfeuerung wie Flugverbrennung der Feinpartikel und weite Ausbrandwege für Grobteile nicht zu verbauen. Hierbei wird das Material seitlich über eine Schleudereinrichtung in die Brennkammer eingebracht. Ein weiterer Vorteil ist die gleichmäßige Verteilung des Brennstoffs auf der Rostfläche. Die Schichtdicke ist abhängig von der gefahrenen Leistung und über die gesamte Rostfläche weitgehend konstant. Der Aufbau einer solchen Feuerung ist in Abbildung 7-15 dargestellt.

Die Feuerung eignet sich zur energetischen Verwertung von Spänen und kleinen Hackschnitzeln, wie sie im Handwerk und in Betrieben der Möbelindustrie als Produktionsabfälle auftreten. Der Feuchtegehalt der Materialien kann zwischen 10 und 60 % betragen, sollte allerdings relativ gleichmäßig sein. Das Zubringeraggregat wird nach der vorhandenen Partikelgröße des Brennstoffs ausgelegt. Sie sollte dabei die Größe 50 mm x 50 mm x 10 mm nicht überschreiten. Der Leistungsbereich dieser Feuerungstechnik beginnt bei etwa 250 kW und reicht nach Angaben des Herstellers bis 6 MW, d. h. bereits in den Bereich der genehmigungsbedürftigen Anlagen. Realisiert wurden bisher Anlagen bis maximal 2,5 MW.

7.5 Unterschubfeuerung

Als die konventionelle Einblasfeuerung Mitte der 80er Jahre wegen schlechter Emissionswerte in ökologischen Mißkredit geriet, begann der Siegeszug der Unterschub- oder Stokerfeuerung. Bei Einsatz von relativ trockenem (maximal 25 % Feuchte), aschearmen und nicht zu grobstückigem (max. 50 mm Kantenlänge) Material ist die Unterschubfeuerung noch immer eine preiswerte und betriebssichere Lösung bis zum Leistungsbereich von etwa 5 MW. Der anfängliche Nachteil einer fehlenden mechanischen Entaschung wurde inzwischen durch Kombination von Unterschub- und Minirostfeuerung weitestgehend behoben. Immer mehr wird auch bei dieser Feuerungsart die gestufte Verbrennung angestrebt: Die Unterschubfeuerung mit offener Brennstoffmulde in der Brennkammer wurde daher zu Konstruktionen weiterentwickelt, die eine kleine Brennkammer („Retorte") mit Ausbrandkanal aufweisen. Im Retortenbereich soll möglichst nur vergast bzw. unterstöchiometrisch verbrannt werden. Am Feuerraumaustritt wird die Restsauerstoffmenge in Form der Sekundärluft zugeführt. Bei richtiger Auslegung und Luftzuführung lassen

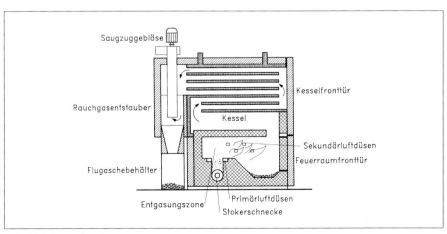

Abb. 7-16: Unterschubfeuerung

sich so auch bei Verbrennung stickstoffreicher Brennstoffe, zum Beispiel Span- und Faserplattenreste, niedrige NO_x-Emissionen erreichen.
Fachmännisch ausgelegt und betrieben erreichen Unterschubfeuerungsanlagen sehr gute Emissionswerte, arbeiten vollautomatisch und sind wartungsarm. Ihr Vorteil liegt in den relativ niedrigen spezifischen Investitionskosten.

7.6 Wirbelschichtfeuerung

Der Ursprung der Wirbelschichtfeuerung liegt im Bereich der Verfahrenstechnik. Dort werden Wirbelschichten seit Jahrzehnten zum Trocknen, Kühlen und Verbrennen von Rückständen eingesetzt. Schon früh wurden Abhitzekessel zur Abwärmenutzung eingesetzt und so ein vollwertiges Feststofffeuerungssystem geschaffen.
Die spezifischen Vorteile gegenüber der Rostfeuerung haben in den letzten 10 bis 15 Jahren zu einer Vielzahl neuer Wirbelschichtfeuerungsanlagen geführt und dabei auch im Bereich von Holzenergieanlagen Eingang gefunden:
- Flexibilität gegenüber wechselnden Brennstoffqualitäten
- Dechlorierung durch Kalksteinzugabe zum Wirbelbett
- weitgehende Einbindung der im Brennstoff enthaltenen Schwermetalle in die Asche
- hohe Verfügbarkeit
- keine Probleme mit Schlackebildung aufgrund der niedrigen Bettemperatur von 820 bis 950 °C

Wegen des hohen spezifischen Investitionsaufwandes beginnt das Einsatzgebiet der Wirbelschichtfeuerung erst bei einer Feuerungswärmeleistung von etwa 50 MW. Im Bereich der für die Verwertung von Holzsortimenten in Frage kommenden Leistungsgrößen stehen die
- stationäre Wirbelschichtfeuerung (SWF)
- zirkulierende Wirbelschichtfeuerung (ZWF)

zur Auswahl.

Die zirkulierende Wirbelschicht bietet den Vorteil höherer Wärmeübergangszahlen, besserer Brennstoffverteilung, die Möglichkeit der gestuften Verbrennung durch Sekundär- und Tertiärluftzugabe sowie einer kompakteren Bauweise.
In der Wirbelschichtfeuerung wird auf einen metallischen oder keramischen Düsenboden das aus körnigem Inertmaterial wie Asche oder Sand bestehende Bettmaterial mindestens etwa 1 m hoch aufgeschüttet. Je höher die Betthöhe, desto größer ist der Druckverlust für die Verbrennungsluft und um so höher auch der Kraftbedarf am Verbrennungsluft- bzw. Wirbelbettventilator.
Die durch die Wirbeldüsen gepreßte Luft (Abbildung 7-17), die auch vorgewärmt sein kann, wirbelt das Bett permanent auf und kühlt es dabei. Bei der stationären Wirbelschicht wird das Bettmaterial in einer Art Schwebezustand gehalten, während bei der zirkulierenden Variante mit so hoher Geschwindigkeit geblasen wird, daß Teile des Bettmaterials nach oben durch den gesamten Feuerraum getragen und an dessen Ende mechanisch abgeschieden und in das Bett zurückgeführt werden.
Der Bereich des Wirbelbettes ist mit Schamottematerial ausgekleidet. Die zwangsweise Rückführung der Feuerungsgase bei der ZWF hat den zusätzlichen Vorteil, daß auch unverbrannte Teile nochmals in die Feuerung gelangen und endgültig verbrennen.
Ein Nachteil der Wirbelschichtfeuerung ist die relativ lange Aufheizzeit mittels Öl- oder Gasbrenner. Bei der SWF werden 5 bis 8 Stunden und bei der zirkulierenden Variante bis zu 15 Stunden benötigt. Problematisch beim Einsatz von Rinde und Altholzsortimenten, so hat die Praxis gezeigt, ist der Eintrag von Fremdkörpern, wie zum Beispiel Steine oder Metallteile

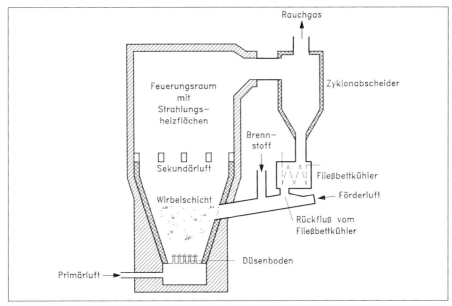

Abb. 7-17: Wirbelschichtfeuerung

in das Wirbelbett. Sie sammeln sich oberhalb des Wirbelbodens an und führen zur sog. Schieflage der Luft (ungleichmäßige Bettdurchströmung) und damit auch zu undefinierten Bettemperaturen. Das Abfahren und Ausräumen der Anlage ist dann zumeist unumgänglich. Der übliche Regelbereich der Wirbelschichtfeuerung beträgt

Tabelle 7-2: Vergleich von Rost- und Wirbelschichtfeuerung

Kriterien	Rostfeuerung	Wirbelschichtfeuerung
Brennstoff/Stückgröße	Hackschnitzel bis Stückholz (max. 30 cm)	Hackschnitzel (2 - 3 cm)
Feinbrecher	nicht erforderlich	erforderlich
Fremdstoffe	Abtrennung bei beiden Anlagen sinnvoll*	
andere Brennstoffe	spezieller Brenner erforderlich	Einblasung in WSF
Unverbranntes in der Asche	höhere Gehalte möglich	bei ZWSF oder SWSF mit Rezirkulation der Flugasche niedriger
Emissionen	CO- und NO_x, nur geringe Einbindung von SO_2, HF und HCl in der Asche	bei ZWSF keine Probleme, bei SWSF weniger günstig
Ascheentsorgung	größtenteils grobe Rostschlacke, wenig Flugasche	größtenteils Flugasche, wenig Grobasche/Bettmaterial/Additive
Energiebedarf	niedriger	höher (wegen Luftpressung)
Erosionsprobleme	niedriger	höher
Korrosionsprobleme	etwas niedriger	etwas höher
Reisezeit (Verfügbarkeit)	etwa gleich	
Personalbedarf	etwa gleich	

* offener Düsenboden empfehlenswert

etwa 1 : 2 und liegt damit günstiger als bei mechanischen Feuerungsvarianten (1 : 3 bis 1 : 4).
Einschlägige Erfahrungen liegen im Bereich von Holz und Biomasse bei Anlagenleistungen über 50 MW Leistung vor. Während im Leistungsbereich bis etwa 50 MW die Rostfeuerung die Anlage der Wahl ist, bietet sich bei noch größeren Leistungen die Wirbelschicht als Alternativlösung an. Beide Anlagenkonzepte haben Stärken und Schwächen. In Tabelle 7-2 werden die Eigenschaften von Rost- und Wirbelfeuerungen gegenübergestellt.

7.7 Wirbeldüsenfeuerung

Eine von den Investitionskosten günstigere Abwandlung der Wirbelschichtfeuerung stellt die sogen. Wirbeldüsenfeuerung dar. Bei ihr fehlt weitestgehend das Bettmaterial. Der Brennstoff wird unmittelbar auf den Düsenrost aufgebracht.
Der starr angeordnete Wirbelboden ist eher für aschearme Holzsortimente (Sägemehl, Hobelspäne, Hackschnitzel) und Leistungen bis maximal 20 MW geeignet. Für Rinde, Torf und aschereiche biogene Rückstände sowie Leistungen bis 40 MW ist der

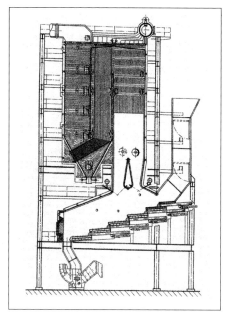

Abb. 7-19: Wirbeldüsenrost

Wirbeldüsenrost einsetzbar. Die Zahl realisierter Anlagen ist noch gering. Die ausgewerteten Erfahrungen sind im Grundsatz positiv, sowohl hinsichtlich der Emissionen als auch im Hinblick auf die laufenden Kosten des Anlagenbetriebes.
Abbildung 7-20 zeigt die kommerzielle Düsenrostfeuerung in schematischer Darstellung.

7.8 Einblasfeuerung

Die Einblasfeuerung in ihrer einfachsten Form, nämlich der weitgehend unkontrollierten pneumatischen Eintragung von Stäuben und Spänen auf ein Rostgrundfeuer wird seit Jahrzehnten praktiziert. Wegen eines viel zu hohen Lufteintrages und mangelnder Verwirbelung waren die Ergebnisse zumeist sichtbar unbefriedigend. Diese Anlagen waren oft aus großer Entfernung an dunkel gefärbten Rauch-

Abb. 7-18: Düsenboden

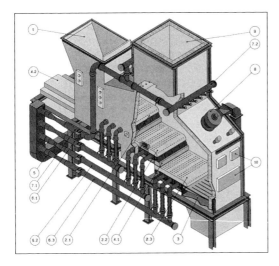

Abb. 7-20: Schema einer Düsenrostfeuerung mit 1 Brennstoff-Abfall-Aufgabeschacht, 2 keramisch abgekl. WD-Rost-Stufen, 3 Ausbrennrost mit Ascheschacht, 4 Transportstößel (4.1) und hydraul. Rostantriebe (4.2), 5 Verbrennungsluftzuführung, 6 Wirbeldüsen-Luftzuführung, 7 Sekundärluftzuführung, 8 Zünd- und Anfahrbrenner, 9 Abgaskanal, 10 Schau- und Wartungsöffnungen

gasen am Kaminaustritt zu erkennen. Die Einblasfeuerung geriet in den 80er Jahren in den Verruf, eine „Dreckschleuder" zu sein. Die Hersteller boten sie danach nicht mehr an bzw. konnten sie nicht mehr verkaufen.

Seit Ende der 80er Jahre wird jedoch die Muffeleinblasfeuerung zur energetischen Nutzung von Spänen aus der Spanplattenbearbeitung verstärkt und erfolgreich realisiert. Bei ihr sind die Mängel der früheren Einfachsteinblasung eliminiert. Sie wird für mittlere Feuerungswärmeleistungen (2 bis 7,5 MW) mit Erfolg eingesetzt. Richtig konzipiert und betrieben erreicht die Muffeleinblasfeuerung einen Bedienungskomfort und eine Konstanz der Emissionsergebnisse, wie sie bei Unterschub- und Rostfeuerung kaum realisiert werden können. Allerdings stellt die Einblasfeuerung auch sehr spezifische Anforderungen an den Brennstoff, die die Einsatzmöglichkeiten eng begrenzen:
- Feuchtegehalt bis maximal 15%
- Teilchengröße nicht über 5 bis 10 mm bei deutlich mehr als 50% Staubgehalt

Wenn diese Kriterien gegeben sind, eignet sich die Muffeleinblasfeuerung in idealer Weise für die sog. gestufte Verbrennung.

In Abbildung 7-21 ist eine Einblasmuffel an einem Wasserrohr-Hochdruckdampfkessel gezeichnet. Der Weg der Späne und der Verbrennungsluft wird idealisiert verdeutlicht. In ausgeführten Anlagen läßt sich die spiralförmige Rauchgasbewegung durchaus erkennen. Deutlich wird auch die Einschnürung am Ende der Muffel. Der Zündbrenner wird bei Erreichen einer Mindestfeuerraumtemperatur von etwa 450 bis 500 °C automatisch abgeschaltet.

In der Muffel selbst wird unterstöchiometrisch, d. h. mit Sauerstoffmangel gefahren. Erst am Muffelaustritt, der in aller Regel zur Erhöhung der Abgasgeschwindigkeit im Sinne einer besseren Verwirbelung eingeschnürt ist, wird die für einen optimalen Ausbrand notwendige Luftmenge zugeführt. Auf diese Weise werden selbst bei Brennstoffen mit hohem Stickstoffanteil, zum Beispiel Späne aus der Holzwerkstoffplattenbearbeitung, vergleichsweise niedrige Stickstoffoxidwerte im Rauchgas erreicht. Entstehendes N_2 mindert die Stickstoffoxidemissionen, wobei die Generie-

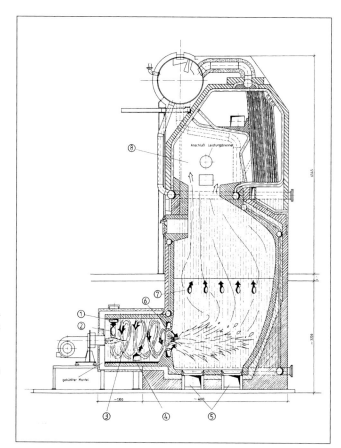

Abb. 7-21: Muffeleinblasfeuerung in Kombination mit einem Wasserkessel
1 Primärluftzufuhr,
2 Spänezufuhr,
3 Vergasung und partielle Verbrennung,
4 Abgaszufuhr,
5 Entaschung,
6 Sekundärluftzufuhr,
7 Tertiärluftzufuhr,
8 Wasserrohrkessel

rung nur unterhalb 1.000 °C Feuerraumtemperatur und bei Sauerstoffmangel in ausreichendem Maße abläuft (weiteres siehe Kapitel 11).
Die Einblasmuffel, kombiniert mit zeitgemäßer Meßtechnik (u. a. berührungslose Temperaturmessung statt Thermoelement) und feinfühligen Regelaggregaten, ist in der Lage, die sog. gleitend gestufte Verbrennung zu realisieren. Positiv wirkt sich dabei die spiralförmige Bewegung der Gase aus, die zu langen Verweilzeiten (1,5 bis 2,5 s) und intensiver Vermischung der entstehenden Holzgase und der Verbrennungsluft führt.

7.9 Staubbrenner

Der sog. Staubbrenner, der Teilchengrößen bis maximal 1 mm Kantenlänge verarbeiten kann, baut sehr stark auf Erkenntnisse und Erfahrungen mit Kohlestaubbrennern und Gas-/Ölbrennern auf. Für Schleifstaub etwa aus der Plattenkalibrierung hat sich der Staubbrenner, der inzwischen nach dem Anfahren ohne Zündflamme auskommt, seit Jahren hervorragend bewährt. Er wird in der abgebildeten Form vorwiegend in der Holzwerkstoffindustrie zur Beheizung von Spänetrocknern eingesetzt. Mit integrierter Rauchgasrückführung werden extrem nied-

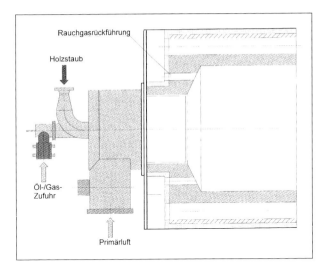

Abb. 7-22: Schemazeichnung eines Holzstaubbrenner

Abb. 7-23: Foto Staubbrenner

rige Stickoxidwerte erreicht. Vor allem zur Heißgaserzeugung vor Spänetrocknern in der Holzwerkstoffindustrie wird der Staubbrenner vielfach eingesetzt.

Eine besondere Art der Holzstaubverbrennung wird in der Zementindustrie praktiziert. Feingemahlenes Holz (maximal 3 mm Kantenlänge) wird in die Hauptbrennzone des Trommelofens mittels Hochdruckgebläse und in aller Regel parallel zum Hauptbrennstoff Kohlestaub eingeblasen und bei geringem Sauerstoffüberschuß (ca. 2 bis 3 % Restsauerstoff) bei hoher Temperatur (1.500 °C) verbrannt.

Bisherige Betriebserfahrungen waren durchweg positiv. Mit Ausnahme des Chlor und Quecksilbers bereiten auch belastete Brennstoffe keine Probleme wegen der hohen Temperaturen in der Brennkammer und dem basischen Zementklinker, der hervorragende Abgasreinigungseffekte bewirkt. Kosten für Aufbereitung und bessere Hand-

Abb. 7-24: Kombinierter Kohle-/Holzstaubbrenner im Zementofen

habung anderer Abfallstoffe (Altöle, Lösemittel) haben allerdings bisher erst eine begrenzte Anwendung in der Praxis bewirkt.

7.10 Spezielle Feuerungsanlagen für Stroh

Strohartige Biomassebrennstoffe haben eine wesentlich andere Konsistenz als Holz und bedürfen daher spezieller Feuerungsanlagen. Auch der vergleichsweise hohe Aschegehalt und der relativ niedrige Schmelzpunkt der Aschen bedarf angepaßter Konstruktionen. Hierbei handelt es sich in der Regel um modifizierte Rostfeuerungen. Wasserkühlung des Rostes verbunden mit Rauchgasrezirkulation sorgen dafür, daß die Temperatur unterhalb des Schmelzbereichs der Aschen bleibt. Auch die Wirbelschichtfeuerung kommt für die Verbrennung von Stroh in Betracht, ist jedoch infolge der für einen wirtschaftlichen Betrieb erforderlichen Mindestgröße von etwa 50 MW kaum zu realisieren. Die Unterschubfeuerung ist für den Brennstoff Stroh grundsätzlich ungeeignet. Die großtechnische Realisierung von Strohfeuerungsanlagen erfolgte bisher vornehmlich in Dänemark. In Deutschland und Österreich gibt es derzeit erst wenige Anlagen mit Demonstrationscharakter.

7.10.1 Rostfeuerung mit Vorvergasung für Stroh

Seit 1995 ist in Jena-Zwätzen eine Feuerungsanlage für Stroh, Ganzpflanzengetreide und Landschaftspflegeheu in Betrieb. Als Notstromaggregat für das Heizhaus ist ein Blockheizkraftwerk (BHKW) in die Anlage integriert, welches mit Rapsöl betrieben wird. Die mit öffentlichen Mitteln errichtete Anlage dient dazu, Betriebserfahrungen und Erkenntnisse zur wirtschaftlichen Situation bei einem mit landwirtschaftlichen Biomassen betriebenen Heizwerk zu sammeln. Betreiber der Anlage ist die Thüringer Landesanstalt für Landwirtschaft in Jena, die auch die wissenschaftliche Betreuung des Projekts übernommen hat. Die Landesanstalt nimmt zudem die Wärme des Kraftwerks ab.
Die Feuerung ist als eine Rostfeuerung mit Vorvergasung gebaut (Abbildung 7-25). Die Anlage hat eine Feuerungswärmeleistung von 1,9 MW. Als Brennstoffe werden vornehmlich Stroh und Ganzpflan-

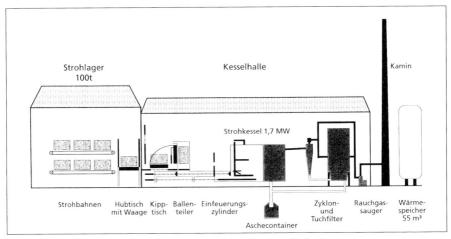

Abb. 7-25: Prinzipieller Aufbau der Rostfeuerung mit Vorvergasung für Stroh

zenmaterial in Großballenform eingesetzt. Die Großballen können unterschiedlicher Abmessung sein. Ein typisches Maß ist eine Breite von 1,2 m, eine Höhe von 1,3 m und eine Länge von 2,0 m und mehr.

Das Strohlager hat eine Lagerkapazität von etwa 100 t, was einem Brennstoffbedarf von 15 Tagen bei Spitzenwärmebedarf entspricht. Regelbrennstoff ist mit Anteilen von mehr als 80 % Stroh und Heu, welches zu Ballen mit einer Rohdichte von 120 bis 150 kg/m^3 verdichtet ist. Ballen aus Ganzpflanzengetreide haben eine Preßdichte von über 150 kg/m^3. Die Feuchte der Brennstoffe muß unter 20 % liegen. Ansonsten kommt es zu einem schlechteren Ausbrand und entsprechender Filterbelastung. Der Brennstoff wird der Feuerung über zwei Ballenbahnen automatisch zugeführt. Der Ballenteiler richtet die Ballen auf und zer-

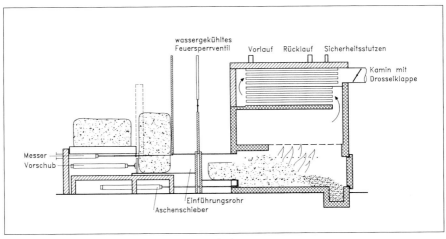

Abb. 7-26: Feuerung für Stroh mit Vorvergasungsprinzip

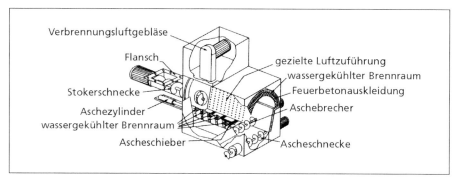

Abb. 7-27: Strohzufuhr- und Entaschungsvorrichtung

schneidet sie in 0,3 m hohe Scheiben, die über ein Einführungsrohr auf den wassergekühlten Planrost geschoben werden (Abbildung 7-26).
Ein ebenfalls wassergekühltes Feuersperrventil verhindert ein Rückbrand des Brennstoffs. Das heiße Rauchgas wird durch einen zweizügigen Kessel geleitet. Die Entstaubung der Abgase erfolgt zunächst durch einen Fliehkraftabscheider (Zyklon) und dann durch einen Gewebefilter. Als Puffer steht ein Wärmespeicher mit einem Fassungsvermögen von 55 m^3 Wasser zur Verfügung. Die Anlage kann daher auch in Zeiten geringeren Wärmebedarfs mit Nennleistung betrieben werden. Die Aschen werden über mehrere Austragsschnecken in einen geschlossenen Container geleitet.
Brennversuche mit Ganzpflanzengetreide und Stroh zeigten einen verglichen mit Holzfeuerungen nur mäßig befriedigenden Ausbrand. Bei Betrieb mit Heu verschlechterten sich die Emissionswerte merklich. Die Stickoxidkonzentrationen lagen mit Werten zwischen 280 und 480 mg/m^3 in einem für diese stickstoffreichen Biomassen typischen Bereich. Ein gesichert emissionsarmer Betrieb des Biomasseheizkraftwerks erfordert eine gute Einstellung der Anlage und eine einheitliche Brennstoffqualität.

7.10.2 Zigarrenbrennerfeuerung für Stroh

Der Zigarrenbrenner wurde speziell für die energetische Verwertung von Stroh- und Getreideganzpflanzenballen entwickelt. Der Brennstoff wird dabei über einen waagerechten Brennstoffschacht zugeführt, dessen Eintritt in die Brennkammer als Entgasungszone ausgebildet ist (Abbildung 7-28). Hier werden etwa 80 Prozent der Strohmasse zu Brenngas umgesetzt und im nachgeschalteten Feuerraum verbrannt. In diesem Bereich wird die benötigte Primärluft über Düsen eingebracht. Damit die Flammenzone nicht in den Vorschubschacht hineinwandert, müssen die Strohballen entsprechend vorgeschoben werden. Der verbleibende Strohkoks fällt zum vollständigen Ausbrand auf einen wassergekühlten Schrägrost, der in mehrere Zonen aufgeteilt ist.
Das erste größere Heizkraftwerk nach diesem Prinzip in Deutschland wurde 1993 in Schkölen, Landkreis Eisenberg/Thüringen, in Betrieb genommen. Es versorgt den größten Teil der Kleinstadt (1600 Einwohner) mit Fernwärme. Betreiber der Anlage ist die Strohheizwerk Schkölen GmbH. Die Anlage hat eine thermische Leistung von 3,15 MW. Der Regelungsbereich der Anlage liegt zwischen 25 und 100 % Nennleistung. Bei Vollast werden etwa 900 kg Stroh pro Stunde benötigt. Als Brennstoff

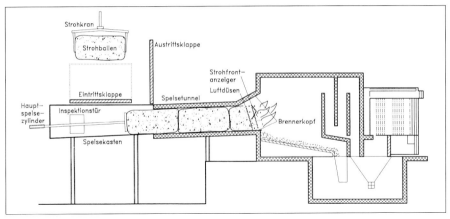

Abb. 7-28: Feuerung für Stroh nach dem Zigarrenbrenner-Prinzip

wird vornehmlich Stroh in Großballenform eingesetzt. Die Großballen haben eine Breite von 1,2 m, eine Höhe von 1,3 m und eine Länge von 2,4 m. Das Strohlager ist eine Halle mit einer Lagerkapazität von etwa 120 t, was einem Brennstoffbedarf von 5 Tagen bei Spitzenwärmebedarf entspricht. Die zunächst durchgeführte Feldrandlagerung hat sich wegen Qualitätsverlusten nicht bewährt.

Der Regelbrennstoff ist Stroh. Verdichtet mit einer sog. Heston-Presse ergeben sich Ballen mit einer Rohdichte von 130 bis 150 kg/m^3 und einer Feuchte zwischen etwa 10 und 15 %. Bei der Pressung von Getreideganzpflanzen steigt die Rohdichte auf Werte bis 220 kg/m^3 an. Der Brennstoff wird der Feuerung über einen hydraulischen Vorschubschacht automatisch zugeführt. Um einen Rückbrand zu vermeiden, müssen Höhe und Breite der Ballen den vorgeschriebenen Abmaßen entsprechen. Für den Fall eines Rückbrandes ist eine automatische Feuerlöscheinrichtung vorhanden.

Die heißen Rauchgase werden durch einen dreizügigen Wärmetauscher geleitet. Es wird ein Heißdampf mit 67 bar und 430 °C erzeugt. Die Entstaubung erfolgt zunächst über einen Zyklon und dann über einen Gewebefilter. Die Rost- und die Zyklonasche fallen in einen unter der Feuerung befindlichen Aschebunker.

Sowohl die Luftzufuhr als auch die Brennstoffzufuhr lassen sich regeln. Auch eine frequenzgesteuerte Rauchgasrezirkulation ist installiert. Damit kann die Leistung zwischen 25 und 100 % Nennlast gefahren werden. Der Betrieb auch im Teillastbereich ermöglicht es bei richtiger Dimensionierung der Anlage auf einen Wärmespeicher zu verzichten.

Brennversuche mit Stroh und anderen Biomassen zeigten einen verglichen mit Holzfeuerungen nur mäßig befriedigenden Ausbrand. Auch bei dieser Feuerung ist eine gute Einstellung der Anlage und eine einheitliche Brennstoffqualität unabdingbar.

8 Vergasungstechnologien für Holz

Die gebräuchliche Form der energetischen Verwertung von Holz und Holzabfällen ist die Verbrennung. Hierbei werden die organischen Holzbestandteile in Gegenwart eines Überschusses von Luft zu Kohlendioxid und Wasser oxidiert und die freigesetzte Energie als Wärme- oder Prozeßenergie genutzt. Wenn mechanische oder elektrische Energie benötigt werden, sind außer der Feuerungsanlage weitere technische Aggregate wie Dampfmaschine oder Dampfturbine erforderlich. Der Weg der sogenannten Kraft-Wärme-Kopplung ist daher recht umständlich, insbesondere bei kleineren Feuerungsanlagen.

Eine elegantere Lösung wäre die Umwandlung des Holzes in einen gasförmigen oder flüssigen Brennstoff, welcher zum direkten Betrieb einer Verbrennungskraftmaschine geeignet ist. Der erreichbare Wirkungsgrad wäre bei einer solchen direkten Lösung deutlich höher als bei einem Dampfkraftprozeß. Auch ständen hier für kleinere Anlagengrößen geeignete Gasmotoren gekoppelt mit einem Stromgenerator zur Verfügung. Lösungsansätze für Holz und andere Biomassen hierfür sind die Vergasung mit Luftunterschuß, die allotherme Vergasung, die Thermolyse und die reduktive Verflüssigung mit Wasserstoff (Tabelle 8-1).

Technisch weit entwickelt ist die Vergasung des Holzes mit Luft zu einem niederkalorischen Gas, welches als Brenngas oder zum Betrieb von Gasmotoren eingesetzt werden kann. Die Vergasung des Holzes mit reinem Sauerstoff führt zu einem höherwertigen Gas, ist aber wegen der zuvor notwendigen Abtrennung des Sauerstoffs aus der Luft unter wirtschaftlichen Gesichtspunkten nicht praktikabel. Eine spezielle Form der thermischen Umsetzung ist die allotherme Vergasung. Hierbei werden dem Vergasungsreaktor zusätzlich Wasserdampf und Wärme zugeführt. Es entsteht ein mittelkalorisches Gas. Die Verflüssigung mit Wasserstoff ist Gegenstand von Forschung und Entwicklung. Einsetzbare Lösungen sind bis heute nicht erkennbar. Die Thermolyse wird zur Erzeugung von Holzkohle eingesetzt, die dabei gebildeten Brenngase werden prozeßintern verwertet.

Tabelle 8-1: Thermische Verwertungsverfahren für Holz und Biomassen

Verfahren	Luftzahl λ	Hauptprodukt
Verbrennung	> 1	Heißes Abgas zur energetischen Nutzung; motorische Nutzung über Dampf
Vergasung	0,2 – 0,5	Schwachgas zur energetischen oder motorischen Nutzung
allotherme Vergasung [1]	< 0,2	Mittelgas zur energetischen oder motorischen Nutzung, Synthesegas
Thermolyse/Pyrolyse	< 0,2	Holzkohle, Teer, andere org. Stoffe für diverse Nutzungen
Verflüssigung [2]	0	Organisches Öl/Gas für Synthese und energetische und motorische Nutzung

[1] Zugabe von Wasser und Wärme
[2] Zugabe von Wasserstoff

8.1 Grundlagen der Holzvergasung

Die ersten Versuche zur Vergasung organischen Materials und Erzeugung eines Brenngases gehen bis in das 17. Jahrhundert zurück. Dieses sogenannte Generatorgas wurde durch die Vergasung von Kohle erzeugt und für Beleuchtungs-, Koch- und Heizzwecke eingesetzt. Ende des 18. Jahrhunderts wurden auch erste Versuche unternommen, Holz zu vergasen. Anfang des 20. Jahrhunderts starteten Versuche, Holzvergaser zum Fahrzeugantrieb einzusetzen. Geeignete Reaktoren wurden in den dreißiger und vierziger Jahren zur Serienreife entwickelt. Diese Forschungs- und Entwicklungsarbeiten wurden maßgeblich geprägt vom Franzosen George Imbert, dessen Name auf einen später noch vorzustellenden Holzvergaser übertragen wurde. Als Brennstoffe in diesen Vergasern wurden Anthrazitkohle, Holzkohle und Hartholz genutzt.

Waren in den dreißiger Jahren noch die Autarkie-Bestrebungen der europäischen Staaten die Triebkraft, Holzgas zu erzeugen, löste der Brennstoffmangel während des Zweiten Weltkrieges und der Nachkriegszeit die nächste große Entwicklungsstufe aus. In den siebziger Jahren setzte infolge der Ölkrise ein weiterer Entwicklungsschub ein. Während dieser Zeit wurden vornehmlich Anlagen entwickelt, mit denen im großen Stil Holzgas erzeugt werden konnte. Der danach wieder einsetzende Preisverfall von Öl und Erdgas beendete diese Bestrebungen. In den achtziger Jahren wurden vornehmlich Generatoranlagen mit Imbert-Vergasern zur Stromerzeugung in Entwicklungsländern projektiert. Umweltgesichtspunkte spielten bei diesen Anlagen nur eine untergeordnete Rolle. Die CO_2-Problematik, hohe Entsorgungskosten für Rest- und Gebrauchtholz und die Anreize des Stromeinspeisungsgesetzes haben seit einigen Jahren vor allem für die Holzwirtschaft diese Technik wieder interessant gemacht. Auch ist die Vergasung ein Prozeß, der eine vollständige Oxidation fördert, was die Voraussetzung für eine schadstoffarme Verbrennung ist.

Um den Vergasungsprozeß zu verstehen, muß das ganze System betrachtet werden. Abbildung 8-1 stellt den Vergasungsprozeß für Holz und Biomassen schematisch dar. Das Vergasungssystem umfaßt die Brennstoffaufbereitung, den Gasgenerator, die Gasaufbereitungsanlage für das Rohgas

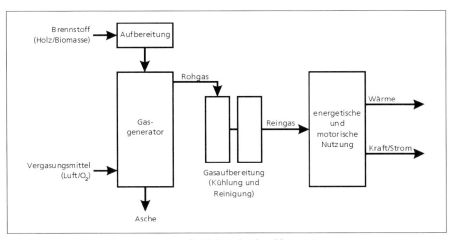

Abb. 8-1: Schema eines Vergasungssystems für Holz und andere Biomassen

und die Umwandlungseinheit für das Reingas. Mit einem Gaskessel als Umwandlungseinheit wird lediglich Wärme erzeugt. Mit einem Verbrennungsmotor oder einer Gasturbine lassen sich mechanische oder elektrische Energie gewinnen. Hierbei fällt aber unvermeidlich auch Wärmeenergie an. Bei einem Vergasungssystem mit motorischer Nutzung bzw. Stromerzeugung ist daher zwischen dem Gesamtwirkungsgrad und dem mechanischen oder elektrischen Wirkungsgrad zu unterscheiden. Der mechanische oder elektrische Wirkungsgrad liegt derzeit zwischen etwa 20 und 30 % des Gesamtwirkungsgrads.

Der Vergasungsprozeß von Holz und anderen pflanzlichen Biomassen unter Zugabe von Luft als Oxidationsmittel läuft in vier Schritten ab, die dabei ablaufenden Reaktionen sind in Tabelle 8-2 zusammengestellt.

Tabelle 8-2: Verschiedene bei der Holzvergasung ablaufende chemische Reaktionen

Pyrolyse (endotherm/exotherm):

Holzpolymere → gasförmige und flüssige Pyrolyseprodukte

Oxidation (exotherm):

$C + O_2 \rightarrow CO_2$

$C_xH_y + (x + \frac{1}{4} y) O_2 \rightarrow x CO_2 + \frac{1}{2} y H_2O$

Boudouard-Reaktion (endotherm):

$C + CO_2 \rightarrow 2 CO$

Wassergas-Reaktion (endotherm):

$C + H_2O \rightarrow CO + H_2$

$C_xH_y + x H_2O \rightarrow x CO + (x + \frac{1}{2} y) H_2$

exotherm: energieliefernd ; endotherm: energieverbrauchend

Verfahrensabhängig und bauartbedingt bilden sich im Vergasungsreaktor entsprechende Trocknungs-, Pyrolyse-, Oxidations- und Reduktionszonen aus. Diese unterscheiden sich zunächst durch die Temperatur. In der Trocknungszone beträgt die Temperatur maximal 200 °C. Die Pyrolyse des Holzes erfolgt zwischen etwa 200 und 700 °C in der entsprechend benannten Zone. Hier entstehen vor allem die Kohlenwasserstoffe. In der Oxidationszone, in der ein Teil der Kohlenwasserstoffe zu Kohlendioxid und Wasser oxidiert wird, werden mit Werten bis 2 000 °C die höchsten Temperaturen des Systems erreicht. Die verbliebene Holzkohle, auch Koks genannt, reduziert das Kohlendioxid und das Wasser wieder zu den brennbaren Gasen Kohlenmonoxid und Wasserstoff. Aufgabe des Konstrukteurs ist es, einen Generator zu entwickeln, in dem diese Reaktionen gleichmäßig und vollständig ablaufen sowie ein Rohgas konstanter Zusammensetzung entsteht. Die Verweildauer der Gase in den einzelnen Zonen und die Temperaturverteilung sind abhängig vom Verfahren und den Betriebsbedingungen. Das bei der Vergasung von lufttrockenem Holz gebildete Generatorgas hat einen Heizwert um 4 bis 6 MJ/m^3 und liegt damit deutlich unter dem Heizwert von Erdgas, welcher etwa 34 MJ/m^3 beträgt.

Die durchschnittliche Zusammensetzung des trockenen Gases bei Umsetzung mit Luft ist in Tabelle 8-3 wiedergegeben. Energetisch wirksame Bestandteile sind das Kohlenmonoxid, der Wasserstoff, das Methan und geringe Anteile anderer Kohlenwasserstoffe. Stickstoff, der in Luft zu 78 Vol.-% enthalten ist, macht etwa 45 bis 50 Vol.-% des Holzgases aus. Als Inertgas trägt er nicht zum Energiegehalt bei.

Tabelle 8-3: Durchschnittliche Zusammensetzung von Holzgas ohne Teer- und Partikelbestandteile

Bestandteile		Gehalt
Brennbare Bestandteile		
Kohlenmonoxid	CO	10 – 15 Vol.-%
Wasserstoff	H_2	15 – 20 Vol.-%
Methan	CH_4	3 – 5 Vol.-%
andere Kohlenwasserstoffe		< 1 Vol.-%
nicht brennbare Bestandteile		
Kohlendioxid	CO_2	10 – 15 Vol.-%
Stickstoff	N_2	45 – 50 Vol.-%
Heizwert		
– des Schwachgases:		4 – 6 MJ/m^3
– von Erdgas (Vergleich)		ca. 34 MJ/m^3

Um ein höherenergetisches Gas mit etwa doppelt so hohem Heizwert zu erhalten, muß die Vergasung des Holzes statt mit Luft mit reinem Sauerstoff erfolgen. Das erzeugte Rohgas enthält außer den oben genannten Stoffen noch gas- und partikelförmige Verunreinigungen, welche bei motorischer Nutzung entfernt werden müssen. Hierauf wird später noch näher eingegangen.

Die genaue Zusammensetzung des Generatorgases ist abhängig vom Reaktortyp, den Betriebsbedingungen, dem Brennstoff und der Brennstofffeuchte sowie der Vergasungstemperatur. Abbildung 8-2 zeigt als Beispiel die Temperaturabhängigkeit der Vergasungsprodukte, Abbildung 8-3 die Feuchteabhängigkeit. Aus Abbildung 8-2 wird deutlich, daß für eine befriedigende Reduktion des Wasserdampfes bzw. des Kohlendioxids durch die Holzkohle zu den Brenngasen Kohlenmonoxid und Wasserstoff eine Temperatur von mindestens 800 °C vorliegen muß. Gleichzeitig nimmt die Umsetzung des Kohlenstoffs mit Wasserstoff zu Methan stark ab. Bezüglich des Einflusses der Holzfeuchte zeigt Abbildung 8-3, daß mit steigendem Feuchtegehalt der Kohlendioxidgehalt zunimmt, der Kohlenmonoxidgehalt abnimmt. Da bis zu einer Feuchte von fast 40 % allerdings auch der Gehalt des Holzgases an energiereichem Wasserstoff zunimmt, ergibt sich unter dem Gesichtspunkt des Gesamtenergiegehalts ein Optimum bei einer Holzfeuchte zwischen 15 und 20 %. Feuchtigkeitsgehalte unter 15 % sind unerwünscht, da für die Wassergasreaktion (siehe Tabelle 8-2) ein Minimum an Wasser erforderlich ist.

Ein weiterer Einflußfaktor für die Zusammensetzung des Gases ist die Luftzahl (siehe Abschnitt 4.2.2). Abbildung 8-4 verdeutlicht, daß bei einem Wert von 0,25 bis 0,30 das Kohlenmonoxid ein Maximum und das Kohlendioxid ein Minimum durchlaufen. Niedrigere Luftzahlen erhöhen den

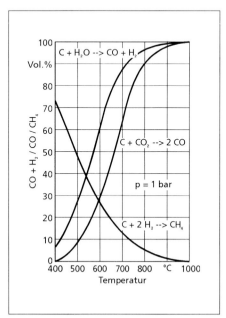

Abb. 8-2: Zusammensetzung von Generatorgas in Abhängigkeit von der Vergasungstemperatur

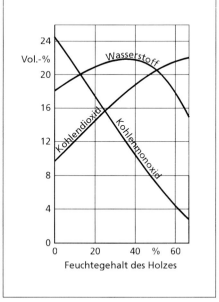

Abb. 8-3: Zusammensetzung von Generatorgas in Abhängigkeit vom Feuchtegehalt des Holzes

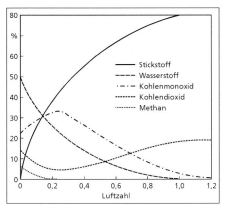

Abb. 8-4: Gaszusammensetzung als Funktion der Luftzahl

bettvergaser aus. Die Festbettverfahren werden nach Gasfluß in Gleich- und Gegenstromvergaser eingeteilt. Man unterscheidet außerdem zwischen ein- und mehrstufiger Prozeßführung. Bei einstufiger Vergasung sind die verschiedenen Reaktionszonen in einem Reaktor untergebracht, bei mehrstufiger Vergasung erfolgt eine räumliche Trennung der Vergasungsschritte in verschiedene Anlagenelemente. Auch eine Kombination aus auf- und absteigender Vergasung (Doppelfeuervergasung) ist möglich.

Für Festbettvergaser gibt es verschiedene technologische Lösungen, die aber hinsichtlich ihrer Baugröße begrenzt sind. Sie stellen dabei z. T. hohe Anforderungen an die Brennstoffqualität und weisen einen ungünstigen Stoff- und Wärmetransport auf. Diese Probleme bestehen bei Fließbettvergasern nicht. Bei diesen Anlagen bildet sich in einer Wirbelschicht ein fluidisierendes Brennstoffbett aus, bei dem oftmals externes Inertmaterial (Sand, Salze, Katalysatormassen) untergemischt wird. Die Wirbelschichtvergasung erfolgt stationär oder zirkulierend. Die Prinzipien der Fließbettvergasung sind in Abbildung 8-6 dargestellt. Der Verfahrensablauf der Fließbettvergaser läßt selbstverständlich keine

Gehalt des Produktgases an Wasserstoff und Methan. Bei Werten über 0,3 nimmt die Qualität des Gases für eine motorische Nutzung ab, Werte über 0,5 sind für eine Vergasungstechnologie ungeeignet.

Die Reaktoren der Vergasung, die sogenannten Holzgasgeneratoren, werden nach ihrer Prozeßführung klassifiziert in Fest- und Fließbettvergaser (Abbildung 8-5). Ein stabiles Glutbett, das langsam durch nachrutschenden Brennstoff oder durch Nachförderung versorgt wird, zeichnet den Fest-

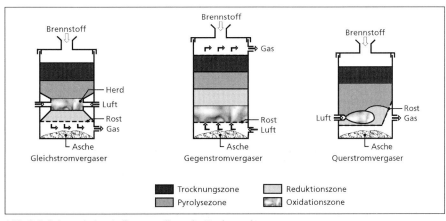

Abb. 8-5: Schematischer Aufbau grundlegender Festbettreaktortypen

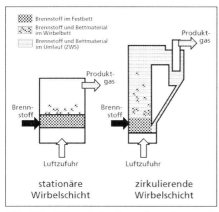

Abb. 8-6: Schematische Darstellung der grundlegenden Fließbettvergasertypen

räumliche Zuordnung in die verschiedenen Zonen des Vergasungsprozeßes zu, obgleich im System grundsätzlich die gleichen Reaktionen ablaufen wie in einem Festbettvergaser. Der wesentliche Nachteil der Fließbettvergaser ist, daß sie sich wegen des hohen technischen Aufwandes erst ab einer Größe zwischen 5 und 10 MW rechnen. Der Vorteil der Vergasungstechnik wird vielfach aber in kleinen, dezentralen Einheiten gesehen, welche sowohl Heizwärme als auch Strom liefern. Zu berücksichtigen ist allerdings, daß die Anlagekosten nicht proportional mit der Anlagegröße steigen und ab einer gewissen Größe auch höherwertige Technologien wie Vergasung unter Druck oder mit Sauerstoff realisierbar werden. Auf eine weitere Variante der Fließbettvergasung, das Flugstromverfahren, wird nicht weiter eingegangen, da hierzu keine Erfahrungen mit Holz bekannt sind.

Wesentliche Beurteilungskriterien für die Leistung eines Vergasers sind der Brennstoffverbrauch, der Wirkungsgrad, die Rohgasqualität, die Prozeßkontinuität, der Hilfsenergie- und Hilfsstoffbedarf sowie die Nebenprodukte des Vergasungsprozesses. Wichtig sind unter wirtschaftlichen Gesichtspunkten vor allem der störungsfreie Dauerbetrieb mit möglichst konstanter Gaszusammensetzung, geringen Verunreinigungen im Rohgas und niedrigen Mengen an Kondensat und Asche. Je nach Vergasertyp werden die genannten Kriterien nur in Teilen erfüllt. Probleme bereiten insbesondere die Einhaltung einer gleichmäßigen Gaszusammensetzung bei geringem Gehalt an partikel- und teerförmigen Verunreinigungen. Das Problem ist um so gravierender, da es keine speziellen Gasmotoren oder -turbinen für Holzgas gibt, entsprechende Aggregate aus anderen Anwendungsbereichen aber auf Grund ihres hohen Entwicklungs- und Qualitätsstandards besonders empfindlich auf Gasverunreinigungen reagieren. Bei den Anlagekonzepten besteht daher in der Regel noch ein erheblicher Anpassungsbedarf.

8.2 Verwertungsmöglichkeiten von Holzgas

Das entstehende Holzgas kann zum einen thermisch zur Feuerung eines Kessels oder zum anderen mechanisch zur Erzeugung von Strom oder zum direkten Antrieb anderer Aggregate verwendet werden. Weitere Verwertungsmöglichkeiten, auf die hier nicht näher eingegangen werden soll, sind die Nutzung als Synthesegas bei der Methanolherstellung und die direkte Umsetzung zu elektrischem Strom in Brennstoffzellen. Gerade letzter Verwertungsweg dürfte mit dem Fortschritt der Brennstoffzellentechnik an Bedeutung gewinnen.

Das grundsätzliche Problem der Holzvergasung ist die Zusammensetzung des Rohgases. Das bei den unterschiedlichen Verfahren entstehende Rohgas weist eine mehr oder weniger starke Belastung mit Störstoffen auf. Hierbei handelt es sich vor allem um anorganische Staubpartikel (Holzasche) und organische Substanzen (Teere, Phenole, Carbonsäuren). Weiterhin muß auch der Kondensat- und Ascheanfall berücksichtigt werden. Die Anforderungen an die Rohgaszusammensetzung sind bei thermischer Verwertung am geringsten. Anorganische und organische Verunreinigungen stören wenig und werden durch den Verbrennungsprozeß zerstört oder als Asche aus dem Abgas abgeschieden. Wegen des relativ hohen Aufwandes der Vergasungstechnik dürfte es in der Regel günstiger sein, Holz und Holzabfälle bei dieser Art der energetischen Nutzung direkt zu verbrennen.

Die motorische Nutzung verlangt ein nur geringfügig verunreinigtes Rohgas und damit aufwendige Maßnahmen der Gasaufbereitung. Um den Motorwirkungsgrad nicht zu verschlechtern, sollte das Brenngas keine wesentlich höheren Temperaturen als die Ansaugluft aufweisen, denn bei hohen Gastemperaturen nimmt die Dichte des Gases ab. Dadurch wird die Zylinderfüllung gegenüber der theoretisch möglichen Füllungsmenge verschlechtert, was zur Leistungseinbuße führt. Das heiße Rohgas muß also von der Vergaseraustrittstemperatur von etwa 500 bis 900 °C (je nach Verfahren) auf eine Temperatur von unter 50 °C abgekühlt werden. Dabei fallen erhebliche Mengen von mit Teer oder Phenol belastetem Kondensat an, das nur nach Aufbereitung in die Kanalisation abgegeben werden kann.

Je nach Vergasungsprozeß und Brennstofffeuchte sind dies pro kg vergastes Holz (ergibt etwa 1 kWh Strom) 0,2 bis 0,4 kg belastetes Abwasser. Die Kondensatentsorgung mit ihren technischen und wirtschaftlichen Auswirkungen hat sich daher in jüngerer Zeit zu einem Kardinalproblem der Biomassevergasung entwickelt. Wenn es gelingt, Verfahren zur Minimierung des Kondensats sowie zur Rückführung in den Vergasungsprozeß erfolgreich anzuwenden, wäre ein wichtiges Hemmnis auf dem Weg in die Vergasungstechnologie beseitigt.

Die Kühlung des Rohgases erfolgt über Wärmetauscher (in der Regel Röhrenwärmetauscher) oder über einen Quench (Eindüsen von kaltem Wasser). Bei der Anwendung eines Quench wird eine zusätzliche Partikelreinigung durch das Waschwasser erzielt.

Die Gasreinigung sieht in den meisten Fällen eine Grobentstaubung in Zyklonen oder Prallblechreinigern des direkt aus dem Generator austretenden heißen Rohgases vor. Anschließend wird das Gas einer Kühlung zugeführt. Um die erforderliche Gasqualität zu erreichen, können sowohl Naß- als auch Trockenreinigungsverfahren eingesetzt werden. Grundsätzlich ist eine beliebig feine Gasreinigung technisch möglich, jedoch muß diese wirtschaftlich tragbar sein und umweltverträglich gestaltet werden. Problem der Feststoffilter ist, daß sie schnell mit Teer verstopfen, so daß in den meisten Fällen eine Gaswäsche durchgeführt wird. Aber auch hier führt Teer bei einem Gehalt von über 3 bis 5 % zum Verkleben von Pumpen und Armaturen. Vorteilhaft an den Naßreinigungsverfahren ist, daß sich Kondensat und darin enthaltene Stoffe gut in Wasser lösen und deshalb nicht korrosiv im Motor wirken. Ebenso wird die Belastung des Motoröls verringert. Für einen reibungslosen Reinigungskreislauf ist eine große Waschwassermenge notwendig. Das Waschwasser muß neutralisiert, gefiltert und aufbereitet werden. Durch Partikel, die im Waschwasser ausgeschieden werden, entstehen bei der Filtration (zum Beispiel durch Schwermetalle) belastete Schlämme, die als Sonderabfall zu entsorgen sind.

Die Anforderungen für die motorische Nutzung sind in Tabelle 8-4 aufgeführt. Der für einen störungsfreien Motorbetrieb maximale Gehalt an Partikeln bzw. Teer sollte 50 und 100 mg/m^3 nicht überschreiten, günstig ist jedoch die Einhaltung der Zielwerte von 5 und 50 mg/m^3. Partikel und Teerkonzentration bestimmen den Grad des Motorverschleißes und somit die Anzahl der Wartungsintervalle sowie den Wartungsaufwand.

Bei großen Vergasungsanlagen (> 10 MW$_{th}$) kann das Gas auch in Gasturbinen genutzt

Tabelle 8-4: Gasqualität von Rohgasen der Vergasungstechnik und Anforderungen bei motorischer Nutzung

	Rohgaswerte in mg/m³				Anforderungen
	Gleichstrom	Gegenstrom	WS	ZWS	
Partikel	20 - 8 000 (1 000)	100 - 3 000 (1 000)	>> 1 000 (4 000)	>> 8 000 (20 000)	< 50 mg/m³ [1] < 5 mg/m³ [2]
Teer	10 - 6 000 (500)	> 10 000 (50 000)	>>1 000 (12 000)	>>1 000 (8 000)	< 100 mg/m³ [1] < 50 mg/m³ [2]

[1] mindestens
[2] wenn möglich
WS: Wirbelschicht,
ZWS: Zirkulierende Wirbelschicht
Quelle: Stassen 1993 nach Nussbaumer et al. 1997

werden. Im Gegensatz zur verbrennungsmotorischen Anwendung braucht das Schwachgas nur wenig oder gar nicht abgekühlt werden. Bedingt durch Temperaturen oberhalb des Taupunktes fällt wie bei der Verbrennung kein Kondensat an, so daß eine trockene Gasreinigung möglich wird. Die Abkühlung des Rohgases erfolgt auf etwa 600 °C. Bei dieser Temperatur werden die gasförmigen Alkalibestandteile ausgeschieden, welche der Turbine besonders schaden können. Das Spektrum des zulässigen Partikelgehaltes beträgt - abhängig von der Turbinenkonstruktion und den Betriebsbedingungen – bis 120 mg/m³. Über den zulässigen Teergehalt liegen bisher keine gesicherten Angaben vor, doch kann angenommen werden, daß aufgrund höherer Rohgastemperaturen auch ein höherer Teergehalt möglich ist. Bisher wurden zur Reinigung heißer Gase Keramikfilter eingesetzt. Diese werden bündelweise zu Keramikkerzen zusammengefaßt und bilden eine Reinigungseinheit. Ob Keramikfilter eine technisch dauerhafte und kostenmäßig befriedigende Gasreinigung zulassen, wird sich erst in Zukunft zeigen.

8.3 Vergasung mit Festbettreaktoren

In diesem Abschnitt wie auch im folgenden werden verschiedene Vergasungssysteme beispielhaft vorgestellt. Darüber hinaus gibt es zahlreiche Varianten dieser Systeme bzw. weitere Vergasungstechnologien, auf die nicht näher eingegangen wird. Die Beispiele wurden ausgewählt, weil sie nach Ansicht der Autoren eine besondere Bedeutung unter historischen Gesichtspunkten erlangt haben oder Ansätze für zukunftsweisende Verfahren beinhalten. Damit soll keineswegs ausgeschlossen werden, daß nicht oder nur namentlich aufgeführte Verfahren keine Bedeutung haben. Bei vielen Verfahren handelt es sich um Versuchsprojekte. Obgleich derzeit nicht zu beurteilen ist, ob und welche Verfahren eine Zukunft haben, sollen die folgenden Darstellungen auf die Faszination der Vergasungstechnik und die vielfältigen Aktivitäten auf diesem Gebiet hinweisen.

8.3.1 Gleichstromvergaser

Der wohl am häufigsten gebaute Vergasertyp ist der Gleichstromvergaser mit absteigender Vergasung. Im oberen Teil des Vergasers bildet sich die Trocknungs- und Pyrolysezone aus, darunter die Oxidations- und Reduktionszone (Abbildung 8-5 links). Die Pyrolysegase werden durch den Rost nach unten über den Reaktorboden abgezogen. Die Oxidationszone stellt die nötige Reaktionswärme für Pyrolyse und Reduktionszone zur Verfügung. Die Schwelprodukte der Pyrolyse müssen bei diesem Verfahren die heiße Oxidationszone durchlaufen, so daß auch höhermolekulare Teerbestandteile sicher aufgespalten werden. Die hohen Temperaturen von 800 bis 1.300 °C im Herdbereich führen jedoch zu erheblichen Materialproblemen. In der anschließenden Reduktionszone entsteht ein Generatorgas, welches bei optimaler Prozeßführung nahezu teerfrei ist. Damit wird die Grundvoraussetzung für eine motorische Nutzung erfüllt. Die meisten Verfahren arbeiten deswegen nach dem geschilderten Prinzip. Um teerarmes Gas zu erzeugen, muß das Glutbett im Herd des Vergasers gleichmäßig ausgeprägt sein. Ein Up-scaling eines Vergasers ist wegen Einhaltung einer homogenen Temperaturverteilung in der Oxidationszone und der Stabilität des Reaktorbettes nur bedingt möglich. Den Vorteilen durch die Umwandlung unerwünschter Brennstoffanteile wie Teer, Feuchtigkeit und Schwelprodukte sowie das Kracken hochsiedender Kohlenwasserstoffe und eine gute Reaktionsfähigkeit des Generators auf Laständerungen stehen Nachteile wie die hohe Herdtemperatur mit eventuellen Verschlacken der Asche entgegen.

Außerdem ist dieser Generatortyp empfindlich bezüglich der Brennstoffstückigkeit, so daß es bei zu geringer Körnung zum Hohlbrennen oder auch zu einem Druckabfall kommen kann. Feinstückige Holzteile oder mechanisch empfindliche Materialien wie Rinde lassen sich daher mit Reaktoren nach dem Gleichstromprinzip nicht vergasen. Damit scheiden auch die meisten anderen Biomassen als Brennstoffe aus. Ausnahme sind harte Biomasserückstände wie Pflaumen- oder Pfirsichkerne oder Kokusnußschalen.

Das System „Imbert" ist der Grundstein für viele Versuche, die Holzvergasung technisch zu verbessern. Dies liegt daran, daß das „Imbert"-System eine marktreife und tausendfach gebaute Anlage war. Den heutigen Anforderungen bezüglich der Kondensatentsorgung sowie der Bedienerfreundlichkeit genügt der ursprüngliche Imbert-Vergaser jedoch nicht mehr. Daher wurde von der Firma Imbert-Energiesysteme eine Weiterentwicklung des Vergasers vorgenommen. Der Imbert-Vergaser in einer der letzten Bauausführungen besteht aus einem doppelwandigen zylindrischen Behälter (Abbildung 8-7).

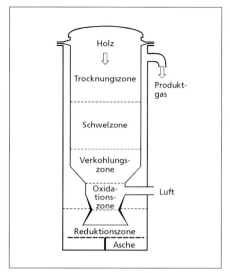

Abb. 8-7: Schematischer Aufbau eines Vergasers vom Typ „Imbert"

Dieser wird nach oben von einer Verschlußplatte abgeschlossen. Im unteren Bereich schnürt sich der Innenmantel kegelförmig ein. Dieser Bereich, in dem sich die Oxidationszone ausbildet, wird „Herd" genannt und ist mit einem ringförmigen System von Luftdüsen umgeben. Der Herdbereich ist thermisch hoch belastet, so daß das Düsensystem gekühlt werden muß. Unterhalb des Herdes schließt sich die Reduktionszone an, die nach unten durch einen Ascherost abgeschlossen wird. Das Generatorgas wird zwischen der Doppelwandung des Behälters nach oben geleitet und der Reinigung und Kühlung zugeführt. Auch wird der äußere Mantel dazu benutzt, die Vergasungsluft vorzuwärmen. Die Herdeinschnürung ist notwendig, um im Teillastbereich, bei der eine geringe Gasproduktion erfolgt, eine ausreichende Strömungsgeschwindigkeit sicher zu stellen.

Um die Vorteile des Imbert-Vergasers richtig nutzen zu können, ist es wichtig, daß sich ein homogenes Glutbett im Herd ausbildet. Der Vergaser benötigt daher Hartholzwürfel (zum Beispiel Buche) mit möglichst geringer Feuchte (maximal 25 %). Auch Preßlinge sind einsetzbar, können aber bei Zerfall zu Verstopfungen des Systems führen. Der größte derzeit angebotene Vergaser hat eine Gasleistung von 1.100 m^3/h, was einer mechanischen Leistung von 350 kW entspricht.

Eine Weiterentwicklung des Gleichstromvergasers ist der HTV-Juch-Vergaser, dessen Konzept in den Jahren 1985 bis 1988 entstand. Das Kürzel „HTV" steht für „Hochtemperaturvergasung". Hierbei handelt es sich um eine Art Zwitter aus Kegelrost- und Imbert-Vergaser (Abbildung 8-8). Zur Vermeidung der Brückenbildung dient dabei der Kegeldrehrost, durch dessen Einstellung der Brennstofffluß gesteuert werden kann. Die Luftzufuhr zur Oxidationszone erfolgte in der ersten Entwicklungsstufe über eine Lanze, die von oben in den Vergaser hineinragte. In der Oxidationszone werden Temperaturen bis zu 2.000 °C erzeugt. Daher ist dieser Bereich thermisch hoch belastet, was Materialprobleme im Bereich des Kegelrostes ergab. Der Vergaser wurde daher in mehreren Stufen weiterentwickelt.

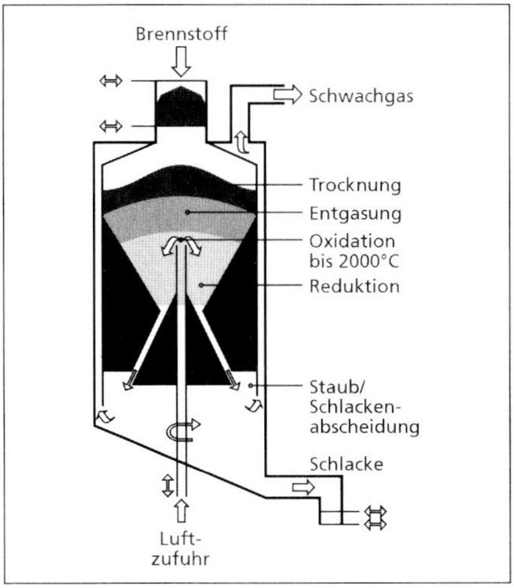

So wurde in Espenhain/Sachsen ein Anlagenkonzept zur energetischen Verwertung von Altholz umgesetzt. Kernstück der Anlage ist ein Vergaser mit 4 MW Leistung. Der inzwischen erreichte Vergaserwirkungsgrad mit fast 90 % kann für absteigende Gleichstromvergaser als sehr gut bezeichnet werden. Derzeit laufende Optimierungen betreffen vornehmlich die Gasreinigung, die einen Engpaß der Anlage darstellt. So ist ein längerer Betrieb bei etwa 2 MW Leistung möglich, d. h. mit halber Nennlast. Ein angeschlossener Gasmotor von 500 kW macht damit einen elektrischen Wirkungsgrad von rund 25 % möglich. Die Zukunft wird zeigen, ob das Konzept in Espenhain unter wirtschaftlichen und technischen Gesichtspunkten tragfähig ist.

Ein weiteres Anlagenkonzept nach dem Gleichstromprinzip ist der Wamsler-Thermo-Prozessor. Die Anlage ist in Abbildung 8-9 dargestellt. Es handelt sich um einen Gleichstromvergaser mit Kipprost und Nachvergasung in eine Wirbelschicht. Das Anlagenkonzept wurde in den 80er Jahren in der Kernforschungsanlage Jülich als Schwel-Brenn-Verfahren zur thermischen Entsorgung kontaminierter Abfälle entwickelt und

Abb. 8-8: Schematischer Aufbau des Vergasers vom Typ „HTV Juch"

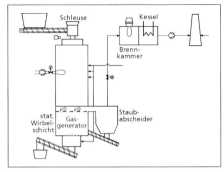

Abb. 8-9: Schematischer Aufbau des Vergasers nach dem „Wamsler"-Verfahren

später von der Firma Wamsler Umwelttechnik in München zur Praxisreife gebracht. Heute wird das Verfahren durch die Firma Hugo Petersen in Wiesbaden angeboten.

Der feinstückige Brennstoff (Kantenlänge < 60 mm) durchläuft im oberen Teil des Reaktors zunächst eine Puffer- und Trocknungszone und dann eine Entgasungszone, in der sich Holzkohle (Koks) bildet. Die Entgasung des Holzes erfolgt bei einer relativ hohen Temperatur (bis 800 °C). Die verbleibende Holzkohle gelangt über einen Kipprost in den Gasgenerator, wo das Material endgültig vergast wird. In diesem Anlagenteil werden auch die höhermolekularen Kohlenwasserstoffe („Teer") gekrackt. Das Holzgas wird dann in einen Staubabscheider gereinigt und danach einem Zyklonbrenner zugeführt. Der Vergasungsprozeß in der Schwelkammer läßt sich durch Abgasrückführung auf einem niedrigen Temperaturniveau halten.

Das Verfahren wurde zunächst in einer betriebseigenen Versuchsanlage mit 600 kW eingehend getestet. Der Thermoreaktor wird seit Mitte der 90er Jahre auch industriell eingesetzt. Eine Anlage mit einer Wärmeleistung von 1,5 MW befindet sich in einem Möbelwerk und weist inzwischen rund 40.000 Betriebsstunden auf. Als Brennstoffe werden Holz- und Spanplattenreste eingesetzt. Eine weitere Anlage mit 0,6 MW nutzt Verpackungsreste aus Holz und soll ebenfalls störungsfrei laufen. In beiden Anlagen wird das erzeugte Holzgas zur Wärmeerzeugung eingesetzt. Trotz aufwendiger Entwicklungsarbeiten gelang es augenscheinlich nicht, eine Holzgaszusammensetzung zu erreichen, die auch für die motorische Nutzung geeignet ist. Ein Up-Scaling der Anlage in einem Bereich > 2 MW war bisher nicht erfolgreich.

Das sog. Easymod-Verfahren benutzt ebenfalls ein mechanisches System, um den Brennstoff von unten dem Vergaser zuzuführen und das entstehende Gas nach oben abzuleiten. Das Verfahren läuft in mehreren getrennten Schritten ab und ist daher relativ komplex (Abbildung 8-10). Prinzipiell handelt es sich um ein dreistufiges Vergasungssystem. In einem Unterschubreaktor wird zunächst bei Temperaturen zwischen etwa 700 und 900 °C ein Rohgas erzeugt. Die Umsetzung erfolgt bei sehr niedrigem Lambdawert (< 0,15) unter Zugabe von Wasserdampf. Die im Rohgas enthaltenen höhermolekularen Kohlenwasserstoffe werden in einen Gasreformer bei etwa 950 °C

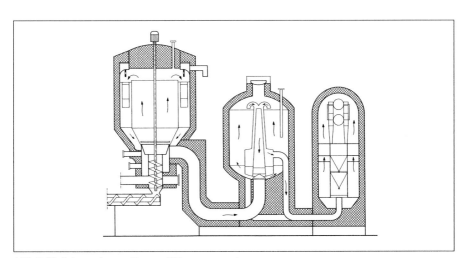

Abb. 8-10: Schema des sog. Easymod-Vergasungssystems

zerstört. An dieser Stelle wird Wasserdampf und z. T. auch Sekundärluft zugesetzt. Die letzte Stufe des Systems bildet ein Reduktionsreaktor, in den ein Lufterhitzer integriert ist und der die Gasqualität sichert. Eine Weiterentwicklung ist der Betrieb im Überdruckbereich unter Zugabe von Wasserdampf. Damit soll die Qualität des Produktgases erhöht und stabilisiert werden. Der Vergasungsvorgang wird nicht vollständig durchgeführt. Die Anlage liefert daher außer Produktgas auch noch eine Aktivkohle.

Nach dem genannten Prinzip wurde eine Anlage in Boitzenburg/Mecklenburg-Vorpommern gebaut. Die Anlage ist auf eine Gesamtleistung von > 10 MW ausgelegt. Die elektrische Leistung des Generators soll bei 3,5 MW liegen. Der Anfall an Aktivkohle wird mit 3.000 Jahrestonnen veranschlagt.

8.3.2 Gegenstromvergaser

Im Gegenstromvergaser bewegt sich der Brennstoffstrom dem entgegen entstehenden Holzgas. Bei dem klassischen Gegenstromvergaser mit gravimetrischer Brennstoffbewegung stellt sich eine aufsteigende Vergasung ein. Die Anordnung der sich ausbildenden Reaktionszonen in einem Gegenstromvergaser sind in Abbildung 8-5 Mitte dargestellt. Der von oben eingefüllte Brennstoff durchläuft zunächst die Trocknungszone. Darunter liegen Pyrolyse-, Reduktions- und Oxidationszone. Die Vergasungsluft (ggf. mit Wasserdampf angereichert) wird der Oxidationszone durch den unten liegenden Rost, auf dem die Brennstoffsäule ruht, zugeführt. Das entstehende Generatorgas verläßt den Vergaser am Reaktorkopf. In der Oxidations- bzw. Verbrennungszone wird die für den Prozeß notwendige Temperatur erzeugt. Durch Zumischen von Wasserdampf kann die Temperatur in der Oxidationszone kontrolliert werden, da das Trocknungswasser aus der oben gelegenen Trocknungszone nicht in die Oxidationszone gelangt. Kohlendioxid und Wasserdampf aus der Verbrennung spalten sich in der Reduktionszone an der Holzkohle zu CO und H_2 auf.

Gegenstromvergaser erreichen einen hohen Vergaserwirkungsgrad, da die heißen Gase ihre Wärme an die darüberliegende Pyrolyse und Trocknungszone vor dem Verlassen des Reaktors abgeben. Nachteilig erweist sich, daß das Trocknungswasser mit dem Generatorgas entweicht und als Kondensat anfällt. Darüber hinaus weist das entstandene Generatorgas einen hohen Anteil schwerflüchtiger Pyrolyseprodukte (Teere) auf, die mit dem Gasstrom nach oben abgezogen werden. Durch das zum Generatorkopf hin fallende Temperaturniveau können diese Produkte nicht mehr aufgespalten werden. Die ausgedehnte Oxidationszone bietet zwar den Vorteil einer relativ großen Brennstoffunempfindlichkeit, hat jedoch den Nachteil, daß zum Anfahren große Mengen von Brennstoff nötig sind und dies eine entsprechende Zeit in Anspruch nimmt. Dadurch kommt die Vergasung nur langsam in Gang und weist eine schlechte Elastizität gegenüber Teillastzuständen auf. Mit Gegenstromvergasern lassen sich auch feinstückige Holzteile, Rinden und andere pflanzliche Biomassen umsetzen. Der Wassergehalt im Brennstoff kann bis 50 % betragen. Problematisch ist dabei jedoch vielfach das Zusetzen des Rostes mit Asche oder Schlacke, das einen starken Druckabfall im Vergaser verursacht.

Auf der Basis älterer Verfahren aus den 40er Jahren wurde 1972 von der Fa. Lambion das „System Schmaus" entwickelt. Der Vergaser (Abbildung 8-11) baut sich aus einem zylindrischen Grundkörper auf, der an seiner Innenseite eine 15 cm starke feuerfeste Ausmauerung besitzt und im unteren Bereich kegelförmig eingeschnürt ist. An dieser engsten Stelle befindet sich ein Drehrost, durch den die Vergasungsluft eingeleitet wird. Die Asche-

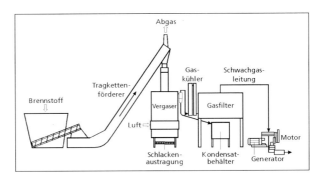

Abb. 8-11: Schematischer Aufbau der Vergasungsanlage Typ „Schmaus"

austragung unter dem Rost ist automatisiert. Der Vergaser arbeitet nach dem Gegenstromprinzip. Das Generatorgas wird am Generatorkopf abgezogen. Durch den vorherrschenden Unterdruck im Vergaser wird verhindert, daß Gas unkontrolliert über den ebenfalls am Kopf befindlichen Füllschacht entweicht. Der Brennstoff wird über ein Schneckensystem und einen Trogkettenförderer dem Füllschacht zugeführt. Als Generatorbrennstoff kommen sowohl stückiges Holz, Holzmehl sowie Rinde und Stroh mit einem Feuchtigkeitsgehalt von 20 bis 100 % zum Einsatz. Das Gas verläßt den Generator mit einer Temperatur von rund 400 °C und wird einem Zyklonabscheider zugeführt. Hier werden grober Staub und auskondensierte Teerpartikel abgeschieden. Im anschließenden Gaskühler wird das Rohgas auf eine Temperatur von 40 bis 60 °C heruntergekühlt. In einem Feststoffilter, bestehend aus einer Sägespanschüttung (Spangröße 10 bis 20 mm^2), wird das Gas trocken gereinigt, bevor es einem Generator zugeführt wird. Der mit Teer verschmutzte Sägespanfilter kann dem Generator wieder als Brennstoff zugeführt werden. Die Anlage erreichte bei Versuchen einen Wirkungsgrad von maximal 65 % und blieb daher deutlich unter den Erwartungen. Das anfallende Kondensat enthielt große Anteile von Essig und Ameisensäure sowie Phenol. Die erforderliche Vorreinigung der Abwässer verursachte erhebliche Zusatzkosten. Die Betriebserfahrungen mit dem Gasmotor waren ebenfalls ungünstig infolge hohem Partikel-, Teer- und Säuregehalt. Das Vergasungssystem ist über den Zustand einer Pilotanlage nicht hinausgekommen und wurde aufgrund der beschriebenen technischen Unzulänglichkeiten nicht mehr angeboten.

Seit 1993 ist eine 5-MW$_{th}$-Holzvergasungsanlage nach dem Gegenstromprinzip in Harbør (Dänemark) in Betrieb (Abbildung 8-12). Die Anlage basiert auf Vorarbeiten aus den achtziger Jahren, in denen die Firma Vølund und das Dänische Technologische Institut versuchten, einen Vergaser für Stroh zu entwickeln. Wegen technischer Probleme beim Einsatz von Stroh wurde das unter dem Namen „Kynby-Gasgenerator" bekannt gewordene Konzept auf Holz umgestellt. Die Gasqualität dürfte etwa bei dem für Gegenstromvergaser üblichen Wert liegen. Diese Anlage nutzt das entstehende Gas ebenfalls nur thermisch. Vergast wird mit Luft und Wasserdampf, wodurch der Heizwert des Gases gesteigert wird. Über die Kondensatproblematik sind keine Angaben gemacht. Für eine geplante motorische Nutzung ist eine Entstaubung mittels Keramikfilter vorgesehen. Als weitere Stufe wird ein katalytisches Verfahren zum Kracken des Teers entwickelt. Auch in Finnland und Schweden laufen Untersuchungen zur Weiterentwicklung der Gegenstromvergasung. So existieren allein in Finnland etwa 10 Gegenstromvergasungsanlagen mit Lei-

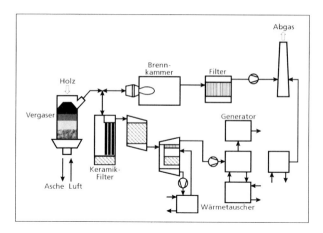

Abb. 8-12: Konzept der dänischen Holzvergasungsanlage

stungen bis 7 MW. Das Holzgas wird jedoch ausschließlich zur thermischen Nutzung eingesetzt.

8.3.3 Querstromvergaser und andere Vergasertypen

Querstromvergaser wurden in den 20er Jahren vornehmlich für Fahrzeugantriebe entwickelt. Ihre Vorteile liegen in der einfachen Bauart und den geringen Abmessungen (Abbildung 8-5 rechts). Durch eine kleine Feuerzone erreichen sie schnell ihre Betriebsbereitschaft und passen sich rasch den Lastwechseln an. Die entstandenen Gase verweilen äußerst kurz im Vergaser und verlassen den Generator direkt aus der Reduktionszone. Dadurch kann nur eine schlechte Spaltung der Schwelprodukte erreicht werden. Es empfiehlt sich aufgrund der mangelnden Teerspaltung bereits verschwelte Brennstoffe (Holzkohle, Schwelkoks) zu verwenden.

Die Festbettvergasung mit Luft im Querstrom wird derzeit von der VER GmbH Dresden als sogenanntes Luft-Querstrom-Vergasungsverfahren (LQV) weiterentwickelt. Ziel ist ein Anlagenkonzept im Leistungsbereich von 1 bis 15 MW_{th}. Seit 1994 wird in Freital/Sachsen eine Pilotanlage betrieben mit dem Ziel, Auslegungsdaten für die Projektierung und den Bau von Vergasungsanlagen zu ermitteln (Abbildung 8-13). Die Anlage ist nach BImSchG für etwa 100 Abfallarten genehmigt. Von 1994 bis 1997 war die Anlage etwa 2.000 h im Betrieb, wobei als Brennstoffe vornehmlich Restholz, getrockneter Klärschlamm und eine heizwertreiche Restmüllfraktion eingesetzt wurden. Mit dem Holz wurde ein Brenngas mit einem unteren Heizwert von 3,0 bis 4,3 MJ/m^3, mit dem Restmüll von 1,8 bis 2,2 MJ/m^3 erreicht. Das Gas ist für eine energetische Verwendung geeignet, eine motorische Nutzung dürfte nach derzeitigem Stand der Technik jedoch ausscheiden.

Am Institut für Umwelttechnologie und Umweltanalytik (IUTA) in Duisburg wird derzeit an einem Gleichstrom-/Gegenstromvergaser gearbeitet. Das Prinzip der Anlage ist in Abbildung 8-14 dargestellt. Hierbei wird das Prinzip der sogenannten Doppelfeuervergaser aufgegriffen, bei denen eine Gleichstromvergasung in einem Zwei-Zonen-Reaktor von oben einer Gegenstromvergasung von unten entgegenläuft. Das Rohgas wird mittig abgezogen. Der Vergaser nach dem IUTA-Prinzip setzten den Prozeß im oberen Teil des Reaktors

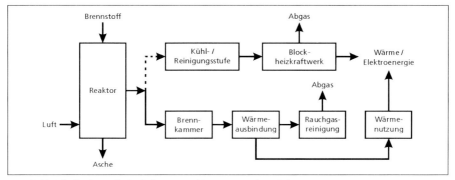

Abb. 8-13: Blockschema der Luft-Querstrom-Vergasungsanlage (LQV)

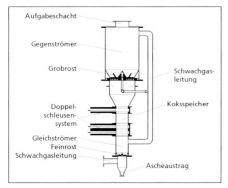

Abb. 8-14: Kombinierter Gleichstrom-/Gegenstromvergaser des Typs IUTA

an und führt beide Vergasungsprinzipien nicht gegeneinander, sondern in gleicher Richtung nach unten. Der Vergaser ist dabei im oberen Teil als Gegenstromvergaser ausgelegt. Es entsteht ein Schwachgas mit hohem Teer- und niedrigem Staubgehalt. Das Gas wird am Reaktorkopf abgezogen und durch eine Gasleitung zum am unteren Ende der Anlage befindlichen Gegenstromreaktor geführt. Hier dient die Holzkohle aus dem oberen Reaktor als Brennstoff und Reduktionsmittel. Das Schwachgas aus dem oberen Reaktor wird hier weiter gekrackt, gleichzeitig wird durch Zufuhr von Luft oder Sauerstoff der Vergasungsprozeß zu Ende geführt. Ein Koksschleusensystem verbindet beide Reaktoren und verhindert eine ungeregelte Beschickung des unteren Reaktors. Das System soll die Vorteile des Gegenstromvergasers (gutes UP-Scaling, hoher Wirkungsgrad, geringe Anforderungen an die Brennstoffqualität) mit denen des Gleichstromvergasers (hohe Gasqualität) vereinigen.

Einige Vergasungsverfahren lassen sich nicht direkt einem der oben beschriebenen Verfahren zuordnen. Durch Teilung einzelner Prozesse wird die Vergasung in mehreren Stufen ausgeführt. Der Einsatz zusätzlicher mechanischer Systeme erlaubt beispielsweise einen Brennstofftransport entgegen der Schwerkraft, so daß es Sonderformen wie aufsteigende Gleichstromvergasung oder Trommelverfahren gibt.

8.4 Vergasung mit Fließbettreaktoren

Die Verfahren zur Biomassevergasung in Fließbettvergasern beruhen auf Anlagen, die ursprünglich für den Einsatz von Kohle bestimmt waren. Für Fließbett- oder Wirbelschichtvergaser werden feinkörnige, teilweise mit Inertmaterial vermischte Brennstoffe mit einem engen Größenspektrum verwendet. Durch einen Anströmboden werden diese im Reaktor von unten mit dem Oxidationsmittel vermischt. Mit zunehmender Anströmgeschwindigkeit bildet sich eine stationäre Wirbelschicht aus (Abbildung 8-6 links). Durch die beim Verfahren auftretenden hohen Gasgeschwindigkeiten werden sowohl die Stoff- als auch Wärmeübergänge gefördert. Dadurch können innerhalb kürzester Zeiten große Mengen umgesetzt werden. Mit weiter zunehmender Gasgeschwindigkeit werden mehr und mehr Partikel mit dem Gasstrom mitgerissen. Diese werden über einen Zyklon in das Wirbelbett zurückgeführt. In diesem Fall spricht man von einer zirkulierenden Wirbelschicht (Abbildung 8-6 rechts).

Gegenüber Festbettvergasern eignen sich Wirbelschichtvergaser für den Bau von Anlagen mit großer Leistung. Dem Up-Scaling sind anders als bei Festbettvergasern praktisch keine Grenzen gesetzt. Da die Apparate unter Druck betrieben werden können, kann die eigentliche Anlagengröße entsprechend kompakt gehalten werden. Bei weiterer Steigerung der Gasgeschwindigkeit spricht man von sogenannten Transportreaktoren oder auch von Suspensionsstromreaktoren. Aufgrund der notwendigen Peripherie rechnen sich diese Anlagen erst im Bereich oberhalb von 5 bis 10 MW_{th}. Der Teergehalt ist bei Wirbelschichtvergasern höher als bei Gleichstromfestbettvergasern, liegt aber unterhalb der Werte des Gegenstromvergasers. Der Partikelgehalt ist aufgrund des verfahrensbedingten Stofftransportes gegenüber Festbettvergasern wesentlich höher und kann Werte bis 100.000 mg/Nm^3 erreichen. Für eine motorische Nutzung wie auch für eine Gasturbine ist eine Gasreinigung erforderlich.

Eine Anlage, die mit einem Holzvergaser mit zirkulierender Wirbelschicht arbeitet, ist die Demonstrationsanlage der Firma Sydkraft in Värnamo/Schweden. Abbildung 8-15 zeigt ein Fließbild der Anlage. Die Anlage erzeugt 6 MW elektrische Ener-

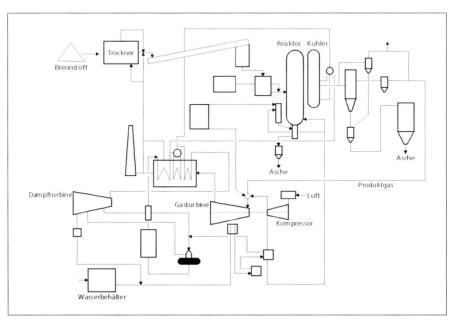

Abb. 8-15: Schema der Demonstrationsvergasungsanlage mit zirkulierender Wirbelschicht in Värnamo/Schweden

gie und 9 MW Wärmeenergie. Als Brennstoff werden feuchte Holzhackschnitzel eingesetzt. Die Holzfeuchte wird durch Vortrocknung mittels Abgasen der Anlage auf Werte zwischen 5 und 20 % eingestellt. Über eine automatische Förderung wird der getrocknete Brennstoff dem Vergaser zugeführt.

Der Aufbau des Reaktors besteht aus einem schlanken Zylinder, der nach unten mit einem Rost abgeschlossen wird und durch den Luft bzw. das Vergasungsmittel strömt. Über dem Rost baut sich durch die Luftströmung ein Wirbelbett aus Inertmaterial und Holzkohle auf, in dem die Biomasse vergast wird. Der Reaktor arbeitet bei einer Temperatur von 950 bis 1.000 °C und einem Druck bis 20 bar. Der erzielte Durchsatz ist wegen der höheren Gasgeschwindigkeiten zwei bis dreimal größer als bei stationären Wirbelschichten. Das gebildete Gas und ein Teil der Partikel treten im oberen Bereich des Vergaserzylinders aus und gelangen in einen Zyklonabscheider, der die Staubpartikel wieder in den Wirbelschichtbereich zurückführt. Zur Reinigung des Heißgases werden Keramikfilter eingesetzt. Die Zusammensetzung des Gases wird wie folgt angegeben:

- CO : 16 bis 19 %
- H_2 : 9,5 bis 2 %
- CH_4: 5,8 bis 7,5 %
- CO_2: 14,4 bis 17,5 %
- N_2 : 48 bis 52 %

Das Generatorgas hat einen Heizwert um 5 MJ/m³. Die Verwertung des Gases erfolgt mit Hilfe einer Gasturbine und eines Dampfkreislaufs mit angeschlossener Fernwärmekopplung. Die Anlage in Värnamo dient der technologischen Entwicklung und Erprobung. Spätere Anlagen sollen nach Herstellerangaben Leistungen zwischen 25 und 200 MW$_{th}$ erbringen können.

Im kohlestaubbefeuerten Kraftwerk in Zeltweg/Österreich wurde im Rahmen eines europäischen Demonstrationsprojektes ein zirkulierender Wirbelschichtreaktor für Biomasse errichtet. Die Anlage hat eine thermische Leistung von 10 MW. Das niederkalorige Holzgas (ca. 3 MJ/m³) wird ohne weitere Reinigung oder Abkühlung über eine ausgemauerte Heißgasleitung direkt in die Kohlekessel eingebracht und verbrennt mit dem dort vorhandenen Luftüberschuß. Damit werden 3 % des Kohlebrennstoffs substituiert. Es werden folgende Vorteile genannt:

- keine Vortrocknung der Biomasse
- keine Gaskühlung und -reinigung
- geringer Heizwert stört bei Mitverbrennung nicht
- keine Reaktorverschlackung durch gleichmäßig niedrige Temperaturen
- keine wesentlichen Eingriffe in den Kohlekessel erforderlich
- günstige Auswirkungen auf die Emissionen der Gesamtanlage (CO, NO$_x$)

Abbildung 8-16 zeigt das technische Konzept der Gesamtanlage.

Das von der Firma UET Freiberg entwickelte und in Abbildung 8-17 dargestellte Verfahren unterteilt den Vergasungsprozeß in drei Schritte: Trocknung, Pyrolyse und Flugstromvergasung (Oxidation und Reduktion). Das Verfahren wird unter der Bezeichnung Carbo V vertrieben. Der zerkleinerte Brennstoff liegt in einer Stückgröße unter 20 mm vor und ist mit Niedertemperaturwärme vorgetrocknet. Bei Hackschnitzeln ist die Trocknung zwingend erforderlich, bei Altholz kann sie ggf. entfallen. Der Brennstoff wird über einen Schneckenförderer automatisch in die zweite Prozeßstufe, den Schweler eingebracht. In einer sogenannten „Tieftemperaturpyrolyse" bis 500 °C entstehen Schwelgas und Holzkohle. Das Gas wird über einen Verdichter abgesaugt, während die entstandene Holzkohle in einer Mühle zu Staub aufgemahlen wird. In der Brennkammer wird dann das Schwelgas wieder zusammen mit dem Holzkohlestaub vergast. Teile der Holzkohle verbrennen in einer Art Wirbelschicht mit vorgetrockneter

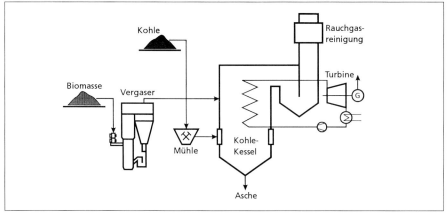

Abb. 8-16: Technisches Konzept eines Kohlekessels mit Biomassevergasungseinheit

Luft unter Temperaturen bis zu 1.800 °C. Dabei werden die unerwünschten Pyrolyseprodukte aufgespalten. Diese als Schmelzkammerfeuerung bezeichnete Verbrennung wird mit nach unten gerichteter Flamme durchgeführt, um die von der verbrannten Holzkohle gebildeten Schlacke flüssig zu halten, die in einem Wasserbad erstarrt und mechanisch ausgetragen wird. Die Schlacke ist eluatfest. Der andere Teil des nach oben geblasenen nicht oxidierten Holzkohlestaubs reduziert die Verbrennungsgase zu Holzgas und kühlt das entstandene Gas auf Temperaturen von 900 °C ab. Über einen Abhitzekessel wird das Gas auf 150 °C abgekühlt. Die entstandene Wärme wird als Prozeßwärme zur Luftvorwärmung verwendet. Nach einer Entstaubung und einer Gaswäsche steht nach Firmenaussage ein teer- und staubfreies Gas zur Verfügung, das motorisch genutzt werden kann. Das Abwasser aus der Gasreinigung wird aufbereitet und kann in die Kanalisation abgegeben werden. Die bei der Filtration anfallenden Schlämme müssen ggf. als Sondermüll entsorgt werden. Über

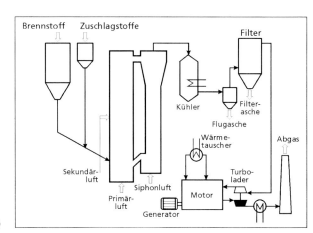

Abb. 8-17: Schema der Carbo-V-Anlage

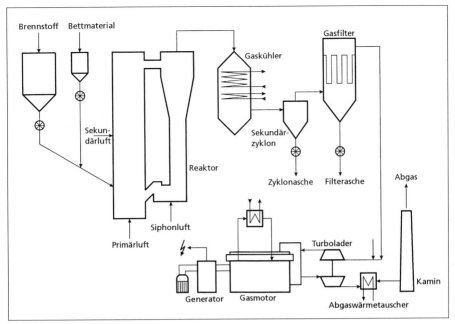

Abb. 8-18: Schema des ZWS-Gaserzeugers mit Blockheizkraftwerk

den Vergaserwirkungsgrad sowie über die Gaszusammensetzung liegen bislang keine Angaben vor.

Eine weitere Versuchsanlage auf Basis eines ZWS-Gaserzeugers wurde 1996 vom Fraunhofer-Institut für Umwelt-, Sicherheit- und Energietechnik (UMSICHT) in Oberhausen errichtet (Abbildung 8-18). Es handelt sich um eine Versuchsanlage mit einer thermischen Leistung zwischen 400 und 500 kW. Als Brennstoffe werden grobe Sägespäne und Hackschnitzel mit einer Kantenlänge bis 30 mm eingesetzt. Das erzeugte Gas wird derzeit noch verbrannt. In einer zweiten Projektstufe soll ein Gasmotor an die Anlage angeschlossen werden. Mit den Untersuchungen sollen gesicherte Grundlagen für einen störungsfreien Betrieb bei gleichmäßiger Gasqualität gelegt werden. Um Probleme mit der für die Gasreinigung üblichen Gaswäsche zu umgehen, soll die katalytische Zersetzung der Teere weiterentwickelt werden.

Ein weiteres Verfahren ist die Flugstromvergasung. Sie wurde für die Kohlevergasung entwickelt. Das unter Druck arbeitende Verfahren erfordert reinen Sauerstoff. Es ist auf Grund der hohen Investitionskosten für die Biomassevergasung kaum wirtschaftlich realisierbar.

8.5 Ausblick

Das Ziel der Vergasung ist eine energetisch optimale und emissionsarme Nutzung von Holz. Ein Bedarf wird dabei sowohl im Bereich der dezentralen Kleinanlagen als auch in größeren Vergasungskraftwerken gesehen. Die Vergasungstechnik von Holz und Holzabfällen hat in den vergangenen Jahren erhebliche Fortschritte gemacht. Für Holzgas-Blockheizkraftwerke kleiner Leistung (0,1 bis 2 MW_{th}) stehen verschiedene Gleichstromvergasertypen zur Verfügung, die einen hohen Entwicklungsstand aufweisen. Auch im Bereich größerer Anlagen (> 10 MW_{th}) gibt es verschiedene kommerzielle Wirbelschichtvergasertypen, die Holz und andere Biomassen in ein Schwachgas umwandeln. Der mittlere Leistungsbereich (2 bis 10 MW_{th}) ist dagegen weniger gut abgedeckt, da die für diese Größe typischen Gegenstromvergaser technisch weniger ausgereift sind.

Grundlegende Probleme der verschiedenen Vergasungstechniken sind eine ausreichende Gasreinigung für die motorische Nutzung und die Entsorgung der Abfälle. Der wirtschaftliche Betrieb wird zudem durch die vergleichsweise hohen Anlagenkosten und den hohen Wartungsaufwand beeinträchtigt. Kostenmäßig zu berücksichtigen sind auch die aufwendigen Verfahren der Gasreinigung sowie die Entsorgungskosten für die anfallenden Stäube, Schlämme und Abwässer. Die Nutzung von kostengünstigen, belasteten Holzabfällen dürfte kaum Vorteile bringen, denn diese enthalten Schwermetalle und Halogenverbindungen, deren Entfernung aus dem Holzgas zusätzlichen Aufwand erfordert und die Entsorgungskosten erhöht. Trotz dieser Einschränkungen ist die Vergasungstechnik von Holz und Holzabfällen weiterhin eine Herausforderung an die auf dem Gebiet der energetischen Holzverwertung tätigen Wissenschaftler und Techniker. Die Betriebserfahrungen mit derzeit laufenden Versuchs- und Pilotanlagen werden wichtige Hinweise auf künftige Entwicklungen geben.

Die verschiedenen Fest- und Fließbettvergasertypen weisen z. T. recht unterschiedliche Eigenschaften auf. Die verschiedenen Pilotprojekte lassen eine abschließende Beurteilung der neuen Anlagenkonzepte kaum zu. Bezüglich aktualisierter Informationen über den Stand der genannten Projekte wird auf die Fördergesellschaft Erneuerbare Energie in Berlin verwiesen. Die Adresse befindet sich im Anhang 3.

9 Wärmetauschsysteme nach Holz- und Biomassefeuerungen

Die Feuerung ist ohne Zweifel die wichtigste Komponente bei der energetischen Nutzung von Holz- und Biomasse. Es wird oft vergessen, bei Auslegung und Gestaltung der nachgeschalteten Wärmetauscher auf die Besonderheiten der eingesetzten Brennstoffe Rücksicht zu nehmen. Aus dem hohen Anteil an Fremdstoffen im Gasstrom (bis zu 5 g/m^3) resultiert eine erheblich größere Verschmutzungs-, Verschleiß- und Korrosionsanfälligkeit der Tauscherflächen als beim Öl- bzw. Gaskessel. Die Inhomogenität des Brennstoffs etwa in Form stark schwankender Wassergehalte und die Belastung durch holzfremde Bestandteile (zum Beispiel Chloride, Schwermetalle) führen zu spezifischen Belastungen und erfordern besondere Sorgfalt bei der Werkstoffauswahl.

9.1 Wärmeträger

Neben den spezifischen Eigenschaften des Brennstoffs hat der Wärmeträger, d. h. das Wärme transportierende Medium einen bestimmenden Einfluß auf Auswahl und Gestaltung der Wärmetauschersysteme nach Holz- und Biomassefeuerungsanlagen. Welcher Wärmeträger im konkreten Einzelfall der am besten geeignete ist, hängt von zahlreichen Faktoren ab, insbesondere aber auch von den Erfordernissen im Bereich der Wärmeverbraucher.

9.1.1 Wasser

Wasser ist nach Holzfeuerungsanlagen der bei weitem am häufigsten eingesetzte Wärmeträger. Das erklärt sich sehr leicht aus den geringen Kosten, der hohen spezifischen Wärme, der einfachen Handhabung und der guten Regelbarkeit von Anlagen, die mit diesem Medium betrieben werden. Bei kleineren Leistungseinheiten und zur Raumheizwärmeversorgung wird im sog. Niederdruckbereich (bis 120 °C, 1 bar Systemüberdruck) gefahren. Bis zu dieser Betriebstemperatur gelten die Systeme nicht als Druckkörper und unterliegen keiner besonderen Überwachungspflicht. Die Anforderungen an die Wasserqualität (Aufbereitung) sind gering. Für technische Verbraucher, zum Beispiel Pressen im Holzwerkstoffbereich oder Furniertrockner, werden zumeist höhere Verfahrenstemperaturen verlangt. Deshalb muß in diesen Fällen das Heizmedium Wasser auf 160 bis 200 °C aufgeheizt werden. Die Systemdrücke steigen dann auf 12 bis 20 bar an. Man bewegt sich dann im sog. Hochdruckbereich.

Gemäß den einschlägigen Regelwerken beginnt oberhalb 120 °C Betriebstemperatur der Hochdruckbereich mit den in der TRD (Technischen Regeln für Dampfkessel) festgelegten Normen zur Konstruktion, Abnahme und Betrieb derartiger Wärmetauscher sowie den anschließenden Rohrleitungen und Armaturen. Nähere Einzelheiten zu Planung, Bau- und Betrieb von Heißwasseranlagen sind in der TRD beschrieben (Bezugsquellen: Carl Heymanns-Verlag in Köln oder Beuth-Verlag in Berlin). In jedem Falle sind die spezifi-

schen Eigenschaften und Probleme dieses Mediums stets zu beachten:
- Siedetemperatur 100 °C bei atmosphärischem Druck
- Erstarrungstemperatur 0 °C
- Notwendigkeit der Aufbereitung (Entkalkung, Entsalzung) vor Einsatz als Wärmeträger (siehe dazu Kapitel 14.2)
- Wärmeausdehnung ausgleichen

9.1.2 Dampf

Im industriellen Bereich war Dampf über viele Jahrzehnte der vorherrschende Wärmeträger. Dampf benötigt für die Überwindung selbst weiterer Entfernungen vom Erzeuger zum Verbraucher keine Pumpen. Dampfleitungen sind bei Anlagenstillstand kaum frostgefährdet, die Rohrleitungsverlegung ist einfach und kostengünstiger als bei Wasser oder Thermoöl, da die Kondensatrückführung deutlich kleiner dimensioniert werden muß als ein vergleichbarer Rücklaufstrang für Warmwasser. Ein weiterer Vorzug von Dampf ist, daß er in viele Prozesse, so u. a. auch in den Dampfkraftprozeß unmittelbar eingebunden werden kann und keine Umformung notwendig macht. Wenn Dampf als Wärmeträgermedium insbesondere in der Holzwirtschaft an Bedeutung verloren hat, so liegt das in erster Linie an der deutlich schwierigeren Regelbarkeit gegenüber Wasser und Thermoöl.

Beim Wärmeträgermedium Dampf wird unterschieden zwischen:
- Niederdruckdampf (bis 1 bar)
- Hochdruckdampf (über 1 bar)
- Überhitztem Dampf (über 1 bar und Temperaturen oberhalb der jeweiligen Sattdampftemperatur)

Überhitzter Dampf ist in der Regel stets hochgespannter Dampf, der in einem sog. Dampfüberhitzer adiabat auf eine höhere als dem jeweiligen Druck entsprechende Temperatur (Sattdampftemperatur) erhitzt wurde. Üblicherweise wird zur besseren Kraftausbeute bei Dampfkraftprozessen mit überhitztem Dampf gearbeitet. Überhitzungen von 100 bis 200 °C über die Sattdampftemperatur hinaus werden realisiert. Die Absolutwerte der Überhitzungstemperaturen reichen bis über 500 °C (siehe dazu die Dampfdrucktafel im Tabellenanhang).

Nach Holzfeuerungsanlagen sollte man wegen der Gefahr der sog. Hochtemperatur-Chlorkorrosion die Grenze der Dampfüberhitzung auf etwa 450 °C fixieren. Die Drücke in Hochdruck-Dampfkesselanlagen nach Holzfeuerungsanlagen liegen im allgemeinen nicht über 60 bis 65 bar. Bei Dampf als Wärmeträger ist der Wasseraufbereitung ebenfalls besondere Aufmerksamkeit zu schenken (siehe dazu Kapitel 14.2).

9.1.3 Organische Wärmeträger (Thermoöl)

Öl wurde als Wärmeträger erst relativ spät entdeckt bzw. in größerem Umfang eingesetzt. Dabei ist die hohe Siedetemperatur von bis rund 500 °C der Grund für den Siegeszug insbesondere zur Pressenbeheizung in der Holzwerkstoffindustrie, aber auch in anderen Branchen der Holzwirtschaft.

Die spezifische Wärmekapazität liegt mit durchschnittlich 2,2 kJ/kg·K nur halb so hoch wie beim Wasser. Dadurch muß bei gleicher Temperaturdifferenz zwischen Vor- und Rücklauf die doppelte Menge Trägermedium umgewälzt werden, um die gleiche Wärmeleistung zu übertragen. Dies bedeutet erhöhten Kraftbedarf an den Pumpen. Thermoölsysteme werden mit 200 bis 300 °C im Vorlauf gefahren und gelten dann, bis auf den Pumpendruck, als drucklos. Hier liegt der besondere Vorzug gegenüber Wasser und Dampf.

Im Hinblick auf Leckagen und die Möglichkeit des Austritts vom Wärmeträgermedium in Vorfluter oder Kanalisation, ist Thermoöl kritischer zu sehen als aufberei-

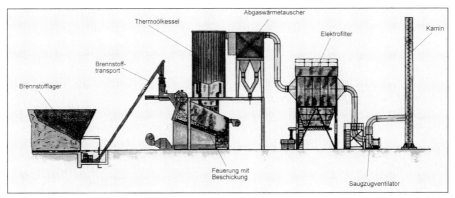

Abb. 9-1: Anlagenschema einer holzbefeuerten Thermoölanlage

tetes Wasser. In diesem Sinne gibt es besondere Vorschriften, die in den VdTÜV-Richtlinien im wesentlichen fixiert sind.

Eine besondere Gefahr beim Einsatz von Thermoöltauschern nach Holzfeuerungsanlagen ist das Verkracken des Wärmeträgers durch örtliche Übertemperatur. Aus dem Öl wird dabei partiell Kohlenstoff („Koks"), der, wenn sein Anteil zu groß wird, das Öl sehr schnell unbrauchbar macht; in aller Regel ist dann ein kostenaufwendiger Austausch notwendig. Um die gefürchtete Verkrackung wirksam zu vermeiden, werden gemäß DIN 4754 an Thermoölwärmetauscher ganz besondere Anforderungen gestellt. Die Heizrohre müssen quasi in Reihe geschaltet werden, um sicherzustellen, daß ausreichend und gleichmäßige Durchströmung erfolgt.

Für die Regelung der Umwälzpumpen ist eine sog. Differenzdrucküberwachung vorgeschrieben, die ein Maß für den ausreichenden Mengendurchfluß ist. Um Schäden bei plötzlichem Stromausfall der Pumpen zu vermeiden, ist entweder ein Notkamin zur rauchgasseitigen Umgebung des Wärmetauschers oder ein zweiter, vom Stromnetz unabhängiger Pumpenantrieb zu realisieren.

Wärmeträgeröle verdanken ihre wachsende Bedeutung im Bereich technischer Verbraucher insbesondere der hohen Siedetemperatur bei Atmosphärendruck. Weiter spricht für ihren Einsatz:
- keine Korrosionsgefahr in den Tauscher- und Rohrleitungssystemen und keine spezielle Aufbereitung
- keine Gefahr durch Frost

Nachteile organischer Wärmeträger sind:
- hohe Kosten der Erst- und Ersatzbeschaffung
- deutlich niedrigere Wärmekapazität als Wasser (2,2 zu 4,2 kJ/kgK) und deshalb um den Faktor 2 höhere Umwälzmengen, um vergleichbare Übertragungsleistungen zu erreichen (höherer Kraftbedarf an den Umwälzpumpen)
- relativ geringe Alterungsbeständigkeit
- Löslichkeit von Gasen
- Empfindlichkeit gegenüber örtlicher Überhitzung (Koksbildung)

Die Alterung von Wärmeträgerölen wird in erster Linie durch Reaktion mit dem Sauerstoff der Luft hervorgerufen. Je nach eingesetzter Qualität besteht eine geringe oder auch größere Anfälligkeit zu solchen Reaktionen mit entsprechenden Auswirkungen auf die Lebensdauer der Wärmeträgerfüllung. Zur Auswahl stehen natürliche und synthetische Mineralöle. Wärmeträgeröle sind unter Beachtung der spezifischen Anforderungen anhand der Stofftabellen der Wärmeträgerhersteller vom erfahrenen Fachmann auszuwählen. Da die Zersetzung (Alterung) bei Wärmeträgerölen im Grundsatz nicht zu vermeiden ist (in der Praxis wird von einer mittleren Zersetzungsgeschwindigkeit von 10 % pro Jahr bei 8.760 Betriebsstunden ausgegangen), sind regelmäßige Betriebskontrollen notwendig. Üblicherweise werden die entnommenen Proben vom Lieferanten analysiert und qualitativ beurteilt. Hauptkriterium ist dabei der Koksrückstand im Wärmeträger.

Erhöhte Koksrückstände nach kurzer Einsatzzeit sind gerade bei Einsatz nach Holzfeuerungsanlagen ein Indiz für Kohlenstoffablagerungen an Rohrwandungen. In solchen Fällen reicht es nicht, das Wärmeträgermedium zu tauschen oder zu regenerieren. Vielmehr muß die Ursache beseitigt werden, in dem das entleerte Rohr mit einem Gemisch von Wasserdampf und Luft „ausgebrannt" wird. Dieses sog. „Decoking-Verfahren" ist ebenso wie andere Spülverfahren mit flüssigen, lösungsmittelhaltigen Reinigern nur begrenzt wirksam. Wenn aufgrund der Koksanbackungen die metallische Rohrbeschädigung bereits weiter fortgeschritten ist, müssen die entsprechenden Partien ausgetauscht werden.

9.1.4 Wichtige Komponenten von Wärmeträgeranlagen

Der typische Anlagenaufbau bei Wärmeträgeranlagen wird in Abbildung 9-2 schematisch dargestellt.

Die Besonderheiten dieser Systeme im Vergleich zu Heißwasserkreisläufen sind u. a. ein hochliegendes Ausdehnungsgefäß und ein Auffang- bzw. Vorratsbehälter (Fußgefäß). Die durch die Aufheizung der Anlage aus kaltem Zustand bedingte Volumenzunahme des Trägeröls wird im wesentlichen durch den sog. Auffangbehälter aufgenommen. Ein relativ klein dimensioniertes, hochliegendes Ausdehnungsgefäß sorgt für die Aufrechterhaltung des statischen Drucks

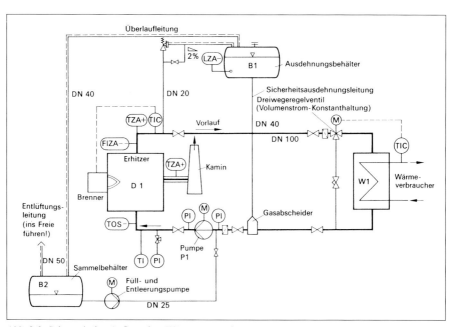

Abb. 9-2: Schematischer Aufbau einer Wärmeträgeranlage

im System. Wird die Anlage abgefahren, fördert eine spezielle Pumpe wiederum Öl aus dem Auffangbehälter ins Netz, bis das vorgegebene Niveau im Ausdehnungsbehälter wieder erreicht ist.

Umwälzpumpen
Von Umwälzpumpen in Wärmeträgerkreisläufen wird ein hohes Maß an Betriebssicherheit verlangt. Die Kreiselpumpe hat sich gerade im Hinblick auf diese Forderung durchgesetzt. Wichtig ist im Hinblick auf störungsarmen Betrieb und optimalen Wirkungsgrad die sorgfältige Ermittlung der sog. Verlusthöhen des jeweiligen Systems. Die nachfolgende Tabelle 9-1 verdeutlicht den Ablauf.
Abbildung 9-3 zeigt eine typische Kreiselpumpe für Wärmeträgeröl mit den praxisbezogenen Kenndaten.

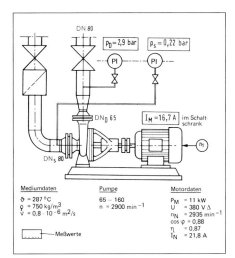

Abb. 9-3: Kreiselpumpe mit technischen Daten (Beispiel)

Armaturen
Armaturen für Wärmeträgeranlagen müssen Systemtemperaturen bis 350 °C unbeschadet aushalten können und lecksicher sein. Rückschlagventile und Schmutzfänger sind weitere wichtige Armaturen, ebenso feinfühlige Temperaturregler zur Steuerung der Systemtemperaturen. Ein wichtiges und für jeden Thermoölerhitzer vorgeschriebenes Element ist die sog. Strömungssicherung.

Tabelle 9-1: Auslegungsgrundlagen für Umwälzpumpen

Auslegungs-Planungswerte			Erhitzer 1	Erhitzer 2	Gemeinsame Hauptleitung
Nennvolumenstrom		m³/h	100	50	150
Bezugsrohrleitungsdurchmesser		mm	100,8	82,5	125
Strömungsgeschwindigkeit		m/s	3,48	2,6	3,4
Geschwindigkeitshöhe	H_{dyn}	m	0,617	0,345	0,589
Rohrleitungslänge	L	m	10	10	100
Widerstandsbeiwerte					
Rohrleitung	ζ_λ aus: $\zeta_\lambda = \lambda \cdot L/d$	–	1,8	2,3	13
Krümmer	$\zeta_{Kr} = 0{,}3$ Stück/ζ_{Kr}	–	6/1,8	6/1,8	10/3
Schmutzfänger	$\zeta_{Sch} = 7$ Stück/ζ_{Sch}	–	1/7	1/7	1/7
Armaturen	$\zeta_A = 4$ Stück/ζ_A	–	3/12	3/12	2/8
Rückschlagventil	$\zeta_{Rü} = 5{,}5$ Stück/$\zeta_{Rü}$	–	1/5,5	1/5,5	–
Regelventil	$\zeta_R = 8$ Stück/ζ_R	–	–	–	1/8
Erhitzer bzw. Verbraucher	$\zeta_R = H_v/H_{dyn}$	–	32,4	43,5	8,5
Summe der Widerstandsbeiwerte		–	60,5	72,1	47,5
Verluste beim Nennvolumenstrom		m	37,3	25	28

Bei Unterschreitung eines vorgegebenen Mindestvolumenstromes wird die Feuerung bzw. der Brenner der Erzeugungsanlage über den Strömungswächter automatisch abgeschaltet. In Holzfeuerungsanlagen reicht das Stillsetzen der Feuerung wegen der großen Wärmespeicherkapazität der Schamotteauskleidung zur sicheren Vermeidung von Verflockungen im Öl nicht aus. Deshalb ist dort vorgeschrieben, entweder eine zweite Umwälzpumpe mit eigener Kraftquelle (zum Beispiel selbststartender Dieselmotor) oder einen sog. Notkamin zu installieren, der die heißen Rauchgase ohne zusätzlichen Kraftbedarf ins Freie ableitet.

Weitere Details zur Wärmeträgertechnik sind dem Buch „Wärmeträgertechnik" Walter Wagner, Verlag Dr. Resch sowie der VDI-Richtlinie 3033, der DIN 4754 und der VBG 64 zu entnehmen.

9.1.5 Luft

Bei den meisten Trocknungsprozessen in der Holzwirtschaft ist Luft der eigentliche Wärmeträger. In wenigen Fällen aber erfolgt die Wärmeübertragung von den Rauchgasen der Holzfeuerung unmittelbar. Zumeist werden Wasser-, Dampf- oder Thermoölsysteme zwischengeschaltet, da der Wärmetransport über längere Strecken so einfacher und wirtschaftlicher ist. Es gibt jedoch auch Beispiele für eine direkte Wärmeübertragung auf Luft, wie etwa im Bereich der Späne- oder Fasertrocknung in der Holzwerkstoffindustrie. Auch die indirekte Übertragung von Wärme aus Holzfeuerungen auf Luft wird praktiziert. Abbildung 9-4 zeigt die direkte Heißgaserzeugung. Die Abgase werden dabei nach Vermischung mit der Umluft dem System zugeführt und kommen so unmittelbar mit dem trocknenden Medium in Berührung. Die indirekte Lösung zeigt Abbildung 9-5. Die heißen Abgase werden nach der Feuerung in einen Luft/Luft-Wärmetauscher geleitet, in dem die Frisch- und Umluft eines Spänetrockners auf Solltemperatur (350 bis 400 °C) aufgeheizt wird. Die abgekühlten Abgase werden mit einem Elektrofilter oder anderem System gereinigt und dann abgeleitet.

Auf Einzelheiten der Trocknungstechnik geht die VDI-Richtlinie 3462, Blatt 2 näher ein.

9.2 Wärmetauscher-Systeme

9.2.1 *Dampf- und Heißwasserkessel*

9.2.1.1 *Rauchrohrkessel*

Der Rauchrohrkessel ist der älteste und häufigst vertretene Wärmetauscher zur Erzeugung von Warm-, Heißwasser und/oder Dampf aus den Abgasen von Holzfeuerungsanlagen. In kleineren bis mittleren Leistungsbereichen hat sich daran bis zum heutigen Tage nichts geändert. Die Systeme sind verbessert und effizienter gestaltet worden. Typisch für den Rauchrohrkessel sind:

- Wärmeübertragung durch Konvektion
- hohes spezifisches Wasservolumen (Speicherwirkung)
- die Abgase durchströmen die zumeist zylindrischen und groß dimensionierten vom Wasser umströmten Rohre
- große Flexibilität gegenüber kurzfristigen Lastschwankungen
- sehr kompakte und montagefreundliche Bauweise
- maximaler Betriebsdruck auf etwa 30/32 bar begrenzt
- begrenzte Reisezeiten bei hohem Verschmutzungsgrad der Abgase

In einfachster Form wird der Rauchrohrkessel einzügig gebaut, d. h. die Abgase durchströmen ein sogenanntes Flammrohr, das zur Erzielung einer größeren Festigkeit in gewellter Form ausgeführt wird. Die heutigen Anlagen sind zur besseren Ausnutzung der Abgaswärme als sog. Zwei-

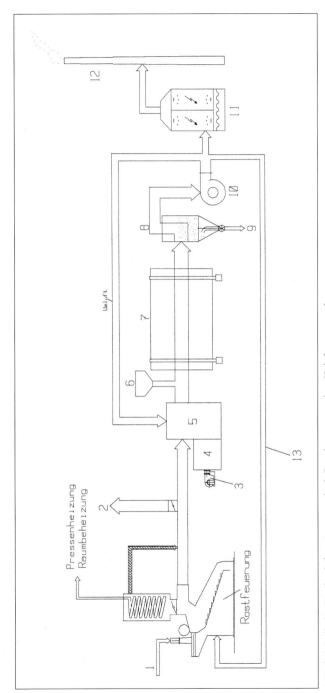

Abb. 9-4: Indirekte Trockenlufterwärmung mittels Rauchgasen aus einer Holzfeuerungsanlage.
1 = Brennstoff; 2 = Notkamin; 3 = Gasbrenner; 4 = Brennkammer; 5 = Mischkammer; 6 = Naßspäne; 7 = Trommel; 8 = Zyklon; 9 = Trockenspäne; 10 = Ventilator; 11 = Naß-Elektrofilter; 12 = Schornstein; 13 = Verbrennungsluft

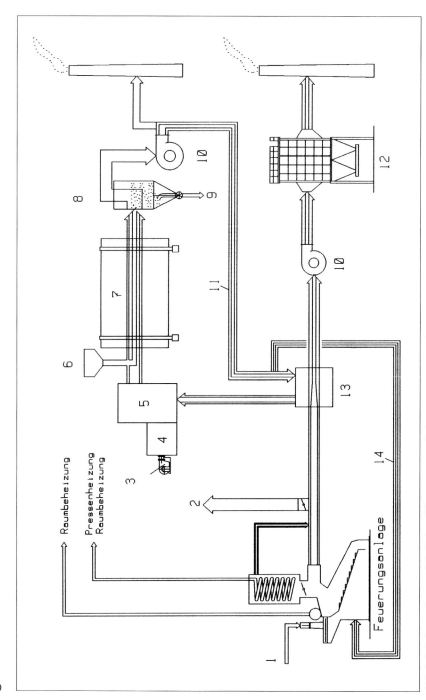

Abb. 9-5: Spänetrocknung mit indirekter Wärmenutzung mit dem Wärmeträger Luft
1 = Brennstoff; 2 = Notkamin; 3 = Gasbrenner; 4 = Brennkammer; 5 = Mischkammer; 6 = Naßspäne; 7 = Trommel; 8 = Zyklon; 9 = Trockenspäne; 10 = Ventilator; 11 = Umluft; 12 = Elektrofilter; 13 = Wärmetauscher; 14 = Verbrennungsluft

Abb. 9-6: Unterschubzyklon-Feuerung mit Dreizugkessel (Typ Weiss)

oder Dreizugkessel ausgeführt. Abbildung 9-6 zeigt einen Dreizugkessel nach einer Unterschubfeuerung in klassischer Form: Der erste Rauchgaszug ist als groß dimensioniertes Flammrohr ausgebildet und insoweit noch Teil der Feuerung. An der hinteren schamottierten Stirnseite des Kessels werden die Abgase um 180° umgelenkt und in den ersten Rauchrohrzug eingeleitet. Rauchrohre nach Holzfeuerungen benötigen größere Durchmesser als Öl- bzw. Gaskesselanlagen. Die Werte schwanken zwischen 80 und 100 mm im lichten Maß.

Nach Durchströmen des zweiten Rauchgaszuges (1. Rauchrohrzug) erfolgt die erneute Umlenkung um 180° in der sogenannten vorderen Wendekammer und Einleitung in den dritten und letzten Zug. Die vordere Wendekammer besitzt üblicherweise zwei schwere Stahltüren, die feuerraumseitig mit Schamotte ausgekleidet sind. Diese Türen dienen dazu, die Rauchrohre in regelmäßigen Abständen zu reinigen, d. h. mit geeignetem Gerät (Drahtbürste, Spiralbürste mit elektrischem Antrieb) durchzustoßen und von Ablagerungen aus Asche und Rußpartikeln zu befreien.

Die Zykluszeiten zwischen zwei Reinigungen hängen in starkem Maße vom Verschmutzungsgrad der Abgase und damit von der Qualität der Verbrennung ab. Anlagen im Durchfahrbetrieb erreichen längere Reisezeiten als solche, die täglich an- und abgefahren werden müssen. Zykluszeiten von 4 Wochen sollten im Minimum erzielt werden. Andernfalls sollte nach den Ursachen gesucht und Abhilfe geschaffen werden. Gut ausgelegte und betriebene Dreizugkessel fahren drei bis vier Monate zwischen zwei Reinigungen der Rauchrohre.

Der Abgastemperaturverlauf in den einzelnen Zügen stellt sich in Abhängigkeit von den Eintrittstemperaturen in etwa wie folgt dar:

Ende	°C
1. Zug	~ 650/750
2. Zug	~ 350/400
3. Zug	~ 180/220

Die notwendige Energie zur Durchströmung der Kesselzüge wird mittels Saugzugventilator am Kesselende bereitgestellt. Der rauchgasseitige Gesamtwiderstand liegt für den Dreizugkessel bei 8 bis 10 mbar.

9.2.1.2 Wasserrohrkessel

Vom Begriff her läßt sich ableiten, daß es sich hier um ein Tauschersystem handelt, bei dem das zu erhitzende Medium in Rohren geführt wird. Das Heizmedium (heiße Abgase) überträgt die Wärme im wesentlichen über Strahlung und zum geringeren Teil über Konvektion. Wasserrohrkessel erlauben systembedingt deutlich höhere Betriebsdrücke (bis über 100 bar) als etwa beim Rauchrohrkessel zu fahren. Sie sind auch leichter mittels sog. Rußbläser während des laufenden Betriebes zu reinigen und erreichen in aller Regel deutlich längere Reisezeiten zwischen zwei Reinigungen (6 bis 12 Monate).

Nachteilig beim Wasserrohrkessel sind im Vergleich zum Rauchrohrkessel der bei gleicher Leistung deutlich größere Platz- und Raumbedarf, der höhere Montage- und insgesamt größere Kostenaufwand. Aufgrund des spezifisch geringeren Wasservolumens reagiert der Wasserrohrkessel auch empfindlicher auf Druckschwankungen bei plötzlichem Lastwechsel.

Abbildung 9-7 zeigt den klassischen Wasserrohrkessel nach einer dreizonigen Vorschubrostfeuerung. Der Abgaseintritt in den eigentlichen Tauscherteil erfolgt unmittelbar nach der Zuführung von tertiärer Verbrennungsluft nach der gezielten Einschnürung und Geschwindigkeitserhöhung. Durch einen solchen Übergang wird ein für den Wärmeaustausch durch Strahlung optimales Flammbild erreicht. An der Kesseldecke erfolgt die zwangsweise Abgasumlenkung in den zweiten Strahlungszug mit erneuter Umlenkung am unteren Zugende. Diese wird genutzt, um einen Teil der im Abgasstrom enthaltenen Feststoffpartikel (Asche, Mineralien, Unverbranntes) durch die Fliehkraftwirkung abzuscheiden und mittels Schnecke oder Schwerkraft in geeigneter Weise auszutragen.

Der dritte Zug, in den die Abgase mit Temperaturen um 450 °C eintreten, ist als Konvektionstauscher ausgebildet, in dem sehr oft die Dampfüberhitzung (bei Kraftprozessen) erfolgt. Nach erneuter Umlenkung werden die Abgase über weitere Tauscher geführt und auf Solltemperatur (rund 180/220 °C) abgekühlt.

Typisch für den Wasserrohrkessel ist die oben angeordnete Dampftrommel mit der Verbindung zu den Sammlern für die einzelnen Rohrwände. An der rechten hinteren Kesselwand sind zwei Dampfrußbläser zur regelmäßigen, automatisierten Abreinigung der Konvektionstauscherflächen erkennbar. In der betrieblichen Praxis werden Flamm- und Rauchrohrelemente bisweilen oft miteinander kombiniert. Oberhalb der Feuerung wird ein Wasserrohrteil eingesetzt, um die anfänglich hohe Strahlungswärme in geeigneter Weise abzubauen. In der Praxis spricht man gern auch vom sog. „Kühlschirm". Nach Abkühlung auf 650 bis 750 °C schließt sich dann ein kompletter Dreizugkessel, wie in Punkt 9.2.1.1 beschrieben an. Abbildung 9-8 zeigt den Flammrohrteil bzw. Kühlschirm. Am rechten oberen Bildrand ist der nachgeschaltete Dreizugrauchrohrkessel erkennbar.

9.2.1.3 Ausrüstung von Wasser- und Dampfkesselanlagen

Bei den Ausrüstungsgegenständen für Wasser- und Dampfkesselanlagen wird zwischen der sicherheitstechnischen Grundausrüstung und den für einen wirtschaftlichen Betrieb (Betrieb ohne Beaufsichtigung) notwendigen Einrichtungen unterschieden. Im wesentlichen geht es dabei um Anlagen der Gruppe IV der Dampfkesselverordnung. Das sind Anlagen mit mehr als 1 bar Betriebsüberdruck und mehr als 120 °C Vorlauftemperatur.

- Herstellerschild (Kesselschild)
- Wasserstandanzeigeeinrichtung
- Speiseeinrichtung

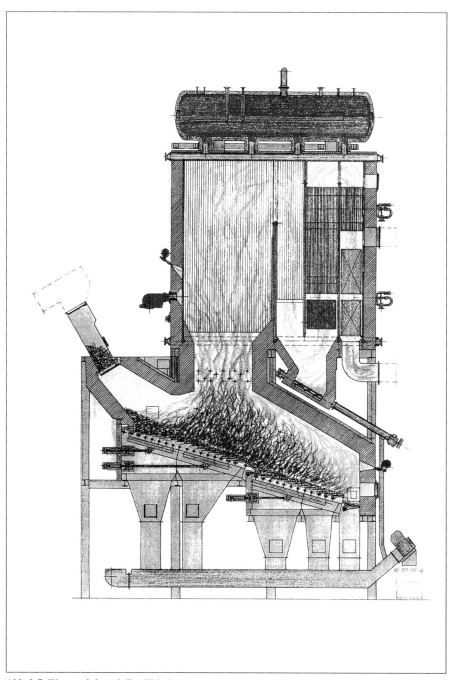

Abb. 9-7: Wasserrohrkessel (Typ Weiss)

Abb. 9-8: Kühlschirm vor einem Dreizugkessel

- Absperr- und Entleerungseinrichtungen
- Druck- und Temperaturmeßeinrichtungen
- Überdruckventil
- Reinigungsöffnungen
- Wasserstandsregler und Wasserstandsbegrenzer
- Druck- und Temperaturregler

Details zu genannten Armaturen und Einrichtungen können den einschlägigen Regelwerken (VDI-Richtlinien, TRD-Richtlinien) und der speziellen Fachliteratur, wie beispielsweise dem Kesselhandbuch der Firma Standardkessel entnommen werden. Abbildung 9-9 verdeutlicht am Schema die wichtigsten sicherheitstechnischen Ausrüstungen für Hochdruckkesselanlagen.

9.2.2 Thermoölkesselanlagen

Die Besonderheiten des Wärmeträgers Thermoöl machen sehr spezifische Tauschersysteme erforderlich. Dabei geht es vorrangig um die wirksame Verhinderung von Koksablagerungen an den Tauscherflächen und die Vermeidung vorzeitiger Alterung des Mediums. Parallele Rohrsysteme wie etwa im Wasser- und Dampfbereich sind bei Einsatz von Wärmeträgeröl ungeeignet. Auch die horizontale Anordnung des Kesselkörpers ist möglich.

Für den Einsatz nach Holzfeuerungen ist den Forderungen nach

- Minimierung wärmespeichernder Medien (Schamotteauskleidung)
- schneller Regelbarkeit
- Vermeidung von Berührung zwischen Flamme und Tauscherwandung
- wirksame und wirtschaftlich vertretbare Möglichkeit der Heizflächenreinigung von festen Ablagerungen

besondere Beachtung zu schenken. Insbesondere die Forderung nach Abreinigungsfähigkeit im Verbund mit dem hohen Anteil an Asche im Rauchgas ist der Grund für die einzügige Gestaltung von Thermoölkesselanlagen in Verbindung mit Holzfeuerungen.

Oft wird dem eigentlichen Tauscherteil ein sog. Leerzug in Form der schamottierten Brennkammer vorgeschaltet, um den Anteil an unverbrannten Partikeln im Rauchgas zu minimieren.

Abbildung 9-10 zeigt einen Thermoölkessel in stehender Ausführung nach einer wassergekühlten Rostfeuerung. Die Besonderheit dieser Anordnung ist die räumliche Trennung der einzelnen Züge. Die in Reihen angeordneten Wärmetauscherspiralen erlaubten die Anbringung von Reinigungs-

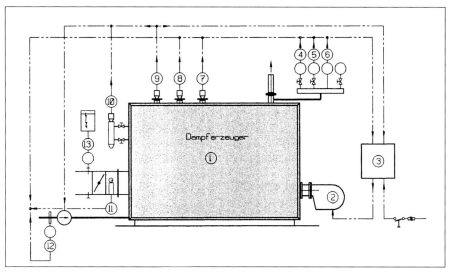

Abb. 9-9: Sicherheitstechnische Ausrüstungen. 1 Dampferzeuger, 2 Feuerung (nach DIN/TRD), 3 Brenner-/Feuerungssteuerung, 4 Druckregler Stufe 1, 5 Druckregler Stufe 2, 6 Druckbegrenzer, 7 Begrenzer 1 (Wasserstand), 8 Begrenzer 2 (Wasserstand), 9 Hochwassersicherung, 10 Regler Wasserstand, 11 Drucküberwachung, 12 Wächter Wasserbeschaffenheit, 13 Rauchgasdichteüberwachung (falls verlangt)

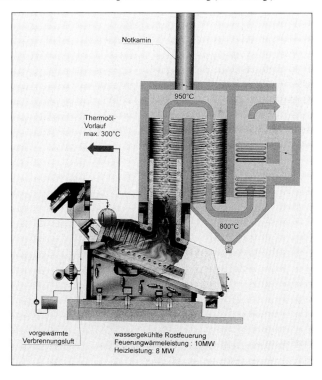

Abb. 9-10: Thermoölkessel in stehender Ausführung mit Notkamin

lanzen, die von oben her die Heizflächen abreinigen. Als Reinigungsmedium wird Druckluft, Dampf oder ein geeignetes flüssiges Medium gewählt. Gereinigt wird im kalten Zustand. Dem zweiten Zug sind noch zwei konvektive Wärmetauscher nachgeschaltet, um eine bessere Energieausnutzung zu bekommen. Die Abgastemperaturen nach Thermoölkesseln liegen üblicherweise ohne Nachschaltheizflächen bei etwa 320 bis 350 °C, bedingt durch die geforderte hohe Vorlauftemperatur von 280 bis 320 °C. Durch Einsatz eines Luftvorwärmers kann die Abgastemperatur gesenkt und der Wirkungsgrad verbessert werden.

Neuere Konstruktionen von Abhitzekesselanlagen nach Holzfeuerungen gehen völlig weg von den gewickelten Tauschereinheiten hin zu Systemen, die zwar ebenfalls zwangsdurchströmt werden, aber mechanisch leichter abzureinigen sind.

10 Meß- und Regeltechnik

Die Meß- und Regeltechnik (MSR) hat bei Holzfeuerungsanlagen angesichts der komplexen Abläufe und der großen Zahl von Einflußfaktoren im Vergleich zu Öl- und Gasfeuerungen eine weit größere Bedeutung für die Qualität der Verbrennung. Die Chancen, die eine zuverlässige MSR im Hinblick auf das Emissionsverhalten, auf Kosten für Reparatur und Wartung sowie auf Reisezeiten hat, wurden erst in den letzten Jahren in dem notwendigen Umfang erkannt. Nur zögernd hält zeitgemäße MSR bei Holz- und Biomassefeuerungen Einzug. Dafür gibt es mehrere Gründe:
- Die meisten Anbieter von Holz- und Biomassefeuerungen kommen aus dem Anlagenbau. Sie sind über aktuelle Entwicklungen bei Meßgeräten für Feuerungsanlagen oft unzureichend informiert und selten bereit, „alte Pfade" zu verlassen
- Die Kosten zeitgemäßer MSR stoßen oft auf geringe Akzeptanz beim Kunden. Moderne Meßtechnik verteuert die Gesamtanlage. Die damit verbundenen mittel- und langfristigen Einsparungen beim laufenden Betrieb sind zumeist nur schwer quantifizierbar. Dazu kommt die durchaus nicht unbegründete Furcht der Betreiber vor zu viel Elektronik, vor Hilflosigkeit bei Störungen und vor Kosten für den teuren Kundendienst.

In der Tat ist es schwer, für jede Anlage den richtigen Weg zu finden, nach dem Motto „so wenig wie möglich, so viel wie nötig". Bei kleineren Einheiten wird man sich im MSR-Aufwand eher einschränken müssen, bei größeren Einheiten lohnen sich dagegen aufwendigere Systeme bis hin zur Prozeßleittechnik.

10.1 Prozeßablauf

Die energetische Verwertung von Holz- und Biomasse ist durch einen komplexen Verfahrensablauf mit zahlreichen Einflußfaktoren und vielfältigen chemischen Reaktionen sowie umfangreichen physikalischen Abläufen gekennzeichnet:
Es handelt sich bei diesem Prozeß um ein sogenanntes Mehrgrößensystem mit z. T. sehr komplexen und im einzelnen nicht lückenlos nachvollziehbaren Abläufen. Die theoretischen Grundlagen der Verbrennung und Vergasung von Holz und sonstigen Biomassen sind in den Kapiteln 4 und 8 ausführlich beschrieben. Für die Gestaltung zeitgemäßer Meß- und Regeltechnik spielt die Theorie der Prozeßabläufe eine untergeordnete Rolle. Dagegen sind praktische Erfahrungen und empirische Formeln von entscheidender Bedeutung.

10.2 Vorteile zeitgemäßer Meß- und Regeltechnik an Holzfeuerungsanlagen

Reduktion des Gesamtanlagenaufwandes
Richtig konzipierte Meß- und Regeltechnik sollte den Gesamtanlagenaufwand nicht erhöhen, sondern diesen im Gegenteil reduzieren. Diese scheinbar paradoxe Forderung wird begreifbarer, wenn man weiß, daß eine optimal geregelte Feuerung mit deutlich höherer spezifischer Feuerraumbelastung betrieben werden kann als eine vergleichbare Anlage ohne optimierende Regelung. Auch die Investitionskosten der Komponenten Saugzugventilator, Abgasleitungen, Abgasreinigung und Kamin kön-

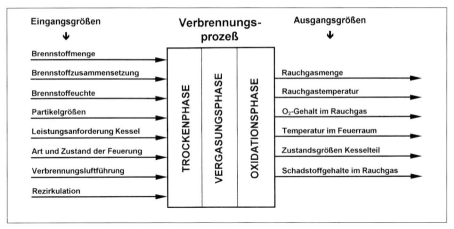

Abb. 10-1: Qualitative Darstellung des Verbrennungsprozesses für Holz- und Biomasse

nen bei Einsatz einer zuverlässigen Meß- und Regeltechnik reduziert werden. Das ausschöpfbare Minderungspotential bewegt sich in einer Größenordnung von 15 bis 20 %, bezogen auf die Gesamtanlagekosten.

Erhöhung der Verfügbarkeit
Zuverlässige Prozeßdatenerfassung und -verwertung reduzieren erwiesenermaßen die Gefahr von Anlageschäden. Dazu kommt die Möglichkeit, Trends rechtzeitig zu erkennen und vorbeugende Instandhaltung zu betreiben. Wenn etwa der abgasseitige Widerstand in einer Anlage über ein bestimmtes Maß ansteigt, so kann eine zeitgemäße MSR rechtzeitig Hinweise auf mögliche Ursachen und geeignete Gegenmaßnahmen geben.

Minderung des Reparaturaufwands
Rechtzeitig eingeleitete Wartungs- und Reparaturarbeiten kosten zumeist nur einen Bruchteil dessen, was der vermiedene Schaden kosten würde. Moderne Prozeßleittechnik gibt frühzeitig Hinweise auf erforderliche Wartungsarbeiten.

Leichtere Ursachenermittlung bei Schäden
Treten Schäden an der Anlage auf, so erleichtert die Prozeßdokumentation die Ursachenermittlung bzw. macht sie oft überhaupt erst möglich, da alle relevanten Meßgrößen bis zu drei Monate lang dokumentiert werden und in sog. Trendkurven ausgedruckt werden können. Abweichungen vom normalen Betriebsablauf und deren möglichen Ursachen lassen sich im Nachhinein erkennen. Abbildung 10-2 zeigt einen Trendkurvenverlauf verschiedener Meßgrößen einer Holzfeuerungsanlage ohne Auffälligkeiten.

Reduktion der Personalkosten
Holz- und Biomassefeuerungen arbeiten beim Energieeinsatz heute in vielen Fällen bereits kostengünstiger als vergleichbar große Anlagen mit fossilen Energieträgern. Negativ für die Gesamtkostenrechnung schlagen zumeist die Personalkosten zu Buche. Eine zeitgemäße Meß- und Regeltechnik macht gerade in diesem Punkt erhebliche Einsparungen möglich. Selbst große Anlagen mit Kraft-Wärme-Kopplung können und werden im Betrieb ohne Beaufsichtigung (BoB) nach TRD 604 gefahren. Dabei wird das Personal automatisch informiert bzw. angefordert, wenn dies erforderlich ist. Auch die Überwachung aus der Ferne ist mit der heutigen Kommunikationstechnik möglich und wird immer häufiger praktiziert.

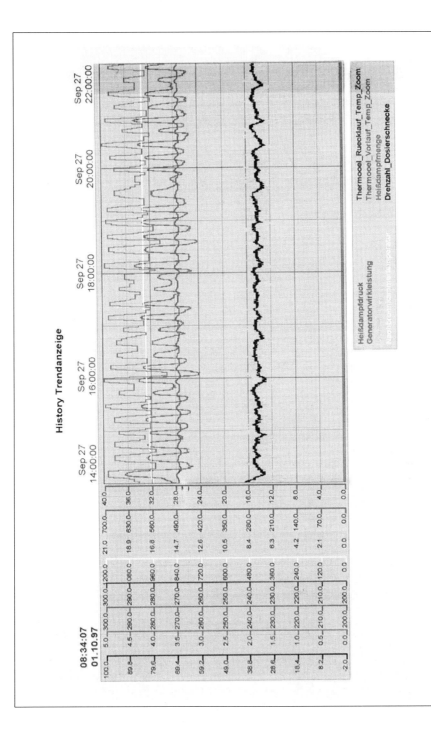

Abb. 10-2: Trendkurven für Ursachenermittlung bei Schäden

Optimierung des Emissionsverhaltens
Die für die Anlagen nach TA-Luft vorgeschriebenen Emissionsmessungen liefern im dreijährigen Abstand „Momentaufnahmen" des Emissionsverhaltens derartiger Anlagen. Besser und im Sinne aktiven Umweltschutzes weit effektiver ist die kontinuierliche Messung der wesentlichen Emissionskomponenten Kohlenmonoxid (CO) und Stickoxide (NO_x) mit einer geeigneten regeltechnischen Rückkopplung zum Verfahrensablauf. Bei Anlagen über 5 MW Feuerungswärmeleistung ist der Einsatz solcher Einrichtungen zumeist auch wirtschaftlich, da dadurch die Kosten wiederkehrender Messungen durch ein anerkanntes Meßinstitut eingespart werden.

Reduktion der laufenden Betriebskosten
Gerade bei Holz- und Biomassefeuerungen schlagen die Stromkosten oft sehr stark zu Buche. Die zahlreichen Ventilatoren für Verbrennungsluft und den Abgastransport verlangen hohe Antriebsleistungen. Eine regeltechnisch optimierte Feuerungsführung in Kombination mit stufenlos regelbaren Antriebsmotoren (Frequenzumformer) kann die Strombezugskosten einer Holzfeuerungsanlage um 30 bis 50 % senken. Gleichzeitig sinkt die Reparaturanfälligkeit der Ventilatoren, und es steigt die Reisezeit zwischen zwei Wartungen bzw. Überholungen.

10.3 Meßwerterfassungselemente

Die verfahrenstechnische Regelung kann im besten Falle nur so gut und zuverlässig sein wie die Meßwerterfassung, auf der sie aufbaut. Dies ist eine Binsenweisheit, deren Erwähnung überflüssig erscheinen mag. Die Praxis neuerer Holzfeuerungsanlagen zeigt jedoch, daß durchaus Veranlassung besteht, auf die Abhängigkeit des Regelprozesses von der Zuverlässigkeit der Eingangswerte hinzuweisen. Aufwendige Regeleinrichtungen sind oft wirkungslos bzw. arbeiten nicht bestimmungsgemäß, weil die Meßwerterfassung fehlerhaft ist.

10.3.1 Temperaturmessung durch Thermoelemente

Seit Jahren werden für die Temperaturerfassung in Holzfeuerungsanlagen die sog. Thermoelemente eingesetzt, deren Meßprinzip auf Thermospannung beruht. Thermoelemente zeichnen sich durch einen vergleichsweise niedrigen Anschaffungspreis aus. Gewichtige Nachteile beim Einsatz in Holzfeuerungsanlagen sind:
- begrenzte Meßmöglichkeit nur im Nahbereich des Einbauortes
- relativ große Trägheit und verzögerte Anzeige, d. h. keine Erfassung kurzzeitiger Schwankungen
- Meßwertbeeinflussung durch umgebendes Schamottematerial
- Anfälligkeit gegenüber Verschmutzung durch Schlacke mit der Folge der Meßwertverfälschung
- Änderung des Meßpunktes nur mit großem Aufwand möglich.

Die Erfahrung mit dem Einsatz von Thermoelementen in Holzfeuerungsanlagen erlaubt den Schluß, daß diese Erfassungsinstrumente dafür nur begrenzt geeignet erscheinen. In Kombination mit einer Feuerraum-Temperaturregelung können verfälschte Meßwerte sogar zu erheblichen Anlagenschäden führen. Der Regelung wird gegenüber der Realität zumeist eine zu niedrige Feuerraum-Temperatur gemeldet, mit der Folge, daß Maßnahmen zur Erhöhung eingeleitet bzw. fortgeführt werden, die dann zur frühzeitigen Zerstörung der Schamotteauskleidung führen. Aus diesem Grund haben viele Betreiber die Feuerraum-Temperaturregelung stillgelegt, weil dies als das geringere Übel im Vergleich zu einer nicht plausibel arbeitenden Regelung angesehen wird. Es ist eine alte, aber immer wieder ignorierte Tatsache: Prozeßregelung kann nur so gut und zuverlässig sein wie die Verfahrensdaten, auf die sie sich zwangsläufig abstützen muß. Eine ungenaue oder zu träge Feuerraum-Temperaturmessung zum Beispiel läßt eine darauf aufbauende, aufwendige Regelung zur Farce werden. Der Auswahl der geeigneten Meßwerterfassungselemente im Bereich von Holzfeuerungsanlagen kommt deshalb eine deutlich größere Bedeutung als dem Regelungskonzept selbst zu.

10.3.2 Pyrometrische Temperaturmessung

Die sog. pyrometrische Temperaturmessung erfaßt die Farbe der Flammen bzw. der Schamotteauskleidung und ermittelt daraus die jeweilige Temperatur, ein sog. indirektes Meßprinzip. Dabei wird eine Kamera außerhalb des Brennraumes so angeordnet, daß ein möglichst großer Bereich erfaßt bzw. durch Bewegung der Kamera abgefahren werden kann. Zum Feuerraum hin ist eine Abschirmung durch geeignetes Glas und in aller Regel auch eine gleichzeitige Kühlung und Freiblasen (Asche) mittels Druckluft notwendig.

Sinnvoll erscheint es, die Kamera von vornherein mit der Möglichkeit des Scannens auszustatten, d. h. das Erfassungsinstrument tastet in einer bestimmten Zeit (üblich sind 30 Sekunden) die gesamte Feuerung ab und ermittelt so nicht nur die Absolutwerte, sondern kann auch Höchst- und Niedrigstwerte erkennen. Die Möglichkeiten dieser pyrometrischen Messung in Kombination mit zeitgemäßen Steuer- und Regelelementen sind beachtlich und stellen im Hinblick auf die Thermoelementmessung einen Generationssprung dar.

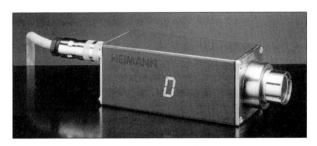

Abb. 10-3: Kamera für pyrometrische Messung

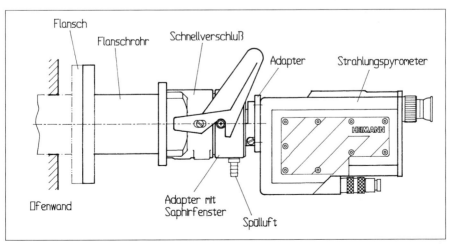

Abb. 10-4: Einbauanordnung der Anbauarmaturen für pyrometrische Messung

Die vorliegenden Erfahrungen mit einfachen pyrometrischen Systemen in Holzfeuerungsanlagen sind durchweg positiv, vor allem im Hinblick auf einen schlacke- und verschleißarmen Betrieb. Die Kosten für Erfassungselemente, Einbau und Inbetriebnahme liegen mit 15 000 bis 25 000 Euro gegenüber dem Thermoelement um eine Zehnerpotenz höher, machen sich aber in Abhängigkeit der Anlagengröße bereits nach ein bis zwei Jahren durch verminderte Reparatur- und Wartungskosten bezahlt.

10.3.3 Messung der Abgaszusammensetzung

Die Kenntnis der Konzentration der Elemente
- Sauerstoff (O_2)
- Kohlenmonoxid (CO)
- Stickoxide (NO_x)

im Abgas erlaubt in Kombination mit zuverlässiger Temperaturmessung eine umfassende Beurteilung des Verfahrensablaufes und gezielte Eingriffe zur Optimierung. Statt O_2 kann auch CO_2 gemessen werden. Zur Messung der Werte für CO und CO_2 hat sich die Infrarotmeßtechnik gerade nach Holzfeuerungsanlagen als robust und zuverlässig erwiesen. Auch für O_2- und NO_x-Messungen gibt es erprobte Meßgeräte. Hier wird auf VDI-Richtlinie 3462, Blatt 6 verwiesen. Bei Anlagenleistungen ab 10 MW ist die kontinuierliche Messung der Abgaskomponenten als Stand der Technik anzusehen.

Im einfachsten Falle wird auf die O_2-Messung eine O_2-Regelung aufgebaut, die einen vorgegebenen bzw. variablen Sollwert realisiert.

Die Messung des Gehaltes an Restkohlenwasserstoff im Abgas ist in aller Regel nicht notwendig, da eine enge Korrelation zur CO-Konzentration besteht. Sofern eine Mes-

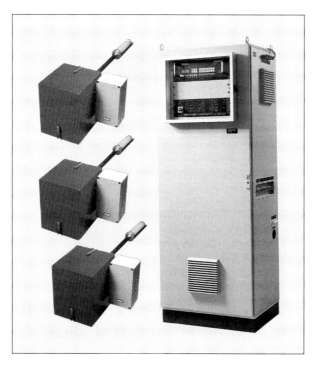

Abb. 10-5: Probeentnahmesonden und CO-, O_2-, NO_x-Meßgerät (Perkin Elmer)

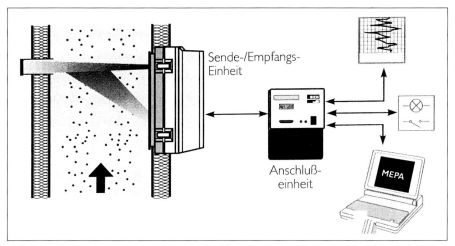

Abb. 10-6: Abgasdichtemessung (Sick-Gerät)

sung auflagebedingt dennoch notwendig ist, wird nach Holzfeuerungsanlagen zumeist das sog. FID-Gerät mit Erfolg eingesetzt.
Für Holzfeuerungsanlagen über 25 MW Feuerungswärmeleistung ist nach TA-Luft der Einsatz einer kontinuierlichen Abgasdichtemessung zwingend vorgeschrieben. Aber auch bei kleineren Einheiten wird der Einsatz bisweilen gefordert, um den Anfall von Abgasreinigungssystemen rechtzeitig erkennen und geeignete Maßnahmen einleiten zu können.
Das gängige Meßprinzip arbeitet mit einem definierten Lichtsender auf der einen und einem korrespondierenden Empfänger auf der anderen Seite des Abgaskanals. Die mehr oder weniger große Intensität des empfangenen Strahls ist Maß für den Staubgehalt im Abgas.

10.3.4 Brennstoffmengenerfassung

Für eine vorausschauende Regelung von Holz- und Biomassefeuerungen erweist sich eine permanente Messung und Bewertung der eingetragenen Brennstoffmengen als nützlich, z.T. auch als erforderlich. Bei gleichbleibenden Feuchten reicht zumeist die gewichtsmäßige Erfassung mittels Band- und Prallwaage aus. Sind größere Feuchteschwankungen nicht auszuschließen, so muß auch die Feuchte erfaßt und aus dem Gewicht die zugeführte Primärenergiemenge errechnet werden.
Die Kenntnis der eingesetzten Brennstoffenergie hat dabei nicht nur eine statistische bzw. betriebswirtschaftliche Komponente. Es geht vor allem darum, die Energiezufuhr schnellstmöglich schwankenden Abnehmerverhalten anpassen zu können und so Überlastungen auf der einen und Druck-/Temperatureinbrüche auf der anderen Seite weitestgehend vermeiden zu können.
Schließlich ist mit einer zuverlässigen Erfassung und Bewertung der Brennstoffmenge die bei Holzfeuerungsanlagen oft beobachtete „Überfütterung" mit allen daraus sich ergebenden Nachteilen weitestgehend auszuschließen.

10.3.5 Leistungsmessung

Die vom jeweiligen System abgeforderte bzw. abgegebene Leistung bestimmt letztlich, welche Menge an Primärenergie zugeführt werden muß, um den aktuellen Bedarf abdecken zu können. Die geeignetste Art der Leistungsmessung hängt vom jeweiligen Wärmeträger ab. Für Dampf gibt es entsprechende Dampfmengenmeßgeräte, die seit Jahrzehnten bewährt sind und zuverlässig arbeiten. Für Wasser und Thermoöl werden berührungslos arbeitende Geräte angeboten, die über Ultraschall die Durchflußmenge und mittels Anlegefühler (PT 100) die Vor- und Rücklauftemperaturen erfassen. Ein Rechner ermittelt daraus den Wärmefluß. Diese Geräte sind auch als mobile Einheiten zu bekommen, um orientierende Abnahme- bzw. Kontrollmessungen an beliebigen Versorgungssträngen durchzuführen.

10.4 Regeltechnische Stellglieder

Stellglieder sind die Befehlsempfänger und ausführenden Organe im Regelkreis und damit ebenso wichtig wie Meßelemente und Regler. Bei Holzfeuerungsanlagen wird diesem letzten Glied der Regelkette sehr oft zu wenig Aufmerksamkeit geschenkt. Ein Beispiel dafür ist das Stellglied Saugzugventilator, mit dessen Hilfe der Sollwert des Unterdrucks im Feuerraum auch bei wechselnden Lasten konstant gehalten werden soll. Viele Anlagenanbieter verzichten auf regelbare Saugzugventilatoren und setzen billigere, motorisch betätigte Regelklappen in den Abgasstrom. Deren Regelcharakteristik ist zumeist problematisch: kleine Veränderungen der Klappenstellung verursachen große Schwankungen im Unterdruck. Zudem arbeitet diese Art der Regelung im Hinblick auf die Antriebsenergie am Ventilator verlustreich und teuer.

10.4.1 Brennstoffdosierung

Bis vor wenigen Jahren und bei kleineren Anlagen wurde bzw. wird für die Dosierung des Brennstoffes Holz im sog. „Schwarz-Weiß-Betrieb" gefahren, d. h. mit konstanter Zugabemenge. Wenn die Solltemperatur bzw. der Solldruck im Kessel erreicht sind, wird der Brennstofftransport gestoppt und nach Erreichen des unteren Sollwertes wird die Anlage wieder mit voller Leistung angefahren. Mit dieser Fahrweise lassen sich keine optimalen Betriebsbedingungen schaffen. Einzig die sog. modulierende Regelung der Brennstoffzufuhr in Abhängigkeit des aktuellen Bedarfs erlaubt einen anlagenschonenden und emissionsoptimierten Betrieb. Bei Unterschubfeuerungen wird das durch eine stufenlos arbeitende Drehzahlregelung für die Zuführschnecke erreicht. Auch bei Rostfeuerungsanlagen kann die Taktzahl des zumeist hydraulisch angetriebenen Brennstoff-Schiebers je nach Lastsituation leicht erhöht bzw. reduziert werden. Bei der Einblasfeuerung läßt sich die eingetragene Brennstoffmenge zwar auch relativ bequem stufenlos variieren, die Trägerluftmenge dagegen ist nur in sehr engen Grenzen variabel. Hier kann man sich durch zwei parallele Beschicksträngen helfen.

10.4.2 Verbrennungsluftventilatoren und Luftmengendosierung

Eine feinfühlige Regelung der Verbrennungsluftzufuhr ist eine wichtige Forderung an zeitgemäße Holzfeuerungsanlagen. Bei kleineren Anlagen sind stufenlos regelbare separate Verbrennungsluftventilatoren für Primär- und Sekundärluft bei soliden Anbietern nahezu selbstverständlich. Bei Rostfeuerungsanlagen wird sehr oft noch mit mehr oder weniger genau arbeitenden Regelklappen und nur einem Ventilator für die verschiedenen Rostzonen und für Primär- und Sekundärluftzufuhr gearbeitet. Gerade bei Rostfeuerungen aber wäre es notwendig, jede Zone mit einem separaten stufenlos regelbarem Ventilator auszustatten. Nur so ist letztlich eine definierte Verbrennungsluftzufuhr in Kombina-

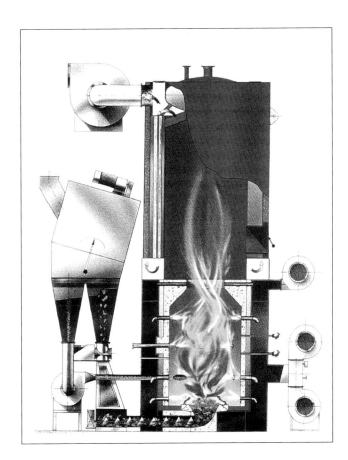

Abb. 10-7: Brennstoffdosierung für eine kombinierte Einblasunterschubfeuerung

tion mit verläßlicher Meßwerterfassung möglich.

10.4.3 Saugzugventilator

Eine gute Abstimmung zwischen Verbrennungsluftzufuhr auf der einen und dem Saugzugventilator auf der anderen Seite sollte für moderne Holz- und Biomassefeuerungsanlagen selbstverständlich sein. Tatsächlich wird nur in Ausnahmefällen eine korrespondierende Steuerung dieser wichtigen Stellglieder realisiert.

10.5 Regelsysteme für Holz- und Biomassefeuerungen

Ohne den Einsatz geeigneter Regelsysteme lassen sich Holz- und Biomassefeuerungsanlagen nicht dauerhaft so betreiben, daß die relevanten Emissionsgrenzwerte sicher eingehalten werden. Die erste Form einer den Verbrennungsprozeß optimierenden Regelung war und ist die sog. Unterdruckregelung. Dabei besteht die Regelaufgabe darin, einen vorgegebenen Sollwert für den Unterdruck im Feuerraum auch bei wechselnden Last- und Brennstoffbedingungen einzuhalten. Bei absinkendem Unterdruck erhält das Stellglied (in aller Regel der Saugzugventilator) den Befehl „Auf", bei steigendem Unterdruck wird der Saugzug zurückgefahren.

10.5.1 Lambda (λ)-Regelung

λ steht für den Luftüberschuß im Abgas und wird nach folgender Formel ermittelt:

$$\lambda = \frac{L}{L_0}$$

L = tatsächliche Luftmenge
L_0 = die für eine Verbrennung theoretisch notwendige Luftmenge

Bei der Lambda (λ)-Regelung wird versucht, einen vorgegebenen Sollwert möglichst konstant zu halten, wobei der Wert zur Erzielung optimaler Verbrennungsbedingungen je nach Art der Feuerung und des Brennstoffes schwankt. Wird dieser Optimalwert unter- bzw. überschritten, verschlechtert sich die Qualität der Verbrennung in Form erhöhter Kohlenmonoxid (CO)-Emissionen z. T. drastisch.

Hier liegt auch der Schwachpunkt der Lambda (λ)-Regelung begründet. Sie läßt sich erfolgreich nur dann einsetzen, wenn der Brennstoff in Stückigkeit und Feuchte relativ konstant ist und die jeweilige Anlage keine allzu großen Lastschwankungen zu bewältigen hat.

10.5.2 CO-Regelung

Im Gegensatz zur Lambda (λ)-Regelung baut die CO-Regelung nicht auf einer indirekten, sondern auf einer direkten Messung auf. Wegen der Besonderheit der CO/Lambda-Charakteristik arbeitet auch die CO-Regelung bei stark schwankenden Betriebsbedingungen nicht sicher genug im Sinne einer permanenten Minimierung der Kohlenmonoxidemissionen.

10.5.3 CO/Lambda-Regelung

Die CO/Lambda-Regelung stellt eine Kombination der beiden zuvor beschriebenen Regelkonzepte dar. Dadurch werden die Vorteile dieser beiden Regelstrategien vereinigt. Die Lambda-Regelung hat gegenüber der CO-Regelung den Vorteil, daß die Verbrennung bei einer vorgegebenen Luft-

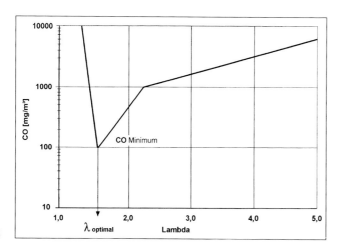

Abb. 10-8: Schematische CO/Lambda-Charakteristik (nach Nussbaumer)

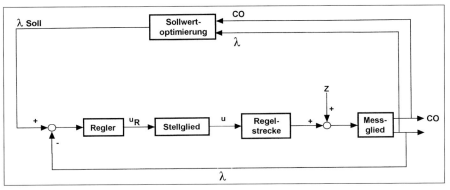

Abb. 10-9: Prinzipschaltbild der CO/Lambda-Regelung

überschußzahl stabil ist. Die Schwachstelle der Lambda-Regelung, daß ein fester Sollwert vorgegeben wird, von dem man nicht mit Sicherheit weiß, ob er unter veränderten Bedingungen (Kennlinienänderung der CO/Lambda-Charakteristik) noch optimal ist, wird durch die Aufschaltung der CO-Regelung beseitigt. Der Vorteil der CO-Regelung besteht gerade darin, daß eine Veränderung der CO/Lambda-Charakteristik aufgrund sich ändernder Rahmenbedingungen durch die direkte Messung der Verbrennungsqualität erfaßt wird. Die CO/Lambda-Regelung ist in Abbildung 10-9 in allgemeiner Form schematisch dargestellt. Als Basis dient die Lambda-Regelung. Durch die zusätzliche Verknüpfung der Information über den Kohlenmonoxidgehalt und die Luftüberschußzahl kann der Lambda-Sollwert optimiert werden.

Die Optimierung des Lambda-Sollwertes ist die wichtigste Komponente, damit der Betriebspunkt der Feuerung den sich verändernden Randbedingungen ständig angepaßt wird. Durch die Verknüpfung der beiden kann die optimale Luftüberschußzahl bestimmt werden. Folgende drei Optimierungsalgorithmen werden in der Praxis eingesetzt:

- Sollwert-Optimierung mit zeitlichem Fenster,
- Sollwert-Optimierung mit exponentiellem Vergessen,
- Optimierung durch Abbildung der CO/Lambda-Charakteristik.

Im Unterschied zur reinen CO-Regelung muß bei der CO/Lambda-Strategie keine Suchschwingung durchgeführt werden, um das CO-Minimum zu finden, denn die Lambda-Meßwerte streuen um den momentanen Lambda-Sollwert. Dadurch bekommt man Information über den Kohlenmonoxidgehalt links und rechts des Lambda-Sollwertes und der nächste Lambda-Sollwert bewegt sich automatisch in Richtung tieferen Kohlenmonoxidgehaltes und die Feuerung bleibt stabil.

Das Blockschaltbild in Abbildung 10-10 verdeutlicht die Integration der CO/Lambda-Regelung in den gesamten Feuerungsprozeß. Die vorgestellte CO/Lambda-Regelung wird durch die direkte (CO-Emission) und indirekte (Luftüberschuß) Messung der Verbrennungsqualität bestimmt. Mit dem Einsatz der CO/Lambda-Regelung kann eine beliebige Holzfeuerungsanlage unabhängig von den sich ändernden Rahmenbedingungen (schwankender Brennstoff, Änderung der Feuerungsleistung) kontinuierlich bei minimalen CO-Emissionen gefahren werden. Dieser Betriebspunkt ist

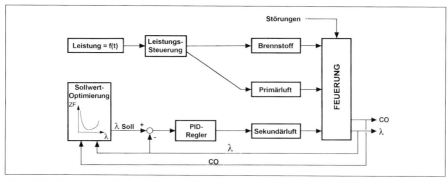

Abb. 10-10: Blockschaltbild der CO/Lambda-Regelung

gleichzeitig derjenige mit dem maximal zulässigen, feuerungstechnischen Wirkungsgrad, der nicht im Luftmangelbereich liegt.

Aus theoretischer Sicht ist davon auszugehen, daß durch die CO/Lambda-Regelung im Vergleich zur klassischen O_2- bzw. Lambda-Regelung, die CO-Emission um den Faktor 1 bis 4 reduziert und der feuerungstechnische Wirkungsgrad um rund 1 bis 3 % erhöht werden kann. Voraussetzung dabei ist, daß die jeweilige Feuerung im Hinblick auf die mechanische Konstruktion optimal gestaltet ist. Somit steht mit der CO/Lambda-Regelung ein Optimierungskonzept zur Verfügung, mit dem die Emissionsmassenfrachten von Holzfeuerungsanlagen erheblich reduziert und damit die Akzeptanz der energetischen Nutzung von Holz deutlich verbessert werden kann.

10.5.4 CO/Lambda-Regelung kombiniert mit Fuzzy-Logic

Die bereits optimierte CO/Lambda-Regelung hat den spezifischen Schwachpunkt, daß das Regelverhalten u. a. von fest eingegebenen Algorithmen bestimmt wird, die nicht in allen Punkten auf die Besonderheiten der Feuerungsgeometrie und die spezifischen Abläufe der Feuerführung Rücksicht nehmen kann. Die sich so ergebenden Unzulänglichkeiten kann die Fuzzy-Logic weitestgehend schließen. Sie erlaubt, die spezifischen Verhältnisse einer ganz bestimmten Feuerung, wie sie oft nur der Inbetriebnahmeingenieur während der Anlaufphase erkennen kann über die sog. linguistische Variable aufzunehmen und in den Regelprozeß einzubringen.

Dabei werden nicht nur λ- und CO-Meßwerte sondern beliebig viele andere prozeßbestimmende Größen verarbeitet. Bei diesem verfeinerten Regelsystem müssen Konstrukteure sowie das Inbetriebnahme- und Bedienpersonal zusammenarbeiten. Während erstere die Grundzusammenhänge des Verbrennungsablaufes einbringen müssen, kann die Feinabstimmung durch sog. Online-Optimierung nur durch Personal vor Ort durchgeführt werden.

10.5.5 Prozeßvisualisierung / Prozeßleittechnik

Um komplexe Gesamtsysteme zur energetischen Nutzung von Holz- und Biomasse mit möglichst geringem Personalaufwand emissions- und kostenoptimiert betreiben zu können, ist der Einsatz von Systemen erforderlich, die alle relevanten Daten laufend erfassen, auswerten und selbsttätig korrigierend in den Prozeßablauf eingreifen. Die entsprechende Technik gibt es seit

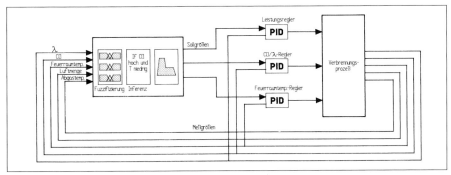

Abb. 10-11: Prinzipschaltbild – Optimierung des Verbrennungsprozesses durch Fuzzy-Logic

Jahren in Großkraftwerken. Für Holzfeuerungen war sie zu Beginn zu teuer. Inzwischen ist zuverlässige Prozeßvisualisierung und Datendokumentation bereits für Anlagenleistungen um 1000 kW bezahlbar geworden. Für größer Einheiten (ab 5 bis 10 MW) rechnet sich in aller Regel der Einsatz von Prozeßleittechnik. Dabei wird diese in aller Regel der SPS-Steuerung übergeordnet, ohne deren autarke Funktionstüchtigkeit zu gefährden. Eine zeitgemäße Prozeßvisualisierung/Prozeßleittechnik darf nicht zu kostenaufwendig sein. Gleichwohl muß sie ganz bestimmte technische Anforderungen erfüllen:

Das Rechnersystem soll folgenden Aufgabenstellungen gewachsen sein:

DDC-Funktionen:
– Meßwerterfassung
– Steuer- und Regelfunktionen
– Alarmüberwachung
– örtliche Bedienebene

Leit-Funktionen:
– Datenspeicherung
– Datenauswertung
– grafische Präsentation
– Visualisierung des Prozeßablaufes mit aktuellen Soll- und Ist-Werten
– Zentrale Bedienbarkeit via Modem/ISDN
– Laufende Prozeßoptimierung

Die Software sollte auf ein bewährtes Standardprogramm aufbauen.

Die bildhaften schematischen Darstellungen der Prozeßabläufe sollten
• übersichtlich
• sinnfällig
• aussagekräftig
sein.

Wichtig sind die Alarmfunktionen:
• automatischer Ausdruck von Störungen
• Trend- und Sollwertabweichungen
• Weiterschaltung auf Modem oder Cityruf
• Neutralschaltung der Anlage bei gravierenden Störungen

Eine sorgfältig entwickelte Prozeßleittechnik/Prozeßvisualisierung sollte die von ihr verursachten Mehrkosten kurzfristig amortisieren durch:
• geringe Anlagekosten
• kürzere Inbetriebnahmephase
• minimierte Überwachungskosten
• höhere Verfügbarkeit
• rechtzeitige Hinweise auf notwendige Reparaturen
• leichtere Ursachenortung bei Schäden

In diesem Sinne kann moderne Meß- und Regeltechnik, wenn sie angepaßt geplant und realisiert ist, Anlagen zur energetischen Nutzung von Holz- und Biomasse insgesamt wirtschaftlicher, zuverlässiger und emissionsärmer machen.

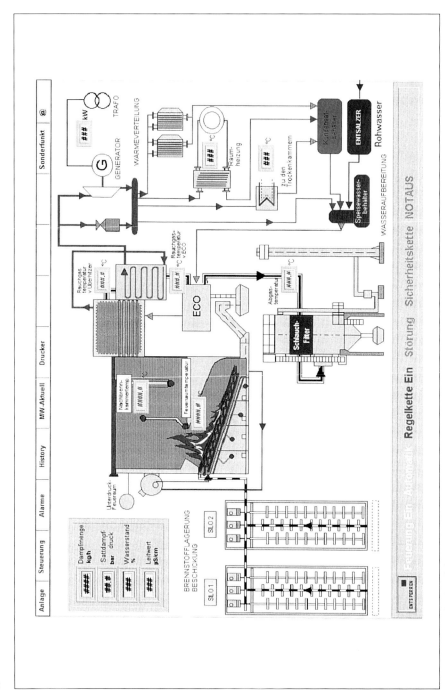

Abb. 10-12: Prozeß-Visualisierung

11 Emissionsminderung und Abgasreinigung

Holz- und Biomassefeuerungen, insbesondere Kleinanlagen, hatten jahrzehntelang mit einem negativen Image aufgrund mehr oder weniger unangenehmer Nachbarschaftsbelästigung durch Rauch und Geruch zu kämpfen. Ursächlich waren vor allem ein schlechter Ausbrand infolge unzureichender Technik, aber auch Betriebsfehler wie Schwachlastbetrieb oder Einsatz zu feuchter Holzbrennstoffe. Aber auch bei den größeren Anlagen im gewerblichen Bereich gab es häufig eine unbefriedigende Emissionssituation. Ausgelöst durch die verschärften Anforderungen der 1. BImSchV von 1988, der TA Luft von 1986 und der 17. BImSchV von 1990 wurde in den vergangenen Jahren die Technik von Feuerungsanlagen für Holz, Holzabfälle und Biomassen erheblich weiterentwickelt. Trotz der Fortschritte im Bereich der Feuerungsführung und Regelungstechnik kann auf sekundäre Reinigungsmaßnahmen der Abgase nicht verzichtet werden. In erster Linie geht es dabei um die Reduktion des Staubgehaltes und eine Verbesserung des Ausbrands, aber bei vielen Feuerungsanlagen für Produktionsabfälle und Althölzer müssen auch die Emissionen an Halogenwasserstoffen, Schwermetallen, Stickstoffoxiden und Dioxinen vermindert werden.

11.1 Grundlagen

Eine Verbesserung des Ausbrands ist vornehmlich durch optimierte Betriebsbedingungen und eine geeignete Regelungstechnik zu erreichen. Bei den Stickstoffoxiden sind die gestufte Luftführung und die Abgasrückführung geeignete Minderungsstrategien. Die bisher genannten Emissionsminderungen werden als primäre Maßnahmen bezeichnet. Bei der Minderung von anderen Schadstoffen sind sekundäre Abgasreinigungsmaßnahmen erforderlich. Schadstoffe im Abgas lassen sich im weiteren durch Zusatzstoffe zerstören oder binden.

Bei den Stickstoffoxiden erfolgt eine Reduktion durch Zugabe von Ammoniak oder Harnstoff (siehe auch Kapitel 4). Saure Abgasbestandteile werden mit basischen Additiven zu schwerflüchtigen Salzen umgesetzt und als Feststoffpartikel aus dem Abgas abgeschieden. Gebräuchlich ist die Zugabe von Calciumhydroxid als Pulver oder Suspension (Kalkmilch). Schwerflüchtige organische Stoffe (PAK, Dioxine) sowie das toxische Quecksilber lassen sich durch Zugabe von Aktivkohle oder Herdofenkoks aus den Abgasen entfernen. Der Koks oder die Aktivkohle kann dabei mit basischen Salzen als Kombinationspräparat gemischt zugegeben werden. Das Verfahren ist relativ einfach und gilt in Kombination mit Gewebefiltern als Option für moderne Feuerungsanlagen, mit denen sich aufwendigere Maßnahmen vermeiden lassen. Nachteilig ist, daß die Adsorptionsmittel nach Gebrauch zu Abfällen werden, die entsorgt werden müssen.

Eine weitere Abgasreinigungstechnik ist der Einsatz von Katalysatoren, die polyaromatische Kohlenwasserstoffe und Dioxine oxidativ zerstören. Sie werden häufig in Kombination mit Entstickungskatalysatoren eingesetzt. Auf die mit diesen primären und sekundären Maßnahmen verbundenen Techniken wird im folgenden noch näher eingegangen.

11.2 Optimierung der Ausbrandbedingungen

Ein optimaler Ausbrand ist eine der Grundanforderung für den Betrieb von Holz- und Biomassefeuerungen. Liegen bei einer Feuerungsanlage im Nennlastbetrieb erhöhte Kohlenmonoxid- und Kohlenwasserstoffwerte vor, dann ist der Ausbrand gestört. Hierfür gibt es mehrere Ursachen:
- Unzulängliche Betriebsbedingungen
- Ungeeigneter Brennstoff
- Konstruktive Mängel der Feuerungsanlage

Wichtig ist zunächst, die Betriebsbedingungen wie Luftzufuhr und Temperatur zu prüfen. Die Brennstoffzufuhr sollte gleichmäßig und der Verbrennungskapazität der Anlage angepaßt sein. Weiterhin muß die Stückigkeit des Brennstoffs auf das Feuerungssystem zugeschnitten sein. So treten bei Rost- und Unterschubfeuerungen, die für grob- bzw. mittelstückige Holzbrennstoffe ausgelegt sind, häufig Verbrennungsprobleme auf, wenn der Anteil von staubförmigen Bestandteilen im Brennstoff zu hoch ist. Die feinen Holzteile werden bei Eintrag in den Brennraum leicht in die Nachbrennkammer mitgerissen. Sie entgasen dort, können aber nicht optimal ausbrennen. Bei Unterbrandkesseln können sich dagegen grobe Holzscheite im Brennstoffschacht verkeilen. Auch ist hier ein Rückbrand möglich. Bei automatisch beschickten Feuerungen können grobe Holzteile das Brennstoffeintragssystem stören. Brennstoffseitige Einflußfaktoren sind weiterhin eine zu hohe Feuchte des Brennstoffs. Bei bestimmten Holzabfällen können auch holzfremde Bestandteile den Ausbrand inhibieren (siehe Abschnitt 4.8). Grobe Konstruktionsmängel sind eine zu kleine oder zu große Brennkammer, Wärmetauscher und andere Kühlflächen, die in die Ausbrandzone der Brenngase hinein reichen und fehlende Durchmischungseinrichtungen für Brenngas und Sekundärluft.

Ausreichende Luftzufuhr

Erste Voraussetzung für einen guten Ausbrand ist eine ausreichende Luftzufuhr. Bei gut eingestellten Holzfeuerungen bedeutet dies im Nennlastbetrieb die Einhaltung einer λ-Luftüberschußzahl zwischen etwa 1,4 und 2,0.

Um zu bestimmen, inwieweit die Feuerungsanlage vom optimalen Ausbrand entfernt ist, sollte die CO/Lambda-Charakteristik bestimmt werden. Hierbei wird unter sonst gleichen Betriebsbedingungen für verschiedene λ-Werte der Kohlenmonoxidgehalt ermittelt. Graphisch aufgetragen ergibt sich üblicherweise die in Abbildung 11-1 dargestellte Lambda/CO-Charakteristik. Bei einem gewissen λ-Wert ist die Kohlenmonoxidkonzentration im Abgas minimal. Je näher dieser Wert an 1,0 liegt, um so besser ist die Durchmischung von Brenngasen und Sekundärluft. Bei einer modernen Feuerung liegt der λ-Wert um 1,5. Der für diesen Optimalpunkt geltende Kohlenmonoxidgehalt ist ein weiteres Maß für die Einhaltung optimaler Betriebs- und Ausbrandbedingungen. Er sollte unter 100 mg/m^3 liegen. Im Optimalpunkt liegen auch die Kohlenwasserstoffemissionen niedrig.

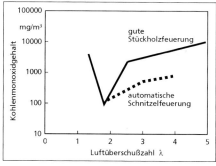

Abb. 11-1: Verbrennungstemperatur und Kohlenmonoxidkonzentration als Funktion der Luftüberschußzahl λ (Quelle: Nussbaumer 1990)

Ausreichend hohe Temperaturen

Um einen möglichst vollständigen Ausbrand zu erreichen, ist als weitere Grundvoraussetzung eine ausreichend hohe Temperatur in der Oxidationszone der Brenngase erforderlich, um die Brenngasbestandteile rasch und vollständig zu oxidieren. Da der Ablauf von chemischen Reaktionen Zeit benötigt, müssen die günstigen Temperaturbedingungen außerdem über eine gewisse Dauer aufrecht erhalten werden. Als Grundregel gilt dabei, je höher die Temperatur um so geringer ist die Zeit, um eine vollständige Verbrennung zu bewirken. Faustwerte sind bei Holzfeuerungen eine Mindesttemperatur von 800 bis 850 °C in der Ausbrand- oder Oxidationszone und eine Verweildauer von etwa 2 Sekunden.

Die Oxidationszone ist bei den meisten Holzfeuerungen mehr oder weniger identisch mit dem oberen Teil der Brennkammer, d. h. dort wo die Abgase in den Abhitzekessel oder Wärmetauscher übergehen. Geregelte Feuerungen haben in diesem Bereich einen Temperaturfühler und eine Lambda-Sonde, welche die Temperatur und die Luftüberschußzahl anzeigen. Bei Feuerungen mit mechanischer Luftzufuhr läßt sich die Regelung mit dem Gebläse koppeln und so eine optimale Verbrennung einstellen (siehe Kapitel 10). Damit können vom Brennstoff und anderen Faktoren abhängige Unregelmäßigkeiten im Abbrandverhalten kompensiert werden.

Die Temperatur in der Oxidationszone ist ein kritischer Faktor. Die Verbrennungstemperatur ist abhängig vom Heizwert des Holzes, d. h. in der Regel vom Feuchtegehalt und von der Luftzahl. Abbildung 11-2 zeigt den Zusammenhang zwischen Verbrennungstemperatur, Holzfeuchte und Luftüberschußzahl. Die höchste Temperatur ergibt sich mit rund 2000 °C bei stöchiometrischer Verbrennung von absolut trockenem Holz (Holzfeuchte $u = 0\%$). Da Brennholz nicht absolut trocken ist und die Verbrennung stets mit Luftüberschuß erfolgt, wird diese Temperatur in der Praxis jedoch nicht erreicht. Auch Wärmeverluste, zum Beispiel durch Strahlung, führen zu einer niedrigeren Temperatur in der Oxidationszone. In dieser Zone wird die Verbrennungstemperatur bei optimierter Luftzahl (λ um 1,5) und Einsatz von lufttrockenem Holz (u um 20%) bei maximal etwa 1200 °C liegen. Bei feuchtem Brennstoff und größerer Luftzahl ist darauf zu achten, daß sie nicht unter den kritischen Wert von 800 °C absinkt.

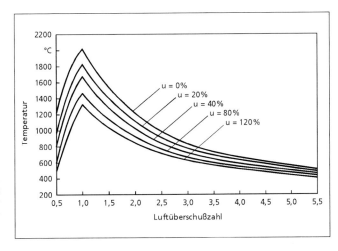

Abb. 11-2: Die Verbrennungstemperatur von Holz in Abhängigkeit von der Holzfeuchte und der Luftüberschußzahl (Quelle: Nussbaumer 1989)

Außer der Optimierung der Luftzahl sind ggfs. weitere Maßnahmen erforderlich, um die notwendige Verbrennungstemperatur einzuhalten. Hierzu gehören zum Beispiel die Vortrocknung des Brennstoffs oder die Vorwärmung der Primär- und Sekundärluft. Um optimale Ausbrandbedingungen zu erreichen, sollte die Oxidationszone der Brenngase nicht gekühlt werden und richtig dimensioniert sein. So sollte die Zone so lang sein, daß bei der höchsten Luftgeschwindigkeit die Verweildauer der Gase in diesem Bereich mindestens 2 Sekunden beträgt.

Ein bei Holzheizkesseln älterer Bauart häufig zu findender Fehler ist, daß die Wärmetauscherflächen in die Oxidationszone der Brenngase reichen und noch von den Flammen umstrichen werden. Ruß- und Teerbildung sowie hohe Kohlenmonoxid- und Kohlenwasserstoffemissionen sind die Folge dieses Konstruktionsfehlers. Ursächlich für den Konstruktionsmangel war, daß für die weitgehend flammlose Kohle geeignete Heizkessel auch für das langflammige Holz verwendet wurden. Heutige Heizkessel sind speziell für Holz ausgelegt und berücksichtigen die Langflammigkeit dieses Brennstoffs.

Ausreichend gute Durchmischung

Eine hohe Temperatur, eine lange Verweildauer und ausreichend Luftsauerstoff sind jedoch allein keine Garanten für einen optimalen Ausbrand, da strömende Gase zur Bildung von Strähnen neigen. Brenngas und Sekundärluft bewegen sich dabei parallel durch die Oxidationszone, ohne daß eine ausreichende Durchmischung erfolgt. Als dritte Voraussetzung gilt daher, die Brennluft mit der Verbrennungsluft gut zu durchmischen. Um dieses zu erreichen, sind Verwirbelungszonen in der Brennkammer erforderlich. Die einfachste Maßnahme ist eine Umlenkung der Abgase durch einen Zug im noch ungekühlten Teil der Brennkammer. Bei Vorofenfeuerungen wird durch einen Knick im Ausbrandkanal, bei Sturzbrandkesseln durch die Umlenkschale eine vergleichbare Wirkung erreicht. Auch eine gezielte mechanische Verwirbelung des Brenngases mit der Sekundärluft ist möglich. Bei Muffeleinblasfeuerungen mit zentrischer Einblasung von Brennstoff und Primärluft wird eine Wirbelströmung der Brenngase durch die tangential eingeführte Sekundärluft erreicht (Abbildung 11-3). Eine solche Feuerung ermöglicht eine gleitend-gestufte Zuführung der Sekundärluftzugabe und eine entsprechende gleitende Zunahme der λ-Zahl.

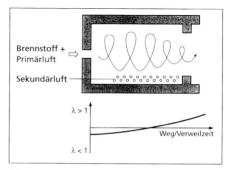

Abb. 11-3: Muffeleinblasfeuerung mit gleitend-gestufter Verbrennungsführung (Quelle: S. Peters in Marutzky 1997)

Alternative Konstruktionen blasen die Mischung aus Brennstoff und Primärluft tangential in die Muffel ein. Die Sekundärluft wird über tangential angeordnete Düsen so eingeblasen, daß die schraubenlinienförmige Bewegung der Brenngase unterstützt wird. Diese Art der Brenngasführung verlängert gleichzeitig die Verweildauer und trägt so zusätzlich zu einem optimalen Ausbrand bei.

Bei Rost-, Einblas- und Unterschubfeuerungen mit konventioneller Brennluftzufuhr läßt sich eine Verwirbelung in der Brennkammer durch ein sogenanntes „Gliederkopfgebläse" erreichen. Das Gliederkopfgebläse vermischt die brennbaren Gase und die Verbrennungsluft intensiv

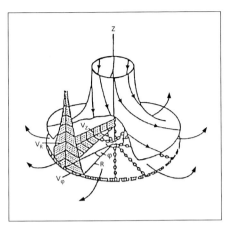

Abb. 11-4: Dreidimensionale Gasströmung erzeugt durch einen mechanisch angetriebenen Kettenkranz (Quelle: Christian in Marutzky 1997)

durch eine dreidimensional turbulente Wirbelströmung, welche von einem umlaufenden, mechanisch angetriebenen Kettenkranz erzeugt wird (Abbildung 11-4). Die erzeugte Wirbelströmung wirkt in die Brennkammer hinein und kann je nach Art der Feuerung so ausgerichtet werden, daß eine optimale Verbrennung erzielt wird. Das Gliederkopfgebläse ist außerhalb der Brennkammer angebracht und wird von

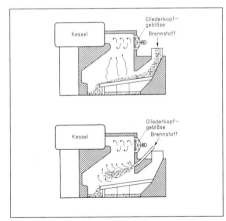

Abb. 11-5: Schematische Darstellung von zwei mit Gliederkopfgebläse nachgerüsteten Feuerungsanlagen (Quelle: Christian in Marutzky 1997)

dieser durch ein wassergekühltes Hitzeschild abgeschirmt. Es eignet sich besonders zur Nachrüstung bestehender Feuerungsanlagen mit unzulänglichen Durchmischungsverhältnissen (Abbildung 11-5). Bei Feuerungsanlagen mit festem Glutbett gehört zu einer Verbesserung der Durchmischung auch eine Bewegung desselben. Bei Kleinfeuerungen mit starrem Rost erfolgt dies durch gelegentliches Rütteln des Rostes oder Schüren des Glutbettes. Bei größeren Rostfeuerungen erzeugt der mechanisch bewegte Rost entsprechende Bewegungsimpulse. Die Bewegungen des Glutbetts können durch eingebaute Wirbeldüsenelemente wirkungsvoll verstärkt werden. Hierbei handelt es sich um in die Rostkonstruktion integrierte Platten, bestückt mit Düsen, über die gesteuerte Preßluftimpulse mit einer Austrittsgeschwindigkeit von 80 bis 100 m/s geschickt werden, welches das darüber befindliche Glutbett aufwirbeln. Die Aufwirbelung verbessert den Verbrennungsablauf und wirkt Anbackungen an den Roststäben entgegen.

Der vollständige und schadstoffarme Ausbrand von Holz stellt somit hohe Anforderungen an die Anlagentechnik und die Betriebsbedingungen, die sich aus der besonderen Natur des Brennstoffs ergeben. Der Ausbrand ist allerdings eine nicht völlig von der Emissionssituation gelöst zu betrachtende Optimierungsgröße, denn in ungünstigen Fällen kann es zu einer Erhöhung der Stickoxidemissionen kommen. Auf diese Zusammenhänge wird in Abschnitt 11.4 noch näher eingegangen.

Kritische Emissionszustände sind auch stets die An- und Abfahrphase der Feuerung. Insbesondere beim Anfahren der Anlage ist die Brennkammer noch kalt, so daß die für eine optimale Verbrennung erforderlichen Ausbrandbedingungen nicht vorhanden sind. Holzfeuerungen sollten daher kontinuierlich über möglichst lange Zeitspannen betrieben werden. Der Schwachlastbetrieb ist als kritisch einzustufen und sollte in der Praxis vermieden werden.

Optimale Verbrennung erfordert einen gleichmäßigen Betrieb der Feuerung in einem Lastbereich, für den die Anlage ausgelegt wurde. Auch bei Einsatz moderner Regelungstechnik sollten Holzfeuerungen nur in einem Bereich betrieben werden, der etwa 70 % der Nennlast nicht unterschreitet. Niedrigere Laststufen sind nur bei regelbaren Beschickungsvorrichtungen und einem auf einen solchen Betrieb ausgerichteten Vergasungs- und Verbrennungsraum möglich. Bei Feuerungen mit kritischen Brennstoffen, zum Beispiel stark mit Fremdstoffen belasteten Gebrauchthölzern, sollte die Anlage zunächst durch Anfahren mit unbelastetem Holz, Gas oder Öl auf die für einen optimalen Betrieb erforderliche Temperatur gebracht werden.

Zur Verbesserung der Verbrennung gibt es im weiteren Brennstoffadditive, die oxidationsbeschleunigend wirken. Diese sogenannten Verfahrenshilfsstoffe enthalten metallische Oxidationskatalysatoren und dienen der Verbesserung des Ausbrandes bei niedrigem Sauerstoffgehalt. Weitere Vorteile sind nach Herstellerangaben eine Reduzierung der Abgasmenge und eine Minderung des Funkenflugs. Die Additivsysteme werden dem Brennstoff zweckmäßigerweise in gelöster Form zudosiert.

11.3 Entstaubung von Abgas

Aschepartikel und mit ihnen die meisten Schwermetalle werden durch Fliehkraftabscheider (Zyklone), filternde Abscheider (Gewebefilter), Wäscher oder elektrostatische Abscheider aus dem Abgas entfernt. Auch schwerflüchtige organische Stoffe wie PAK oder Dioxine werden dabei teilweise abgeschieden. Die Abscheider unterscheiden sich im Wirkungsgrad und der thermischen Belastbarkeit. Tabelle 11-1 und Abbildung 11-6 geben eine Übersicht.

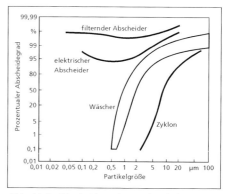

Abb. 11-6: Abscheidegrade von Staubabscheidern in Abhängigkeit von der Korngröße

Tabelle 11-1: Übersicht der Systeme zur Partikelabscheidung bei Holzfeuerungsanlagen

Prinzip	System	Anwendung
Trockenabscheidung		
Gravitation	Absetzkammer	Vorentstaubung im System
Fliehkraft	Zyklon	– Vorentstaubung – Entstaubung einfacher Anlagen
Filterung / Adsorption	Gewebefilter, Keramikfilter	– Hochwertige Entstaubung – Abgasreinigung mit Additivzugabe
Elektrostatische Abscheidung	Elektrofilter	– Hochwertige Entstaubung
Naßabscheidung		
Gaswäsche	Venturiwäscher Sprühwäscher Wirbelwäscher	– Entstaubung und Abgasreinigung

Der Staubgehalt im Rohgas nach der Feuerung liegt bei Werten zwischen 1.000 und 6.000 mg/m³. Je nach Art, Größe und Genehmigung der Feuerungsanlage müssen die gereinigten Abgase Emissionsgrenzwerte zwischen 10 und 150 mg/m³ einhalten. Dies erfordert eine geeignete Entstaubungstechnik. Eine erste Staubabscheidung erfolgt in den Zügen des Kessels und der der Brennkammer nachgeschalteten Absetzkammer. Danach wird der größte Teil des verbliebenen Flugstaubs mit Hilfe eines vor dem Abgaskamin befindlichen Fliehkraftabscheiders abgeschieden. Bei zulässigen Emissionsgrenzwerten von 150 mg/m³ reicht diese Maßnahme aus. Bei niedrigeren Emissionsgrenzwerten sind effektivere Staubabscheider erforderlich.

Der Grund für die hohen Anforderungen an die Staubabscheidung liegt in der Feinheit der Partikelemissionen. Aus verschiedenen Untersuchungen ist bekannt, daß die Partikelgrößen der Flugaschen bei Holzfeuerungen sehr niedrig ist. In der Regel haben mehr als 80 % der Staubgesamtmasse im Rohgas hinter dem Wärmetauscher eine Partikelgröße von < 1 µm. Damit wird aber der Abscheidewirkungsgrad der üblichen Fliehkraftabscheider überfordert (Abbildung 11-7). Um eine gesicherte Einhaltung des Staubemissionswertes im Bereich unter 50 mg/m³ (TA Luft-Wert) oder unter 10 mg/m³ (Wert der 17. BImSchV) zu erreichen, bedarf es des Einsatzes eines elektrischen oder filternden Staubabscheiders. Auch bei diesen Entstaubern ist es sinnvoll, Zyklone als Vorabscheider einzusetzen. Sie haben zudem den Vorteil, daß sie mitgerissene glühende Holzpartikel („Funken") rechtzeitig entfernen, bevor sie zum Beispiel das Gewebe eines filternden Abscheiders schädigen und zerstören können.

11.3.1 Entstaubung mit Fliehkraftabscheidern

Die Staubabscheidung aus Gasströmen ist einfach und betriebssicher mit Schwerkraftabscheidern, Umlenkabscheidern und insbesondere Fliehkraftabscheidern möglich. Effektive und kostengünstige Systeme zur Minderung des Ascheanteils im Rauchgas von Holzfeuerungsanlagen sind die sog. Fliehkraftabscheider oder Zyklone. Sie machen sich die größere Trägheit der Aschepartikel in Relation zu den gasförmigen Komponenten im Rauchgas zu nutze, indem letztere tangential in die enge Kreisbahn des Abscheiders eingeleitet werden. Der größte Teil der Aschepartikel wird dabei an die Gehäusewand gedrückt und dann nach unten über eine Zellenradschleuse ausgetragen, während die abgereinigten Gase zentrisch nach oben abgesaugt werden. Abbildung 11-7 zeigt den Grundtyp eines Zyklons.

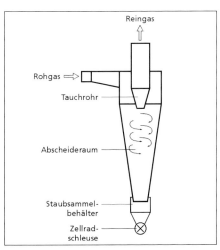

Abb. 11-7: Schematische Darstellung der Staubabscheidung in einem Fliehkraftabscheider (Zyklon)

Zyklone lassen sich bei Drücken zwischen 0,01 und 100 bar und Temperaturen bis über 1.000 °C betreiben. Bei Feuerungsanlagen werden sie in der Regel bei atmosphärischem Druck und einer Temperatur zwischen 150 und 250 °C betrieben. Den anwendungstechnischen Vorteilen der Fliehkraftabscheider steht als Nachteil ihr im Vergleich zu anderen Entstaubern geringes Abscheidevermögen gegenüber. Die absoluten Grenzen des Reingasstaubgehaltes bei Fliehkraftsystemen nach Holzfeuerungsanlagen schwanken je nach Feuerung und Brennstoff zwischen 100 und 150 mg/m³. Mit den sog. Multizyklon-Hochleistungsabscheider läßt sich ein Abscheidegrad erreichen, der den Anforderungen der 1. BImSchV entspricht (Staubgehalt < 150 mg/m³).

Bei Holzfeuerungen bis 5 MW Feuerungswärmeleistung sind Zyklonkonstruktionen daher bewährte Staubabscheider. Abbildung 11-8 zeigt die Integration eines Multizyklon-Fliehkraftabscheiders in den Abgasweg einer Holzfeuerungsanlage.

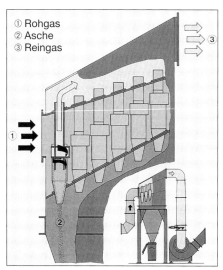

Abb. 11-8: Multizyklon-Entstauber im Abgas einer Holzfeuerungsanlage

Immer wieder hat es in den letzten Jahren Versuche gegeben, die Leistungsfähigkeit von Fliehkraftabscheidern durch neue Konstruktionsprinzipien über die genannten Werte hinaus zu steigern. Der Praxisbeweis, daß dies mit wirtschaftlich vertretbarem Aufwand tatsächlich möglich ist, konnte bisher jedoch noch nicht erbracht werden. Werden Reingasstaubgehalte deutlich unter 100 mg/m³ gefordert, muß auf höherwertige Entstaubungssysteme zurückgegriffen werden.

11.3.2 Staubabscheidung mit Elektrofiltern

Hinter Kohlefeuerungen werden seit Jahrzehnten Elektrofilteranlagen mit Erfolg zur Abgasreinigung eingesetzt. Überlegungen, dieses Prinzip auch nach Holzfeuerungen einzusetzen, wurden zwingend, als für den Reststaubgehalt vom Gesetzgeber Werte gefordert wurden, die von Fliehkraftanlagen nicht realisiert werden können. Heute ist das Elektrofilter zur Standardausrüstung nach Holzfeuerungsanlagen mit mehr als

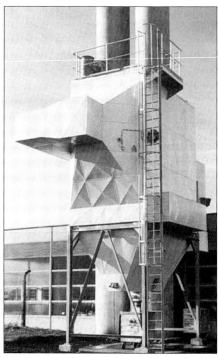

Abb. 11-9: Elektrofilter für die Entstaubung von Feuerungsabgasen

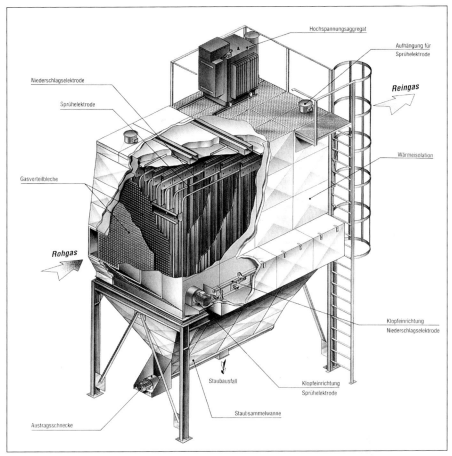

Abb. 11-10: Einblick in das Innere eines Elektrofilters

5 MW Feuerungswärmeleistung geworden. Auch für kleinere Leistungseinheiten, bei denen nicht 50 mg/m^3, sondern 150 mg/m^3 als obere Grenze der Staubbeladung gefordert werden, wird vielfach auf das Elektro-Filter zurückgegriffen, um den vorgeschriebenen Grenzwert sicher zu unterschreiten. Mit Elektrofiltern lassen sich Partikelkonzentrationen im Reingas zwischen 10 und 50 mg/m^3 erreichen.

Das Prinzip des Elektrofilters ist ebenso einfach wie wirkungsvoll: Sogenannte Sprühelektroden im Rohgasstrom laden mit hoher Spannung (40 kV) die festen Teile elektrisch positiv auf. Aufgrund der sich dann ergebenden elektrostatischen Kräften werden die mit positiver Ladung versehenen Teilchen von den negativ gepolten Niederschlagselektroden angezogen und dort abgelagert. Durch regelmäßige mechanische Impulse werden die angelagerten Teile abgeklopft und über eine Schnecke nach außen zur Entsorgung transportiert. Abbildung 11-9 zeigt die wesentlichen Komponenten eines modernen Elektrofilters, Abbildung 11-10 gibt einen Einblick ins Innere.

So einfach das Prinzip der elektrostatischen Abgasreinigung an sich erscheint, im praktischen Einsatz nach Holzfeuerungsanlagen hat es bisweilen dennoch Probleme gegeben. Besonders gravierende sind Filterbrände oder Filterexplosionen.

Bei den bekanntgewordenen Schadensfällen gab es stets größere Ansammlungen unvollständig verbrannten Materials im Filter, die dann durch eine Funkenentladung oder durch mit dem Rauchgas eingetragene glühende Materialien entzündet wurden und die Einbauten (Sprüh- und Niederschlagselektroden) durch Überhitzung unbrauchbar machten. Nach Analyse der Schadensfälle gilt wohl, daß bei schlechter Verbrennung und einem hohen Anteil nicht verbrannter Holzkohlepartikel im Rauchgas die Klopfabreinigung der Niederschlagselektroden schlechter oder überhaupt nicht funktioniert, so daß Schichtdicken von 15 bis 20 mm (üblich sind 1 bis 2 mm) auftreten und so ein beachtliches Primärenergiepotential und entsprechende Gefahrenquelle darstellen. Inzwischen gibt es Bestrebungen, für Elektrofilter nach Holzfeuerungsanlagen Überwachungs- und Vorsorgeeinrichtungen zu installieren, die Explosionen und Brände wirksam verhindern sollen. Greifbare Ergebnisse liegen noch nicht vor.

Ein weiterer wichtiger Punkt, der bei Elektrofiltern zu beachten ist, betrifft die Betriebstemperatur. Im Grundsatz können Elektrofilter bei Temperaturen bis 300 °C betrieben werden. In der Praxis sollte auf Grund neuerer Erkenntnisse die Betriebstemperatur jedoch unterhalb 200 °C liegen, um die sogenannte De-Novo-Synthese von Dioxinen zu vermeiden.

11.3.3 Staubabscheidung mit filternden Abscheidern

Seit in verstärktem Maße Anlagen zur energetischen Verwertung von Gebrauchtholzsortimenten errichtet werden, sind filternde Abscheider, zumeist Gewebefilter nach Holzfeuerungsanlagen im Einsatz, weil nur damit der bei diesen Anlagen zumeist geforderte Wert für den Reingasstaubgehalt von 10 mg/m^3 sicher erreicht werden kann. Neben dem höheren Abscheidegrad spricht für den Einsatz dieser Variante bei Problemsortimenten die Möglichkeit, durch Zugabe von Kalk und Aktivkohle in den Rauchgasstrom, im Filter die für die Einhaltung der vorgeschriebenen Grenzwerte notwendige Dechlorierung durchführen zu können.

Abb. 11-11: Aufbau eines Schlauchfilters zur Entstaubung von Feuerungsabgasen

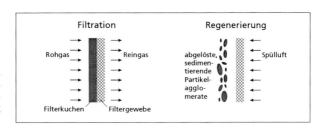

Abb. 11-12: Schematische Darstellung der Filtrations- und Abreinigungsphase bei der kuchenbildenden Staubabscheidung (Quelle: Schmidt, Pilz 1995)

Das Gewebefilter ist in Aufbau und Wirkungsweise deutlich komplizierter und aufwendiger als das Elektrofilter oder gar der Fliehkraftabscheider. Die häufigste Bauform ist das sogenannte Schlauchfilter (Abbildung 11-11).

Die Wirkungsweise der Partikelabscheidung besteht darin, daß das staubhaltige Rohgas durch ein poröses Filtermedium geleitet wird, wobei die Teilchen unter der Wirkung verschiedener Mechanismen zurückgehalten werden. In der Anfangsphase baut sich zunächst an den Faseroberflächen im Vlies ein Staubbelag auf, der zunehmend die Hohlräume zwischen den Fasern verfüllt. Dabei kommt es zu einem merklich Druckverlust. Beim weiteren Entstaubungsvorgang erfolgt die Abscheidung nahezu ausschließlich an der Oberfläche des Filtermediums. Es bildet sich ein Filterkuchen mit hoher Abscheideleistung. Es ist daher betriebstechnisch erstrebenswert, den Zustand der Kuchenfiltration möglichst rasch zu erreichen. Durch Verlängerung der Abreinigungsintervalle kann die Staubkuchendicke und damit der Wirkungsgrad erhöht werden. Da der Filterkuchen und der damit verbundene Widerstand stetig zunehmen, muß der Filter jedoch in regelmäßigen Abständen abgereinigt (regeneriert) werden. Dies kann mechanisch durch Rütteln oder Klopfen oder pneumatisch durch Rückspülung mit Luft im On- oder Off-Line-Betrieb erfolgen. Man unterscheidet zwischen Niederdruckrückspülung (bis 1,5 bar) und Hochdruckrückspülung (Druckstoß, bis 7 bar).

Die von der Filteroberfläche abgelösten Partikelagglomerate und -verbände sedimen-

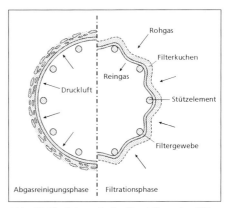

Abb. 11-13: Schematische Darstellung der Filtrations- und Abreinigungsphase bei einem Schlauchfilter mit Druckstoßabreinigung

tieren nach unten und werden über eine geeignete Staubaustrittseinrichtung, zum Beispiel eine Zellradschleuse oder Doppelpendelklappe ausgetragen und in einen Staubsammelbehälter geführt. Die Vorgänge der Filtration und der Abreinigung sind schematisch in Abbildung 11-12 dargestellt. Es zeigt den Betriebszustand mit Filterkuchen auf der Filteroberfläche und Zustand der Reinigung, bei der die agglomerierten Staubpartikel entfernt werden und zu Boden fallen.

Abbildung 11-13 verdeutlicht dabei die für die Entfernung des Filterkuchens notwendige Formänderung des Filterschlauchs durch den Druckstoß.

Unmittelbar nach der Abreinigungsphase nimmt der Druckverlust durch den Filter stark ab, gleichzeitig kommt es vorübergehend zu einem Anstieg der Partikelkonzen-

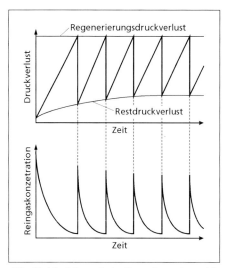

Abb. 11-14: Schematische Darstellung des zeitlichen Verlaufs von Druckverlust und Partikelkonzentration im Reingas bei Gewebefiltern (Quelle: Schmidt, Pilz 1995)

tration im Reingas (Abbildung 11-14). Messungen haben gezeigt, daß 60 bis 90 % der verbleibenden Staubemissionen im Reingas hinter dem Gewebefilter auf diesen Druckstoßeffekt zurückzuführen sind. Es ist daher auch aus diesen Gründen sinnvoll, zwischen den Abreinigungsvorgängen möglichst lange Filterungsphasen zu fahren.

Als Gewebematerialien für Schlauchfilter werden organisch-synthetische oder mineralische Fasern verwendet. Die Filtermaterialien haben eine unterschiedliche Beständigkeit gegenüber Temperatur und aggressiven Medien. Für den Temperaturbereich von 150 bis 250 °C, wie er bei Holzfeuerungen typisch ist, werden vor allem aromatisches Polamid, Polyphenylsulfid, Glas und Polytetrafluorethen eingesetzt. Bei der Hochtemperaturentstaubung werden Filtermaterialien auf Basis keramischer und metallischer Fasern eingesetzt. Tabelle 11-2 gibt eine Übersicht der gebräuchlichen Filtermaterialien zur Abgasreinigung hinter Feuerungsanlagen. Die Fasern bilden Gewebe oder verfestigte Vliese (Filze, Vliesstoffe). Bei besonders hochwertigen Gewebefiltern sind die Oberflächen der Fasern mit einem Kunststoff wie PTFE vergütet, der die Abreinigung und Dauerhaftigkeit des Filters günstig beeinflußt. Aus den Angaben zur Permeabilität wird weiterhin deutlich, daß für die Reinigung von 10 m^3 Abluft pro Minute im Durchschnitt etwa 1 m^2 Filteroberfläche erforderlich ist.

Wenn bestimmte Forderungen an die Dauerhaftigkeit der Anlageteile beachtet werden, haben Gewebefilteranlagen Lebensdauererwartungen von 10 bis 15 Jahren. Die Filterschläuche selbst sind allerdings als Verschleißteile anzusehen mit Reisezeiten bis zum Auswaschen bzw. Austausch von 8.000 bis 20.000 Betriebsstunden entsprechend einer Lebensdauer von etwa 1 bis 3 Jahren. Die Filterschläuche sind besonders gefährdet durch Funkenflug, aggressive Stäube und Gase sowie Temperaturspitzen über dem zulässigen Maximalwert. Auch Kondensation von Feuchtigkeit auf dem Filter ist schädlich, da sich durch dabei auftretende Löse- und Trocknungsvorgänge der Filterkuchen so verfestigen kann, daß er anschließend nicht mehr mechanisch abreinigbar ist. Besonders gefährdet wird der Filter durch hygroskopische („wasseranziehende") Staubbestandteile, zum Beispiel Zink- oder Calciumchlorid. Eine bewährte Schutzmaßnahme ist das sogenannte Precoating. Hier wird bei der Inbetriebnahme durch spezielle Additive eine Schutzschicht auf das Filtermaterial aufgebracht, die schützt und so die Filterstandzeit erheblich verlängert.

Die De-Novo-Synthese von Dioxinen hat bei filternden Abscheidern nicht die Bedeutung wie bei Elektrofiltern, da die Anlagen bei niedrigeren Betriebstemperaturen laufen und einen hohen Abscheidegrad aufweisen.

Noch wichtiger als beim Elektrofilter sind bei Planung und Betrieb von Gewebefilteranlagen folgende Punkte zu beachten:
- Betriebstemperaturen
- Staubgehalt im Rohgas

Tabelle 11-2: Angaben über Filtermaterialien für Schlauchfilter hinter Holz- und Biomassefeuerungsanlagen

Faserart	Handelsname (Beispiel)	Temperatur °C Dauer	Spitze	Beständigkeit gegen Hydrolyse	Säuren	Alkali	org. Lösemittel	Permeabilität l/dm²·min
Polyacrylnitril (PAC)	Dralon Orlon	120	130	++	++	++	+	100/140
Polyester (PES)	Diolen Trevira	150	160	0	++	+	+	80/140
Polyphenylensulfid (PPS)	Ryton Fortron	180	200	+++	+++	++	++	100/140
arom. Polyamide	Nomex	180	220	+	++	++	+++	100/140
Polytetrafluorethylen/ Glas (PTFE/Glas)	Tefaire	250	260	+++	+++	+++	+++	100/120
Polytetrafluorethylen (PTFE)	Teflon Rastex	250	280	+++	+++	+++	+++	100/120
Polyimid (PI)	P 84	260	280	+	++	+	+++	100/140
Glas	Fiberglas Silenkon	260	280	+++	++ Ausnahme HF	+++	+++	90/100
Silizium-Faser	FB 900	480	560	+++	+ Ausnahme HF	+++	+++	100/120

+++: sehr gut, ++: gut, +: bedingt, 0: ungeeignet

- chemische Zusammensetzung der Rauchgase
- Art und Mengen einer notwendigen Additivzugabe
- geforderte Reisezeiten
- Tägliche Betriebszeiten und durchschnittlicher Auslastungsgrad

Taupunkttemperaturunterschreitungen im Filter müssen durch geeignete Heizeinrichtungen sicher vermieden werden, um Verklebungen zu vermeiden. Das Abreinigungssystem muß auf die Filterschläuche und deren erwarteten Verschmutzungsgrad abgestimmt sein. Der Filterschlauchwechsel muß ohne Gefährdung und unzumutbare Belästigung des Bedienungs- und Wartungspersonals möglich sein.

Probleme bei Gewebefilteranlagen haben sehr oft ihre Ursache in einem in seiner Kennlinie nicht angepaßten Saugzugventilator. Dabei werden die auftretenden maximalen Widerstände oft unterschätzt und können dann im späteren Betrieb nicht berücksichtigt werden.

Neben den üblichen Auslegungsparametern für Ventilatoren wie Nennvolumenstrom (Nm^3/h), Gesamtpressung (Pa) und Betriebstemperaturbereich (°C) ist auch der Ventilatorkennlinie besondere Aufmerk-

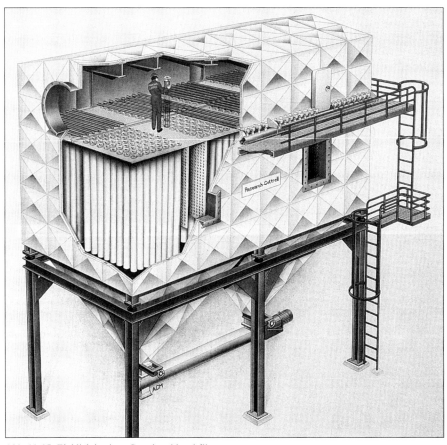

Abb. 11-15: Einblick in einen Gewebeschlauchfilter

samkeit zu schenken. Sie sollte möglichst flach gestaltet sein, damit Änderungen im Durchströmwiderstand nicht zu große Abweichungen vom Nennvolumenstrom bedingen. Grundsätzlich sollte der Ventilator auch mit einer stufenlosen Drehzahlregelung (Frequenzumformer) ausgestattet werden, damit sich der hohe Widerstand des Gewebefilters nicht gar zu stark auf den Stromverbrauch auswirkt.

Abbildung 11-15 gibt einen Einblick in das Innere eines größeren Gewebefilters mit einem Abgasvolumen von 250.000 m³/h. Erkennbar ist der vom Bedienungsmann gezogene metallische Stützkorb für die Gewebeschläuche. Die Rohgaseintrittsstutzen befinden sich jeweils mittig an der Längswand der beiden identischen Filterteile. Das Reingas tritt an der Stirnseite im oberen Drittel des Filterraumes aus.

Über zwei Zellenradschleusen und eine gemeinsame Austragsschnecke wird die Asche ausgetragen. Die Abreinigung der Filterschläuche erfolgt üblicherweise durch segmentweise Zugabe von Druckluftimpulsen von der Reingasseite aus in den nach oben offenen Gewebeschlauch. In der Abbildung sind die auf Höhe des Bedienungspodestes angeordneten Druckluftzuleitungen, die in einem vorgegebenen Rhythmus nacheinander angesteuert werden, zu erkennen. Der Verschmutzungsgrad der Schläuche wird mittels Druckdifferenzmanometer überwacht.

11.3.4 Entstaubung mit Naßabscheidern

Naßabscheider sind in kleinen bis mittleren Anlagegrößen lieferbar, gut anpassungsfähig und für wechselnde Betriebsbedingungen geeignet. Die Partikelabscheidung ist besser als bei Fliehkraftabscheidern, aber weniger effektiv als bei Elektro- und Gewebefiltern. Ein Vorteil der Naßabscheider ist, daß sie auch die Konzentration von

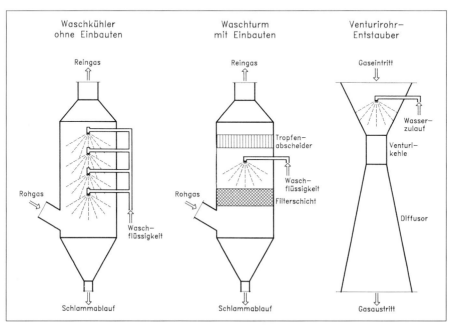

Abb. 11-16: Typische Bauformen von Naßabscheidern zur Entstaubung von Abgasen

wasserlöslichen Schadgasen und Geruchsstoffen vermindern können. Naßabscheidern erfordern aber vielfach eine Abwasserbehandlung, die abgeschiedenen Partikel fallen dann als Schlämme an. Da sich bei der Naßabscheidung auch Wasseraerosole bilden, muß den Anlagen ein sogenannter Tropfenabscheider nachgeschaltet werden, zum Beispiel in Form eines Zyklons.

Bei Holzfeuerungen werden Naßabscheider wegen oben genannter Einschränkungen nur vereinzelt eingesetzt. Ein wesentlicher Grund für die begrenzte Anwendung liegt darin, daß mit diesen Entstaubungsanlagen zwar die Werte der TA Luft erreicht werden können, kaum aber die der 17. BImSchV. Da Schadgase bei den wesentlich effektiveren Gewebefiltern auch mittels Additivzugabe gut zu vermindern sind, lohnt sich der relativ hohe Aufwand der Naßabscheidertechnik in der Regel nicht. Abbildung 11-16 gibt zur Information die wichtigsten Bauformen von Naßabscheidern wieder.

Eine Kombination von Naßabscheidern und Elektrofiltern sind die Naß-E-Filter. Sie entfernen aus den Abgasen nicht nur Partikel und Aerosole, sondern auch einen Teil der Schadgase und Geruchsstoffe. Ihr Anwendungsbereich ist die Abgasreinigung zum Beispiel von Holzspäne- und Holzfasertrocknern. Bei Feuerungsanlagen für Holz und Biomassen werden sie nicht eingesetzt.

11.4 Emissionsminderung durch Additivsysteme

Auch bei noch so guter Feuerungsführung und Entstaubung der Abgase läßt sich bei der energetischen Nutzung von bestimmten Holzsortimenten nicht in allen Fällen ausschließen, daß weitere Sekundärmaßnahmen zur Einhaltung der genehmigungsrechtlich geforderten Emissionsgrenzwerte notwendig werden. Dabei geht es vorrangig um Stickstoffoxide, Halogenwasserstoffe und Dioxine. Durch Zugabe von Additiven zum Rauchgas lassen sich diese Schadstoffe abscheiden oder zerstören. Dabei ist zu unterscheiden in Feststoffadditive, welche gasförmige Stoffe durch chemisch-physikalische Adsorption oder durch chemische Reaktion binden. Bei der Entstaubung werden dann die gebundenen Schadgase mit dem Additiv abgeschieden. Diese Systeme arbeiten in der Regel in Kombination mit einem Gewebefilter. Die alternative Minderung betrifft die Zugabe von Additiven, welche mit den Schadstoffen chemisch zu unschädlichen Gasen reagieren. Eine weitere Variante der Abgasreinigung ist die katalytische Umsetzung der Schadstoffe in unbedenkliche Verbindungen, die bei organischen Schadstoffen oxidativ ohne Additivzugabe erfolgt.

Auch dem Brennstoff lassen sich Additive zusetzen. Um Chlor- und Fluorverbindungen bereits bei der Verbrennung in der Asche zu fixieren, kann dem Brennstoff Kalk beigemischt werden. Die Maßnahme ist technisch einfach realisierbar, arbeitet aber mit relativ niedrigem Wirkungsgrad. Bei Temperaturen über 1.100 °C verliert der Kalk vollständig an Wirksamkeit. Diese Minderungsmaßnahme verlangt zudem relativ hohe Zugabemengen, was die Aschemenge und die Entsorgungskosten erhöht.

Sinnvoller ist die Additivzugabe hinter dem Kessel. Die Zahl der angebotenen Systeme für die Additivzugabe zur weitergehenden Abgasreinigung ist groß und kaum mehr überschaubar. Die grundlegenden Systeme sind die Wanderbett-, die Filterschicht und die Zirkulierende Wirbelschichttechnik (Abbildung 11-17).

Bei Abgasen von Feuerungsanlagen wird vor allem die Filterschichttechnik (auch Trockensorption genannt) eingesetzt, die sich durch eine einfache Konstruktion unter Verwendung des zumeist ohnehin vorhandenen Gewebefilters auszeichnet. Das Additiv wird ausreichend weit vor dem Filter in das Rohgas eingedüst. Ein Teil der Abscheidung erfolgt bereits in der Flugphase,

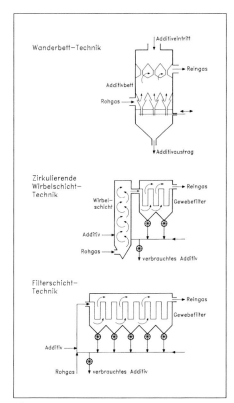

Abb. 11-17: Grundlegende Systeme zur adsorptiven Abgasreinigung

ein weiterer in der sich bildenden Filterschicht. Das Absorptionsmittel wird wie der abgeschiedene Staub abgereinigt. Es kann mehrfach verwendet werden. Das komplette System einer solchen Anlage findet sich in Abbildung 11-18.

Beim Wanderbettverfahren wird das Abgas quer zur von oben nach unten geführten Bewegung des Adsorptionsmittels geleitet (Kreuzstromprinzip). Als Adsorptionsmittel wird zum Beispiel mit Aktivkohle dotiertes Inertmaterial eingesetzt, welches regeneriert und in den Abreinigungsprozeß rückgeführt werden kann. Das Verfahren hat sich bei Müllverbrennungsanlagen bewährt. Eine Anwendung bei Holzfeuerungen ist bisher nicht bekannt. Die Zirkulierende Wirbelschichttechnik arbeitet mit einem Reaktor, in dem sich das Additiv befindet. Der durch den Reaktor geleitete Abgasstrom kommt so mit dem Additiv intensiv in Kontakt. Das Verfahren eignet sich daher besonders gut zur Abreinigung hochbelasteter Abgase.

Auch die Zahl der zur Abscheidung eingesetzten Additive ist vielfältig. Tabelle 11-3 gibt eine Übersicht der grundlegenden Mittel.

Grundsätzlich vermindern die Additive alle im Abgas enthaltenen reaktiven oder schwerflüchtigen Verbindungen. Der Wirkungsschwerpunkt der basischen anorganischen Mittel liegt aber bei den sauren Schadstoffen des Abgases (HCl, HF, SO_2), während kohlebasierte Mittel vor allem die schwerflüchtigen Bestandteile (Dioxine, PAH und Schwermetalle) zurückhalten. Die verwendeten Mittel werden in der Regel als Mischungen eingesetzt, wodurch sich die unterschiedlichen Stärken der Additive ergänzen. Gebräuchlich sind zum Beispiel Mischungen aus 85 bis 95% basischen Kalk- und Magnesiumoxiden und 15 bis 5% Aktivkohle oder Herdofenkoks. Die aufgeführten Schwefelverbindungen sind keine eigentlichen Adsorptionsmittel, sondern verbessern die Abscheidbarkeit bestimmter Schadstoffe, zum Beispiel von Quecksilber. Die Zugabemengen richten sich nach der Art und Menge des im Abgas

Tabelle 11-3: Adsorbentien für die Abgasreinigung von Feuerungsanlagen

Adsorbentien	Spezifische Oberfläche
für saure Abgasbestandteile (SO_2, HCl, HF)	
Calciumcarbonat ($CaCO_3$)	ca. 1 m^2/g
Calciumoxid (CaO)	1 – 3 m^2/g
Calciumhydroxid ($Ca(OH)_2$)	20 – 30 m^2/g
Traß (Calciumsilicat)	5 – 15 m^2/g
für Adsorption von Schwermetallen (Hg, Cd, Se, As) sowie PCDD/PCDF und PAK	
Herdofenkoks (C)	ca. 300 m^2/g
Aktivkohle (C)	500 bis 1500 m^2/g

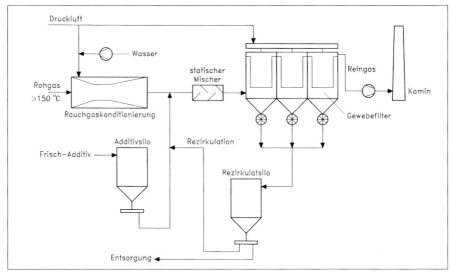

Abb. 11-18: Feuerungsanlage mit Trockensorption nach der Filterschichttechnik

enthaltenen Schadstoffs. Angaben zur Additivzugabe bewegen sich entsprechend in einem Rahmen zwischen 0,2 und 1 g/m³. Nachfolgend sollen die wesentlichen Aspekte und Verfahrensgrundlagen der Abgasreinigung durch Additivzugabe erläutert werden. Bei Abgasreinigung mit Additiven sollten außer den Kosten für die Mittel auch die Kosten für deren Entsorgung beachtet werden. Als regenerierbare Additive gelten nur die Zeolithe. Calcium- und Kohlebasierte Mittel müssen dagegen als Abfall entsorgt werden. Eine Verwertung wie beim Rauchgasentschwefelungsgips (REA-Gips) der Kohlenverbrennung dürfte bei Holzfeuerungen sowohl unter qualitativen als auch quantitativen Gesichtspunkten kaum in Frage kommen.

11.4.1 Minderung der Halogenwasserstoffemissionen

Gebräuchliche Additive für Schwefeldioxid, Chlorwasserstoff und Fluorwasserstoff sind die basischen Verbindungen des Calciums oder Magnesiums. Die Additive sind nicht brennbar und können als anorganische Mittel nach Gebrauch deponiert werden. Die Abgasreinigung gewinnt in Verbindung mit einem Gewebefilter an Effektivität, während eine Kombination mit einem E-Filter weniger gute Ergebnisse bringt. Das basische Absorptionsmittel kann bei unvollständiger Absättigung mit den sauren Abgasbestandteilen in den Kreislauf zurückgeführt werden.

Um bei chlor- und fluorreichem Brennstoff die einschlägigen Grenzwerte der Verordnungen einzuhalten, so zeigt die begrenzte Erfahrung, eignet sich die Trocken- oder Halbtrockenadsorption am ehesten. Zumeist wird dabei nach dem in Abbildung 11-18 dargestellten Trockenverfahren gearbeitet.

Als Adsorptionsmittel wird zumeist Kalkhydrat ($Ca(OH)_2$) als feines Pulver gleichmäßig im Abgasstrom nach einem Vorabscheider und vor dem Schlauchfilter verteilt. Dabei nimmt das Adsorptionsmittel auf dem Flug in das Schlauchfilter einen Teil der Schadgase auf und lagert sich an den Filterschläuchen gleichmäßig verteilt an. Durch die sich bildende Schicht müssen zwangsläufig alle Abgasbestandteile gehen, so daß ein guter Wirkungsgrad der Abscheidung sichergestellt ist. Die Anwendungsbeispiele und Erfahrungen mit der Dechlorierung nach Holzfeuerungsanlagen sind allerdings zahlenmäßig gering, so daß es über Abscheidegrade und Adsorptionsmittelverbrauch und Kosten kaum gesicherte Angaben gibt. Den wenigen Angaben ist zu entnehmen, daß bei Einsatz eines Gewebefilters nach der Trockenadditivzugabe Abscheidegrade für Chlorwasserstoff größer 97 % erreicht wurden. Statt Kalkhydratpulver kann auch die wäßrige Suspension, die sog. Kalkmilch eingesprüht werden. Zu beachten ist, daß Calciumchlorid eine hygroskopische Verbindung ist. Bei Stillstandszeiten muß das Filter beheizt werden, um eine Wasseraufnahme und Verklebung der Filterschicht zu vermeiden.

11.4.2 Minderung der Dioxin- und Schwermetallemissionen

Viele Gebrauchthölzer und Produktionsabfälle enthalten mehr oder weniger große Mengen an Chlor und Schwermetallen. Ein Teil der Schwermetalle ist unter den Bedingungen der Verbrennung nicht flüchtig und wird bei geeigneter Entstaubung mit der Flugasche abgeschieden. Flüchtige Schwermetalle bedürfen einer besonderen Abgasreinigung. Dies gilt insbesondere für das Quecksilber, in geringerem Maße auch für Arsen und Cadmium. Bei Einsatz entsprechend belasteter Brennstoffe müssen daher besondere Vorkehrungen zur Abgasreinigung getroffen werden, um zum Beispiel die sehr niedrigen Grenzwerte der 17. BImSchV einhalten zu können. Die bei der energetischen Umsetzung frei werdenden Chloride bilden auf dem Weg durch Feuerung, Wärmetauscher (Kessel) und andere Anlagenteile Dioxine. Die Bedeutung der Dioxinemissionen nimmt zu, wenn hohe Anteile von Chlorverbindungen im Brennstoff vorhanden sind.

Die vorliegenden Erfahrungen lassen durchaus den Schluß zu, daß bei Ausschöpfung aller Primärmaßnahmen bei üblichen Holz- und Biomassefeuerungen keine Sekundärmaßnahmen zur Dioxinminderung notwendig sind. Sollten abgasseitige Maßnahmen dennoch unausweichlich sein, dann hat sich die Trockenadsorption mit Aktivkohle- bzw. Aktivkoks (Herdofenkoks) in den Abgasstrom in Kombination mit einem Gewebefilter als in hohem Maße effektiv gezeigt: Von ursprünglichen Konzentrationen von 2 bis 8 mg/m^3 konnte durch die Zugabe eines Adsorptionsmittels eine Minderung auf 0,1 mg TE/m^3 erreicht werden. Die Zugabemengen liegen bei Einsatz von Herdofenkoks zwischen 0,1 und 0,3 g/m^3. Die Additive auf Kohlenstoffbasis sind darüber hinaus auch in der Lage, flüchtige Schwermetalle adsorptiv zu binden. Aktivkohle ist wirksamer, aber auch teurer. Zu beachten ist, daß die kohlebasierten Adsorptionsmittel brennbar und weniger gut deponierfähig sind als anorganische Mittel.

11.5   Minderung der Stickstoffoxide

Die Stickstoffoxidkonzentration nach Holz- und Biomassefeuerungsanlagen werden im wesentlichen durch den Gehalt des Brennstoffs an gebundenem Stickstoff bestimmt (siehe Kapitel 4). Die sog. thermischen Stickstoffoxide, die sich erst bei Temperaturen oberhalb 1.300 °C aus dem Luftsauerstoff und dem Luftstickstoff bilden, sind hier quasi ohne Bedeutung. Um auch bei höheren Stickstoffgehalten im Brennstoff ohne aufwendige Sekundärmaßnahmen auskommen zu können, sollten zunächst die in den letzten Jahren sehr gut erforschten Primärmaßnahmen ausgeschöpft werden. Erst wenn diese Maßnahmen nicht zielführend sind, muß über sog. Sekundärmaßnahmen nachgedacht werden.

11.5.1 Primäre Maßnahmen der NO_x-Reduktion

Abgasrückführung

Die Abgasrückführung oder -rezirkulation in die Flammenzone von Feuerungen ganz allgemein hat im wesentlichen zwei Effekte: Zum einen wird die Verbrennungstemperatur abgesenkt und zum anderen wird der Sauerstoffgehalt in der Flamme reduziert. Die Abgasrückführung erscheint dabei mit rund 10 % Minderung nur wenig wirksam, was im wesentlichen darauf zurückzuführen ist, daß die thermische NO_x-Bildung bei Holzfeuerungen keine Bedeutung hat. Der wesentliche Beitrag liegt in der Minderung des Sauerstoffgehalts im Feuerraum. Die Minimierung des Luftangebotes auf das für einen guten Ausbrand notwendige Maß stellt insoweit die erste und kostengünstigste Primärmaßnahme zur Reduktion der Stickoxidbildung dar.

Die betriebliche Praxis zeigt, daß insbesondere die optimierte Feuerraumgestaltung im Sinne einer intensiven Vermischung (Verwirbelung) von brennbaren Gasen und Verbrennungsluft eine wichtige Voraussetzung für einen niedrigen Restsauerstoffgehalt im Abgas ist. Die Abgasrezirkulation kann dabei als Steuergröße eingesetzt werden. Dies erfordert eine schnell und zuverlässig arbeitende O_2-Regelung, was um so wichtiger ist, da bei einer realen Feuerung die Lambda-Werte nicht beliebig gesenkt werden können. Zwar nimmt mit der Senkung des Luftüberschusses die Bildung von Stickstoffoxiden stetig ab, doch kommt es wie bei der CO/Lambda-Charakteristik zu einem Punkt, unterhalb dessen die Kohlenmonoxidwerte wieder deutlich ansteigen (Abbildung 11-19).

Wird die Abgasrezirkulation allerdings zur besseren Durchmischung von Brenngasen und Luft eingesetzt, dann kann der kritische Punkt zu niedrigeren Werten verschoben werden.

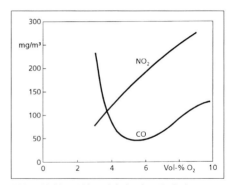

Abb. 11-19: Abhängigkeit der Emissionen an Kohlenmonoxid und Stickstoffoxiden bei einer Rostfeuerung vom Restsauerstoffgehalt

Gestufte Brennluftzufuhr

Der Einfluß der O_2-Minimierung läßt sich zur NO_x-Reduktion noch wesentlich besser nutzen bei der gestuften Primärluftführung. Eine gestufte Verbrennung liegt vor, wenn die Primärluft in wenigstens zwei Stufen in die Feuerung eingebracht wird. Dies bedarf einer geeigneten Reduktionskammer. Abbildung 11-20 zeigt das Beispiel einer solchen Kammer, wie sie zu Versuchszwecken an der ETH Zürich entwickelt wurde.

Um einen guten Wirkungsgrad zu erreichen, muß in der Reduktionskammer für eine gute Durchmischung und eine ausreichende Verweildauer von 0,5 bis 0,1 Sekunden gesorgt werden. Der Wirkungsgrad ist wiederum abhängig vom Stickstoffgehalt des Brennstoffs. Die Untersuchungen haben gezeigt, daß sich insbesondere bei der Verbrennung stickstoffreicher UF-Spanplatten die NO_x-Emission wesentlich vermindern läßt (Abbildung 11-21). Die Kurve für das stickstoffarme Waldholz ist dagegen wesentlich flacher. Aus dem Verlauf wird auch die Abhängigkeit der Minderung von der λ-Zahl deutlich.

Abgasrezirkulation und gestufte Brennluftzufuhr vermindern die Bildung von Brennstoff-Stickstoffoxiden durch das geringere Sauerstoffangebot und die Möglichkeit,

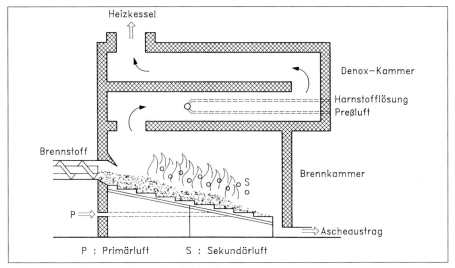

Abb. 11-20: Holzfeuerungsanlage mit Reduktionskammer

wegen besserer Verwirbelung mit geringerem Angebot an Verbrennungsluft fahren zu können. Im übrigen ist die geregelte Abgasrezirkulation ein wichtiges Hilfsmittel, um die Temperaturen im Feuerraum in die jeweils gewünschte Richtung zu beeinflussen.

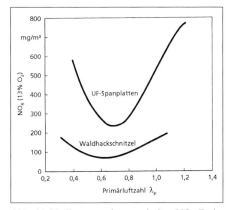

Abb. 11-21: Zusammenhang zwischen NO_x-Emission und Primärluftzahl bei der Verbrennung von Waldholz und UF-Spanplatten in einer Laboranlage mit gestufter Luftführung (Quelle: nach Nussbaumer in Marutzky 1997)

Vorliegende Erfahrungen zeigen, daß eine definierte Nutzung des Stufungskonzeptes zur Stickoxidminderung nur dann dauerhaft und reproduzierbar möglich ist, wenn zeitgemäße Meß- und Regeltechnik eingesetzt wird. Insbesondere für Messung und Regelung der Luftzufuhr sind eine feinfühlig arbeitende Luftmengenmessung von Primär- und Sekundärluft sowie eine gezielte Regelung über Klappen oder noch besser drehzahlgeregelte Ventilatoren notwendig.

11.5.2 Sekundäre Maßnahmen der NO_x-Reduktion

Selektive nicht-katalytische Reduzierung SNCR

Wenn bei Ausschöpfung primärer Minderungspotentiale das vorgegebene Ziel bei den NO_x-Emissionen nicht erreicht wird, dann können nur noch die von den Investitions- und den laufenden Betriebskosten her weitaus teureren Sekundärverfahren weiter helfen. Dies ist die Zugabe von Ammoniak oder Harnstoff zum Abgas. Diese

Art der Verminderung wird als **selektive nicht-katalytische Reduzierung** bezeichnet (SNCR: Selective Non-Catalytic Reduction). Die Zusatzstoffe setzen Aminradikale frei, welche mit dem gebildeten Stickstoffmonoxid zu elementarem Stickstoff reagieren. Formell ist die Reduktion des NO durch folgende Reaktionsgleichung darstellbar:

$2\,NO + 2\,NH_3 + O_2 \rightarrow 4\,N_2 + 6\,H_2O$
Stick-   Ammo-   Sauer-   Stick-   Wasser
stoffoxid niak   stoff   stoff

Die Umsetzungreaktion ist allerdings an bestimmte Bedingungen gebunden. Die SNCR-Reaktion erfolgt in einem optimalen Temperaturfenster zwischen etwa 850 und 950 °C. Bei niedriger Temperatur ist die Reaktion zu langsam, bei höherer Temperatur gewinnen Nebenreaktion des Ammoniaks oder Harnstoffs an Bedeutung. Hierzu gehören die Bildung von Stickstoff, Stickstoffoxid und Distickstoffoxid:

$4\,NH_3 + 3\,O_2 \rightarrow 2\,N_2 + 6\,H_2O$
Ammoniak   Sauerstoff   Stickstoff   Wasser

$2\,NH_3 + 2\,O_2 \rightarrow N_2O + 3\,H_2O$
Ammoniak   Sauerstoff   Distick-   Wasser
                        stoffoxid

$4\,NH_3 + 5\,O_2 \rightarrow 4\,NO + 6\,H_2O$
Ammoniak   Sauerstoff   Stick-   Wasser
                        stoffoxid

Die Umsetzung erfordert exakt dosierte Zugabemengen von Reduktionsmittel. Überdosierungen führen zum sogenannten „Schlupf", d. h. zur Emission nicht umgesetzten Ammoniaks oder Harnstoffs. Für eine optimale Entstickung haben sich bei Ammoniak ein 1,5fach überstöchiometri-

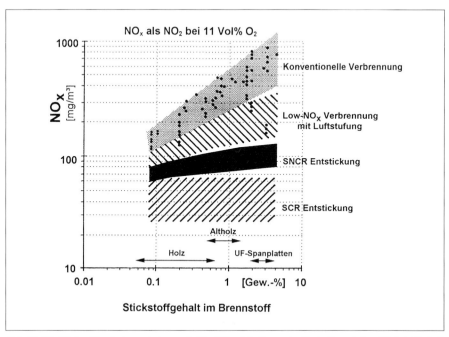

Abb. 11-22: Stickoxidemissionsminderung in Unabhängigkeit von der Technik und dem Stickstoffgehalt des Brennstoffes. (Quelle: Nussbaumer in Marutzky 1997)

sche Zugabe und bei Harnstoff eine 2fach überstöchiometrische Zugabe erwiesen.

Die für einen ausreichenden Umsatz erforderliche Verweilzeit in der Reaktionszone beträgt bei Einsatz von Ammoniak um die 0,5 Sekunden, bei Harnstoff sind 1 bis 1,5 Sekunden erforderlich. Die Anordnung einer Minderungsanlage nach dem SNCR-Prinzip hinter einer Rostfeuerung zeigt Abbildung 11-22.

Das Reduktionsmittel wird hier in den ersten Zug, der sog. Denoxkammer, eingedüst. Eine Umlenkung in einen weiteren, ungekühlten Zug sorgt für ausreichende Verweildauer im erforderlichen Temperaturbereich und gute Vermischung mit den Abgasen. Erst danach gelangen die heißen Abgase in den Überhitzerkessel.

Selektive katalytische Reduzierung SCR

Die Konvertierungstemperatur läßt sich mittels geeigneter Katalysatoren auf Werte zwischen 200 und 450 °C vermindern. Diese Art der Verminderung wird als selektive katalytische Reduzierung bezeichnet (SCR: Selective Catalytic Reduction). Als Katalysatormaterialien werden die Oxide des Titans, des Wolframs und des Vanadiums eingesetzt. Die gebräuchliche Katalysatorform ist der Wabenkatalysator. Um eine Verschmutzung der Katalysatoren mit Aschepartikeln zu vermeiden, sollten die Abgase zuvor entstaubt werden (Low-dust-Betrieb). Weniger verschmutzungsempfindlich sind Plattenkatalysatoren, die mit High-dust-Betrieb gefahren werden können. Die Verweildauer für die SCR-Reaktion beträgt etwa 0,3 Sekunden und ist damit merklich schneller als die SNCR-Reaktion.

In jüngerer Zeit werden auch Entstickungskatalysatoren mit Oxidationskatalysatoren kombiniert. Abbildung 11-23 zeigt das Schema eines solchen Aufbaus.

Als Oxidationskatalysatoren werden mit Edelmetallen beschichtete Keramiken eingesetzt. Die Oxidationskatalysatoren arbeiten häufig zweistufig. Am ersten Katalysator oxidieren die verbleibenden niedermolekularen Kohlenwasserstoffe und das Kohlenmonoxid. Am zweiten Katalysator werden höhermolekulare Schadstoffe wie Dioxine und PAH zerstört. Es werden folgende Abscheideleistungen genannt:

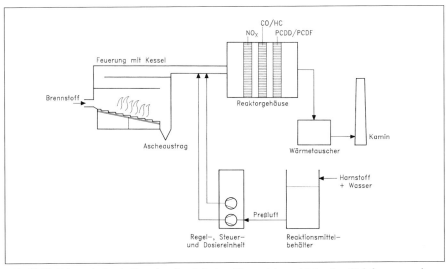

Abb. 11-23: Schematischer Aufbau einer katalytischen Abgasreinigung hinter einer Holzfeuerungsanlage

- Stickstoffoxide: 90-98 %
- PCDD/PCDF: 80-95 %
- Kohlenmonoxid: 92-98 %
- Kohlenwasserstoffe: 65-90 %

Als Lebensdauer für die Katalysatoren werden von den Herstellern 20.000 bis 40.000 Betriebsstunden angegeben.

Tabelle 11-4 gibt eine Übersicht der theoretisch möglichen Minderungsgrade für Stickstoffoxide, wie sie bei Laboruntersuchungen ermittelt wurden. Die Minderungsgrade gelten allerdings nur für Betrieb unter optimalen Bedingungen. In der Praxis sind geringere Wirkungsgrade zu erwarten.

Trotz der grundsätzlich positiven Erfahrungen ist jedoch zu beachten, daß die Entstickung von Abgasen durch Sekundärmaßnahmen derzeit erst bei Großfeuerungsanlagen Stand der Technik ist. Bei kleinen und mittleren Holzfeuerungen sind die Verfahren bisher weder wirtschaftlich tragbar noch technisch ausgereift. Tabelle 11-5 gibt eine Übersicht der geschätzten Mehrkosten bei Einsatz verschiedener Entstickungstechnologien. Hier wurden sie bisher erst vereinzelt und mit unterschiedlichem Erfolg erprobt.

Tabelle 11-4: Mögliche Minderung der Stickstoffoxidemissionen bei Holzfeuerungsanlagen unter optimalen Betriebsbedingungen

Maßnahmen	NO_x-Minderung
Abgasrückführung	bis 10 %
Luftstufung, 2fach	bis 60 %
Luftstufung, 3fach	bis 70 %
SNCR-Verfahren	bis 80 %
SCR-Verfahren	bis 90 %

Tabelle 11.5: Geschätzte Mehrkosten der verschiedenen Minderungsverfahren für Stickstoffoxide bei Feuerungsanlagen zwischen 0,5 MW und 2 MW (Quelle: Nussbaumer in Marutzky 1997)

	Low- NO_x	SNCR	SCR
A: Mehrkosten - Feuerung	15 ... 30 %	60 ... 70 %	150 ... 220 %
B: Mehrkosten - Anlage	6 ... 10 %	25 ... 30 %	60 ... 80 %

A: bezogen auf Feuerung, Kessel und Entstauber B: bezogen auf Feuerung, Kessel, Entstauber, Silodeckel, Schubboden, Transporteinrichtung bis Feuerung, Entaschungssystem und Regelung

12 Verwertung und Beseitigung der Aschen

12.1 Ascheproblematik

Die weit überwiegende Masse des Holzes wird bei der Verbrennung in gasförmige Bestandteile überführt. Nur ein geringer Anteil des Holzes ist mineralischer Natur und verbleibt als Asche. Zur Aschebildung tragen bei naturbelassenem Holz in der Praxis nicht nur der Gehalt an diesen Stoffen bei, sondern auch anhaftende Verschmutzungen wie Sand oder andere Bodenbestandteile. Bei Holzabfällen kommen mineralische Bestandteile in Klebstoffen, Anstrichen und Beschichtungen, anorganische Holzschutzmittel sowie Eisen- und andere Metallteile hinzu. Damit steigt einerseits die Menge an Asche, anderseits ändert sich auch deren Zusammensetzung.

In der Praxis enthält Asche von Holzfeuerungen daher stets auch einen gewissen Anteil an organischen Bestandteilen, vornehmlich unvollständig verbranntes Holz in Form von Holzkohle, Ruß und schwerflüchtigen organischen Verbindungen. Der Anteil dieser Aschebestandteile wird bei trockener Asche im wesentlichen durch den Wert des Glühverlustes wiedergegeben. Dieser Anteil sollte bei einer Feuerungsanlage mit gutem Ausbrand gering sein, d. h. höchstens 10 % betragen, besser noch bei Werten unter 5 % liegen, d. h. dem Grenzwert nach „TA Siedlungsabfall".

Ein weiterer wichtiger Einflußfaktor auf die Menge und Zusammensetzung der Asche ist der Ort des Anfalls. Je nach dem Ort der Abscheidung in der Anlage wird zwischen Grob-, Mittel- und Feinaschen unterschieden (Abbildung 12-1). Die Grob- oder Rostasche fällt im Verbrennungsbereich der Feuerungsanlage, d. h. auf oder unter dem Rost oder in der Brennstoffmulde an. Diese Aschefraktion enthält auch grobe mineralische Verschmutzungen und Eisenteile. Bei hohen Brennkammertemperaturen und/oder niedrigen Ascheerweichungstemperaturen kann die Asche gesintert oder geschmolzen als Schlacke anfallen. Auch kann durch bestimmte Verunreinigungen der Ascheschmelzpunkt abgesenkt werden. Unter Mittel- oder Zyklonaschen werden

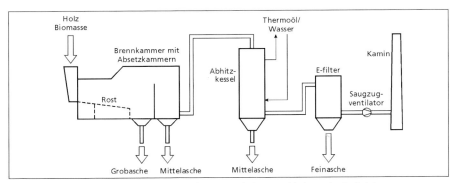

Abb. 12-1: Schematischer Aufbau einer Rostfeuerung mit den verschiedenen Aschefraktionen

die Rückstände verstanden, die aus dem Abgas durch einen Fliehkraftabscheider (Zyklon) oder durch eine Absetzkammer entfernt werden. Hierzu gehören auch die Stäube, die sich im Bereich der Ausbrandzone oder des Wärmetauschers absetzen bzw. bei Reinigungsvorgängen anfallen. Bei einfachen Feuerungsanlagen werden die noch verbleibenden Flugstäube mit dem Abgas emittiert. Moderne Feuerungsanlagen haben zusätzliche Entstaubungseinrichtungen, zum Beispiel Elektro- oder Gewebefilter. Die mit diesen Aggregaten abgeschiedenen Flugstäube werden als Fein- oder Filteraschen bezeichnet.

Die verschiedenen Aschefraktionen weisen charakteristische Unterschiede auf, auf die an späterer Stelle noch ausführlich eingegangen wird.

Die Asche ist ein Abfall, der ordnungsgemäß entsorgt werden muß. Die Entsorgung verursacht Kosten und beeinträchtigt daher die Wirtschaftlichkeit von Holz- und Biomassefeuerungen. Aber auch in der Feuerungsanlage kann die Asche zu Problemen führen. Sie verschmutzt Anlagenteile. Um die Funktion aufrecht zu erhalten, sind regelmäßig Reinigungsarbeiten notwendig. Diese sind besonders aufwendig, wenn die Asche feste Ablagerungen und Anbackungen bildet, die sich nur schwer entfernen lassen.

12.2 Zusammensetzung und Einfluß der Abscheidebedingungen

Die Biomasse des Holzes enthält zwischen 0,5 und 1% aschebildende Mineralstoffe. Bei Stroh und Einjahrespflanzen sind Werte zwischen 3 und 10% möglich. Auch bei Rinden sowie Rest- und Althölzern liegt der Aschegehalt in der Regel merklich höher als beim naturnahen Holz. Der Gehalt des Brennstoffs an aschebildenden Stoffen wird ermittelt, indem eine bestimmte Menge an Biomasse zunächst vorverascht wird. Der anfallende, noch kohlenstofffreie Rück-

Tabelle 12-1: Übersicht zum Aschegehalt von Holz und anderen biogenen Brennstoffen

Brennstoff	Aschegehalt (%)
Holz ohne Rinde	0,5...1
Rinde, rein	3...4
Rinde, verschmutzt	5...15
Holzwerkstoffe, unbeschichtet	0,5...3
Holzwerkstoffe, beschichtet	1...3
Holz, imprägniert (organisch)	0,5...2
Holz, imprägniert (anorganisch)	2...5
Gebrauchtholz	0,5...10
Stroh, Einjahrespflanzen	3...10

stand wird dann bei einer Temperatur von 550 °C über sechs Stunden nachgeglüht und ausgewogen. Der Wert wird als Aschegehalt des Brennstoffs bezeichnet. In Tabelle 12-1 sind typische Werte für den Aschegehalt von verschiedenen Brennstoffen zusammengestellt. Die bei einer Feuerungsanlage anfallende Aschemenge läßt sich aus dem im Labor ermittelten Aschegehalt des Brennstoffs abschätzen. Sie liegt in der Praxis aber niedriger, da durch die höheren Brennkammertemperaturen eine stärkere Carbonatisierung stattfindet als bei der Laborveraschung. Auch werden mit dem Abgas der Feuerung feine Aschepartikel emittiert. Als Faustformel gilt daher, daß rund 80% des ermittelten Aschegehaltes vom Brennstoff tatsächlich als mineralische Gesamtasche der Feuerungsanlage anfällt.

Die Asche wird gekennzeichnet durch verschiedene Parameter. Hierzu gehören die Elementarzusammensetzung, der Ascheerweichungs- und Schmelzpunkt, die Wasserlöslichkeit sowie der pH-Wert. In der Praxis kommen der Wassergehalt, der Glühverlust, die Dichte, die spezifische Oberfläche und die Korngrößenverteilung hinzu. Für die Ablagerung sind außerdem die Elutionswerte wichtig. Diese beziehen sich auf die Wasserlöslichkeit bestimmter ökologisch relevanter Elemente und Verbindun-

Tabelle 12-2: Parameter zur Charakterisierung von Holzaschen und Methoden zur Bestimmung

Parameter		
Feuchte	DIN 52 183	gravimetrisch nach Trocknung bei 103 °C
Glühverlust	DIN 38 414 Teil 3	gravimetrisch nach Ausglühen bei 550 °C (6h)
PH-Wert	DIN 38 414 Teil 5	pH-Meter, Suspension Asche/Wasser 1 : 2
Spezifische Leitfähigkeit	DIN 38 404 Teil 8	Leitfähigkeitsmeßgerät, Eluat der Asche 1 : 10, 25 °C
Elementzusammensetzung		
Metalle		a. Säureaufschluß b. AAS o. AES
Chlor		a. Säureaufschluß b. Ionenchromatographie
Fluor		a. Natriumcarbonataufschluß b. Fluorid-Elektrode
Elutionswerte	DIN 38 414	Eluat der Asche 1 : 10; Bestimmung der Elemente nach diversen Verfahren

AAS = Atomabsorptionsspektroskopie
AES = Atomemissionsspektroskopie

gen, die in einem sogenannten Elutionstest ermittelt wurde. Eine Zusammenstellung dieser Parameter und eine Übersicht der Bestimmungsmethoden gibt Tabelle 12-2.

Schmelzverhalten

Eine für den Betrieb der Feuerungsanlage wichtige Kenngröße betrifft das Schmelzverhalten der Asche. Nach DIN 51 730 wird eine Ascheprobe von etwa 0,03 g zu einem Zylinder mit einem Durchmesser von 3 mm und einer Höhe von 3 mm gepreßt. Dieser Zylinder wird in reduzierender oder oxidierender Atmosphäre innerhalb einer Stunde auf etwa 1.000 °C aufgeheizt und dann mit einer Aufheizrate von 10 K/min weiter erhitzt. Es werden drei charakteristische Temperaturen ermittelt:

- Die Erweichungstemperatur zeigt sich durch ein Abrunden der Zylinderkanten.
- Die Schmelztemperatur ist erreicht, wenn der Zylinder zu einer halbkugelförmigen Masse zusammengeschmolzen ist.
- Bei Erreichen der Fließtemperatur ist der Zylinder vollständig zerflossen.

Zwischen Erweichungs- und Schmelztemperatur läßt sich noch die Sintertemperatur ermitteln, die eine erste Abnahme der Höhe des Zylinders charakterisiert. Die Kennwerte geben wichtige Hinweise auf das Verhalten der Asche in der Feuerung. Je niedriger die ermittelten Temperaturen sind, um so größer ist die Gefahr der Verschlackung von Anlageteilen.

Eluierverhalten

Für die Entsorgung der Asche kommt ihrer Zusammensetzung und mehr noch ihrem Eluierverhalten eine hohe Bedeutung zu (siehe auch Tabelle 12-8). Werte wie Glühverlust, organischer Gesamtkohlenstoffgehalt TOC oder extrahierbare lipophile, phenolische und halogenorganische Verbindungen (EOX) charakterisieren den Gehalt der Asche an unerwünschten organischen Bestandteilen. Sie lassen sich durch guten Ausbrand vermindern. Gleiches gilt für die Stickstoffverbindungen Ammonium-N, Nitrit und Cyanid. Die Zusammensetzung der Asche hinsichtlich der anorganischen Elemente wie Schwermetalle oder Halogene ist unkritisch, wenn diese in immobiler Form vorliegen. Immobilität ist zum Beispiel bei geschmolzen Aschen (Schlacken) der Fall. Bei den für Holzfeuerungen typischen feinkörnigen Aschen ist dagegen häufig eine merkliche Wasserlöslichkeit vorhanden. Diese wird durch den sog. Elutionstest nach DIN 38 414 bestimmt. Dabei werden 100 g Asche in 1.000 ml destilliertem Wasser suspendiert und 24 Stunden geschüttelt. Im Filtrat wird dann der in Lösung gegangene Anteil an relevanten Elementen und Verbindungen bestimmt. Außer den Elutionswerten werden noch pH-Wert und Leitfähigkeit der wäßrigen Extrakte ermittelt.

Etwa 10 bis 30 % der Asche sind wasserlösliche Verbindungen. Hierbei handelt es sich vornehmlich um hydroxidische und carbonatische Alkali- und Erdalkaliverbindungen. Dementsprechend weist die Asche einen hohen pH-Wert auf. Werte zwischen pH 11 und 13 sind bei Holzaschen typisch, bei Aschen von anderen Biomassen liegen die Werte bei etwa pH 9 bis 11,5. Die Alkalität ist in der Praxis kein Nachteil, denn sie bewirkt eine Fixierung der meisten Schwermetalle in der Asche und gewährleistet so die Einhaltung der Eluatkriterien für die Deponierung. Ein weiteres wichtiges Kriterium ist das Schmelzverhalten. Reine Holzasche beginnt zwischen 1.000 und 1.100 °C zu erweichen, die Fließtemperatur, bei der die Asche flüssig wird, liegt zwischen 1.450 und 1.550 °C. Da die Brennkammertemperatur bei Holzfeuerungen kaum über 1.200 °C ansteigt, fällt die Asche bei Holzfeuerungen in der Regel in feinkörniger Form an. Sie weist damit eine große Oberfläche auf, was die Elution von Schwermetallen begünstigt.

Elementarbestandteile der Asche
Bei den aschebildenden Stoffen des Holzes und der Rinde handelt es sich vornehmlich um die Elemente Calcium, Kalium, Magnesium, Phosphor und Natrium, welche in oxidischer oder carbonatischer Form anfallen. Auch Mangan, Eisen und Silicium gehören zu den Elementen, die in Prozentanteilen in der Asche enthalten sind. Tabelle 12-3 verdeutlicht die Zusammensetzung an ausgewählten wichtigen Elementarbestandteilen.

Bei Rest- und Altholz nimmt der Gehalt der wichtigen Elementarbestandteile Calcium, Kalium, Magnesium und Phosphor als oxidische Verbindungen tendenziell ab, bedingt durch „Verdünnung" mit anderen aschebildenden Elementarbestandteilen. Stroh und Einjahrespflanzen haben einen höheren Aschegehalt. Die Hauptbestandteile entsprechen in etwa denen von Holz, wobei jedoch die pflanzentypischen Elemente Kalium, Magnesium und Phosphor an Bedeutung gewinnen (Tabelle 12-3).

Aschebestandteil Siliciumdioxid
Ein weiterer wichtiger Bestandteil der Aschen ist das Siliciumdioxid SiO_2. Das Siliciumdioxid ist Bestandteil vieler Gesteine. Es verbleibt bei der Verwitterung in mehr oder weniger reiner Form als Sand oder Quarzsand. In das Holz gelangt es vornehmlich als mineralische Verschmutzung, in Getreide ist es dagegen auch Strukturbe-

Tabelle 12-3: Durchschnittliche Zusammensetzung der Aschen von verschiedenen Holzsortimenten und anderen Biomassen (Hauptbestandteile ohne Berücksichtigung von Siliziumdioxid)

Element	Holz[1] naturbelassen	Holz[2] naturbelassen	Restholz	Altholz	Getreide aus Pflanzen	Stroh
Calciumoxid (CaO)	28,0 %	23,0 %	30,0 %	22,0 %	7,0 %	7,8 %
Kaliumoxid (K_2O)	7,6 %	5,5 %	6,2 %	1,9 %	14,0 %	14,3 %
Magnesiumoxid (MgO)	3,1 %	1,8 %	2,6 %	1,7 %	4,2 %	4,3 %
Manganoxid (MnO)	0,4 %	0,8 %	1,0 %	0,2 %	n.b.	n.b.
Natriumoxid (Na_2O)	n. b.	0,7 %	n. b.	1,1 %	0,5 %	0,4 %
Phosphorpentoxid (P_2O_5)	0,8 %	0,4 %	1,0 %	0,4 %	9,6 %	2,2 %

[1] Stückholz
[2] nichtstückiges Holz
n. b.: nicht bestimmt

standteil der Biomasse. Bei Wirbelschichtfeuerungen wird Sand zudem während des Verbrennungsprozesses als Zusatzstoff zur Stabilisierung der Wirbelschicht beigefügt. Bei der Ascheanalyse verbleibt das Siliciumdioxid als säureunlöslicher Rückstand. Wird reines Holz verbrannt, so liegt der Gehalt der Asche an säureunlöslichen Bestandteilen bei 10 bis 25 %. Die Asche, die aus der Verbrennung von verschmutzten Rest- und Althölzern stammt, weist höhere Werte auf, im Mittel 25 bis 50 %. Noch höher ist der Wert bei Aschen von Stroh- und Getreideganzpflanzen. Hier sind Werte von 40 bis 60 % typisch. Das Siliciumdioxid ist ökologisch unbedenklich, hat aber erheblichen Einfluß auf den Schmelzpunkt der Aschen. Bedingt durch den relativ hohen Gehalt an Siliciumdioxid und Kaliumoxid weisen die Aschen von Stroh und Einjahrespflanzen deutlich niedrigere Erweichungspunkte auf als die von Holz oder Rinde (Abbildung 12-2). Zudem trägt das harte Mineral im beträchtlichem Maße zum mechanischen Verschleiß von Förder- und Abscheidevorrichtungen bei.

Die Erweichungstemperatur der Aschen von strohartigen Brennstoffen liegt zumeist zwischen etwa 900 und 1000 °C, die Schmelztemperatur bei 1.100 bis 1.200 °C. Die Asche von mit Stroh und Energiepflanzen betriebenen Feuerungen fällt daher häufig gesintert oder geschmolzen als Schlacke an. Die Verschlackung bewirkt eine dauerhafte Einbindung von Schwermetallen in die Aschematrix und ist daher unter dem Gesichtspunkt einer Deponierung günstig zu bewerten. Die Verschlackung von Anlageteilen ist allerdings ein technisches Problem, so daß bei Strohfeuerungen Vorkehrungen wie Brennkammerkühlung üblich sind, die ein Schmelzen der Asche verhindern.

Gehalt an Schwermetallen

Schwermetalle sind in naturbelassenem Holz nur als Neben- und Spurenbestandteile enthalten. Bei der Verbrennung werden die meisten Schwermetalle in oxidischer Form in der Asche angereichert. Bei kaum flüchtigen Elementen wie Chrom, Kobalt oder Kupfer beträgt der Anreicherungsfaktor 100 bis 200. Diese Elemente, die im Holz in Konzentrationen zwischen etwa 0,1 und 5 mg/kg vorliegen, erreichen in der Grobasche dann Werte zwischen etwa 10 und 500 mg/kg (Tabelle 12-4). Andere Schwermetalle sind in der Asche nur in geringen Mengen zu finden (Werte < 10 mg/kg). Bei nicht naturbelassenem Holz nimmt die Bedeutung der Schwermetalle zu (Tabelle 12-4).

Holzabfälle aus der Produktion und Gebrauchthölzer sind häufig mit Anstrichen, Beschichtungen und Klebstoffen versehen. Darin enthaltene mineralische Pigmente sowie Zusatz- und Füllstoffe verbleiben ebenfalls als Verbrennungsrückstände. Da sich die Zusammensetzung der Weißpigmente vor etwa 15 bis 20 Jahren geändert hat, sind hohe Blei- und Zinkwerte charakteristisch für die Aschen aus der Verbrennung älterer Gebrauchthölzer mit weißen Anstrichen, zum Beispiel Altfenster und Alttüren. Jüngere Holzreste mit weißen Anstrichen oder Beschichtungen weisen dagegen erhöhte Werte des Elements Titan auf. Die Schwer-

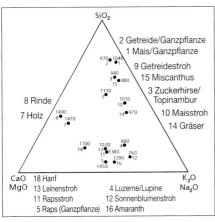

Abb. 12-2: Darstellung der Erweichungstemperaturen verschiedener Aschen im Dreiecksdiagramm der Hauptbestandteile (Quelle: Hofbauer 1994)

Tabelle 12-4: Schwermetallgehalte in Grobaschen bei der Verbrennung von verschiedenen Holzsortimenten

Element	Holz naturbelassen	Mittelwerte in mg/kg Restholz	Altholz
Blei	60	360	2100
Cadmium	1	3	20
Chrom	29	240	1470
Kobalt	10	25	-
Kupfer	380	170	1200
Molybdän	7	7	7
Quecksilber	< 0,5	< 0,5	< 0,5
Zink	520	500	6900

Quelle: Noger et al. 1996

Tabelle 12-5: Schwermetallgehalte in Zyklonaschen bei der Verbrennung verschiedener Holzsortimente

Element	Holz naturbelassen	Mittelwerte in mg/kg Restholz	Altholz
Blei	21	1200	8.400
Cadmium	9	16	70
Chrom	43	210	1400
Kobalt	13	18	–
Kupfer	130	230	440
Molybdän	7	10	11
Nickel	48	61	170
Quecksilber	< 0,5	< 0,7	< 0,7
Zink	750	3700	16 000

Quelle: Noger et al. 1996

metallgehalte der Zyklonaschen bestätigen das Verteilungsmuster der Schwermetalle, wobei jedoch die flüchtigeren Schwermetalle Blei, Cadmium und Zink angereichert vorliegen (Tabelle 12-5).

Kontaminierte Holzsortimente

Bei der Verbrennung von Holzabfällen und Althölzern, welche mit anorganischen Schutzmitteln behandelt wurden, werden bestimmte Schwermetalle zu bedeutsamen Bestandteilen der Aschen. Tabelle 12-6 verdeutlicht diese Veränderung am Beispiel der Rostasche einer Vorofenfeuerung, in der naturbelassenes Holz sowie verschiedene mit Holzschutzmittelsalzen imprägnierte Hölzer verbrannt wurden.

Bei den Holzschutzmitteln tragen vornehmlich die anorganischen Schutzsalze zur Aschebildung bei. Als Elemente in diesen Behandlungsmitteln sind im wesentlichen Bor, Chrom, Fluor und Kupfer zu finden. Eine geringere Bedeutung haben Arsen, Quecksilber, Zinn und Zink. Quecksilber ist so flüchtig, das es nicht in der Asche eingebunden wird. Unter sonstigen aschebildenden Bestandteilen sind vor allem Metallteile wie Nägel, Drähte, Schrauben u. a. m. zu verstehen. Im Waldholz aus ehemaligen Kampfgebieten der Weltkriege

Tabelle 12-6: Gehalt von Grobasche an ökologisch relevanten Spurenstoffen für unbehandeltes und mit anorganischen Schutzmitteln behandeltes Holz

Element	Unbehandelt	CFB	Gehalt in mg/kg CKF	CKB	CKA
Arsen	< 5	n. b.	n. b.	n. b.	1100
Bor	290	6940	n.b.	6770	n. b.
Chrom	310	20 900	178 000	161 000	240 000
Fluor	80	2500	3490	n. b.	n. b.
Kupfer	160	n.b.	85 600	124 000	260 000

n.b. = nicht bestimmt
Schutzmittelbestandteile: A = Arsen; B = Bor; C = Chrom; K = Kupfer; F = Fluor

sind auch Geschoßteile nicht selten. Aus dieser Zusammenstellung wird deutlich, daß verschiedene Faktoren die Zusammensetzung und damit die Eigenschaften der bei der Verbrennung von Holz und Biomassen anfallenden Aschen beeinflussen. Weitere Unterschiede ergeben sich aus dem Ort und den Bedingungen der Abscheidung.

Mineralische Verschmutzungen
Generell ist mit höheren Aschemengen zu rechnen, wenn der Brennstoff mineralische Verschmutzungen aufweist. Dies ist vor allem bei Rinden und bei Holzabfällen aus dem Baubereich der Fall. Hierbei kann es sich um Anhaftungen von Bodenbestandteilen wie Sand, Kalk und Tonminerale handeln, aber auch um Reste von mineralischen Baustoffen wie Zement, Kalk oder Gips. Unter ökologischen Gesichtspunkten sind diese Verunreinigungen unschädlich, unter ökonomischen Gesichtspunkten sind sie durchaus zu beachten. So kann ein erhöhter Ascheanfall zu Betriebsstörungen in Anlageteilen führen, insbesondere dann, wenn die Feuerung für aschearme Brennstoffe ausgelegt ist wie im Fall der Unterschubfeuerung. In jedem Fall ist mit einem hohen Ascheanfall auch ein Anstieg der Entsorgungskosten verbunden. Bei groben und harten Verschmutzungen wie Sand wird auch der mechanische Verschleiß an Anlageteilen zunehmen und so die Wartungs- und Betriebskosten erhöhen. Der Gehalt der Brennstoffe an mineralischen Verschmutzungen mindert daher deren Wert nicht unerheblich.

Aschefraktionen
Die Zusammensetzung der Aschen wird durch zwei Faktoren beeinflußt: zum einen durch den Brennstoff, zum anderen durch den Ort der Abscheidung und die dabei vorliegenden Abscheidebedingungen. Ein Teil der Aschepartikel wird durch die in der Feuerung strömenden Gase mitgerissen. Verschiedene Untersuchungen haben gezeigt, daß die bei der Verbrennung des Holzes gebildete Asche eine sehr geringe Partikelgröße aufweist. Sie kann daher leicht von den strömenden Brenn- und Abgasen mitgeführt werden. Gröbere mineralische Brennstoffbestandteile, wie Eisennägel, kleine Steine oder Sandkörner, werden dagegen kaum mitgerissen und verbleiben in der Grobasche. Schon von daher weisen die drei Aschefraktionen der Holzfeuerungen eine unterschiedliche Zusammensetzung auf. Noch gravierender ist in diesem Zusammenhang der Einfluß der Temperatur in der Feuerungsanlage, die sich insbesondere auf die Verteilung der Schwermetalle und Halogene auswirkt.

In jeder Feuerungsanlage tritt während des Betriebs ein beträchtlicher Temperaturgradient auf. Dies soll am Beispiel der Gastemperatur einer Rostfeuerung verdeutlicht werden (Abbildung 12-3). Im Rostbereich steigen die Temperaturen von der Aufgabezone (Werte um 100 °C) auf Werte um

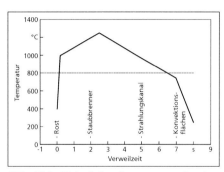

Abb. 12-3: Verlauf der Gastemperatur in einer Rostfeuerung zwischen Eintritt in den Rost und Austritt über den Kamin (Beispiel)

600 bis 800 °C in der Ausbrandzone der Holzkohle an. In der Ausbrandzone der Flammen, d. h. hinter der Sekundärluftzugabe werden Temperaturen bis etwa 1.200 °C gemessen. Danach nimmt die Temperatur wieder ab, d. h. von etwa 1.100 °C bei Eintritt in den Heizkessel bis auf etwa 150 bis 200 °C, wenn das Abgas den Staubfilter durchlaufen hat.

Bei den hohen Temperaturen auf dem Rost und in der Brennkammer gehen verschiedene Elemente bzw. ihre Verbindungen in die Gasphase über. Da nach der Brennkammer die Temperaturen wieder absinken, kommt es zur Abscheidung der zuvor verdampften Stoffe und damit zu einer Fraktionierung der Elemente zwischen den verschiedenen Aschen. Elemente wie Aluminium, Chrom, Eisen, Mangan und Silicium werden praktisch nicht verdampft und verbleiben, sofern sie nicht partikelförmig mitgerissen werden, in oxidischer Form in der Rostasche. Bei Temperaturen zwischen 800 und 1.200 °C werden flüchtige Elemente wie Arsen, Blei, Cadmium oder Zink dagegen zu erheblichen Teilen in der Brennkammer verdampft. Sie kondensieren mit sinkender Temperatur wieder und werden so in die Mittelasche und mehr noch in der Feinasche angereichert.

Außer der Temperatur haben auch der Sauerstoffgehalt und die chemische Reaktivität der gasförmigen Komponenten einen Einfluß auf die Abscheidung. Die Faktoren, welche die Verflüchtigung bestimmter Elemente aus der Rostasche in die Feinaschen bewirken, sind komplex und sollen hier nicht im Detail behandelt werden.

Auch schwerflüchtige organische Schadstoffe, wie polyaromatische Kohlenwasserstoffe (PAK) und polychlorierte Dibenzodioxine und -furane (PCDD/PCDF), finden sich angereichert in den Feinaschen wieder. Zusammenfassend ist festzustellen, daß durch den Fraktionierungseffekt bei der Verbrennung die schwerflüchtigen Elemente in den Grobaschen angereichert werden, in den Mittel- und Feinaschen die Konzentrationen der leichterflüchtigen Elemente und der schwerflüchtigen organischen Schadstoffe stark zunehmen. Auch grobkörnige mineralische Verschmutzungen oder Eisenteile finden sich im wesentlichen in der Grobasche wieder. In Tabelle 12-7 ist die Zusammensetzung der drei Aschetypen bei einer mit Gebrauchtholz betriebenen Feuerung aufgeführt. Die Werte verdeutlichen diesen Fraktionierungseffekt.

Weiterhin gilt, daß Grob- oder Rostaschen die für eine Verwertung oder Beseitigung günstigsten Eigenschaften aufweisen, während die Fein- oder Filteraschen diesbezüglich problematischer sind. Die Zyklonaschen nehmen eine Mittelstellung ein. In Anbetracht dieser Tatsache sollte der Betreiber einer Holzfeuerungsanlage daran interessiert sein, den Anfall an Feinasche zu minimieren. Hierzu gehört zum Beispiel der Einbau eines effektiven Fliehkraftabscheiders (Zyklon) vor dem Gewebe- oder Elektrofilter. Dennoch sollte diese Fraktionierung nicht nur negativ beurteilt werden, denn sie trägt auch zur partiellen Ausschleusung schädlicher Schwermetalle aus der Hauptasche bei und erleichtert so deren Verwertung. Insbesondere an der Technischen Universität Graz laufen Untersuchungen, die Fraktionierung der Aschebestandteile gezielt zur Dekontaminierung von Aschen bei Holz- und Biomassefeue-

Tabelle 12-7: Mittlere Zusammensetzung von Grob-, Mittel- und Feinaschen bei einer mit Gebrauchtholz betriebenen Holzfeuerungsanlage

Element	Gehalte in mg/kg		
	Grobasche	Mittelasche	Feinasche
Aluminium	24 000	25 000	2600
Arsen	17	59	100
Barium	4700	3700	540
Blei	2100	8400	50 000
Bor	340	300	190
Calcium	220 000	200 000	120 000
Cadmium	20	70	460
Chlor	3100	30 000	130 000
Chrom	470	1400	400
Cobalt	21	30	5
Eisen	22 000	29 000	3900
Fluor	86	1700	630
Kalium	19 000	23 000	62 000
Kupfer	1200	440	420
Lithium	32	34	42
Magnesium	17 000	18 000	2800
Mangan	1800	2400	600
Molybdän	7	11	11
Natrium	8100	8000	25 000
Nickel	180	170	74
Phosphor	4100	6100	1900
Quecksilber	< 0,5	0,7	< 0,5
Rubidium	110	120	270
Schwefel	18 000	27 000	34 000
Silicium	170 000	130 000	7500
Strontium	870	890	160
Titan	5900	4900	440
Vanadium	170	260	150
Zink	6900	16 000	160 000
Zinn	38	60	410

Quelle: nach Noger et al. 1996

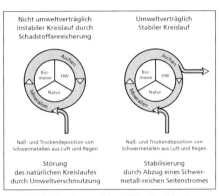

Abb. 12-4: Stabiles und instabiles Kreislaufsystem für eine Rückführung von Aschen aus Biomassefeuerungen auf Böden (Quelle: Obernberger 1996)

Je effektiver die Schadstoffe durch diesen Seitenstrom ausgetragen werden, um so besser sollte sich eine effektive Kreislaufwirtschaft mit Aschen gestalten. Die Umsetzung dieses Gedankens dürfte in der Praxis allerdings schwierig sein, denn er setzt eine funktionierende Kreislaufführung voraus, d. h. eine Verwertung der Aschen. Bei der Entsorgung durch Deponierung wird sich dieses Ausschleussungsprinzip dagegen weit weniger stark bemerkbar machen.

12.3 Rechtliche Situation zur Entsorgung von Holzaschen

12.3.1 Rechtliche Situation in Deutschland

Aschen sind rechtlich gesehen mineralische Abfälle des Verbrennungsprozesses. Sie fallen damit unter das Kreislaufwirtschafts- und Abfallgesetz (KrW/AbfG) und müssen ordnungsgemäß und umweltverträglich entsorgt werden. Die Entsorgung umfaßt dabei die Verwertung oder die Beseitigung der Aschen. Infolge der strengen Auflagen für die Abfallentsorgung in den vergangenen Jahren ist es bei den Aschen zu erheblichen Problemen gekommen. Dies betrifft vor allem die Beseitigung durch Ablagerung auf

rungen einzusetzen. Dabei wird die Ausschleusung der Filteraschen als Schnittstelle zwischen einem stabilen und instabilen Kreislaufsystem bei der Rückführung von Aschen aus Biomassefeuerungen in den Boden gesehen (Abbildung 12-4).

Deponien. Dabei müssen die Ablagerungsbedingungen der TA Siedlungsabfall (TA-SI) erfüllt werden. Hier zeigte sich, daß viele Holzaschen die für eine Ablagerung vorgeschriebenen Anforderungen nicht erfüllen. Demzufolge wurde die Zusammensetzung und Entsorgbarkeit von Holzaschen in den letzten Jahren eingehend untersucht; ein großer Teil der Schwierigkeiten konnte inzwischen gelöst werden. Auf diese Thematik wird in späteren Abschnitten dieses Kapitels noch näher eingegangen.

Wegen der Ablagerungsprobleme hat das Interesse an den Möglichkeiten zugenommen, die Aschen zu verwerten. Nach dem Kreislaufwirtschafts- und Abfallgesetz besteht bei Abfällen ohnehin ein Vorrang der Verwertung vor der Beseitigung. Die Entsorgung von Holzaschen unterliegt grundsätzlich den Anforderungen der TA Siedlungsabfall, in besonderen Fällen auch denen der TA Abfall. Die TA Abfall, Teil 1 gilt für besonders überwachungsbedürftige Abfälle, die TA Siedlungsabfall für Siedlungsabfälle sowie für produktionsspezifische und besonders überwachungsbedürftige Abfälle, die gemeinsam mit Siedlungsabfällen oder wie diese entsorgt werden können. Die Ausweitung des Geltungsbereiches der TA Siedlungsabfall auf produktionsspezifische Abfälle entspricht den abfallwirtschaftlichen Zielen des Gesetzgebers. Danach sollen die Erzeuger dieser Abfälle deren Schadstoffgehalte und schädlichen Eigenschaften durch geeignete Maßnahmen soweit reduzieren, daß die Abfälle entweder stofflich verwertet oder in Entsorgungsanlagen für Siedlungsabfälle behandelt bzw. abgelagert werden können. Beide Verwaltungsvorschriften enthalten entsprechend Anforderungen
- an den Umgang und die Entsorgung von Abfällen,
- an die Planung, den Bau und den Betrieb von Deponien und
- an die Anpassung von Altdeponien an den Stand der Technik.

Als Verwaltungsvorschriften stellen sie kein unmittelbar für Dritte geltendes Recht dar, sie entfalten jedoch eine Bindungswirkung für die Verwaltungsbehörden bei der Zulassung und Überwachung von Entsorgungsanlagen und legen für den Regelfall die behördliche Vorgehensweise fest. Wichtig ist somit die Einstufung dieser mineralischen Verbrennungsrückstände.

Holzasche ist gemäß Abfallartenkatalog der Länderarbeitsgemeinschaft Abfall (LAGA) dem Abfallschlüssel „31306, Holzasche" bzw. nach dem Europäischen Abfallkatalog (EAK) dem Abfallschlüssel „1001 01, Rost- und Kesselasche" in der EAK-Gruppe „Abfälle aus Kraftwerken und anderen Verbrennungsanlagen" zuzuordnen. Beide Abfallschlüssel gelten als nicht besonders überwachungsbedürftig im Sinne von § 41 des KrW/AbfG. Holzaschen können daher grundsätzlich auf einer Deponie nach TA Siedlungsabfall entsorgt werden, wobei jedoch die Zuordnungswerte des Anhangs B einzuhalten sind (Tabelle 12-8, linke Spalte).

Die TA Siedlungsabfall definiert 2 Deponienklassen:

Deponieklasse I (Inertstoffdeponie)
Auf dieser Deponie können Abfälle abgelagert werden, die einen sehr geringen organischen Anteil aufweisen und die im Auslaugversuch nach DIN 38 414 DEV S4 eine niedrige Schadstofffreisetzung zeigen.

Deponieklasse II
Für diesen Deponietyp gelten etwas weniger strenge Anforderungen an die Beschaffenheit der abzulagernden Abfälle (Tabelle 12-8, mittlere Spalte).

Wichtig ist, daß bei den Schadstoffwerten überwiegend der extrahierbare Gehalt und nicht der Gesamtgehalt gemeint ist. Schwermetalle wie Blei, Chrom oder Kupfer müssen demnach in praktisch unlöslicher Form vorliegen, damit die Holzasche auf einer Deponie nach TA Siedlungsabfall beseitigt werden darf. Werden diese Kriterien nicht eingehalten und scheidet eine Behandlung der Aschen zur Erreichung der Anforderungen aus, dann ist die Asche auf eine Sonderabfall- oder Monodeponie zu verbringen. Die TA Abfall, Teil 1 definiert diese Deponietypen.

Sonderabfalldeponie
Hier gelten geringere Anforderungen an die Beschaffenheit der abzulagernden Abfälle (Tabelle 12-8, rechte Spalte), gleichzeitig werden jedoch die Anforderungen an den Deponiestandort und das Abdichtungssystem sehr hoch angesetzt.

Monodeponie
Die TA Abfall, Teil 1 und TA Siedlungsabfall sehen vor, daß Monodeponien oder entsprechende gesonderte Bereiche, sogenannte Monoabschnitte, eingerichtet werden können. Dabei dürfen einzelne Schadstoffgehalte des Anhangs B der Technischen Anleitung überschritten werden. Ausgenommen hiervon sind die Parameter für die Festigkeit und für den organischen Anteil. Als abzulagernde Abfälle kommen solche in Frage, die in großen Mengen anfallen – was bei Holzfeuerungen kaum der Fall ist – und bei gemeinsamer Ablagerung ein gleiches Reaktionsverhalten zeigen. Zur Einhaltung dieser grundsätzlichen Schutzziele wurden im Anhang D der TA Abfall, Teil 1 und Anhang B der TASI die in Tabelle 12-8 dargestellten Zuordnungswerte festgelegt.

Tabelle 12-8: Zuordnungswerte für die Ablagerung von Abfällen nach Anhang B der TA Siedlungsabfall (TASI) und Anhang D der TA Abfall

Parameter		TASI - DK I	TASI - DK II	TA Abfall, Teil 1
Festigkeit				
Flügelscherfestigkeit	kN/m^2	≥ 25	≥ 25	≥ 25
Axiale Verformung	%	< 20	≤ 20	≤ 20
Einaxiale Druckfestigkeit	kN/m^2	≥ 50	≥ 50	≥ 50
Org. Anteil des Trockenrückstandes d. Originalsubstanz				
Bestimmt als Glühverlust	Masse-%	< 3	≤ 5	≤ 10 Gew.-%
Bestimmt als TOC	Masse-%	< 1	≤ 3	–
Extrahierbare lipophile Stoffe	Masse-%	$< 0,4$	$\leq 0,8$	≤ 4 Gew.-%
Eluatkriterien				
pH-Wert		5,5 – 13	5,5 – 13	4 – 13
Leitfähigkeit	µS/cm	$< 10\,000$	$\leq 50\,000$	$\leq 100\,000$
TOC	mg/l	< 20	≤ 100	≤ 200
Phenole	mg/l	$< 0,2$	≤ 50	≤ 100
Arsen	mg/l	$< 0,2$	$\leq 0,5$	≤ 1
Blei	mg/l	$< 0,2$	≤ 1	≤ 3
Cadmium	mg/l	$< 0,05$	$\leq 0,1$	$\leq 0,5$
Chrom-VI	mg/l	$< 0,05$	$\leq 0,1$	$\leq 0,5$
Kupfer	mg/l	< 1	≤ 5	≤ 10
Nickel	mg/l	$< 0,2$	≤ 1	≤ 2
Quecksilber	mg/l	$< 0,005$	$\leq 0,02$	$\leq 0,1$
Zink	mg/l	< 2	≤ 5	≤ 10
Fluorid	mg/l	< 5	≤ 25	≤ 50
Ammonium-N	mg/l	< 4	≤ 200	$\leq 1\,000$ (NH_4)
Chlorid		–	–	≤ 10000
Cyanide		$< 0,1$	$\leq 0,5$	≤ 1
Sulfat		–	–	≤ 5000
Nitrit		–	–	≤ 30
AOX	mg/l	$< 0,3$	$\leq 1,5$	≤ 3
Abdampfrückstand	Masse-%	< 3	≤ 6	≤ 10 Gew.-%

Für die Umsetzung der Bestimmungen gelten Übergangsvorschriften. Bei Abfällen im Geltungsbereich der TA Siedlungsabfall kann die zuständige Behörde nach Nr. 12.1 des Regelwerkes bei Hausmüll, Klärschlamm und anderen organischen Abfällen für den Zeitraum bis Juni 2005 und bei Bodenaushub, Bauschutt und anderen mineralischen Abfällen bis Juni 2001 Ausnahmen von den Zuordnungswerten zulassen, wenn absehbar ist, daß der Abfall aus Gründen mangelnder Behandlungskapazität die Zuordnungskriterien nicht erfüllt. Bei Abfällen, die der TA Abfall, Teil 1 unterliegen, kann die zuständige Behörde nach Nr. 12.1.2 von der Zuordnung zur chemisch-physikalischen Behandlung (CPB), Sonderabfallverbrennung (SAV) und Untertagedeponie (UTD) aufgrund der Überschreitung der Zuordnungswerte Ausnahmen zulassen, wenn der Abfallerzeuger im Rahmen des Entsorgungsnachweises darlegt, daß der Abfall aus Gründen mangelnder Behandlungskapazitäten oder untertägiger Ablagerungskapazität im Geltungsbereich des Abfallgesetzes nicht entsorgt werden kann.

12.3.2 Rechtliche Situation in Österreich

Die Zuordnung der Holzasche ist in Österreich weniger stark geregelt als in Deutschland. Im Abfallkatalog der ÖNORM S2100 wurde der Abfallart Holzasche eine Schlüsselnummer (31306) zugewiesen. Da Holzasche nicht in der ÖNORM S2101 aufgeführt ist und auch in der Verordnung über die Festlegung gefährlicher Abfälle keine Erwähnung findet, stellt sie keinen gefährlichen Abfall im Sinne des Abfallwirtschaftsgesetzes dar. Gleichwohl gilt aufgrund des § 14 des Abfallwirtschaftsgesetzes (AWG) hier der § 3 der Abfallnachweisverordnung, der die Aufzeichnungspflicht nach Art, Menge, Herkunft und Weiterverbleib des Abfalls normiert. Das bedeutet, daß über die Menge und den Verbleib der Asche Aufzeichnungen zu führen sind, insofern sie nicht weiterverwendet wird (zum Beispiel als Dünger) und somit ein Wirtschaftsgut darstellt.

12.3.3 Rechtliche Situation in der Schweiz

Die Zuordnung von Aschen ist in der Schweiz ähnlich wie in Deutschland geregelt. Wenn sie nicht verwertet werden können, müssen sie umweltverträglich beseitigt werden, indem sie zum Beispiel auf einer geeigneten Deponie abgelagert werden. Für die Beseitigung auf Deponien gelten die Anforderungen der Technische Verordnung über Abfälle (TVA). Sie unterscheidet zwischen drei Deponietypen:

Inertstoffdeponien
Auf Inertstoffdeponien dürfen nur abgelagert werden:
a) Inertstoffe nach Ziffer 11;
b) Bauabfälle nach Ziffer 12.

Abfälle gelten als Inertstoffe, wenn mit chemischen Analysen nachgewiesen wird, daß:
a) die Abfälle zu mehr als 95 Gewichtsprozent, bezogen auf die Trockensubstanz, aus gesteinsähnlichen Bestandteilen wie Silikaten, Carbonaten oder Aluminaten bestehen;
b) die Schwermetallgrenzwerte der Tabelle 12-9 nicht überschritten werden;
c) sich beim Extrahieren einer zerkleinerten Abfallprobe (maximale Korngröße

Tabelle 12-9: Schwermetallgrenzwerte für Inertstoffe nach TVA

Schwermetall	mg/kg trockener Abfall
Blei	500
Cadmium	10
Kupfer	500
Nickel	500
Quecksilber	2
Zink	1000

Tabelle 12-10: Elutionsgrenzwerte für Inertstoffe nach TVA

Test 1[1]		Test 2[2]	
Stoff	Grenzwert	Stoff	Grenzwert
Aluminium	1,0 mg/l	Ammoniak/Ammonium	0,5 mg/Nl
Arsen	0,01 mg/l	Cyanide	0,01 mg CN/l
Barium	0,5 mg/l	Fluoride	1,0 mg/l
Blei	0,1 mg/l	Nitrite	0,1 mg/l
Cadmium	0,01 mg/l	Sulfite	0,1 mg/l
Chrom-III	0,05 mg/l	Sulfide	0,01 mg/l
Chrom-VI	0,01 mg/l	Phosphate	1,0 mg P/l
Kobalt	0,05 mg/l	gelöster org. Kohlenstoff (DOC)	20,0 mg C/l
Kupfer	0,2 mg/l	Kohlenwasserstoffe	0,5 mg/l
Nickel	0,2 mgl/l	lipophile, schwerflüchtige, org. Chlorverbindungen	0,01 mg Cl/l
Quecksilber	0,005 mg/l	chlorierte Lösungsmittel	0,01 mg Cl/l
Zink	1,0 mg/l	pH-Wert	6 – 12
Zinn	0,2 mg/l		

[1] Elution kontinuierlich mit CO_2-gesättigtem Wasser
[2] Elution mit destilliertem Wasser

5 mm) mit der zehnfachen Gewichtsmenge an destilliertem Wasser nicht mehr als 5 g Abfallanteile pro kg Trockensubstanz auflösen.
d) die Grenzwerte der in der Tabelle 12-10 aufgeführten Stoffe im Eluat der Abfälle nicht überschritten werden. Dazu sind zwei Tests durchzuführen.

Für Test 1 ist als Elutionsmittel kontinuierlich mit Kohlendioxid gesättigtes Wasser, für Test 2 destilliertes Wasser zu verwenden. Die Einhaltung einzelner Grenzwerte muß nicht überprüft werden, wenn aufgrund der Zusammensetzung und Herkunft der Abfälle nachgewiesen ist, daß diese nicht überschritten werden können. Das Bundesamt erläßt Richtlinien über die Durchführung der Eluattests.
Auf Inertstoffdeponien dürfen außer Inertstoffen auch Bauabfälle abgelagert werden, wenn folgende Anforderungen erfüllt sind:
a) Die Abfälle dürfen nicht mit Sonderabfällen vermischt sein.
b) Sie müssen zu mindestens 90 Gewichtsprozent aus Steinen oder gesteinsähnlichen Bestandteilen – wie Beton, Ziegel, Asbestzement, Glas, Mauerabbruch, Straßenabbruch – bestehen.
c) Metalle, Kunststoffe, Papier, Holz und Textilien müssen vorrangig soweit entfernt werden, als dies technisch und betrieblich möglich und wirtschaftlich tragbar ist.

Auf Inertstoffdeponien darf unverschmutztes Aushub- und Abraummaterial abgelagert werden, soweit es nicht für Rekultivierungen verwertet werden kann.

Reststoffdeponien
Auf Reststoffdeponien dürfen nur Reststoffe abgelagert werden. Als Reststoffe gelten Abfälle, für welche die Anforderungen nach den Absätzen 2 bis 6 erfüllt sind. Die chemische Zusammensetzung von mindestens 95 Gewichtsprozent des Abfalls, bezogen auf das Trockengewicht, muß, nötigenfalls gestützt auf chemische Unter-

Tabelle 12-11: Elutionsgrenzwerte für Reststoffe nach TVA

Test 1[1]		Test 2[2]	
Stoff	Grenzwert	Stoff	Grenzwert
Aluminium	10,0 mg/l	Ammoniak/Ammonium	5,0 mg N/l
Arsen	0,1 mg/l	Cyanide	0,1 mg CN/l
Barium	5,0m mg/l	Fluoride	10,0 mg/l
Blei	1,0 mg/l	Nitrite	1,0 mg/l
Cadmium	0,1 mg/l	Sulfite	1,0 mg/l
Chrom-III	2,0 mg/l	Sulfide	0,1 mg/l
Chrom-VI	0,1 mg/l	Phosphate	10,0 mg P/l
Kobalt	0,5 mg/l	gelöster org. Kohlenstoff (DOC)	50,0 mg C/l
Kupfer	0,5 mg/l	biochemischer Sauerstoffbedarf (BSB_5)	10,0 O2/l
Nickel	2,0 mg/l	Kohlenwasserstoffe	5,0 mg/l
Quecksilber	0,01 mg/l	lipophile, schwerflüchtige, org. Chlorverbindungen	0,05 mg Cl/l
Zink	10,0 mg/l	chlorierte Lösungsmittel	0,1 mg Cl/l
Zinn	2,0 mg/l	pH-Wert	6 – 12

[1] Elution kontinuierlich mit CO_2-gesättigtem Wasser
[2] Elution mit destilliertem Wasser

suchungen, bekannt sein. Mit chemischen Analysen ist nachzuweisen, daß
a) die Abfälle, bezogen auf 1 kg Trockensubstanz, nicht mehr als 50 g organischen Kohlenstoff und 10 mg hochsiedende lipophile organische Chlorverbindungen enthalten;
b) sich beim Extrahieren einer zerkleinerten Abfallprobe (maximale Korngröße 5 mm) mit der zehnfachen Gewichtsmenge an destilliertem Wasser nicht mehr als 50 g Abfallanteile pro kg Trockensubstanz auflösen;
c) die Abfälle ein Säurebindevermögen (Alkalinität) von mindestens 1 Mol pro kg Trockensubstanz aufweisen, es sei denn, es wird nachgewiesen, daß sie mit verdünnten Säuren nicht reagieren können;
d) die Abfälle beim Kontakt mit anderen Reststoffen, Wasser oder Luft weder Gase noch leicht wasserlösliche Stoffe bilden können.

Mit zwei Tests ist nachzuweisen, daß die Grenzwerte der in der Tabelle 12-11 aufgeführten Stoffe im Eluat nicht überschritten werden. Für Test 1 ist als Elutionsmittel kontinuierlich mit Kohlendioxid gesättigtes Wasser, für Test 2 destilliertes Wasser zu verwenden. Die Einhaltung einzelner Grenzwerte muß nicht überprüft werden, wenn aufgrund der Zusammensetzung und Herkunft der Abfälle nachgewiesen ist, daß diese nicht überschritten werden können.

Reaktordeponien
Auf einer Reaktordeponie dürfen folgende Abfälle abgelagert werden:
- Abfälle, die auch zur Ablagerung auf Inertstoffdeponien zugelassen sind
- Schlacken von Verbrennungsanlagen für Siedlungsabfälle und andere vergleichbare Stoffe
- Klärschlamm, Bauabfälle und Siedlungsabfälle, sofern bestimmte Bedingungen erfüllt werden bzw. ein anderer Entsorgungsweg nicht vorhanden ist
- Weitere Abfälle, die mit den zuvor genannten vergleichbar sind

Für die Ablagerung aller Abfälle gilt, daß sie nicht mit Sonderabfällen vermischt erfolgen darf.

12.4 Verwertung der Aschen

Durch das Kreislaufwirtschafts- und Abfallgesetz von 1996 hat der Gedanke der Abfallverwertung an Gewicht gewonnen. Aschen sind unvermeidbare Abfälle der energetischen Nutzung von Holz. Nach dem zuvor genannten Gesetz sind Abfälle vorrangig zu verwerten und nachrangig zu beseitigen. Der Betreiber einer Feuerungsanlage ist daher gehalten, nach Verwertungsmöglichkeiten für seine Asche zu suchen. Grundsätzliche Verwertungswege für Aschen von Biomassefeuerungen sind:

- Zusatz zu mineralischen Baustoffen
- Einsatz als Bodenverbesserungs- und Düngemittel
- Kofferungsmaterial im Wege- und Straßenbau
- Streumaterial im Winter
- Schleif- und Strahlmittel
- Industrielle Verwertung, zum Beispiel Neutralisation oder Adsorption
- Füllstoff im Bergversatz

Die Art des Verwertungswegs ist von der Menge und Zusammensetzung der Aschen abhängig. Je nach Brennstoff, Verbrennungsbedingungen und Ort der Abscheidung bestehen zwischen den Aschen wie im Abschnitt 12.2 dargestellt charakteristische Unterschiede, die sich auf ihre weitere Behandlung auswirken. Wichtig sind die chemische Zusammensetzung, die physikalischen Eigenschaften und die Kosten. Außerdem sollten die anfallenden Mengen möglichst groß und von homogener Zusammensetzung sein. Als vielversprechende Verwertungsmöglichkeiten für Aschen erscheinen dabei der Einsatz als Bodenverbesserungs- und Düngemittel („Sekundärrohstoffdünger") in der Landwirtschaft und im Forstwesen und als Zuschlagstoff bei mineralischen Baustoffen. Die Nutzung als Düngemittel soll dabei den natürlichen Mineralienkreislauf über die bei der Verbrennung von Holz und anderen pflanzlichen Biomassen anfallenden Aschen schließen.

Auch die Kostensituation ist bei der Entsorgung der Aschen zu berücksichtigen. Wird die Asche durch Deponierung beseitigt, dann können erhebliche Kosten anfallen:

- 25 bis 40 Euro/t Transportkosten
- 50 bis 100 Euro/t Deponiekosten

Die Entsorgungskosten werden noch höher liegen, wenn vor der Ablagerung eine Behandlung der Aschen erforderlich ist oder die Asche so belastet ist, daß sie einer Sonderabfalldeponie zugeführt werden muß. Wesentlich günstiger ist die Situation bei der Verwertung, denn hier stehen den Transportkosten (25 bis 50 Euro/t) und den Aufbereitungskosten (10 bis 40 Euro/t) ein aus dem Nährstoffgehalt der Asche ableitbarer Wert gegenüber:

- 50 bis 70 Euro/t bei Stroh- und anderen Pflanzenaschen
- 75 bis 85 Euro/t bei Holzaschen

Während die Beseitigung der Aschen somit stets Kosten verursacht, kann bei der Verwendung als Düngemittel eine weitgehend kostenneutrale Situation erreicht werden.

12.4.1 Verwertung in der Land- und Forstwirtschaft

Noch im vergangenen Jahrhundert waren Holzaschen geschätzte Düngemittel im Gartenbau und in der Landwirtschaft. Später wurden sie durch künstliche Mineraldünger verdrängt. Seit einem guten Jahrzehnt laufen aber in Mitteleuropa Untersuchungen, inwieweit man bei der Entsorgung von Holz- und Biomasseaschen an die früheren Traditionen anknüpfen kann. Danach können Grobaschen von Holz- und Biomassefeuerungen grundsätzlich als Bodenverbesserungs- und Düngemittel in der Land- und Forstwirtschaft und als Zusatzstoffe bei der Kompostierung von Bioabfällen eingesetzt werden. Dies gilt zumeist auch für Mittelaschen, die zwar einen höheren Gehalt an Schwermetallen aufweisen als die Rostasche, gleichzeitig aber auch den wertvollen Düngebestandteil Kalium angereichert enthalten.

Grundsätzliche Voraussetzung bei dieser Art der Verwertung ist in jedem Fall, daß als Brennstoffe nur naturbelassene Hölzer und andere Biomassen eingesetzt wurden. Aschen von Produktionsabfällen können in Ausnahmefällen in Frage kommen, während solche von Gebrauchthölzern ungeeignet sind. Feinaschen scheiden ebenfalls aus, und zwar weitgehend unabhängig von der Art des Brennstoffs wegen des Fraktionierungseffekts und der damit verbundenen Anreicherung von Schwermetallen.

Qualitäts- und Mengenprobleme

Schwierigkeiten bereiten bei der Verwertung vor allem die starken Schwankungen der Zusammensetzung und der zumeist geringe Mengenanfall. Um die Schwankungen in der Zusammensetzung auszugleichen, müssen größere Mengen gesammelt und durch Mischung homogenisiert werden. Dabei müssen auch Grobteile wie Schlacken, Steine oder Eisenteile ausgesiebt werden. Eine Sammlung der Aschen ist auch wegen des meist geringen Mengenanfalls an den Holzfeuerungen notwendig. Abbildung 12-5 zeigt den Ascheanfall von Holzfeuerungen in Abhängigkeit vom Aschegehalt des Brennstoffs und der Feuerungswärmeleistung.

Legt man für naturbelassenes Holz einen Gehalt an mineralischen Stoffen von 1 % zu Grunde, so fallen bei einer Rostfeuerung mit einer Feuerungswärmeleistung von 1 MW bei 6000 Jahresbetriebsstunden etwa 35 t Grobasche an. Diese Menge ist zu gering, um einen Verwertungsweg wirtschaftlich betreiben zu können. Hier müßten sich die Betreiber mehrerer Feuerungsanlagen zu einer Verwertungsgemeinschaft zusammenschließen. Größere Feuerungen haben zwar scheinbar bessere Voraussetzungen, doch dürfte dieser Verwertungsweg dann ausscheiden, wenn ein Teil der Anlagen mit einem Brennstoffmix aus naturbelassenen

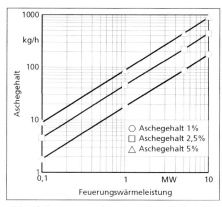

Abb. 12-5: Zusammenhang zwischen Ascheanfall, Aschegehalt und Feuerungswärmeleistung (Quelle: Pohlandt-Schwandt 1995)

Hölzern, anderen Biomassen und Gebrauchtholz betrieben werden.

Um bei Feuerungen kleiner oder mittlerer Leistung genügende Aschemengen zu erhalten, ist eine Sammlung über längere Zeit erforderlich. Bei kleineren Mengen und bei der Zwischenlagerung bietet sich ein Container an, bei größeren Mengen ist ein ausreichend dimensioniertes Aschelager notwendig. Das Lager muß vor Regen geschützt, d. h. überdacht sein, da ansonsten wertvolle Aschebestandteile ausgewaschen werden. Bei feinen Aschen ist auch ein Windschutz sinnvoll.

Erfahrungen mit der Ascheverwertung

Entscheidende Kriterien für den Einsatz von Aschen als Düngemittel sind – außer einer gesetzlichen Anerkennung als Sekundärrohstoffdünger – ein hoher Nährstoffgehalt und ein geringer Gehalt an schädlichen Schwermetallen.

Nährstoffe sind die oxidischen Verbindungen des Calciums, Kaliums, Magnesiums und Phosphors. Eine Tonne reine Holzasche enthält an Pflanzennährstoffen im Durchschnitt 350 bis 450 kg Calciumoxid, jeweils 40 bis 60 kg Kalium- und Magnesiumoxid sowie 20 bis 35 kg Phosphoroxid. Das Kalium ist sehr gut pflanzenverfügbar, das Phosphat nur in geringen Maße. Calcium und Magnesium nehmen eine Mittelstellung ein. Außerdem ist die Asche alkalisch und kann so zur Neutralisation übersäuerter Böden beitragen. Als günstig wird auch der fehlende Gehalt der Holzasche an Stickstoffverbindungen angesehen, da die meisten Böden hierzulande eher einer Überschuß als einen Mangel an Stickstoff aufweisen. Der Wert der Aschen für diese Verwendung nimmt ab, wenn die wirksamen Pflanzennährstoffe durch Sand und andere Inertbestandteile „verdünnt werden".

Auch über die Verwertung der Aschen von Einjahrespflanzen liegen inzwischen Erfahrungen vor. Diese Aschen sind von ihrer Zusammensetzung noch günstiger einzustufen als Holzaschen, da sie einen höheren Nährstoffgehalt aufweisen. Zudem ist das Nährstoff/Schadstoffverhältnis besser. Insbesondere die Mittelaschen von Grasfeuerungen haben einen hohen Kaliumgehalt und eine gute Wasserlöslichkeit. Die Aschen von mit Rinden befeuerten Anlagen haben dagegen einen geringeren Düngewert durch die Verdünnung der Nährstoffe mit Inertstoffbestandteilen.

Für die Bewertung der Aschen gibt es bisher keine verbindlichen Grenzwerte. Anfänglich wurden daher verschiedentlich die Grenz- und Richtwerte für Böden und Kompost herangezogen (Tabelle 12-12 und Tabelle 12-13). Dieser Bewertungsweg ist grundsätzlich richtig, doch muß dabei beachtet werden, daß reine Asche einen hochkonzentrierten Mineraldünger darstellt, während die Mineralstoffe im Boden oder Kompost durch erhebliche Mengen an organischen Humusstoffen und anderen Materialien verdünnt werden. Zumindest die sehr niedrigen Werte für Böden und Frischkompost sind mit entsprechenden Aufschlägen zu benutzen.

Eine andere Möglichkeit der Bewertung ergibt sich aus den Grenzwerten für Klärschlämme. Hier sind die zulässigen Schwermetallgehalte so hoch, daß sie von den Aschen üblicherweise problemlos eingehalten werden. Um sich von den strittigen Werten für Klärschlämme qualitativ abzuheben, wurden in der Schweiz und in Österreich inzwischen Empfehlungen für Schwermetallgehalte in Aschen erarbeitet, welche zur Düngung eingesetzt werden sollen (Tabelle 12-14).

Tabelle 12-12: Grenz- und Richtwerte für Schwermetalle im Klärschlamm und im Boden in Deutschland und in der Steiermark

Werte in mg/kg

Element	Klärschlamm[1]	Boden[1]	Klärschlamm[2]	Boden[2]
Arsen	–	–	–	20
Blei	900	100	500	100
Cadmium	10	1,5	10	1
Chrom	900	100	500	100
Kobalt	–	–	100	50
Kupfer	800	60	500	100
Molybdän	–	–	20	5
Nickel	200	50	100	60
Quecksilber	8	1	10	1
Vanadium	–	–	–	50
Zink	2.500	200	2.000	300

[1] Grenzwert nach Klärschlammverordnung (D)
[2] Grenzwert nach Klärschlammverordnung (ST)
[3] Bodenrichtwerte (ST)

Tabelle 12-13: Richtwerte für Schwermetallgehalte in Frischkompost nach RAL-Gütezeichen 251

Element/Verbindung	Höchstwert in mg/kg
Blei	150
Cadmium	1,5
Chrom	100
Kupfer	100
Nickel	50
Quecksilber	1,0
Zink	400

Technik der Ascheausbringung

Als Ausgangsmaterialien für Sekundärrohstoffdünger sind sowohl Trocken- als auch Naßaschen geeignet. Die Naßaschen müs-

Tabelle 12-14: Empfohlene Richtwerte für maximal zulässige Schwermetallgehalte von Holzaschen bei deren Verwendung als Düngemittel auf forstlich und landwirtschaftlich genutzten Flächen

Element		Richtwerte Österreich[1]		Richtwerte Schweiz[2]
		Qualitätsklasse I	Qualitätsklasse II	
Arsen	mg/kg	20	20	k. A.
Cadmium	mg/kg	5	10	3
Kobalt	mg/kg	50	100	12
Chrom	mg/kg	250	500	100
Kupfer	mg/kg	250	500	150
Quecksilber	mg/kg	k. A.	k. A.	1
Molybdän	mg/kg	10	20	6
Nickel	mg/kg	100	100	90
Blei	mg/kg	250	500	100
Zink	mg/kg	1000	2000	600

[1] diskutierte Richtwerte der Landesregierung Salzburg
[2] vorgeschlagene Richtwerte Schweiz
k. A.: keine Angabe

sen zuvor getrocknet und gemahlen werden. Die Ausbringung der Aschen in der Landwirtschaft kann durch Streumaschinen wie Kreisel-, Pendel- oder Schneckenstreuer erfolgen. Bei sehr feinkörnigen Aschen ist ein Staubschutz erforderlich. Im Forst ist eine solche Form der Ausbringung kaum möglich. Hier müssen die Aschen per Hand oder pneumatisch ausgebracht werden. Das Verblasen der Aschen im Forstbereich kann analog der pneumatischen Meliorationskalkung erfolgen. Hierbei können die Aschen mit Kalkmehl, Magnesiumkalken (Dolomit) oder Calciumhydroxid (Kalkoxyhydrat) abgemischt werden, wodurch die Pufferkapazität gegenüber stark übersäuerten Böden zunimmt. Um den Geräteverschleiß gering zu halten, müssen die Aschen vor der Verblasung gesiebt und so von groben Sand- und Steinbeimengungen befreit werden.

Aufwendiger aber weniger störend ist die Ausbringung in verdichteter Form, da so Staubentwicklung und vorübergehende Verschmutzung des Waldes vermieden werden. Die Verdichtung zu Pellets weist auch bei der Lagerung Vorteile auf. U. a. wird eine unkontrollierte Verklumpung der Asche vermieden. Bei der Verdichtung sind Verfahren anzuwenden, bei denen die Preßwerkzeuge nicht durch unvermeidliche Sandbestandteile in der Asche beschädigt werden. Als geeignet hat sich die Pelletierung der Aschen unter Zugabe von Wasser nach dem Verfahren der Aufbaugranulation erwiesen. Da hierbei keine Kräfte von außen erforderlich sind, wird ein Verschleiß der Verdichtungswerkzeuge weitgehend vermieden. Die Aschen haben jedoch ein geringes Eigenbindevermögen, so daß die Zugabe eines ökologisch unbedenklichen Bindemittels sinnvoll ist. Geeignete Bindemittel sind Melasse, Stärke und Tapetenkleister. Auch ist eine Pelletierung von Asche/Kalkabmischungen möglich.

Die Ausbringmengen liegen je nach Aschezusammensetzung, Bodenart und Bodennutzung zwischen 2 und 10 t pro Hektar Waldfläche. Im landwirtschaftlichen Bereich sind auch höhere Ausbringmengen möglich. Die bisherigen Versuche zeigten positive Effekte insbesondere bei Grünland und Wald mit nährstoffarmen, versauerten Böden. Insgesamt nahm die Vitalität der Pflanzen, der Biomassezuwachs und die Artenvielfalt erkennbar zu. Die gravierendsten Änderungen zeigen sich nach einer Ascheausbringung im pH-Wert, der zwischen 1 und 3 Einheiten zunehmen kann. Die stärksten Auswirkungen zeigen sich erwartungsgemäß bei sauren Böden mit niedriger Pufferkapazität. Durch die Änderung des pH-Wertes sind im Forstbereich jedoch häufig ein Wandel der Bodenvegetation zu beobachten. Schädliche Auswirkungen konnten bei sachgerechter Ausbringung der Aschen nicht beobachtet werden. Bei landwirtschaftlichen Ackerböden war der günstige Einfluß der Aschedüngung weniger deutlich.

Eine vergleichbare Nutzung eröffnet sich bei der Kompostierung von Biomassen zu

Substraten. Durch gezielte Beimischung von Holzaschen zu Komposten kann der Nährstoffgehalt verbessert und der pH-Wert erhöht werden. Auch das Problem geringer Aschemengen dürfte in einem Kompostierbetrieb leichter beherrschbar sein als bei der Verbringung auf große Acker- und Waldflächen.

Grundsätzliches zur Aschenutzung als Düngemittel
Bei der Nutzung von Grob- und Mittelasche in der Landwirtschaft gelten somit folgende Grundsätze:
Die Ascheverwertung wird begünstigt, wenn
- die Asche aus Feuerungen stammt, die mit naturbelassenem Holz oder anderen Biomassen betrieben werden
- die Menge groß und die Zusammensetzung homogen ist und
- die Asche gut streu- oder blasfähig ist.

Die Ascheverwertung wird erschwert, wenn
- die Asche große Anteile an Sand und anderen Ballaststoffen enthält und
- die Asche partiell gesintert oder verklumpt ist.

Die Ascheverwertung scheidet aus, wenn
- die Asche als Schlacke anfällt
- die Asche hohe Anteile unverbrannter Biomasse aufweist und
- der Brennstoff nennenswerte Anteile an Schwermetallen durch Farbpigmente und Holzschutzmittel enthält.

12.4.2 Andere Verwertungsarten

Holzaschen können analog den Steinkohleflugaschen als Zuschlagstoffe für mineralische Baustoffe genutzt werden. Je nach Zusammensetzung der Aschen können etwa 10 bis 20 % Asche den Zementwerkstoffen beigefügt werden, ohne daß die Festigkeitswerte nennenswert vermindert werden. Diese Art der Verwertung bietet sich insbesondere für Aschen an, die reich an Sand und anderen mineralischen Inertstoffen sind. Auch Schwermetalle sind dabei von nachgeordneter Bedeutung. Zum einen sind sie in der Regel normale Bestandteile des Zementklinkers, zum anderen werden sie durch chemische Umsetzung mit den alkalischen und silikatischen Zementbestandteilen wirkungsvoll immobilisiert. Dennoch dürfte auch bei diesem Verwertungsweg der geringe Ascheanfall der meisten Feuerungsanlagen eine Nutzung einschränken.

Ein weiterer Verwertungsweg ist die Verfüllung von Hohlräumen im Bergversatz. Obgleich dieser Entsorgungsweg einer Beseitigung auf Deponien ähnelt, gilt er wegen des damit verbundenen Zwecks der Verfüllung rechtlich als Verwertung und nicht als Beseitigung. Über die anderen, am Anfang dieses Abschnitts genannten Verwertungsmöglichkeiten liegen keine Erfahrungen vor.

12.5 Beseitigung der Aschen

Auch zukünftig wird die Beseitigung der Aschen durch Ablagerung auf Deponien der vorherrschende Entsorgungsweg bleiben. Dieses gilt um so mehr, wenn größere Feuerungen mit hohem Ascheanfall aus Gründen der Wirtschaftlichkeit mit einem Brennstoffmix gefahren werden, der auch belastete Holzabfälle umfaßt. Die Aschen sind dann so mit Schwermetallen belastet, daß eine Beseitigung durch Deponierung praktisch unvermeidlich ist. Zur Erfüllung der Ablagerungskriterien für Deponien ist häufig eine Behandlung der Aschen erforderlich. Kritische Parameter sind bei Holzaschen der Glühverlust, die Wasserlöslichkeit, der pH-Wert des Eluats und der Elutionswert für Chrom (VI).
Der Glühverlust ist dabei im wesentlichen auf unverbrannte organische Bestandteile in der Asche zurückzuführen. Der Glühverlust kann durch Verbesserung des Aus-

brandes oder thermische Nachbehandlung der Aschen verringert werden. Bei Temperaturen ab 600 °C werden in Gegenwart von Luftsauerstoff die unverbrannten Kohlenstoffbestandteile zu CO und CO_2 oxidiert.

Schwieriger ist die Einhaltung der anderen kritischen Parameter, da es sich um vorgegebene Eigenschaften der Aschen handelt. So enthält reine Holzasche zwischen 10 und 30 % wasserlösliche Bestandteile. Da diese Eigenschaft der Holzasche nur mit aufwendigen Maßnahmen zu beeinflussen ist, wird die Überschreitung dieses Deponiekriteriums im allgemeinen hingenommen. Der pH-Wert des Eluats liegt in der Regel zwischen 11 und 13,5 Einheiten, der Grenzwert der TASI von pH 13 wird also eher selten und dann nur geringfügig überschritten. Bei längerer Lagerung der Asche nimmt der pH-Wert infolge Kohlendioxidaufnahme aus der Luft („Carbonatisierung") ohnehin langsam ab. Die hohe Alkalität der Aschen ist aus der Sicht der Ablagerung sogar vorteilhaft, weil sie entscheidend zur Immobilisierung der meisten Schwermetalle beiträgt.

Eine Ausnahme ist das Element Chrom. Es kann als schwerlösliches Chrom-III oder als lösliches Chrom-VI vorliegen. Die TASI legt für Chrom-VI im Elutionstest nach DIN einen Wert von 0,05 mg/l für die Deponieklasse 1 und 0,1 mg/l für die Deponieklasse 2 fest (Tabelle 12-8). Da Chrom ein essentielles Spurenelement ist, findet es sich in allen Biomassen. Hierbei liegt es komplex gebunden als Chrom-III vor. Holz, Rinden, Stroh und Einjahrespflanzen enthalten bis etwa 5 mg/kg. Bei der Verbrennung reichert sich das Chrom in der Asche um den Faktor 50 bis 200 an. Dabei wird das Element unter Einwirkung von Temperatur, Sauerstoff und alkalischer Matrix zu erheblichen Teilen zum Chromat (entspricht Chrom-VI) oxidiert. Ein guter Ausbrand begünstigt die Chromatbildung. Das Chromat ist im Gegensatz zu den Oxiden der anderen Schwermetalle im alkalischen Bereich gut wasserlöslich und geht daher beim Elutattest, sofern es nicht fest in die Aschematrix eingebunden ist, in Lösung. Da ein guter Ausbrand essentiell für den umweltverträglichen Betrieb einer Holzfeuerung ist, kann die Chromatbildung feuerungstechnisch nicht vermieden werden.

Noch stärker betroffen von der Chromatproblematik sind die Aschen von Rest- und Gebrauchtholzfeuerungen, da bei diesen zusätzliche Einträge über Werkzeugabrieb von chromhaltigen Stählen sowie über chromhaltige Farbpigmente und Holzschutzmittel erfolgen können. Die Beseitigung dieser Aschen erfordert in der Regel eine Behandlung.

12.6 Behandlungsverfahren für Aschen

Durch thermische Nachbehandlung oder Zugabe von Verfestigungsmitteln lassen sich die Eigenschaften der Aschen hinsichtlich der Ablagerung auf Deponien günstig beeinflussen. Verfestigungsmittel sind zum Beispiel Portlandzement, Puzzolane, Kalk, Gips oder Wasserglas. Noch günstiger ist es, die Feuerung so zu führen, daß die Asche partiell gesintert oder geschmolzen anfällt. Die bestehenden Feuerungsanlagen sind allerdings in der Regel so ausgelegt, daß eine Schlackenbildung aus technologischen Gründen vermieden werden muß.

Auch ist es theoretisch möglich, das Chromat in ein schwerlösliches Salz zu überführen. Die hierfür erforderliche Zugabe von löslichen Blei- und Bariumsalzen ist aber ökologisch bedenklich, so daß diese Art der Behandlung ausscheidet. Eine Auswaschung des Chromats ist in der Praxis kaum möglich, da das Waschwasser hierdurch mit wasserlöslichen Aschebestandteilen (20 bis 30 % der Asche) belastet und so selbst zu einem Entsorgungsproblem wird. Eine thermische Nachbehandlung erscheint dagegen möglich. So konnten nach Laboruntersuchungen auch stark mit Chromaten belastete Aschen dekontaminiert

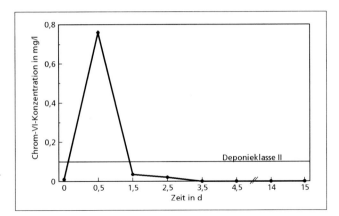

Abb. 12-6: Konzentration von Chrom-VI im Wasser eines Naßentaschers nach einer Holzfeuerungsanlage in Abhängigkeit von der Versuchsdauer

werden, wenn sie bei Temperaturen zwischen 500 und 800 °C über 2 Stunden in sauerstoffreier Atmosphäre behandelt wurden. Am gangbarsten hat sich der Weg der in-situ Reduzierung des Chrom-VI zu Chrom-III in Gegenwart von Wasser erwiesen. Wie Untersuchungen gezeigt haben, kann bereits durch eine einfache Naßentaschung der Elutionswert für Chrom-VI erheblich vermindert werden (Abbildung 12-6). Augenscheinlich werden in Gegenwart von Wasser Aschebestandteile aktiviert, die zu einer Umwandlung von Chrom-VI in Chrom-III oder zu einer Einbindung des Chromats führen. Auf diese Weise können Aschen mit Elutionswerten bis etwa 2 mg/l so behandelt werden, daß die Kriterien der TASI für die Deponie der Klasse II eingehalten werden.

Bei höheren Chromatwerten ist eine zusätzliche chemische Behandlung erforderlich. Da Chromat ein starkes Oxidationsmittel ist, bietet sich die Zugabe von reduzierenden Stoffen zum Wasser des Naßentaschers an. Als geeignet haben sich bestimmte Aldehyde und Zucker erwiesen. Besonders eingehend wurde die Reduktion von Holzaschen mit Formaldehyd untersucht. Formaldehyd ist ein effektives und preisgünstiges Reduktionsmittel. Die Umsetzungsreaktion ist dabei wie folgt:

$$CrO_4^{2-} + 3\ CH_2O + 2H^+ \rightarrow Cr^{3+} + 3\ HCOO^- + H_2O$$

Chro-   Formal-   Chrom Formiat
mat   dehyd   (III)

Ökologische Nachteile sind bei dieser Art der Behandlung nicht zu erkennen, da das Formaldehyd bei der Reaktion in Formiat (Salz der Ameisensäure) umgewandelt wird. Nicht umgesetzter Formaldehyd wird im alkalischen Aschemilieu zu Methanol und Ameisensäure umgesetzt („disproportioniert").

$$2\ CH_2O \rightarrow CH_3OH + HCOOH$$

Formaldehyd   Methanol   Ameisensäure

Die organischen Stoffe werden im weiteren Verlauf der Ablagerung chemisch oder biologisch zu Kohlendioxid abgebaut bzw. als Salze in die Aschematrix eingebunden. Abbildung 12-7 zeigt die Eluatwerte von lufttrockener Holzasche, die abgestuft mit 0,1 %iger Formaldehydlösung über 24 h bei Raumtemperatur behandelt wurde. Bei einer Zugabe von 150 ml Reduktionslösung auf 100 g Rostasche (entspricht etwa 1,5 kg Formaldehyd pro Tonne Asche) erfüllt das behandelte Material die Ablagerungsanforderungen der Deponieklasse II nach TASI. Die zugesetzte Menge an Reduktionsmittel sollte dem vorliegenden Gehalt an Chromat

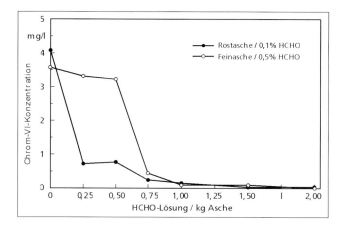

Abb. 12-7: Abhängigkeit der Chrom-VI-Konzentration im Eluat von der Vorbehandlung der Asche mit 0,1 %iger Formaldehydlösung

angepaßt werden, zweckmäßigerweise über die Formaldehydkonzentration der Reduktionslösung. Bei einer Asche mit einem Elutionswert zwischen 3 und 5 mg/l sind etwa 1,5 kg Formaldehyd und etwa 0,5 bis 1 m^3 Wasser auf 1 Tonne Aschetrockensubstanz einzusetzen. Bei Feinaschen mit gleichem Chromatwert ist nach vorliegenden Untersuchungen der Bedarf an Reduktionsmittel etwa 2- bis 3fach höher, wahrscheinlich bedingt durch die größeren Oberflächen und den höheren Gehalt an reaktiven Verbindungen. Der Wassergehalt der Aschen beeinflußt das Verfahren nicht. Bei Naßaschen kann die Wasserzugabe verringert werden, d. h. es wird mit konzentrierteren Behandlungslösungen gearbeitet. Eine solche Behandlung ist wenig kostenintensiv, das behandelte Material kann auf Deponien beseitigt oder im Bergversatz verwertet werden. Werden die Deponiekosten nach Gewicht berechnet, ist ggfs. eine Trocknung der Aschen vor Ablagerung sinnvoll.

13 Kraft-Wärme-Kopplung

Der Gedanke, aus Holz und Biomasse nicht nur Wärme sondern auch die für Maschinenantriebe notwendige Kraft zu erzeugen, ist mehr als 100 Jahre alt und hat seine Faszination nicht verloren. Schon um die Jahrhundertwende wurden in Sägewerken die ersten Dampfmaschinen zum Gatterantrieb installiert. Später folgten verstärkt Stromerzeugungsgeneratoren. An die Stelle der Dampfmaschinen sind andere Aggregate getreten, mit denen die in biogenen Brennstoffen enthaltene Energie in mechanische Kraft und schließlich in elektrischen Strom umgewandelt werden kann. Je größer die Vielfalt der technischen Möglichkeiten wird, um so schwieriger wird die Auswahl des geeigneten Systems und um so größer auch das Risiko von Fehlinvestitionen.

13.1 Dampfkraftprozeß

13.1.1 Theorie des Dampfkraftprozesses

Mit der Dampfmaschine begann der Einzug von Kraft-Wärme-Kopplung auf Basis des Energieträgers Holz. Mehr als 90 % der in der Holzwirtschaft betriebenen Kraftanlagen bauen noch immer auf dem Prinzip der Entspannung von Wasserdampf auf. Zunächst wird Wasser in dafür geeigneten Kesselanlagen unter Ausnutzung der Wärme aus den Rauchgasen einer Holz- oder Biomassefeuerung verdampft. Für den Übergang von der flüssigen in die dampfförmige Phase wird vergleichsweise viel Wärmeenergie, die sog. Verdampfungswärme, benötigt. Bei Wasser mit 100 °C müssen 2.700 kJ/kg zugeführt werden, um den Wechsel des Aggregatzustands zu bewirken. Unter atmosphärischem Druck (1 bar) läuft dieser Prozeß bei einer Wassertemperatur von 100 °C ab. Durch Abschluß des Wärmetauschersystemes nach außen mittels geeigneter Armaturen erhöht sich der Druck bei weiterer Wärmezufuhr. Mit steigendem Druck erhöht sich auch die Dampftemperatur. Nach Holzfeuerungsanlagen werden in Flammrohr-Rauchrohrkesselanlagen bis zu 30 bar und in Wasserrohrkesseln bis zu 65 bar Dampfdruck gefahren. Je höher der Dampfdruck, desto größer ist sein Energieinhalt (Enthalpie) und desto größer damit auch die Möglichkeit, durch Entspannung Kraft gemäß nachfolgender Formel zu erzeugen:

$$P_{[kW]} = \dot{m}\left[\frac{kg}{s}\right] * \Delta h \left[\frac{kJ}{kg}\right] \cdot \eta$$

$\dot{m}$ = Dampfmenge
Δh = Enthalpiedifferenz zwischen Frischdampf und Abdampf (aus i/s-Dampfdiagramm zu entnehmen)
η = mechanischer Turbinenwirkungsgrad
  einstufige Turbine ~ 50 %
  mehrstufige Turbine 60 – 80 %

Abbildung 13-1 zeigt einen Auszug aus der sog. Dampfdrucktafel, in der den einzelnen Dampf- bzw. Wasserzuständen die jeweiligen Energieinhalte zugeordnet sind. Aus dieser Tabelle wird auch der hohe Anteil der Verdampfungswärme deutlich, der den eigentlichen Reiz der Kraft-Wärme-Kopplung auf Dampfbasis ausmacht: In der Turbine oder dem Dampfmotor kann physikalisch bedingt nur der Energieinhalt des Dampfes nicht aber die Verdampfungswärme in mechanische Energie umgewandelt werden. Die Verdampfungswärme und damit der größere Teil der im Kessel zugeführten Energie kann nach dem Kraftprozeß nur zu Heizzwecken genutzt werden. Ist dies nicht möglich, so muß eine Abkühlung des Dampfes bis zur Kondensation in einem luft- oder wassergekühlten Kondensator erfolgen. Man kann dann allerdings nicht mehr von Kraft-Wärme-Kopplung sprechen, sondern man hat es mit einem wenig effektiven Dampf-Kraft-Kondensationsprozeß zu tun, wie er in den meisten Großkraftwerken abläuft.

Abb. 13-1: Dampfdruckdiagramm

Um den Dampfkraftprozeß möglichst effektiv zu gestalten, wurde schon sehr früh mit der sog. Überhitzung gearbeitet: Wenn Sattdampf über geeignete Wärmetauscher (Überhitzer) im Rauchgasstrom geleitet wird, tritt zwangsläufig eine Temperaturerhöhung ohne gleichzeitige Drucksteigerung (adiabate Temperaturerhöhung) ein. Gleichzeitig wird die Enthalpie des Dampfes und sein Leistungsvermögen beim Kraftprozeß angehoben, wie es am dargestellten Beispiel im Dampfdruckdiagramm deutlich wird.

Die Überhitzungstemperaturen in Großkraftwerken reichen bis zu 600 °C. Dampfüberhitzer nach Holzfeuerungen sollten in der Nenntemperatur nicht über 450 °C gefahren werden. Bei höheren Temperaturen steigt die Gefahr einer spontanen Hochtemperatur-Chlorkorrosion überproportional an, da selbst im naturbelassenen Holz Chlor in solchen Konzentrationen auftritt, daß die genannten Schäden initiiert werden können.

13.1.2 Kolben-Dampfmaschinen

Kolben-Dampfmaschinen waren in der Holzwirtschaft die ersten Krafterzeuger auf Dampfbasis. Die Vielfalt der im Laufe der Entwicklung dieser Anlagen gebauten Varianten ist groß. Stellvertretend dafür steht die sog. Lokomobile, wie sie noch heute in manchem Sägewerk anzutreffen ist.

Die einstufige Kolben-Dampfmaschine ist dem einzügigen Flammrohrkessel aufgesattelt. Deutlich erkennbar ist das große Schwungrad, das gleichzeitig als Riemenscheibe für die Übertragung der Kraft auf einen Generator dient.

Wegen der niedrigen Drehzahlen (150 bis 350 U/min) wurden Dampfmaschinen sehr groß gebaut, bezogen auf die erzielbare Leistung. Daraus ergaben sich hohe spezifische Kosten. Langsam laufende Kolbendampfmaschinen als Teil von Kraft-Wärme-Kopplungsprozessen in der Holzwirtschaft werden seit Jahrzehnten nicht mehr gebaut.

13.1.3 Schnellaufender Dampfmotor

Seit etwa 50 Jahren wird der aus der Dampfmaschine entwickelte schnellaufende Dampfmotor gebaut und in der Holzwirtschaft eingesetzt. Bei Nenndrehzahlen von 750 bis 1500 U/min liegen Masse, Bauvolumen und Kosten weit unter den im Dampfmaschinenbereich bekannten Grö-

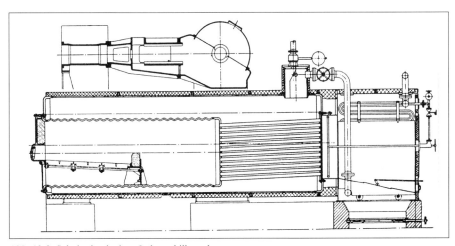

Abb. 13-2: Schnitt durch einen Lokomobilkessel

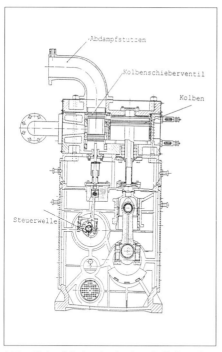

Abb. 13-3: Schnitt durch den Zylinder eines Dampfmotors (Spilling)

ßenordnungen. Aufgrund von möglichen Dampfeintrittsdrücken bis zu 60 bar werden hohe Leistungsdichten erzielt. Abbildung 13-3 zeigt den Schnitt durch den Zylinder eines schnellaufenden Dampfmotors. Schnellaufende Dampfmotorenanlagen werden durch modulartige Aneinanderreihung einzelner Arbeitszylinder für Leistungen bis zu 1.200 kW und mehr gebaut. Nachteilig beim Dampfmotor ist die Vielzahl oszillierend bewegter Teile. Daraus resultiert einerseits ein im Vergleich zur Dampfturbine höherer mechanischer Verschleiß und der Zwang zur Ölzugabe in den Zudampfstutzen. Etwa 20 bis 40 kg/h Öl wird so in den Dampfstrom eingebracht und gelangt zwangsläufig dann in das Kondensat. Damit sich das Öl im Dampf-Kondensat-Kreislauf nicht anreichert, ist eine wirksame Kondensatentölung unerläßlich. Dazu wird üblicherweise ein sog. Kerzenentöler (Filterkerze) mit nachgeschaltetem Aktivkohlefilter eingesetzt. Die für einen geordneten Dampfkesselbetrieb zulässige Ölkonzentration im Kondensat sollte 1 ppm (1 mg/kg) nicht überschreiten.

Abb. 13-4: Zweizylindriger Dampfmotor, 450 kW

Neueste Entwicklungen der Spillingwerke, Hamburg, haben einen ölfreien Betrieb für Dampfmotoren möglich gemacht. Es wurden Materialpaarungen gefunden, die beim Aneinanderlaufen einen Materialtransfer bilden und damit einen Trockenfilm erzeugen. Das Öl wird als Schmiermittel durch eine Trockenschmierung ersetzt. Damit können alle Schmierungseinrichtungen am Motor selbst sowie alle Anlagenteile zur Reinigung von Dampf und Kondensat entfallen. Die bisher üblichen Verschleißraten sollen bei dem neuen Verfahren nicht überschritten werden.

Abbildung 13-4 zeigt einen zweizylindrigen Dampfmotor mit direkt angekoppeltem Generator. In der Bildmitte (von oben kommend) ist die isolierte Zudampfleitung erkennbar und oberhalb der beiden Zylinder die Abdampfstutzen.

Das Diagramm 13-5 zeigt die Abhängigkeit der Generator-Klemmenleistung vom Dampfdurchsatz für ein Projektbeispiel.

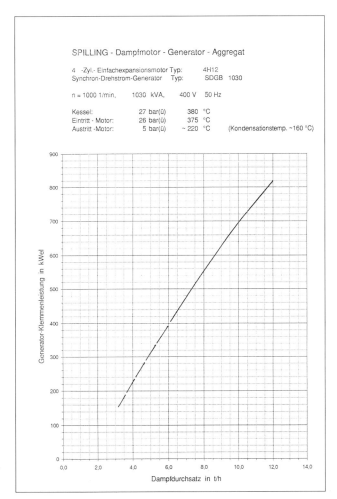

Abb. 13-5: Abhängigkeit der Generator-Klemmenleistung vom Dampfdurchsatz (Quelle: Spilling)

13.1.4 Dampfturbinen

Dampfturbinen sind sog. Turbomaschinen, in denen das Enthalpiegefälle eines Dampfmassenstromes in rotierende mechanische Energie umgewandelt wird. In der Praxis wird grob nach
- Kraftwerksturbinen
- Industrieturbinen
- Kleinturbinen unterschieden.

Im Bereich von Kraft-Wärme-Kopplung in der Holzwirtschaft werden Klein- und Industrieturbinen eingesetzt. Dabei wird wiederum nach Bauarten und Formen der Energieumwandlung in den Turbinenstufen differenziert. Je nach Abdampfdruck am Turbinenaustritt unterscheidet man in Kondensations- und Gegendruckturbinen. Während bei der Kondensationsmaschine die reine Stromerzeugung im Vordergrund steht und eine Abwärmenutzung nicht gefragt ist, wird bei der Gegendruckturbine der Abdampf zur Wärmeversorgung von Arbeitsmaschinen oder zur Raumheizung weiter genutzt. Im Bereich Kraft-Wärme-Kopplung wird insoweit stets mit Gegendruckturbinen gearbeitet.

Eine Abwandlung der reinen Gegendruckturbine ist die sog. Gegendruckentnahme-

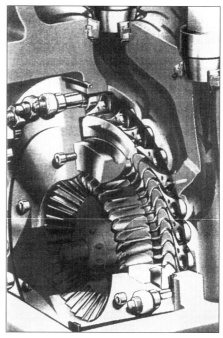

Abb. 13-7: Laufrad und Leitschaufeln einer einstufigen Radialturbine (KKK)

turbine. Bei dieser wird ein Teil des Dampfes aus prozeßtechnischen Gründen bereits vor Turbinenende mit höherem als dem eigentlichen Gegendruck entnommen. Eine weitere Variante im Bereich der Turbinenauswahl ergibt sich durch die Möglichkeit sowohl mit sog. überhitztem Dampf als auch mit Sattdampf zu arbeiten. Schließlich ist im Hinblick auf die Bauart der Turbinen bzw. der Dampfdurchflußrichtung nach Axial- und Radialturbinen zu unterscheiden. Abbildung 13-6 zeigt eine einstufige Axialturbine im Schnitt und Abbildung 13-7 das Laufrad einer einstufigen Radialturbine mit angedeutetem Dampfdurchfluß.

Zur Abarbeitung hoher Druckgefälle im Dampfstrom und zur Erzielung höchstmöglicher Wirkungsgrade werden mehrstufige Axialturbinen eingesetzt. Abbildung 13-8 zeigt ein solches Aggregat.

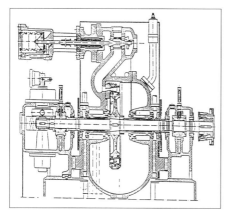

Abb. 13-6: Einstufige Axialturbine als Gegendruckturbine (Nadrowsky)

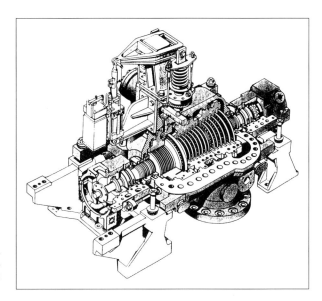

Abb. 13-8: Mehrstufige axial-durchströmte Gegendruckturbine (> 5 Stufen) (Quelle: Siemens)

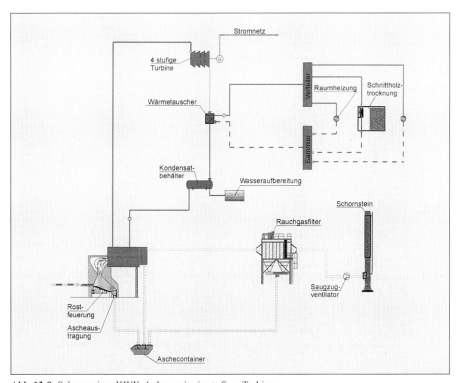

Abb. 13-9: Schema einer KWK-Anlage mit vierstufiger Turbine

Die Einbindung einer vierstufigen Axialturbine in ein Gesamt-KWK-Konzept zur energetischen Nutzung von Altholz gibt das nachfolgende Gesamtanlagenschema wieder.

Neben den technischen Details zählt bei der Auswahl der geeigneten Turbine für den jeweiligen Anwendungsfall im besonderen Maße die Wirtschaftlichkeit. Kleinere KWK-Anlagen auf Basis von Holz und Biomasse sind nur dann realisierbar bzw. wirtschaftlich, wenn ein spezifisches Investitionsvolumen von etwa 2.500 bis 3.000 Euro/kW_{el} Leistung nicht überschritten wird. Dies ist auch der Grund dafür, warum mehrstufige Turbinen mit hohen Wirkungsgraden in dem hier betrachteten Bereich kaum zum Einsatz kommen.

Die nachfolgende Tabelle zeigt am Beispiel eines Dampfdurchsatzes von 6 t/h (Druck 42 bar) die Unterschiede in den spezifischen Kosten und der erzielbaren Klemmenleistung von Gegendruckturbinen unterschiedlicher Bauart.

Die Auswirkung auf die Amortisationszeit in Abhängigkeit der Nutzungsstundenzahlen verdeutlicht das nachfolgende Diagramm.

	spezifische Investitionskosten Euro/kW	Klemmenleistung kW
Einstufige Axialturbine	250	580
Einstufige Radialturbine	400	750
Mehrstufige Axialturbine (< 5 Stufen)	400	760
Mehrstufige Axialturbine (> 5 Stufen)	950	1000

Das Diagramm zeigt recht anschaulich, daß sich die Turbinen mit dem besseren Wirkungsgrad um so mehr der Amortisationsdauer für die einstufigen Aggregate annähern, je mehr Betriebsstunden gefahren werden. Völlig zu kompensieren sind die höheren spezifischen Kosten durch größere Effektivität bei der Stromerzeugung im vorliegenden Falle allerdings nicht. Die nachfolgenden beiden Bilder zeigen eine einstufige Axial- und Radialturbine, wie sie oft in KWK-Anlagen auf Basis von Holz und Biomasse eingesetzt werden.

Dampfturbinen werden auch in absehbarer Zukunft die vorrangig eingesetzten Kraft-

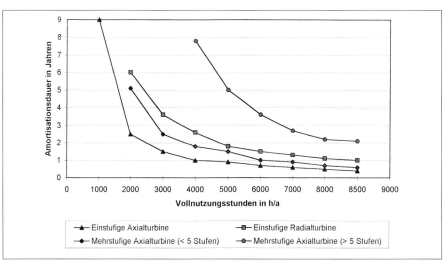

Abb. 13-10: Amortisationsdauer über die Vollnutzungsstunden verschiedener Turbinenbauarten bei 42 bar und 6.000 kg/h (Seeger Engineering)

Abb. 13-11: Einstufige Getriebe-Dampfturbine als Generatorantrieb mit 750 kW Leistung (Fabr. Nadrowsky)

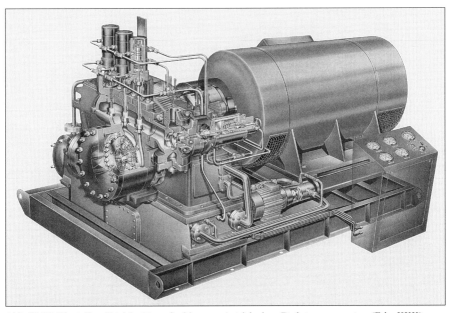

Abb. 13-12: Einstufige Getriebe-Dampfturbine zum Antrieb eines Drehstromgenerators (Fabr. KKK)

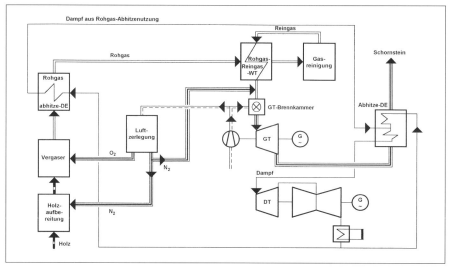

Abb. 13-13: Prinzipschema einer GuD-Anlage auf Basis von Holzgas

maschinen sein, wenn es um Kraft-Wärme-Kopplung im Bereich der energetischen Nutzung von Holzsortimenten geht.

13.1.5 GuD-Prozeß mit Holzgas

Im Bereich der industriellen Kraftwerkstechnik hat die sog. Gas- und Dampf-Technologie längst Einzug gehalten. Diesem Konzept liegt die Überlegung zugrunde, durch die Kombination einer Gasturbine mit einem Dampfkraftprozeß in der im Schema dargestellten Form den Wirkungsgrad der Stromausbeute, bezogen auf den Primärenergieeinsatz, zu verbessern. Überlegungen, dieses Prinzip, das bei Gas und Kohle als Brennstoff durchaus als erprobt angesehen werden kann, auch auf Holz- und Biomasse zu übertragen, gibt es schon lange. Inzwischen wurde eine erste Anlage in Deutschland errichtet. Zahlen über Erfahrungen aus dem laufenden Betrieb wurden bisher nicht bekannt.

Inwieweit sich dieses Prinzip, das theoretisch bis zu 40 % elektrische Arbeit, bezogen auf den Primärenergieeintrag, zu leisten in der Lage ist, durchsetzen kann, werden die nächsten fünf bis sechs Jahre zeigen. Dabei wird es um die Fragen der Verfügbarkeit und Wirtschaftlichkeit gehen.

13.1.6 Holzgas-Kolbenmotoren

In Kapitel 8 wurde die Holzvergasung behandelt. Diese Art der energetischen Verwertung von Holzresten hat nur dann eine Chance auf wirtschaftliche Realisierung, wenn das erzeugte Gas nach dem Prinzip der Kraft-Wärme-Kopplung zunächst in einer Verbrennungskraftmaschine mit angekoppeltem Generator zur Stromerzeugung genutzt und aus der Restenergie Abgase in einem geeigneten Abgaswärmetauscher Wärme erzeugt wird. Das nachfolgende Bild verdeutlicht die entsprechende schematische Anordnung.

In den zurückliegenden Jahren wurden immer wieder Versuche unternommen, ein solches Konzept technisch und wirtschaftlich erfolgreich in die Praxis umzusetzen.

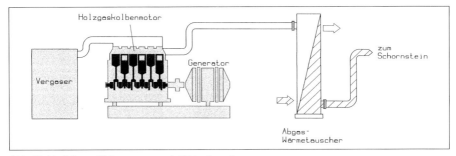

Abb. 13-14: Schema Holzgasmotor und Abhitzekessel

Bisher gibt es keine Informationen darüber, daß dies tatsächlich gelungen sei.

Auch auf absehbare Zeit dürfte es wegen grundsätzlicher technischer und ökonomischer Schwierigkeiten dem Holzgasmotor kaum gelingen, die Vorrangstellung der Dampfturbine bei Kraft-Wärme-Kopplung auf Holzbasis zu gefährden. Die Probleme der stark schwankenden Holzgasqualitäten in einer Anlage führen erfahrungsgemäß zu vorzeitigem Verschleiß der Motoren und damit zu hohen Reparatur- und Wartungskosten.

13.1.7 Stirling-Motor

Der Stirling- bzw. Heißluftmotor wurde bereits im Jahre 1807 von Sir George Cayley als sog. „Feuerluftmaschine" vorgestellt.

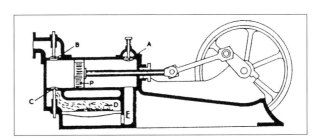

Abb. 13-15: Feuerluftmaschine aus dem Jahre 1880

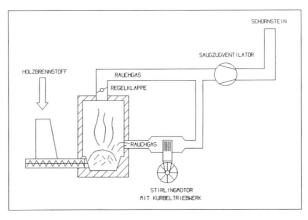

Abb. 13-16: Einsatz eines Stirling-Motors im Holzfeuerungsbereich (Schema) (Seeger Engineering)

Auf dem seinerzeit entwickelten Prinzip bauen letztlich alle nach Robert Stirling, der von 1790 bis 1878 in Schottland lebte, benannten Heißluftmotoren auf.

Über das automatische Einlaßventil wird bei Kolbenbewegung nach links Frischluft angesaugt. Gleichzeitig ist über ein Gestänge das Auslaßventil B geöffnet. Verbrennungsgase werden ausgeschoben. Ventil C ist geschlossen. Die Energie für den Arbeitshub kommt aus dem Schwungrad. Bewegt sich der Kolben von links nach rechts, sind A und B geschlossen, C aber geöffnet. Die angesaugte Frischluft wird in die Brennkammer D gedrückt und intensiviert die Verbrennung des dort gelagerten Brennstoffes (zum Beispiel Holz). Der Druck auf der Arbeitsseite des Kolbens steigt an und bewirkt die gewollte Bewegung des Kolbens nach rechts.

Neuere Stirlingmotoren arbeiten nicht mehr mit einer Brennkammer. Dort erfolgt die Heißgaserzeugung indirekt durch zum Beispiel einen im Rauchgasstrom einer Holzfeuerung integrierten Hitzeschild oder etwa durch Solarenergie.

Der faszinierende Gedanke, mit dem Stirlingmotor ohne aufwendige Dampftechnologie Kraft bzw. Strom erzeugen zu können, hat in den letzten 150 Jahren viele Erfinder angeregt. Die Vielfalt entwickelter Varianten zum Stirlingmotor ist unüberschaubar geworden. Vielleicht ist dies auch ein Grund dafür, warum er den Durchbruch im praktischen Betrieb bis heute nicht geschafft hat. Inwieweit die zahlreichen Vorhaben zur Entwicklung von Stirlingmotoren im Leistungsbereich von 5 bis 20 kW_{el} Lösungen bringen werden, die einen Einsatz wirtschaftlich interessant machen, muß abgewartet werden. Schematisch könnte dies wie in Abbildung 13-16 dargestellt aussehen.

14 Wasseraufbereitung

14.1 Schäden durch unzureichende Aufbereitung

Oberflächen- und Grundwasser sowie das gewöhnliche Leitungswasser sind nicht chemisch rein. Sie enthalten neben gelösten Gasen (O_2, N_2, CO_2) eine Reihe von Salzen, die aus den Böden und Gesteinen herausgelöst wurden. Die wichtigsten Bestandteile sind chloridische, sulfatische und hydrogencarbonatische Salze des Calciums und Magnesiums. Sie werden als sogenannte Härtebildner bezeichnet. Beim Erhitzen werden die gelösten Hydrogencarbonate des Calciums in schwerlöslichen Kalk (Wasserstein, Kesselstein) umgewandelt und können so zu Störungen und Schädigungen der Anlage führen. Diese früher als temporäre Härte bezeichnete Eigenschaft von Brauchwasser trägt heute den Namen Carbonathärte. Davon zu unterscheiden ist der Gehalt des Wassers an Salzen, die auch beim Erhitzen löslich bleiben (Permanenthärte oder Nicht-Carbonathärte).

Der Kesselstein ist in Dampfkesseln aus folgenden Gründen unerwünscht:
- Verschlechterung der Wärmeübertragung und dadurch erhöhter Brennstoffverbrauch
- Überhitzung und Kesselexplosionen bei plötzlichem Riß oder Abplatzen des Kesselsteins
- Zuwachsen von Leitungen

Die Gefahren für den Kessel und der hohe Aufwand bei der Entfernung gebildeter Ablagen machen es erforderlich, Kesselwasser entsprechend aufzubereiten.

Störanfälligkeit und Lebensdauer von Dampf- und Heißwasserkesselanlagen hängen im Wesentlichen von der gleichmäßigen und den spezifischen Bedingungen angepaßten Qualität des eingesetzten Speisewassers ab. Bei zuverlässiger Speisewasseraufbereitung halten Dampf- und Heißwasserkessel zur energetischen Nutzung von Holz- und Biomassen mehrere Jahrzehnte. Dagegen kann ein Fehler bei Enthärtung, Entgasung oder Entkalkung des Wassers bereits den Grundstein für einen kostenaufwendigen Schaden legen.

Neben Stein- und Schlammbildung sind die häufigsten Kesselschäden auf Korrosionen durch Sauerstoff und Kohlendioxid („Kohlensäure"), also im Speisewasser gelösten Gasen, zurückzuführen.

Die Sauerstoffkorrosion beginnt gewöhnlich mit kleinen sog. Pusteln, die infolge des größeren Volumens der sich bildenden Eisenoxide bald an Umfang zunehmen. Im Innern dieser Pusteln befindet sich ein schwarzes Eisenoxid, das sich durch weitere Oxidation an der Oberfläche braun verfärbt (Abbildung 14-1). Unter den Pusteln ist, wenn auch anfangs kaum wahrnehmbar, eine Vertiefung festzustellen, die nach einer gewissen Zeit bis zum Durchbruch des Werkstoffes führen kann. Typisch für Sauerstoffkorrosion sind die kreisrunden Lochfraßstellen, die senkrecht durch den Werkstoff führen.

Sehr häufig wirken Sauerstoff und Kohlendioxid gleichzeitig korrosiv auf den Werkstoff ein, wobei starke Inkrustierungen entstehen können, die sich auf der gesamten Oberfläche des Werkstoffes verteilen. Meistens sind die Abzehrungen dadurch flächenartig mit einzelnen tieferen Angriffen, die ebenfalls durchbrechen können.

Abb. 14-1: Beginn von Sauerstoffkorrosionen (wasserseitig) in einem Flammrohr-Rauchrohrkessel

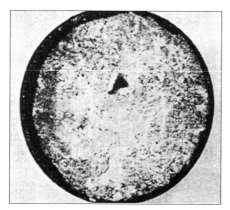

Abb. 14-2: Durch Kesselwassersalze zugesetztes Überhitzerrohr

Abb. 14-3: Korrosionen durch Sauerstoff und Kohlendioxid

Korrosionen durch sog. Lokalelementbildung treten auf, wenn sich auf der Werkstoffoberfläche ein in der Spannungsreihe edlerer Stoff, zum Beispiel Kupfer auf Eisen ablagert. Bei diesen Erscheinungen geht der anodische Werkstoff, d.h. der unedlere, in Lösung, wodurch mehr oder weniger flächenartige Vertiefungen mit scharfkantigen Rändern entstehen. Das gleiche Aussehen haben Abzehrungen, die durch säurehaltige Wasser hervorgerufen werden.

Abb. 14-4: Korrosion durch Säuren (Mineralsäuren, Zuckersäure u. ä.) in einem längs aufgeschnittenen Kesselrohr

14.2 Aufbereitungsverfahren

14.2.1 Chemische Fällverfahren

Um die im Leitungswasser bzw. Brunnenwasser gelösten sog. Härtebildner auszuscheiden, lassen sich diese durch geeignete chemische Umwandlung in einen wasserunlöslichen Aggregatzustand überführen. Geeignete Zusätze, um diesen Vorgang zu bewirken sind:
Kalkhydrat oder Natronlauge zum Ausfällen von sog. Karbonathärte und Natriumkarbonat („Soda") zum Ausfällen von sog. Nichtkarbonathärte (zum Beispiel Magnesiahärte).
Dabei laufen folgende chemische Reaktionen ab:
– Karbonathärte

$$Ca(HCO_3) + Ca(OH)_2 \rightarrow 2CaCO_3 + 2H_2O$$
$$Ca(HCO_3) + 2NaOH \rightarrow CaCO_3 + Na_2CO_3$$

– Nicht-Karbonathärte

$$CaSO_4 + Na_2CO_3 \rightarrow CaCO_3 + Na_2SO_4$$

Das Fällen wird meist bei einer Temperatur über 80 °C durchgeführt. Der Vorteil des Fällverfahrens mit Kalkhydrat liegt darin, daß wesentliche Mengen anderer Salze nicht in das Wasser gelangen, d. h. es findet eine Teilentsalzung statt.

Die Karbonathärte wird beim sog. Fällverfahren als Schlamm ausgeschieden, während die Nichtkarbonathärte nur zum Teil ausgefällt wird. Ein Teil wird zu wasserlöslichem Glaubersalz (Na_2SO_4) umgewandelt, das zwar keinen Kesselstein bildet, aber die Dichte des Speisewassers in unerwünschter Form erhöht.

14.2.2 Basen-Austauschverfahren

Beim sog. Basen-Austauschverfahren werden die Härtebildner nicht ausgeschieden, sondern in eine wasserlösliche Form (Neu-

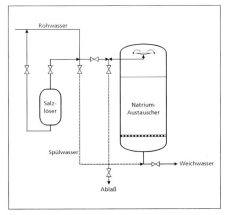

Abb. 14-5: Basenaustausch-Verfahren

Abb. 14-6: Basentauscher mit Salzlöser

tralsalze) überführt. Die Umwandlung erfolgt dabei über mit Natrium-Ionen beladene Filtermassen, sog. Na-Austauscher. Diese lassen sich mit Natriumchlorid (Kochsalz) leicht regenerieren. Die erreichbare Enthärtung liegt dabei höher als beim Ausfällverfahren.

14.3 Vollentsalzung

14.3.1 Entsalzung durch Ionenaustausch

Die bei der Enthärtung gebildeten Salze sind insbesondere bei Dampfanlagen unerwünscht und müssen vor Eintritt in den Kessel ebenfalls entfernt werden. Beim Ionenaustauschverfahren werden die Kationen der gelösten Salze im sogenannten H-Austauscher zunächst durch ein H-Ion ersetzt. Aus Kochsalz NaCl wird Salzsäure HCl und aus Calciumhydrogenkarbonat $Ca(HCO_3)_2$ wird Kohlensäure H_2CO_3, die in Wasser H_2O und gasförmiges Kohlendioxid CO_2 zerfällt. Im nachgeschalteten basischen Anionenaustauscher werden die

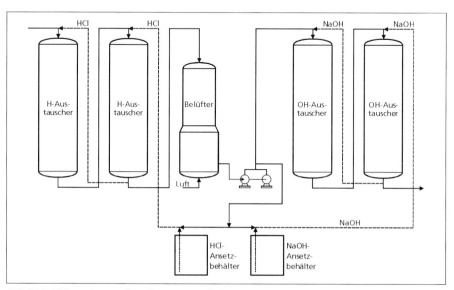

Abb. 14-7: Vollentsalzungsanlage (Ionenaustauscher)

Anionen der entstandenen Säuren gegen OH-Ionen ausgetauscht. Aus Salzsäure wird Wasser H$_2$O. So entsteht letztlich salzfreies Wasser.

14.3.2 Entsalzung durch Umkehrosmose

Die sog. Umkehrosmose hält in den letzten Jahren verstärkt Einzug in die Speisewasseraufbereitung. Der Vorteil dieses Verfahrens besteht darin, daß die Entsalzung auf physikalischem Weg erfolgt und die Zugabe von Chemikalien weitestgehend überflüssig macht. Das Verfahrensprinzip nutzt den osmotischen (inneren) Druck von Salzlösungen, durch den sich unterschiedliche Konzentrationen von Salzlösungen über eine durchlässige Membrane ausgleichen. Wenn die Membrane nur Lösungsmittel durchläßt, wandert die salzfreie Lösung durch die Membran in die konzentrierte Lösung bis zur Bildung eines geringen Druckes, den osmotischen Druck. Belastet man umgekehrt die stärker konzentrierte Lösung mit einem Druck, der den osmotischen Druck überwindet, so fließt nur das Lösungsmittel, im hier angewandten Fall also Wasser, durch die Membran. Die gelösten Salze (Ionen) werden zurückgehalten, wodurch sich die Ursprungslösung weiter konzentriert. Man bezeichnet diese Anordnung als eine „umgekehrte Osmose".

In der Praxis wird das zu entsalzende Wasser zuerst in einem Grob- und einem Feinfilter mechanisch gereinigt und dann über einen Modul (Permeator) geleitet. In diesem Permeator findet die eigentliche Osmose, d. h. die Trennung von Salzen durch Verdünnung bzw. Konzentration der Lösung, statt. Die sich laufend anreichernde Salzlösung muß abgeführt werden, wogegen das ablaufende salzarme Wasser (Permeat) noch über einen Na-Austauscher oder zur Vollentsalzung über Kationen- und Anionenaustauscher (Mischbettfilter) geleitet werden muß, da ein Restsalzgehalt von etwa 5 % erreicht wird.

Abb. 14-8: Umkehr-Osmoseanlage

Abbildung 14-8 zeigt eine kleine Umkehr-Osmoseanlage mit einer Leistung von 6 m^3/h in Kompaktbauweise. Die Module (Permeatoren) sind in senkrechter Richtung angeordnet. Die Permeatoren bestehen meistens aus sehr dünnen Hohlfasern, die um ein im Innern liegendes poröses Rohr angebracht sind. Aber auch Flachmembranen sind gebräuchlich. Das Rohrwasser wird unter Druck in das Verteilrohr geführt und fließt weiter von außen nach innen durch die Hohlfaserwandungen zur Reinwasserseite, von wo es über eine poröse Endplatte ausfließen kann. Das Konzentrat, also das an Salzen immer mehr angereicherte Wasser, sammelt sich zwischen den Faserbündeln und dem Gehäuse. Von hier läßt man es ablaufen. Permeatoren sind nicht geeignet für Wasser mit höheren Temperaturen (maximal 35 °C) und sind empfindlich gegenüber selbst nur geringfügig verschmutztem Wasser. Deshalb muß vorher immer die o. a. Filterung stattfinden.

14.4 Entgasung

Der auch nach Enthärtung und Entsalzung im Wasser enthaltene freie Sauerstoff muß, um Korrosionsschäden in Kesselanlagen und den anschließenden Rohrleitungen zu vermeiden, gebunden oder wirksam entfernt werden. Dazu wird zum einen die sog. thermische Entgasung eingesetzt, die in einem Temperaturbereich von 102 bis 110 °C arbeitet. Es werden dabei Restsauerstoffgehalte von 0,002 mg/l erreicht. Die Abbildungen 14-9 und 14-10 zeigen unterschiedliche Entgaser.

Für höhere Ansprüche (Hochdruckkesselanlagen) muß zusätzlich noch eine chemische Sauerstoffbindung nachgeschaltet werden. Dazu stehen heute im wesentlichen Hydrazin (N_2H_4) und Natriumsulfid (Na_2SO_3) zur Verfügung. Dabei hat sich das organisch aktivierte Hydrazin von Bayer unter dem Handelsnamen Levoxin stark durchgesetzt. Das nachfolgende Bild verschafft einen Überblick über die Komplexität der Wasseraufbereitung am Beispiel einer Dampfkesselanlage.

Eine Übersicht über die generellen Anforderungen an Speisewasserqualität und zugehörige Verfahren verschaffen die beiden nachfolgenden Tabellen (entnommen den VdTÜV-Richtlinien).

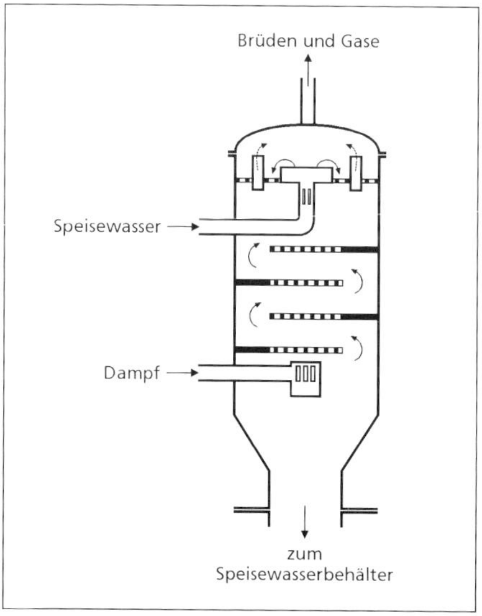

Abb. 14-9: Rieselentgaser

Abb. 14-10: Thermischer Niederdruck-Entgaser

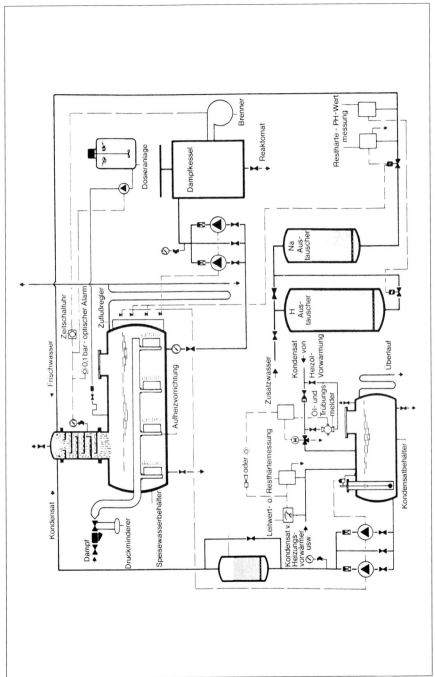

Abb. 14-11: Schema einer Kesselspeisewasseraufbereitung für BOB mit entsprechender Überwachung der Speise- und Kesselwasserbeschaffenheit

265

Tabelle 14-1: Wasseraufbereitung für Heizungsanlagen **unter** 100 °C Vorlauftemperatur (Warmwasser)

Systemgröße a) Wasservolumen m³ b) Leistung kW c) Leistung kcal/h	Füll- und Ergänzungswasser geforderte Qualität (Karbonathärte)	Heizungswasser (Umlaufwasser) geforderte Qualität	Wasseraufbereitungsmaßnahmen	Anlagen, Chemikalien und Wartung
a) 2-6 b) bis 300 c) bis 260 000	max. 6 mval/l = 16,8°d KH	Frei von Sauerstoff pH-Wert 8,5 - 9,5	Härtekomplexierung und Korrosionsschutz	Einziehschleuse GENO-H 5 Spezialphosphat GENO-H Einsatz bei Inbetriebnahme und jährlicher Wartung
a) bis 20 b) bis 1000 c) bis 360 000	max. 4 mval/l = 11,2°d KH	Frei von Sauerstoff pH-Wert 8,5 - 9,5	Härtekomplexierung und Korrosionsschutz	Einziehschleuse GENO-H 10 Spezialphosphat GENO-Hu. U. Bayer-Levoxin 15 oder Natriumsulfit, regelmäßige Wasserkontrollen
c) bis 500 000 c) bis 860 000	2 mval/l = 5°d 0,03 = 0,08°d	Alkalität pH-Wert 5 – 15 mval/l n 10/HCl Verbrauch (Kohlensäurefrei)	u. U. Enthärtung Enthärtung und Korrosionsschutzdosierung	Enthärtungsanlage und Einziehschleuse GENO-H 10, bei großen Anlagen Dosieranlage mit Pumpe und Vorratsbehälter (GENO-D 30 - D100), Spezialphosphat GENO-phos Nr. 1 und Bayer Levoxin 15 oder Natriumsulfit, Wasserprüfeinrichtung für Resthärte, Alkalität, Phosphat- und/oder Hydrazin-/Sulfitgehalt, regelmäßige Wartungen mit Wasserkontrollen
a) bis 40 b) bis 1750 c) 1 500 000	max. 0,03 mval/l = 0,08°d KH	Frei von Sauerstoff ph-Wert 8,5 - 9,5 p-Wert 0,5 - 15 mval/l Phosphatgehalt 5 - 15 mg/l Hydrazinüberschuß 3 - 15 mg/loder Natriumsulfitüberschuß 10 - 70 mg/l je nach Rücklauftemperatur	Enthärtung und Korrosionsschutzdosierung	Enthärtungsanlage Dosieranlage GENO-D 30 - D100 Spezialphosphat GENO-phos Nr. 1, Bayer Levoxin 15 oder Natriumsulfit, Wasserprüfeinrichtung für Resthärte, Alkalität, Phosphat- und/oder Hydrazin-/Sulfitgehalt, regelmäßige Wartungen mit Wasserkontrollen

Für Heizungsanlagen, in denen für Heizzwecke Warmwasser mit Vorlauftemperaturen unter 100 °C erzeugt wird, gelten die VDI-Richtlinien 2035

Tabelle 14-2: Wasseraufbereitung für Heizungsanlagen **über** 100 °C Vorlauftemperatur (Heißwasser)

Systemgröße und Ausführung	Füll- und Ergänzungswasser geforderte Qualität	Umwälzwasser geforderte Qualität	Wasseraufbereitungsmaßnahmen	Anlagen, Chemikalien und Wartung
unter 1745 kW (1,5 Gcal/h) oder unter 23 kW/m² (20000 kcal/hm²) Temperatur unter 110°C	in Ausnahmefällen Füllwasser bis 4 mval/l = 11,2° d KH, Ergänzungswasser härtefrei unter 0,03 mval/l = 0,08° d KH	in Ausnahmefällen 4 mval/l = 11 °d KH sonst in der Regel unter 0,03 mval/l = 0,08° d KH. Frei von Sauerstoff, pH-Wert 8,5 - 10,0	Enthärtung und Korrosionsschutzdosierung	Enthärtungsanlage Dosieranlage GENO-D 30 - D100, Spezialphosphat GENO-phos Nr. 1, Bayer Levoxin 15 oder Natriumsulfit, Wasserprobenkühler; Probestücke, Wasserprüfeinrichtung für Resthärte, Alkalität, pH-Wert, Phosphat- und/oder Hydrazin-/Sulfitgehalt, regelmäßige Wartungen mit Wasserkontrollen, in Stillstandszeiten Konservierung mit Hydrazin
über 1745 kW (1,5 Gcal/h) und über 110 °C	härtefrei unter 0,03 mval/l =0,08° d KH	härtefrei, alkalisch und frei von Sauerstoff, Resthärte 0,03 mval/l, pH-Wert 8,5 - 10,0, p-Wert 5 - 15 mval/l n 10/ HCl-Verbrauch, Hydrazinüberschuß 0,5 - 25 mg/l oder Natriumsulfitüberschuß 10 - 40 mg/l, Phosphatüberschuß 5 - 15 mg/l	wie oben	wie oben u. U. auch Teilentsalzung mit Speisewasserentgasung und Dosierung
über 130 °C	möglichst salzfrei	wie oben, jedoch möglichst salzarm zur Vermeidung von Kontaktelementbildung	u. U. Vollentsalzung und Korrosionsschutzdosierung	u. U. Vollentsalzungsanlage, sonst wie oben

Für die Wasserbeschaffenheit bei Heißwassererzeugern mit Vorlauftemperatur über 100 °C sind die VdTÜV-Richtlinien vom März 1973 maßgebend.

Für Dampferzeuger gelten die VdTÜV-Richtlinien für Speise- und Kesselwasserbeschaffenheit bei Dampferzeugern bis 64 bar zulässigem Betriebsüberdruck, Ausgabe April 1972, sowie die VdTÜV-Richtlinien für die Speise- und Kesselwasserbeschaffenheit bei Schnelldampferzeugern, Ausgabe März 1973.

15 Planung und Realisierung von Energieanlagen

Energietechnische Anlagen auf Basis von Holz und Biomasse sind, wie in den vorausgegangenen Kapiteln dargestellt, zumeist sehr komplexe technische Systeme mit zahlreichen Einzelkomponenten. Die erfolgreiche Realisierung erfordert eine qualifizierte Planung und Bauüberwachung.

15.1 Grundlagenermittlung

Am Beginn jeder technischen Planungsaufgabe steht die objektive Ermittlung der Projektierungsgrundlagen. Dazu zählen bei Energieanlagen für Holz- und andere Biomassen unter anderem:

- **Projektidee**
  Jedem Projekt liegt eine Projektidee bzw. ein Realisierungszwang zugrunde. In der Praxis reicht die Bandbreite von vagen Vorstellungen bis hin zu sehr konkreten, bereits skizzierten Konzeptvorstellungen. In allen Fällen sind die Ausgangsüberlegungen zu konkretisieren bzw. klar zu formulieren.

- **Projektziel**
  Das Projektziel sollte definiert und festgeschrieben werden. Bei Holz- und Möbelindustriebetrieben kann das vorrangige Projektziel durchaus die kostengünstige Verwertung von Produktionsresten und sekundär die Wärmeerzeugung sein. Bei Biomasseheizwerken steht umgekehrt die Produktion von Wärme im Vordergrund, während im Altholzbereich wiederum der Verwertungswille eindeutigen Vorrang besitzt.

- **Ausgangssituation**
  Die meisten Holzenergieanlagen bauen auf vorhandene Infrastruktur auf und sind Ersatz- bzw. Erweiterungsmaßnahmen. Sorgfältige Beschreibung und Analyse des aktuellen Ist-Zustandes entscheiden hier wesentlich über Erfolg und Mißerfolg darauf aufbauender Neu- bzw. Ersatzinvestitionen.

  Die Frage etwa, ob eine vorhandene Anlage Teil einer Neukonzeption sein sollte oder nicht, kann für die spätere Wirtschaftlichkeit entscheidend sein. Vielfach sind für eine aussagekräftige Ist-Zustandsbeschreibung gezielte Messungen und Untersuchungen (Gutachten) sinnvoll bzw. notwendig. Auch für Neuanlagen, wie etwa eine kommunale Hackschnitzelheizung, müssen die Rahmenbedingungen im Ist-Zustand erfaßt und beschrieben werden, wie beispielsweise:
  – Bedarf der zu versorgenden Anlagen und Gebäude
  – Verfügbares Brennstoffpotential nach Art, Mengen, Qualitätsschwankungen, Bezugskonditionen, Logistik (Entfernung), Risiken
  – Grundstücksituation (Bebauungspläne, Akzeptanz durch Nachbarschaft, evtl. Abnahme)
  – Fachpersonal
  – Förderlandschaft (zum Beispiel Bundesausbaugebiet)
  – Aktuelle Kostensituation

- **Zukunftsperspektiven**
  Bio-Energieanlagen sind auf Laufzeiten von 10 bis 20 Jahren ausgelegt. Daten des Ist-Zustandes allein können deshalb

nicht projektbestimmend sein. Mögliche Veränderungen insbesondere bei der Brennstoffbeschaffung und/oder des allgemeinen Preisgefüges im Energiemarkt, wie etwa die Einführung einer Energiesteuer, müssen in Planungsüberlegungen berücksichtigt werden. Das ist allenthalben in Zeiten dynamischer Veränderungen in Politik und Wirtschaft besonders schwierig. Die Planung bedient sich in solchen Situationen der Entwicklung von Szenarien. Dabei werden einzelne Einflußparameter in realistischen Grenzen variiert und dafür Modellrechnungen erstellt.

15.2 Vorplanung und Machbarkeitsstudie

Auf Basis der Projektidee sowie der Grundlagenermittlung sollte am Beginn der eigentlichen Planung die Prüfung der Machbarkeit der angedachten Maßnahme unter technischen, rechtlichen und wirtschaftlichen Aspekte stehen. Üblicherweise werden dabei mehrere Lösungsvarianten entwickelt, beschrieben und vergleichend gegenübergestellt. In den einschlägigen Honorarregelwerken der einzelnen Länder werden die im Rahmen dieser wichtigen Planungsphase zu erbringenden Ingenieurleistungen detailliert beschrieben (Textauszug aus HOAI):
- Erarbeiten eines Planungskonzeptes mit überschlägiger Auslegung der wichtigen Systeme und Anlagenteile einschließlich Untersuchung der alternativen Lösungsmöglichkeiten nach gleichen Anforderungen mit skizzenhafter Darstellung zur Integrierung in die Objektplanung einschließlich Wirtschaftlichkeitsbetrachtung.
- Aufstellen eines Funktionsschemas bzw. Prinzipschaltbildes für jede Anlage.
- Klären und erläutern der wesentlichen fachspezifischen Zusammenhänge, Vorgänge und Bedingungen.
- Mitwirken bei Vorverhandlungen mit Behörden und anderen an der Planung fachlich Beteiligten über die Genehmigungsfähigkeit.
- Mitwirken bei der Kostenschätzung, bei Anlagen in Gebäuden nach DIN 276.
- Zusammenstellen der Vorplanungsergebnisse.
- Durchführen von Versuchen und Modellversuchen.
- Untersuchung zur Gebäude- und Anlagenoptimierung hinsichtlich Energieverbrauch und Schadstoffemissionen. Erarbeiten optimierter Energiekonzepte.
- Entsorgung von Aschen und Additiven.

Die Machbarkeitsstudie (Vorplanung) bringt nur dann den von ihr erwarteten Effekt, wenn die erarbeiteten Ergebnisse den Entscheidungsträgern sorgfältig präsentiert und mit ihnen im Sinne der Schaffung einer fundierten Entscheidungsbasis diskutiert werden. Dabei steht die Wirtschaftlichkeit im Vordergrund: Ein technisch noch so interessantes Projekt macht in freier Marktwirtschaft letztlich keinen Sinn, wenn seine Wirtschaftlichkeit für die zu erwartende Laufzeit unsicher oder gar ausgeschlossen ist.

Der Rentabilitätsberechnung kommt von daher im Rahmen von Vorplanung bzw. Machbarkeitsstudie eine vorrangige Bedeutung zu. Nach welchem Schema bzw. welcher Richtlinie (DIN 276) die Wirtschaftlichkeitsberechnung erfolgt, ist zweitrangig. Wichtig sind Aussagekraft und Nachvollziehbarkeit.

15.3 Entwurfsplanung (System- und Integrationsplanung)

In der bereits zitierten HOAI wird die Aufgabenstellung für die Entwurfsplanung wie folgt fixiert:
- Durcharbeiten des Planungskonzeptes (stufenweise Erarbeitung einer zeichnerischen Lösung) unter Berücksichtigung

aller fachspezifischen Anforderungen sowie unter Beachtung der durch die Objektplanung integrierten Fachplanungen bis zum vollständigen Entwurf.
- Festlegen aller Systeme und Anlagenteile.
- Berechnung und Bemessung sowie zeichnerische Darstellung und Anlagenbeschreibung.
- Angabe und Abstimmung der für die Tragwerksplanung notwendigen Durchführungen und Lastangaben (ohne Anfertigen von Schlitz- und Durchbruchsplänen).
- Mitwirken bei der Kostenberechnung, bei Anlagen in Gebäuden: nach DIN 276.
- Mitwirken bei der Kostenkontrolle durch Vergleich der Kostenberechnung mit der Kostenschätzung.
- Erarbeiten von Daten für die Planung Dritter, zum Beispiel für die zentrale Leittechnik.
- Detaillierter Wirtschaftlichkeitsnachweis.
- Detaillierter Vergleich von Schadstoffemissionen.
- Betriebskostenberechnungen
- Entsorgungskostenberechnung
- Schadstoffemissionsberechnungen
- Erstellen des technischen Teils eines Raumbuches als Beitrag zur Leistungsbeschreibung mit Leistungsprogrammen des Objektplaners.

Die Entwurfsplanung soll, wie der Unterbegriff Integrationsplanung auch dokumentiert, die Randbereiche Meß- und Regeltechnik, Bau sowie das Umweltengineering und die betroffenen Behörden gezielt in das Projekt einbinden. Von daher kommt dieser Planungsphase eine hervorragende Bedeutung zu, die insbesondere dann verkannt wird, wenn ohne erfahrenen Planer gearbeitet wird.

15.4 Genehmigungsplanung

Genehmigungsverfahren gemäß Bundes-Immissionsschutzgesetz erfordern neben der unerläßlichen Sachkenntnis vom Planer Erfahrungen mit der Antragsbearbeitung. Die diesbezügliche Praxis unterscheidet sich in den einzelnen Bundesländern und sieht in Österreich anders aus, als in Deutschland oder der Schweiz. Gleichwohl gibt es im Grundsatz ähnliche Anforderungen an die Genehmigungsplanung, für die die Auflistung geforderter Unterlagen eine wichtige Hilfe darstellt, wie am Beispiel des Leitfadens des Landes Brandenburg nachfolgend verdeutlicht werden soll:

Allgemein
- Inhaltsverzeichnis
- Allgemeine Beschreibung der Anlage sowie Angaben über den Umfang der beantragten Genehmigung und Aussagen über die voraussichtlichen Auswirkungen der geplanten Maßnahme auf die Allgemeinheit.
- Position der/des Amts-/Stadtverwaltung/ Umweltamtes zu Altlastenverdachtsfläche bzw. Angaben zur Vornutzung zum Ausschluß der Altlastengefahr.
- Topographische Karte 1 : 10 000 oder 1 : 25 000 mit Angabe des Standortes der geplanten Anlage und der Hauptwindrichtung.
- Nachweis der Rechtsträgerschaft des Betriebsgeländes.

Planunterlagen
- Flächennutzungs- und Bebauungsplan.
- Übersichtsplan der im Umkreis von 500 m vorhandenen Bebauung und Kennzeichnung der nächstliegenden Wohngebäude.
- Erschließungsnachweis (Energie, Wasser, Abwasser, Telefon).
- Art der Straßenanbindung erläutern.
- Lageplan 1 : 500.
- Bauzeichnungen 1 : 100.
- Kapazität und Leistung der Anlage.

- Art der in der Anlage bzw. in Anlagenteilen eingesetzten Maschinen, Geräte und sonstigen technischen Einrichtungen.
- Art und Menge der Einsatzstoffe, der Zwischen-, Neben- und Endprodukte und der entstehenden Abwärme.
- Innerbetrieblicher Fahrzeugverkehr (Anlieferung Rohgut und Abtransport der Fertigerzeugnisse) mit Angabe der Haupttransportzeiten.
- Vorgesehene Betriebszeiten (einschichtig, mehrschichtig, Saison, Betriebszeit tags/nachts), Angabe der Arbeitstage pro Jahr und Betriebseinheit.
- Grundzüge und Durchführung des Verfahrens, d. h. die zur Erreichung des angestrebten Produktionszieles notwendigen Arbeitsschritte (Grundoperationen und -reaktionen).
- Kalkulierbare Betriebsstörungen einschließlich der dabei möglicherweise auftretenden Nebenreaktionen und -produkte (Emissionen, Immissionen).
- Lärmprognose (Schallemissionsgutachten)
- Schematische Verfahrensdarstellung gemäß DIN 28 004 Teil 1.
- Maschinenaufstellungsplan.
- Brandschutz mit Erläuterung der vorgesehenen Maßnahmen und Angabe bzw. Darstellung der vorgesehenen Löscheinrichtungen.
- Arbeitsschutz und Sicherheitstechnik.
  – Dazu sind die gesonderten Formulare „Arbeitsschutz" zu beachten.
  – Maßnahmen zur Einhaltung der Arbeitsstättenverordnung (ArbStättV).
- Ausnahmen nach der ArbStättVO
  a) über Lärm
  b) Sichtverbindungen
  Darstellung und Erläuterung der vorgesehenen Sicherheitstechnik mit eventuellen Bauart- oder Bauteilzulassungen.
- Alarm-, Flucht- und Rettungspläne nach § 5 ArbStättVO.
- Bei vorhandenen Gebäuden: maßstabsgerechte Darstellung des Gebäudes mit erkennbaren Türen/Toren und Sichtverbindungen.

- Angaben zu den Reststoffen und Abfällen mit der technologischen Darstellung der Vermeidung oder Verwertung gemäß §5 Abs. 1 Pkt. 3 BImSchG, Angaben zur Ausführung des Zwischenlagers auf dem Betriebsgelände.
- Entsorgungs-/Verwertungsnachweise bzw. Annahmeerklärungen zugelassener Entsorger einschließlich Bestätigung der zuständigen Ordnungsbehörde.
- Energieflußbild mit Bilanzangaben.
- Angaben über Energieträgerkapazitäten bzw. an die Umgebung abgebende Abwärme.
- Darlegung der Maßnahmen zur sparsamen Energienutzung gemäß § 5 Abs 1 N 1. BImSchG.
- Anlagenbezeichnungen und -beschreibungen.
- Feuerungstechnische Unterlagen (Brennereinbauzeichnungen, Brennerzeichnung, Beschreibung der Feuerung) mit
  – kesseltechnischen Unterlagen (Kesselzeichnungen, Stromablaufpläne, Rohrschema)
  – Gutachten zur Feuerungs- bzw. Kesseltechnik und Schornsteinhöhe.
- Entstaubungs- und Reinigungseinrichtungen (zum Beispiel Zyklon- oder Filterbeschreibung, Garantie).
- Nachweis der erforderlichen Schornsteinhöhenberechnung nach Nr. 2.4 TA Luft '86.
- Brennstofflagerung (Brennstoffart, Menge, Art der Lagerung, Sicherheitseinrichtung).
- Während der Realisierung der Antragsunterlagen bzw. der Planung des Vorhabens sind Informationsgespräche mit den Fachbehörden zweckmäßig.
- Die einschlägigen Gesetze, Verordnungen, Vorschriften, Richtlinien und Normen einschließlich der zu ihrer Durchführung ergangenen Rechtsverordnungen und Verwaltungsvorschriften sowie die allgemeinen Regeln der Technik in der derzeit geltenden Fassung sind einzuhalten.

Die HOAI faßt diese sehr umfangreiche und sensible Aufgabenstellung kurz wie folgt zusammen:
- Erarbeiten der Vorlagen für die nach den öffentlich-rechtlichen Vorschriften erforderlichen Genehmigungen oder Zustimmungen einschließlich der Anträge auf Ausnahmen und Befreiungen sowie noch notwendiger Verhandlungen mit Behörden. Zusammenstellen dieser Unterlagen, Vervollständigen und Anpassen der Planungsunterlagen, Beschreibungen und Berechnungen.

Die Praxis zeigt, daß ein reibungsarmes und zeitlich gestrafftes Genehmigungsverfahren für Holzfeuerungsverfahren dann möglich ist, wenn die zuständigen Behörden möglichst frühzeitig, d. h. zum Zeitpunkt der Vorplanung über das Vorhaben umfassend informiert und aktiv eingebunden werden.

Die Vollständigkeit der Antragsunterlagen sollte zu gegebener Zeit besprochen und bestätigt werden. Zumeist ist es mit Abgabe der Antragsunterlagen nicht getan. Der Planer sollte auch die Genehmigungsphase unaufdringlich begleiten und für die Beantwortung von Fragen bereit stehen.

15.5 Ausführungsplanung

Zur Ausführungsplanung sagt die HOAI:
- Durcharbeiten der Ergebnisse der Leistungsphasen 3 und 4 (stufenweise Erarbeitung und Darstellung der Lösung) unter Berücksichtigung aller fachspezifischen Anforderungen sowie unter Beachtung der durch Objektplanung integrierten Fachleistungen bis zur ausführungsreifen Lösung.
- Zeichnerische Darstellung der Anlagen mit Dimensionen (keine Montage- und Werkstattzeichnungen).
- Anfertigen von Schlitz- und Durchbruchsplänen.
- Fortschreibung der Ausführungsplanung auf den Stand der Ausschreibungsergebnisse.
- Prüfen und Anerkennen von Schalplänen des Tragwerksplaners und von Montage- und Werkstattzeichnungen auf Übereinstimmung mit der Planung.
- Anfertigen von Plänen für Anschlüsse von beigestellten Betriebsmitteln und Maschinen.
- Anfertigen von Stromlaufplänen.

Bei einer komplexen Holz- bzw. Biomassefeuerung mit allen Komponenten von der Brennstoffaufbereitung über Lagerung, Feuerung, Kessel, Turbine, Generator, Rauchgasreinigung usw. verbergen sich hinter dieser Aufgabenstellung eine Vielzahl von Koordinationsgesprächen, Zeichnungen und Berechnungen. Bis zum endgültigen Plan müssen Zeichnungen oft bis zu zehnmal geändert, verbessert oder ergänzt werden.

In dieser Planungsphase, die in ihrer Bedeutung vielfach unterschätzt wird, werden die Weichen dafür gestellt, ob ein umfangreiches Projekt zeitgerecht fertiggestellt wird, zügig anläuft und im vorgegebenen Kostenrahmen bleibt.

15.6 Vorbereitung der Vergabe (Einholung von Angeboten)

Eine ausführliche und lückenlose Ausschreibung der für die Projektrealisierung notwendigen Lieferungen und Leistungen ist die Voraussetzung für objektive Vergleichbarkeit der Angebote und damit für eine fundierte Entscheidungsgrundlage.
In der HOAI liest sich die Aufgabenstellung folgendermaßen:
- Ermitteln von Mengen als Grundlage für das Aufstellen von Leistungsverzeichnissen in Abstimmung mit Beiträgen anderer an der Planung fachlich Beteiligter.
- Aufstellen von Leistungsbeschreibungen mit Leistungsverzeichnissen nach Leistungsbereichen.

- Anfertigen von Ausschreibungszeichnungen bei Leistungsbeschreibung mit Leistungsprogramm.

Das Ergebnis dieser Planungsphase dokumentiert sich nicht selten in mehreren hundert Seiten starken Ausschreibungen mit für die Anbieter kaum überschaubaren bzw. zu akzeptierenden allgemeinen Vorbemerkungen und juristischen Verklausilierungen.

15.7 Mitwirken bei der Vergabe

Auf Basis guter Leistungsbeschreibungen fällt es nicht sehr schwer, die Aufgabenstellung zu diesem Planungsschritt zu erfüllen (Text HOAI):
- Prüfen und Werten der Angebote einschließlich Aufstellen eines Preisspiegels nach Teilleistungen.
- Mitwirken bei der Verhandlung mit Bietern und Erstellen eines Vergabevorschlages.
- Mitwirken beim Kostenanschlag aus Einheits- oder Pauschalpreisen der Angebote, bei Anlagen in Gebäuden nach DIN 276.
- Mitwirken bei der Kostenkontrolle durch Vergleich des Kostenanschlages mit der Kostenberechnung.
- Mitwirken bei der Auftragserteilung.

Hinter diesem knappen Text verbergen sich oft mehr als zwanzig Einzelaufträge an unterschiedliche Auftragnehmer, vom erfahrenen Anlagenbauer bis zum kleinen Handwerker, die die notwendigen vor Ort-Installationen durchführen. Entsprechend langwierig sind die Fach- und Preisverhandlungen. Vielfach werden Referenzanlagen besichtigt oder gezielte Versuche ausgeführt. Der Grad der an den Planer übertragenen Verantwortung schwankt von Projekt zu Projekt und von Gewerk zu Gewerk. Üblich ist, daß der Investor die kaufmännischen und der Planer die technischen Verhandlungen führt.

15.8 Objektüberwachung

Etwa ein Drittel des Gesamtplanungshonorars sieht die HOAI für die sog. Objektüberwachung vor. Bis zu drei Monaten muß der Planer dafür bei größeren Anlagen die Baustelle vor Ort verantwortlich betreuen und Ansprechpartner für Bauherrn, ausführende Firmen und Genehmigungsbehörden sein. Die zu erbringenden Leistungen werden von der HOAI wie folgt beschrieben:
- Überwachen der Ausführung des Objektes auf Übereinstimmung mit der Baugenehmigung oder Zustimmung, den Ausführungsplänen, den Leistungsbeschreibungen oder Leistungsverzeichnissen sowie mit den allgemein anerkannten Regeln der Technik und den einschlägigen Vorschriften.
- Mitwirken bei dem Aufstellen und Überwachen eines Zeitplanes (Balkendiagramm).
- Mitwirken bei dem Führen eines Bautagebuches.
- Mitwirken beim Aufmaß mit den ausführenden Unternehmen.
- Fachtechnische Abnahme der Leistungen und Feststellen der Mängel.
- Rechnungsprüfung.
- Mitwirken bei der Kostenfeststellung, bei Anlagen in Gebäuden: nach DIN 276.
- Antrag auf behördliche Abnahmen und Teilnahme daran.
- Zusammenstellen und Übergeben der Revisionsunterlagen, Bedienungsanleitungen und Prüfprotokolle.
- Mitwirken beim Auflisten der Verjährungsfristen der Gewährleistungsansprüche.
- Überwachen der Beseitigung der bei der Abnahme der Leistungen festgestellten Mängel.
- Mitwirken bei der Kostenkontrolle durch Überprüfen der Leistungsabrechnung der bauausführenden Unternehmen im Vergleich zu den Vertragspreisen und dem Kostenanschlag.

- Durchführen von Leistungs- und Funktionsmessungen.
- Ausbilden und Einweisen von Bedienungspersonal.
- Überwachen und Detailkorrektur beim Hersteller.
- Aufstellen, Fortschreiben und Überwachen von Ablaufplänen (Netzplantechnik für EDV).

15.9 Objektbetreuung und Dokumentation

Die Anlaufphase von größeren Holzfeuerungsanlagen mit Mängelbeseitigung erstreckt sich oft über Monate und verlangt vom Planer ausgeprägte Sachkenntnis, Erfahrung und Durchsetzungsvermögen. Laut HOAI sind im Einzelnen folgende Leistungen zu erbringen:
- Objektbegehung zur Mängelfeststellung vor Ablauf der Verjährungsfristen der Gewährleistungsansprüche gegenüber den ausführenden Unternehmen.
- Überwachung der Beseitigung von Mängeln, die innerhalb der Verjährungsfristen der Gewährleistungsansprüche, längstens jedoch bis zum Ablauf von 5 Jahren seit Abnahme der Leistungen auftreten.
- Mitwirken bei der Freigabe von Sicherheitsleistungen.
- Mitwirken bei der systematischen Zusammenstellung der zeichnerischen Darstellungen und rechnerischen Ergebnisse des Objektes.
- Erarbeiten der Wartungsplanung und -organisation.
- Ingenieurtechnische Kontrolle des Energieverbrauches und der Schadstoffemissionen.

Tabelle 15-1: Honorarermittlung

Leistungen	Anteil v.H. des Vollhonorars	Einzelhonorar
Grundlagenermittlung	3 %	
Vorplanung und Machbarkeitsstudie	11 %	
Entwurfsplanung	15 %	
Genehmigungsplanung	6 %	
Ausführungsplanung	18 %	
Vorbereitung der Vergabe	6 %	
Mitwirken bei der Vergabe	5 %	
Objektüberwachung	33 %	
Objektbetreuung und Dokumentation	3 %	

15.10 Planungshonorare

Zur Regelung der Honorare von Planungsleistungen für technische Gewerke wurde die Honorarordnung für Architekten und Ingenieure (HOAI) geschaffen. In Österreich bzw. in der Schweiz gibt es dazu ähnliche Regelwerke.

Basis für die Berechnung der Honorare gemäß HOAI sind die einzelnen Leistungsphasen. Je nach Schwierigkeitsgrad kann das Honorar nach vorgegebenen Zonen variieren. Tabelle 15-1 zeigt den Prozentanteil der jeweiligen Einzelleistungen am Vollhonorar, gemäß § 73 der HOAI. In der Praxis wird von den starren Regelungen der Honorarverordnungen oft abgewichen, weil Teilleistungen bauseits erbracht oder auf Lieferanten übertragen werden. Falsche Sparsamkeit zahlt sich dabei selten aus: Das Geld für eine qualifizierte und neutrale Planung ist gut angelegt.

16 Wirtschaftlichkeitsbetrachtungen bei Holz- und Biomassefeuerungen

So sehr ökologische Argumente auch für den verstärkten Einsatz von Holz und Biomassen zur Energieerzeugung sprechen, über eine Realisierung entscheiden letztlich ökonomische Aspekte. Dies belegt nicht zuletzt die große Zahl der in den letzten 10 Jahren in Österreich, der Schweiz und Skandinavien gebauten Biomasse-Feuerungsanlagen: Es gibt eine signifikante Abhängigkeit der Kosten für leichtes Heizöl und der Bedeutung von Biomassen als Energieträger.

Im Planungsstadium sind sorgfältige Wirtschaftlichkeitsbetrachtungen gerade dann besonders wichtig, wenn der Durchbruch zur Wirtschaftlichkeit aufgrund niedriger Preise für konkurrierende Energieträger fraglich ist und öffentliche Zuschüsse nicht oder in eng begrenztem Umfang gewährt werden. Wirtschaftlichkeitsuntersuchungen sollten sich nicht allein auf die ökonomische Nachrechnung eines vorgegebenen Konzepts beschränken. Vielmehr gilt es, durch Variation einer vorgegebenen Lösung die wirtschaftlichen Rahmenbedingungen möglichst so zu optimieren, daß der break-even point erreicht wird. Dabei darf auch die Gefahr nicht übersehen werden, daß zu optimistische Einschätzungen die Gefahr einer mit Verlust arbeitenden Anlage nach sich ziehen.

Die formelle Grundlage für zuverlässige Wirtschaftlichkeitsrechnungen liefert die VDI-Richtlinie 2067. Von großer Bedeutung für die Aussagekraft und Zuverlässigkeit ist zunächst die Genauigkeit, mit der die zu erwartenden Investitionskosten abgeschätzt werden. Voraussetzung dafür sind

- umfangreiche Datensammlung ausgeführter Anlagen,

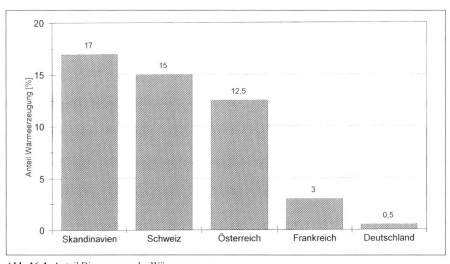

Abb. 16-1: Anteil Biomasse an der Wärmeerzeugung

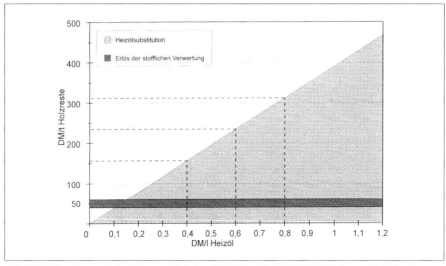

Abb. 16-2: Energietechnischer Wert von Holz (rund 20 % Feuchte) in Abhängigkeit zum Heizölpreis

- weitestgehende Aufschlüsselung von Kostenblöcken in überschaubare Komponenten bzw. Gewerke

Die Vielfältigkeit der Gewerke bei komplexen Anlagen zur energetischen Nutzung von Holz und Biomasse verdeutlicht Abbildung 16-2.

16.1 Investitionskostenermittlung

Grundlage aller Überlegungen zur Wirtschaftlichkeit ist die Ermittlung der zu erwartenden Investitionskosten. Die nachfolgende Checkliste nennt die wichtigsten Positionen, die es dabei zu berücksichtigen gibt.

16.2 Betriebskosten- und Erlösermittlung

Die Ermittlung der zu erwartenden Betriebskosten und Erlöse gestaltet sich im Planungsstadium allein deswegen schwie-

Tabelle 16-1: Checkliste Investitionsermittlung

Komponenten	zu erwartende Kosten	
	Variante A	Variante B
Brennstofflagerung		
Brennstofftransport		
Feuerung		
Kessel		
Abgasreinigung		
Additivzugabe		
Abgaskanäle		
Kamin		
Verrohrung / Armaturen		
Wasseraufbereitung		
Meß- und Regeltechnik		
Prozeßleittechnik		
Elektroverkabelung		
Turbine / Generator		
Kühler / Kondensator		
Sonstiges		
Planung		
Genehmigung		
Gesamtsumme		

Tabelle 16-2: Checkliste Betriebskosten/Erlöse (in EUR/Jahr)

	Variante A	Variante B
Kapitalgebundene Kosten		
Annuität		
Verbrauchsgebundene Kosten		
Ascheentsorgung		
Additive		
Brennstoffe		
Chemikalien		
Antriebsstrom		
Summe verbrauchsgebundene Kosten		
Betriebsgebundene Kosten		
Personal		
Instandhaltung / Wartung		
Versicherung Verwaltung		
Summe betriebsgebundene Kosten		
Summe Betriebskosten		
Erlöse		
Wärme		
Strom		
Gebrauchtholzentsorgung		
Summe Erlöse		
Über-/Unterdeckung		

rig, weil die Kostenentwicklung für zahlreiche Positionen oft nicht abschätzbar ist (zum Beispiel Brennstoffkosten). Deshalb sind worst-case-Betrachtungen in vielen Fällen hilfreich. Nachfolgende Checkliste zeigt die wesentlichen Kosten und Erlöspositonen, die zu betrachten sind.

Hilfreich ist allenthalben, auf Basis eines geeigneten Tabellenkalkulationsprogramms Varianten mit wechselnden Parametern zu rechnen und auf den Ergebnissen Beurteilungsdiagramme aufzubauen.

16.3 Finanzierung

Bei Anlagen zur energetischen Verwertung von Holz und Biomasse liegen die kapitalgebundenen Kosten bei 30 bis 40 % der Gesamtkosten. Die Ausschöpfung der Möglichkeiten, Zins und Abtrag niedrig zu halten, kann deshalb projektentscheidend sein. Ob im konkreten Fall auf den konventionellen Bankkredit, auf Contracting oder Leasing zurückgegriffen wird, muß sorgfäl-

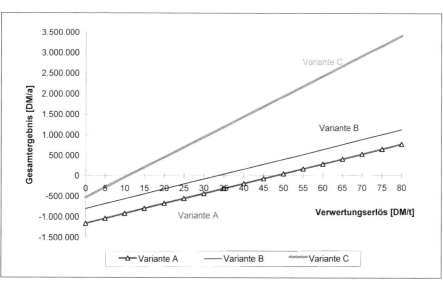

Abb. 16-3: Diagramm zur Beurteilung des Gesamtergebnisses: Einfluß der Verwertungserlöse für das Gebrauchtholzmischsortiment auf die Wirtschaftlichkeit, dargestellt an drei Varianten

tig geprüft werden. Beim Leasing wird die Anlagentechnik vom sog. Leasinggeber, der stets auch Eigentümer bleibt, finanziert. Der Betreiber zahlt eine vorher vertraglich festgelegte Leasingrate, meist in Prozentsätzen der Investitionskosten ausgedrückt, für die Dauer von üblicherweise 7 bis 10 Jahren. Danach wird eine geringe Restkaufsumme zum Eigentumsübergang auf den Betreiber fällig. Das Risiko und die Kosten des laufenden Anlagenbetriebes liegen beim Betreiber.

Anders ist die Situation beim sogenannten Contracting. Dort ist Betreiber eine spezielle Betreibergesellschaft bzw. ein Contractor, der die produzierte Energie (Wärme und Strom) an einen oder mehrere Abnehmer verkauft.

Ein wichtiges und fast schon zur Selbstverständlichkeit gewordener Finanzierungsbestandteil im Bereich von Holz- und Biomasseanlagen sind Zuschüsse aus öffentlichen Kassen geworden. Die Zahl der in Frage kommenden Programme, insbesondere für Anlagen auf Basis nachwachsender Energieträger, ist für den Laien unüberschaubar geworden. Auskünfte sind u. a. bei folgenden Adressen zu bekommen:

- Europa:
  Kommission der Europäischen Gemeinschaften Generaldirektion Energie (GD XVII), 200, Rue de La Loi, B-1049 Brüssel, Tel.++32-2-2357 471
- Deutschland:
  Bundesministerium für Bildung, Wissenschaft, Forschung und Technologie, Heinemannstr. 2, D-53175 Bonn, Tel. ++49-228 57-0 und Länderregierungen
- Österreich:
  Österreichische Kommunalkredit AGAbt. Umweltförderung im In- und Ausland, Türkenstraße 9, A-1092 Wien, Tel. ++43-1-31631-212
- Schweiz:
  Schweizerische Vereinigung für Holzenergie (VHe), Seefeldstraße 5a, CH-8008 Zürich, Tel. ++41 (0) 1-25 0 88 11

17 Rechtliche Vorschriften in Deutschland, in Österreich und in der Schweiz

17.1 Einleitung

Zur Sicherheit der Betreiber und zum Schutz der Umwelt sind von verschiedenen Stellen Vorschriften für die Aufstellung und den Betrieb von Holzfeuerungsanlagen geschaffen worden. Einige dieser Vorschriften stammen aus dem Bereich der Bauordnungen. Sie betreffen beispielsweise den Heizraum und die Schornsteinanlage. Andere Vorschriften befassen sich mit der Kessel- und Heizungstechnik. Diese Normen müssen vom Hersteller und Installateur beachtet werden.

Seit etwa zwei Jahrzehnten werden in Mitteleuropa auch die Emissionen der Verbrennung gesetzlich geregelt. Die folgenden Ausführungen stellen zunächst die emissionsrechtliche Verordnungslage in Deutschland ausführlich dar, gehen aber auch auf die entsprechenden Vorschriften in Österreich und in der Schweiz ein (Stand Dezember 1998). Da Gesetze und Verordnungen erfahrungsgemäß im Abstand von einigen Jahren überarbeitet und ergänzt („novelliert") werden, ist anzuraten, sich die jeweils letzte Version zu beschaffen und mit den Angaben im vorliegenden Text zu vergleichen. Mit den folgenden Darstellungen kann daher eine Einführung und Übersicht, nicht aber eine Gewähr der rechtlichen Vorschriften gegeben werden.

In Zusammenhang mit den emissionsrechtlichen Bestimmungen ist es in der Regel erforderlich, die vom Gesetzgeber geforderten Emissionsgrenzwerte auch durch Messungen zu belegen. Ausführungen zur Durchführung von Messungen und zu den eingesetzten Analyseverfahren finden sich im Anhang.

Zwischen den Verordnungen in den drei Ländern gibt es Übereinstimmungen, aber auch abweichende Regelungen. In den folgenden Abschnitten wird versucht, die jeweils geltende rechtliche Situation unter Verwendung der länderspezifischen Terminologie darzustellen. Insbesondere in Deutschland gibt es aber Veränderungen, deren Auswirkungen derzeit noch nicht abzuschätzen sind. So hat das Kreislaufwirtschafts- und Abfallgesetz von 1996 zu neuen Überlegungen zur Entsorgung von Abfällen geführt. Es fordert zunächst eine Vermeidung von Abfall und bei unvermeidlichen Abfällen den Vorrang der Verwertung vor der Beseitigung. Dabei sind stoffliche und energetische Verwertung gleichrangig eingestuft. Auf die Auswirkungen des Gesetzes in Zusammenhang mit der energetischen Verwertung von Holz wird in Abschnitt 17.2.5 näher eingegangen.

Am Ende von Kapitel 17 werden noch einige Hinweise auf weitere gesetzliche Regelungen und Verordnungen in Zusammenhang mit Holzfeuerungsanlagen aufgeführt. Die rechtliche Lage bei der Entsorgung der Aschen wurde bereits in Kapitel 12 dargestellt.

17.2 Emissionsrechtliche Situation in Deutschland

17.2.1 Übersicht

Alle Anlagen zur energetischen Verwertung von Holz und Biomassen fallen grundsätzlich in den Bereich des Bundes-Immissionsschutzgesetzes (BImSchG). In Abhängigkeit von der Feuerungswärmeleistung und von der Brennstoffart bedürfen die Errichtung und der Betrieb einer Holzfeuerungsanlage einer immissionsschutzrechtlichen Genehmigung. Es wird jedoch unterschieden in nichtgenehmigungsbedürftige und genehmigungsbedürftige Anlagen. Die Ausführungsbestimmungen hierzu liefert der Anhang zur Verordnung über genehmigungsbedürftige Anlagen (4. BImSchV). Alle in dieser Verordnung aufgeführten Feuerungsanlagen sind genehmigungsbedürftig. Die Unterteilung erfolgt in zwei Spalten. Spalte 1 weist Anlagen mit größeren Emissionen oder größerer Umweltbelastung aus. Diese Anlagen sind im förmlichen Verfahren nach § 10 des BImSchG zu genehmigen. Dies sind bei Feuerungsanlagen für feste Brennstoffe (Kohle, Holz) alle Anlagen mit einer Feuerungswärmeleistung von 50 MW oder mehr. Spalte 2 weist die weniger belastenden, meist kleineren Anlagen aus. Bei Holzfeuerungen sind dies alle Anlagen mit einer Feuerungswärmeleistung von 1 MW bis weniger als 50 MW. Hier gibt es ein vereinfachtes Genehmigungsverfahren nach § 19 BImSchG.

Nicht genehmigungsbedürftig sind alle Feuerungsanlagen für Holz, die nicht im Anhang der 4. BImSchV genannt sind. Diese Feuerungen werden durch die 1. Bundes-Immissionsschutzverordnung (1. BImSchV) geregelt. Diese Verordnung betrifft dabei im wesentlichen die Kleinfeuerungsanlagen im Leistungsbereich zwischen 15 kW und 1 MW. Die Anforderungen an den Betrieb und die Emissionen sind unmittelbar in der 1. BImSchV festgelegt.

Die genehmigungsbedürftigen Feuerungsanlagen mit einer Feuerungswärmeleistung größer 1 MW bis 50 MW unterliegen der 4. BImSchV in Verbindung mit der Technischen Anleitung zur Reinhaltung der Luft (TA Luft). Für Feuerungsanlagen mit einer Nennwärmeleistung über 50 MW gilt die Verordnung über Großfeuerungsanlagen (13. BImSchV). Bei Betrieb einer Feuerungsanlage mit Holzabfällen, die Holzschutzmittel enthalten, sind weiterhin die Bestimmungen der Verordnung über Verbrennungsanlagen für Abfälle und ähnliche brennbare Stoffe (17. BImSchV) zu berücksichtigen. Auch der Stand der Technik ist bei Errichtung und beim Betrieb der Feuerungsanlagen zu berücksichtigen. Hinweise hierzu finden sich in den Blättern 4 und 5 der VDI-Richtline 3462. Ein Überblick über die Anforderungen an Holzfeuerungsanlagen gibt auch das VDMA-Einheitsblatt 24 178.

Die Verordnungslage ist somit kompliziert, die Auslegung bedarf in der Regel besonderer Kenntnisse. Im folgenden soll versucht werden, die wesentlichen Bestimmungen darzulegen.

17.2.2 Nicht-genehmigungsbedürftige Feuerungsanlagen (1. BImSchV)

Die Umsetzung des Bundes-Immissionsschutzgesetzes bei kleineren Holzfeuerungsanlagen erfolgt durch die 1.Bundes-Immissionsschutzverordnung (1. BImSchV – Verordnung über Kleinfeuerungsanlagen). Die Verordnung gilt für die Errichtung, Beschaffenheit und den Betrieb von Feuerungsanlagen, die **keiner** Genehmigung nach § 4 des Bundes-Immissionsschutzgesetzes bedürfen. Im folgenden wird auf die Bestimmungen des Bundes-Immissionsschutzgesetzes näher eingegangen. Weitere Einzelheiten zu den aufgeführten Gesetzen und Bestimmungen können entweder direkt bei den mit der Durchführung beauftragten Stellen, beim örtlich zuständigen Schornsteinfegermeister oder bei den im Anhang genannten Beratungsstellen, Verbänden und Vereinigungen in Erfahrung gebracht werden.

Brennstoffe

Der Anwendungsbereich der 1. BImSchV endet an Feuerungsanlagen mit einer Feuerungswärmeleistung, bei der nach der 4. BImSchV das vereinfachte Genehmigungsverfahren beginnt. Dabei wird unterschieden nach den zur Verwendung kommenden Brennstoffen. Bei Anlagen für feste Brennstoffe dürfen nur solche Brennstoffe verwendet werden, die in der Kleinfeuerungsanlagenverordnung genannt sind. Zulässige biogene Brennstoffe für Kleinfeuerungsanlagen nach § 3 der 1. BImSchV sind:

4. naturbelassenes stückiges Holz, einschließlich anhaftender Rinde, beispielsweise in Form von Scheitholz, Hackschnitzeln, sowie Reisig und Zapfen.
5. naturbelassenes nicht stückiges Holz, beispielsweise in Form von Sägemehl, Schleifstaub oder Rinde,
5a. Preßlinge aus naturbelassenem Holz in Form von Holzbriketts entsprechend DIN 51 731, oder vergleichbare Holzpellets oder andere Preßlinge aus naturbelassenem Holz mit gleichwertiger Qualität,
6. gestrichenes, lackiertes oder beschichtetes Holz sowie daraus anfallende Reste, soweit keine Holzschutzmittel aufgetragen oder enthalten sind und Beschichtungen nicht aus halogenorganischen Verbindungen bestehen,
7. Sperrholz, Spanplatten, Faserplatten oder sonst verleimtes Holz sowie daraus anfallende Reste, soweit keine Holzschutzmittel aufgetragen oder enthalten sind und Beschichtungen nicht aus halogenorganischen Verbindungen bestehen,
8. Stroh oder ähnliche pflanzliche Stoffe.

Bei den Feuerstätten dürfen dabei jedoch nur solche Brennstoffe eingesetzt werden, die nach den Angaben der Hersteller geeignet sind, d.h. ein Stückholzkessel kann zum Beispiel nicht mit Rinde oder Stroh betrieben werden. Offene Kamine dürfen nur noch gelegentlich benutzt und müssen mit naturbelassenen Holzstücken beheizt werden. Die Nennwärmeleistungsgrenze für die Prüfpflicht von Kleinfeuerungsanlagen beträgt 15 kW. Die Staub- und Kohlenmonoxidwerte in den Abgasen meßpflichtiger Kleinfeuerungsanlagen werden begrenzt. Für andere Schadstoffe gibt es keine Begrenzungen. Die Werte gelten für das trockene Abgas im Normzustand, d. h. eine Temperatur von 0 °C und ein Luftdruck von 1013 hPa.

Emissionswerte

Die Auflagen betreffen den Staub und das Kohlenmonoxid. Der Kohlenmonoxidgehalt in den Abgasen ist eine Kenngröße für die Güte der Verbrennung. Die Werte der 1. BImSchV berücksichtigen den niedrigeren Stand der Technik bei Kleinfeuerungsanlagen durch Grenzwerte, die deutlich über den zulässigen Werten für genehmigungsbedürftige Feuerungsanlagen liegen. Für mit naturbelassenem Holz betriebene Kleinfeuerungsanlagen gelten die in Tabelle 17.1 festgelegten Emissionswerte. Die Werte sind von allen Feuerungsanlagen im Leistungsbereich zwischen 15 kW und 1 MW einzuhalten, wobei die Begrenzung für Kohlenmonoxid von der Nennwärmeleistung abhängig ist. Abweichend von den in Tabelle 17.1 aufgeführten Emissionswerten gilt bei mit Stroh oder ähnlichen pflanzlichen Stoffen betriebene der Grenz-

Tabelle 17-1: Begrenzungen der Emissionen bei mechanisch und handbeschickten Kleinfeuerungsanlagen, betrieben mit Festbrennstoffen nach § 3 der 1. BImSchV, Gruppen 4., 5., 5.a und 8

Nennwärmeleistung	Massenkonzentration[*)]	
Staub:		
15 kW bis 1 MW	0,15 g/m^3	
Kohlenmonoxid:		
Holz:		Nebenstehende
bis 50 kW	4 g/m^3	Grenzwerte sind
über 50 bis 150 kW	2 g/m^3	wie folgt
über 150 bis 500 kW	1 g/m^3	einzuhalten:
über 500 kW	0,5 g/m^3	CO bei >1- bis 2fachem
Stroh:		Tabellenwert
bis 100 kW	4 g/m^3	ab 4.10.1997

[*)] bezogen auf einen Volumengehalt an Sauerstoff im Abgas von 13%

wert für Kohlenmonoxid von 4 g/m³ bis zu einer Nennwärmeleistung bis weniger als 100 kW. Bei vor dem Inkrafttreten der Verordnung (15. Juli 1988) errichten Feuerungsanlagen setzen die Bestimmungen erst ab einer Nennwärmeleistung von 22 kW ein. Die Bestimmungen gelten weiterhin nicht für Kochheizherde oder Kachelöfen ohne Heizeinsatz (Grundöfen). Diese Feuerungen dürfen jedoch außer mit Kohle oder Torf nur mit naturbelassenem stückigen Holz betrieben werden.

Bei Kleinfeuerungsanlagen, die mit gestrichenem, lackiertem oder beschichteten Holz bzw. Sperrholz, Spanplatten, Faserplatten oder sonstigem verleimten Holz betrieben werden, gelten für Kohlenmonoxid niedrigere Emissionswerte (Tabelle 17-2). Diese Hölzer dürfen jedoch keine Holzschutzmittel oder halogenorganische Beschichtungen enthalten.

Tabelle 17-2: Begrenzungen der Emissionen bei mechanisch und handbeschickten Kleinfeuerungsanlagen mit mindestens 50 kW Feuerungswärmeleistung*, betrieben mit Festbrennstoffen nach § 6 der 1.BImSchV, Gruppen 3 a., 4., 5., 5 a und 8

Nennwärmeleistung	Massenkonzentration**)
Staub:	
50 bis 100 kW	0,15 g/m³
Kohlenmonoxid:	
50 bis 100 kW	0,8 g/m³
über 100 bis 500 kW	0,5 g/m³
Über 500 kW	0,3 g/m³

*) Einsatz nur in Betrieben der Holzbe- und -verarbeitung
**) bezogen auf einen Volumengehalt an Sauerstoff im Abgas von 13 %

Alle Emissionswerte beziehen sich auf einen Bezugssauerstoffgehalt von 13 Volumenprozent (Vol.-%). Die gemessenen Emissionen sind nach folgender Formel auf den Bezugssauerstoffgehalt umzurechnen:

$$E_B = (21 - O_{2B}) / (21 - O_2) \times E_M$$

Anstelle des Sauerstoffgehalts kann zur Bestimmung des Bezugswertes auch der Kohlendioxidgehalt im Abgas gemessen werden. Hier gilt folgende Beziehung:

$$E_B = CO_{2max} \times (21 - O_{2B}) / (21 - CO_2) \times E_M$$

Es bedeuten:
E_B = Emissionen bezogen auf den Bezugssauerstoffgehalt
E_M = gemessene Emissionen
O_{2B} = Bezugssauerstoffgehalt in Volumenprozent (hier: 13 %)
O_2 = Volumengehalt an Sauerstoff im trockenen Abgas
CO_2 = Volumengehalt an Kohlendioxid im trockenen Abgas
CO_{2max} = maximaler Kohlendioxidgehalt im trockenen Abgas in Volumenprozent

Der maximale Kohlendioxidgehalt beträgt bei der Verbrennung von Holz und pflanzlichen Stoffen 20,3 Vol.-%.

Die Überwachung der Emissionen der Kleinfeuerungsanlagen erfolgt durch den zuständigen Bezirksschornsteinfegermeister. Einzelheiten zur Durchführung der Messungen sind im Anhang der Verordnung festgelegt.

Schornsteine

Auch die Ableitung der Rauchgase ist zu beachten. Jede Holzfeuerungsanlage sollte einen eigenen Schornstein besitzen. Für offene Kamine und Kaminöfen sowie Anlagen über 20 kW Nennwärmeleistung (17.200 kcal/h) ist dies vorgeschrieben. Holzfeuerungsanlagen für Naturzug, d. h. ohne Saugzuggebläse, sollten bei Betriebstemperatur einen Zug von mindestens 0,3 mbar (entspricht 3 mm WS) besitzen. Der Zug ist abhängig vom Durchmesser und der nutzbaren Höhe des Schornsteins (gemessen vom Rost bis zur Schornsteinmündung). Nach DIN 18 160 Teil I (weitgehend identisch mit den Vorschriften der Bauordnungen über Schornsteine) muß die Schornsteinhöhe für Feststofffeuerungsanlagen mindestens 5 m betragen. Schornsteine müssen zudem auch ohne Oberflächenbehandlung (Putz) dicht sein. Aufgrund der vorgenannten Anforderungen sind in Abhängigkeit von der nutzbaren Höhe und der Nennleistung der Anlage unterschiedliche

Tabelle 17-3: Schornsteinquerschnitt bzw. Durchmesser in Abhängigkeit von Kesselleistung und nutzbarer Schornsteinhöhe

Kesselleistung	bis 29 kW	bis 46 kW	bis 93 kW
Nutzbare Höhe des Schornsteins			
5 bis 8 m			
Querschnitt	20 x 20 cm	20 x 30 cm	20 x 40 cm
Durchmesser	22,5 cm	30 cm	30-35 cm
12 m			
Querschnitt	20 x 20 cm	20 x 20 cm	20 x 30 cm
Durchmesser	22,5 cm	22,5 cm	30 cm

Schornsteindurchmesser erforderlich, um einen ausreichenden Zug zu erhalten (Tabelle 17-3).

Reicht der Querschnitt des Kamins nicht aus, was der Schornsteinfegermeister beurteilen kann, genügt es manchmal, ein Saugzuggebläse (elektrischer Ventilator) einzubauen. Für größere Leistungen ist eine Bestimmung des erforderlichen Kamindurchmessers nach DIN 4705 durchzuführen. Der Schornstein sollte gut wärmegedämmt sein.

Sicherheitstechnische Anforderungen

Weiterhin ist auch bei nicht-genehmigungsbedürftigen Feuerungsanlagen die Prüfung von Holzheizkesseln vorgeschrieben. In der Bundesrepublik Deutschland dürfen nur Heizkessel mit Bauartzulassung vertrieben werden. Die Voraussetzungen für eine Zulassung gelten als erfüllt, wenn eine Prüfung nach der technischen Richtlinie für Dampfkessel Nr. 702 (TRD 702) erfolgreich durchgeführt wurde. In dieser Richtlinie sind die Anforderungen an die Materialien, Verarbeitung (zum Beispiel Schweißen), die Druck- und Temperaturfestigkeit usw. festgelegt.

Nach der Verordnung für Feuerungsanlagen und Heizräume dürfen nur solche Feuerstätten betrieben werden, die als betriebssicher gelten. Das sind jene Anlagen, die ein DIN-Zeichen mit Registriernummer oder ein Baumusterkennzeichen tragen. Die heiztechnischen Anforderungen an Heizkessel werden nach genormten Prüfregeln der DIN 4702 Blatt 4 geprüft. Neben den heiztechnischen Anforderungen, wie Nennleistung, Abgastemperatur, Abgaszusammensetzung, Feststoffemission usw., werden auch die sicherheitstechnischen Einrichtungen geprüft, die der Sicherheit der Anlage und des Betreibers dienen. Wichtig sind dabei die sicherheitstechnischen Anforderungen nach DIN 4751. Dort unterscheidet man zwischen „offenen" und „geschlossenen" Anlagen und fordert für beide Systeme ein sinnvolles Sicherheitspaket (siehe Kapitel 6).

Auch die sonstigen sicherheitstechnischen Anforderungen müssen beachtet werden. Bei Nichtbeachtung kann die zuständige Bauaufsicht die Holzheizungsanlage sofort stillegen. Die Ergebnisse der Prüfung werden in einem Prüfungsbericht festgehalten, der eine positive oder negative Bewertung nennt und der an den Deutschen Normenausschuß weitergeleitet wird. Derzeit laufen auch auf europäischer Ebene Aktivitäten, im Rahmen des gemeinsamen Binnenmarktes ein Prüfzeichen, das sogenannte CE-Zeichen, für Feuerungsanlagen zu vergeben.

17.2.3 Genehmigungsbedürftige Anlagen nach der 4. BImSchV

Für Betreiber von genehmigungsbedürftigen Feuerungsanlagen gelten die in § 5 des Bundes-Immissionsschutzgesetzes aufgeführten Grundpflichten. Danach sind diese Anlagen so zu errichten, daß

- schädliche Umwelteinwirkungen für die Allgemeinheit und die Nachbarschaft nicht hervorgerufen werden,
- Vorsorge gegen schädliche Umwelteinwirkungen getroffen wird, insbesondere auch die dem Stand der Technik entsprechenden Maßnahmen zur Emissionsbegrenzung,

- Reststoffe vermieden bzw. ordnungsgemäß und schadlos verwertet werden oder, wenn dies nicht möglich ist, als Abfälle entsorgt werden und
- entsprechende Wärme genutzt wird, soweit dies nach Art und Standort der Anlagen technisch möglich und zumutbar ist.

Ob diese Betreiberpflichten erfüllt werden, ist bei Neuerrichtungen sowie bei wesentlichen Änderungen von Feuerungsanlagen im Rahmen des immissionsschutzrechtlichen Genehmigungsverfahrens zu prüfen. Dieses Genehmigungsverfahren ist vor einer Errichtung oder einer wesentlichen Änderung der Anlage durchzuführen. Die immissionsschutzrechtliche Genehmigung schließt aufgrund der Konzentrationswirkung andere, die Anlage betreffende behördliche Entscheidungen ein, insbesondere auch die Baugenehmigung und die Dampfkesselerlaubnis. Nicht eingeschlossen sind Planfeststellungen, Zulassungen bergrechtlicher Betriebspläne sowie Entscheidungen aufgrund atomrechtlicher oder wasserrechtlicher Vorschriften.

Der Ablauf des Genehmigungsverfahrens für die Errichtung und den Betrieb von Feuerungsanlagen wird durch die Vorgaben des Bundes-Immissionsschutzgesetzes sowie insbesondere die der 9. Verordnung zur Durchführung dieses Gesetzes geregelt, in der die Grundsätze des Genehmigungsverfahrens festgelegt sind. Es wird unterschieden zwischen dem förmlichen Genehmigungsverfahren gemäß § 10 BImSchG und dem vereinfachten Genehmigungsverfahren ohne Beteiligung der Öffentlichkeit gemäß § 19 BImSchG.

Der Anlagenbegriff
Für die Durchführung des Genehmigungsverfahrens ist der Anlagenbegriff besonders zu beachten. Nach § 1 Abs. 2 der 4. BImSchV erstreckt sich das Genehmigungserfordernis auf alle vorgesehenen
- Anlagenteile und Verfahrensschritte, die zum Betrieb notwendig sind und
- Nebeneinrichtungen, die mit den Anlagenteilen und Verfahrensschritten in einem räumlichen und betriebstechnischen Zusammenhang stehen und bei denen
  - das Entstehen schädlicher Umwelteinwirkungen,
  - die Vorsorge gegen schädliche Umwelteinwirkungen oder
  - das Entstehen sonstiger Gefahren, erheblicher Nachteile oder erheblicher Belästigungen

von Bedeutung sein können.
Nebeneinrichtungen sind Gebäude, Maschinen, technische Aggregate u. ä., die einer Anlage zu dienen bestimmt sind, ohne zur Zweckerreichung erforderlich zu sein. Als Nebeneinrichtungen bei Feuerungsanlagen kommen zum Beispiel das Brennstofflager, die Brennstoffaufbereitung, die Abgasreinigungsanlage, der Aschebunker u.a.m. in Frage. Im Zuge der Festlegung des Anlagenumfangs ist auch zu prüfen, ob mehrere Anlagen derselben Art in einem engen räumlichen und betrieblichen Zusammenhang stehen und somit eine gemeinsame Anlage bilden, die zusammen die maßgebende Feuerungswärmeleistung erreicht oder überschreitet. Ein enger räumlicher und betrieblicher Zusammenhang liegt vor, wenn die Feuerungsanlagen
- auf demselben Betriebsgelände liegen,
- mit gemeinsamen Betriebseinrichtungen verbunden sind und
- einem vergleichbaren technischen Zweck dienen.

Während die beiden ersten Bedingungen relativ leicht zu prüfen sind, ist der Begriff „vergleichbarer technischer Zweck" nicht eindeutig festgelegt. In den vom Länderausschuß für Immissionsschutz (LAI) verabschiedeten Antworten zu den „Zweifelsfragen bei der Auslegung der 4. BImSchV" wurde hierzu klargestellt, daß zum Beispiel ein vergleichbarer technischer Zweck vorliegt, wenn alle Einzelfeuerungsanlagen Dampf erzeugen und dieser teilweise zur Stromerzeugung und teilweise zu Heizzwecken genutzt wird.

Anlagen derselben Art sind zum Beispiel Feuerungsanlagen gemäß den Nummern 1.2 und 1.3 des Anhangs zur 4. BImSchV. Die Feuerungswärmeleistungen dieser Einzelfeuerungen müssen somit für die Bestimmung der Genehmigungspflicht sowie der sich daraus ergebenden Anforderungen aufsummiert werden. Dies bedeutet, daß zum Beispiel eine gemeinsame Feuerungsanlage, bestehend aus einem Heizölkessel mit einer Feuerungswärmeleistung von zum Beispiel 0,4 MW und einem holzbefeuerten Kessel mit einer Feuerungswärmeleistung von 0,9 MW immissionsschutzrechtlich genehmigungspflichtig ist, da die maßgebliche Feuerungswärmeleistung für den Einsatz von Holz von 1 MW in der Summe überschritten wird. Als Einzelfeuerungen wären beide Kesselanlagen immissionsschutzrechtlich nicht genehmigungspflichtig und würden nach den Anforderungen der 1. BImSchV beurteilt werden. Weiterhin ergibt sich bei Vorliegen einer gemeinsamen Anlage, daß zum Beispiel zwei Holzfeuerungen mit einer Feuerungswärmeleistung von jeweils 3 MW die gleichen Anforderungen erfüllen müssen wie eine Einzelfeuerung mit einer Feuerungswärmeleistung von 6 MW.

Änderung von Feuerungsanlagen

Auch wesentliche Änderungen der Feuerungsanlage sind genehmigungspflichtig. Als wesentlich werden Umgestaltungen der Lage, der Beschaffenheit oder des Betriebs einer Anlage angesehen, d. h. alle Änderungen, die Auswirkungen auf die Genehmigungsvoraussetzungen nach § 5 BImSchG haben können. Sie bedürfen gemäß § 15 des BImSchG einer Genehmigung. Auch die Emissionssituation verbessernde Änderungen können wesentlich im Sinne des § 15 sein. Bei der Ermittlung ist im Einzelfall zu berücksichtigen, daß neben den Belangen der Luftreinigung auch die Belange des Lärmschutzes, der Sicherheitstechnik sowie die entstehenden Abfälle von Bedeutung sind. Ob sie tatsächlich von derartiger Auswirkung sind, ist im Genehmigungsverfahren zu klären.
Im Bereich von Feuerungsanlagen ist eine Vielzahl von Änderungen möglich, die als wesentlich einzustufen sind. Nachfolgend sind die am häufigsten vorkommenden aufgelistet:
- Errichtung einer zusätzlichen Einzelfeuerungsanlage
- Einbau einer Abgasreinigungsanlage
- Einbau einer Abgasrückführung
- Umbau einer bestehenden Feuerungsanlage zur Erhöhung der Feuerungswärmeleistung
- Änderung der Brennstoffpalette
- Errichtung eines zusätzlichen Brennstoffsilos
- Einbau einer Brennstoffaufbereitung

Ob die geplante Änderungsmaßnahme als wesentlich im Sinne des Gesetzes anzusehen ist, sollte im Zweifelsfall gemeinsam mit der Genehmigungsbehörde geklärt werden. Die wesentlichen Änderungen sind genehmigungsfähig, wenn hierdurch die Anforderungen an die Errichtung und den Betrieb neuer Anlagen eingehalten werden. Wird diese Frage in diesem Sinne geklärt, dann stellt sich im weiteren die Frage nach dem Prüfumfang bezüglich Luftreinhaltemaßnahmen. Dieser ergibt sich aus der TA Luft. So sind im Genehmigungsverfahren die Anlagenteile und Verfahrensschritte zu prüfen, die geändert werden sollen sowie die Anlagenteile und Verfahrensschritte, auf die sich die Änderung auswirken wird.

Ablauf des Genehmigungsverfahrens

Jedem Genehmigungsverfahren sollte ein Gespräch zwischen Betreiber und Behörde vorausgehen. Gerade bei umfangreichen Maßnahmen wie zum Beispiel Errichtung einer zusätzlichen Einzelfeuerungsanlage oder bei Änderung der Brennstoffpalette ist es zweckmäßig, wenn bereits in diesem Abschnitt des Verfahrens ein Fachgutachter eingeschaltet wird. Bei dieser Beratung sollte auch geklärt werden, welche Verfahren durchzuführen sind, welche Behörden im Verfahren zu beteiligen sind und wie sich der zeitliche Ablauf des Genehmigungsverfahrens gestalten wird. Ferner ist festzulegen, welche Antragsunterlagen einzureichen sind. Gerade die vollständige und umfassende Ausarbeitung der Antragsunterlagen durch den Betreiber der Anlage kann das Genehmigungsverfahren erheblich beschleunigen.

Die Antragsunterlagen sind wie folgt zu erstellen:
- Die Antragsunterlagen sind gemäß den Vorgaben des § 4 der 9. BImSchV und den jeweiligen Ausführungsverordnungen der Bundesländer zu erstellen.
- Besonders wichtig sind folgende Angaben:
  - Übersichts- und Lagepläne
  - Genaue Beschreibung des geplanten Vorhabens
  - Detaillierte Beschreibung der Brennstoffe
  - Angabe der Bezugsquelle und der Sicherung der Brennstoffeigenschaften
  - Fließbildschema mit Emissionsquellen
  - Betriebszeiten
  - Technische Daten und Zeichnungen für Feuerung und Abgasreinigung
  - Emissionssituation
  - Ableitung der Abgase
  - Maßnahmen des Schallschutzes
  - Gefahrenschutz gemäß 12. BImSchV
  - Menge und Entsorgung der Abfälle

Nach Einreichung der Antragsunterlagen wird die Genehmigungsbehörde gleichzeitig mit der Anforderung der Stellungnahmen beteiligter Behörden, wie der örtlich zuständigen Gemeinde, des Gewerbeaufsichtsamtes, des Wasserwirtschaftsamtes usw. und von Gutachten für Anlagen, die der Spalte 1 des Anhangs der 4. BImSchV zuzuordnen sind, die öffentliche Bekanntmachung gemäß § 10 Abs. 3 BImSchG veranlassen. Bei Genehmigungsverfahren nach § 15 BImSchG kann von der öffentlichen Bekanntmachung des Vorhabens und der Auslegung des Antrags und der Unterlagen abgesehen werden, wenn der Träger des Vorhabens dies beantragt und nachteilige Auswirkungen für die in § 1 BImSchG genannten Schutzgüter nicht zu erwarten sind.

Wenn im förmlichen Genehmigungsverfahren gemäß § 10 BImSchG Einwendungen Dritter gegen das Vorhaben vorgebracht werden, ist ein Erörterungstermin durchzuführen. Der Erörterungstermin dient dazu, die innerhalb der Auslegungsfrist von einem Monat erhobenen Einwendungen zu erörtern, soweit diese für die Prüfung der Genehmigungsvoraussetzungen von Bedeutung sind. Über den Genehmigungsantrag ist gemäß § 10 Abs. 6a BImSchG nach Eingang des Antrags und Vorliegen der vollständigen Unterlagen innerhalb einer Frist von 7 Monaten, im vereinfachten Verfahren innerhalb einer Frist von 3 Monaten zu entscheiden. Wird diese Frist nicht eingehalten, darf mit der Errichtung der Anlage gleichwohl nicht begonnen werden, da der Fristablauf die erforderliche Genehmigung nicht ersetzt. In diesem Zusammenhang ist auf die Möglichkeit der Teilgenehmigung gemäß § 8 BImSchG hinzuweisen, die für die Errichtung einer Anlage oder eines Teils einer Anlage sowie für die Errichtung und den Betrieb eines Teils einer Anlage bei Vorliegen bestimmter Voraussetzungen erteilt werden kann.

Nach § 13 Abs. 1 der 9. BImSchV holt die Genehmigungsbehörde Sachverständigengutachten ein, soweit dies für die Prüfung der Genehmigungsvoraussetzungen notwendig ist. Diese Gutachten müssen neben
- der Definition des Anlagenbegriffs,
- der Festlegung der Art und Herkunft des Brennstoffes,
- der Anlagen- und Verfahrensbeschreibung,
- der Standortbeschreibung,
- der Beurteilung zur Störfall-Verordnung (12. BImSchV),
- der Beurteilung zum Lärmschutz,

- der Beurteilung zu den anfallenden Reststoffen und Abfällen,
- den erforderlichen Auflagenvorschlägen für den Genehmigungsbescheid insbesondere

eine Beurteilung dahingehend beinhalten, ob schädliche Umwelteinwirkungen ausgeschlossen sind und ob Vorsorge gegen schädliche Umwelteinwirkungen durch den Stand der Technik entsprechende Maßnahmen zur Emissionsbegrenzung getroffen sind.

Die Anforderungen zur Luftreinhaltung an den Betrieb von Feuerungsanlagen sind abhängig von der Brennstoff-Kategorie und der Feuerungswärmeleistung. Die Maßnahmen zur Luftreinhaltung betreffen dabei im wesentlichen die Bereiche Brennstoffe, Feuerungstechnik, primäre und sekundäre Minderungsmaßnahmen sowie Überwachung der Emissionen.

Die Genehmigung muß nach § 6 BImSchG erteilt werden, wenn alle gesetzlichen Voraussetzungen erfüllt sind. Die Behörde hat – anders als im Abfallrecht – kein Recht zur Prüfung der Notwendigkeit des beantragten Vorhabens.

Brennstoffe gemäß Abschnitt 1.2

Die zulässigen Holzbrennstoffe für genehmigungsbedürftige Feuerungsanlagen („Regelbrennstoffe") sind im Anhang der 4. BImSchV aufgeführt. Genannt werden in Abschnitt 1.2, Spalte 2

a) naturbelassenes Holz

    aa) gestrichenes, lackiertes oder beschichtetes Holz sowie daraus anfallende Reste, soweit keine Holzschutzmittel aufgetragen oder enthalten sind und Beschichtungen nicht aus halogenorganischen Verbindungen bestehen

    bb) Sperrholz, Spanplatten, Faserplatten oder sonst verleimtes Holz sowie daraus anfallende Reste, soweit keine Holzschutzmittel aufgetragen oder enthalten sind und Beschichtungen nicht aus halogenorganischen Verbindungen bestehen

Für immissionsschutzrechtlich genehmigungsbedürftige Holzfeuerungsanlagen mit einer Feuerungswärmeleistung von 1 MW bis weniger als 50 MW gelten die Anforderungen aus der Technischen Anleitung zur Reinhaltung der Luft vom 27. Februar 1986 (TA Luft 86). Hierbei sind insbesondere die Anforderungen nach Nr. 3.3.1.2.1 sowie die Minimierungsgebote gemäß Nr. 3.1.7 Abs. 7 (Dioxine/Furane) und Nr. 2.3 (krebserzeugende Stoffe) zu beachten. Die einzuhaltende Emissionswerte sind in Tabelle 17-4 zusammengestellt.

Tabelle 17-4: Emissionsbegrenzung der TA Luft 86 für genehmigungsbedürftige Holzfeuerungsanlagen nach der 4. BImSchV mit einer Feuerungswärmeleistung (FWL) > 1 MW bis < 50 MW

Stoff	Emissionswert[*)]	Nr. TA Luft
Staub		
(FWL > 5 MW)	50 mg/m^3	3.3.1.2.1
(FWL < 5 MW)	0,15 g/m^3	
Stickstoffoxide, angegeben als NO$_2$	0,50 g/m^3 0,40 g/m$^{3**)}$ 0,30 g/m$^{3***)}$	3.3.1.2.1 3.3.1.2.1
Kohlenmonoxid	0,25 g/m^3	3.3.1.2.1
Organische Stoffe, angegeben als Gesamt-C	50 mg/m^3	3.3.1.2.1
Dioxine	Minimierungsgebot[**)]	3.1.7 Abs. 7
PAK	Minimierungsgebot	2.3
HCl[****)] HF	30 mg/m^3 5 mg/m^3	3.1.6

[*)] Sauerstoffbezugswert: 11 Vol.-%
[**)] nachträglicher Beschluß der Umweltministerkonferenz
[***)] bei Wirbelschichtfeuerungen
[****)] bei Einsatz von Holzbrennstoffen mit halogenorganischen Beschichtungen

Der Bezugssauerstoffgehalt für diese Feuerungen ist 11 Vol.-%. Für die Umrechnung gilt die gleiche Formel wie bei der 1. BImSchV. Die Messungen sind innerhalb von 3 Monaten nach Inbetriebnahme der Feuerungsanlage und dann wiederkehrend im Abstand von 3 Jahren durchzuführen. Die Durchführung muß durch eine nach § 26, 28 BImSchG anerkannte Meßstelle erfolgen. Vor der Durchführung der Messungen ist ein Meßplan zu erstellen und mit der zuständigen Genehmigungsbehörde abzustimmen. Die TA Luft enthält weiterhin Festlegungen für die Ableitung der Abgase und die Durchführung der Messungen. Bezüglich Einzelheiten der komplexen Materie wird auf den Text der TA Luft verwiesen. Die Meßverfahren sind in der Regel in VDI-Richtlinien beschrieben. Weitere Hinweise zur Durchführung der Emissionsmessungen finden sich in Blatt 6 der VDI-Richtlinie 3462.

Brennstoffe gemäß Abschnitt 1.3
Für andere feste brennbare Stoffe erfolgt eine Zuordnung in Abschnitt 1.3 des Anhangs der 4. BImSchV. Für diese gilt die 17. BImSchV. Stroh oder ähnliche pflanzliche Stoffe werden nicht aufgeführt und sind daher formell keine zugelassenen Brennstoffe für genehmigungsbedürftige Anlagen. § 1, Absatz 3 der 17. BImSchV hebt aber die Zuweisung dieser Brennstoffe in diese Verordnung auf, so daß logischerweise auch diese Biomassen in Anlagen der 4. BImSchV eingesetzt werden dürfen. Gleiches gilt für Holz oder Holzreste einschließlich Sperrholz, Spanplatten, Faserplatten oder sonst verleimtes Holz mit Beschichtungen aus halogenorganischen Verbindungen. PVC-beschichtete Abfälle dürfen daher auch in Anlagen der 4. BImSchV verbrannt werden. Zusätzlich zu den in Tabelle A1.4 genannten Anforderungen der TA Luft müssen jedoch die dort angegebenen Emissionswerte für gas- und dampfförmige Halogenverbindungen eingehalten werden.

Diese Ausnahmeregelungen gelten nicht für Holzbrennstoffe, die Schutzmittel enthalten. Der Begriff Schutzmittel umfaßt dabei sowohl die chemischen Holzschutzmittel als auch die Flammschutzmittel. Anlagen, die mit derartigen Brennstoffen betrieben werden, fallen in den Bereich der 17. BImSchV. Wenn jedoch nur ein Teil der Feuerungswärmeleistung durch Befeuerung eines Holzbrennstoffes mit Holzschutzmitteln erbracht werden soll, sind Mischemissionsgrenzwerte nach den Vorgaben des § 5 Absatz 3 der 17. BImSchV zu ermitteln. Dies gilt jedoch nur für einen zulässigen Anteil der schutzmittelhaltigen Brennstoffe an der Feuerungswärmeleistung von 25 %. Bei darüber liegenden Anteilen unterliegt die Feuerungsanlage vollständig den Bestimmungen der 17. BImSchV. Weitere Einzelheiten zur Mitverbrennung von diesen sogenannten Sonderbrennstoffen finden sich in Abschnitt 17.2.5.

17.2.4 Genehmigungsbedürftige Feuerungsanlagen nach der 13. BImSchV

Für Großanlagen mit einer Feuerungswärmeleistung von 50MW und mehr richten sich die Anforderungen im wesentlichen nach den Vorgaben der Verordnung über Großfeuerungsanlagen – 13. BImSchV. Bei der aus dem Jahre 1983 stammenden 13. BImSchV handelt es sich um die älteste deutsche Verordnung für Feuerungsanlagen. Dem damaligen Stand der Technik entsprechend sind die Emissionsgrenzwerte z. T. höher als bei den später erstellten Verordnungen. Neuere Großfeuerungsanlagen werden daher in der Regel nach den strengeren Maßstäben der TA Luft bewertet. Die Emissionsgrenzwerte sowie die durchzuführenden emissionsmindernden Maßnahmen entsprechen im wesentlichen den Anforderungen, wie sie in Tabelle 17.5 für die größeren Anlagen zusammengestellt sind.

Der Sauerstoffbezugswert beträgt bei Rostfeuerungen 7 Vol.-%, bei Staubfeuerungen 6 Vol.-%. Bei den Stickstoffoxiden sind feuerungstechnische und andere dem Stand der Technik entsprechende Minderungsmaßnahmen auszuschöpfen („Dynamisierungsklausel"). Im Verhältnis zur TA Luft sind die Regelungen der 13. BImSchV direkt verpflichtend für den Anlagenbetreiber. Die Verordnung enthält weiterhin Re-

Tabelle 17-5: Emissionswerte für genehmigungsbedürftige Holzfeuerungsanlagen nach der 13. BImSchV mit einer Feuerungswärmeleistung von > 50 MW

Stoff	Grenzwert
Staub	50 mg/m^3
Kohlenmonoxid	250 mg/m^3
Stickstoffoxide	800 mg/m^3
Schwefeloxide*	400 mg/m^3
Chlorwasserstoff	100/200 mg/m$^{3**)}$
Fluorwasserstoff	15/30 mg/m$^{3**)}$

*) Bei Holz- und Biomassefeuerungen in der Regel ohne Bedeutung
**) erster Wert bei Feuerungswärmeleistung über 300 MW

gelungen zur Emissionsbegrenzung bei Lagerung und Transport der Brennstoffe sowie die Verpflichtung zur Durchführung kontinuierlicher Messungen bestimmter Emissionen, abhängig von der Feuerungswärmeleistung.

Die Zuordnung der Brennstoffe erfolgt durch die 4. BImSchV und ist daher die gleiche wie bei den im vorherigen Abschnitt genannten Feuerungsanlagen. Durch die Ausweisung in Spalte 1 des Anhangs wird jedoch ein förmliches Genehmigungsverfahren erforderlich. Sofern nur ein Teil der Feuerungswärmeleistung durch Befeuerung eines Holzbrennstoffes mit Holzschutzmitteln erbracht werden soll, sind wiederum Mischemissionsgrenzwerte nach den Vorgaben des § 5 Absatz 3 der 17. BImSchV zu ermitteln. Hierzu sind in der Regel umfangreiche meßtechnische Untersuchungen der Emissionen bei Betrieb ohne Holzbrennstoff Voraussetzung.

17.2.5 Genehmigungsbedürftige Feuerungsanlagen nach der 17. BImSchV

Für Feuerungsanlagen mit Holzabfällen nach 1.3 gelten die Anforderungen der 17. BImSchV. Für derartige Feuerungsanlagen nach Nr. 1.3 des Anhangs zur 4. BImSchV

sind daher die Anforderungen der 17. BImSchV heranzuziehen (Tabelle 17-6).
Der Bezugssauerstoffwert für die Feuerungsanlagen beträgt 11 Vol.-%. Besondere Qualitätssicherungsmaßnahmen sind in Abhängigkeit von der gewählten Anlagentechnik und der vorgesehenen Abgasreinigung im Einzelfall zu prüfen. Neben der Emissionsbegrenzung legt die Verordnung auch die bei der Verbrennung erforderliche Temperatur fest. Sie muß bei Einsatz von Hausmüll oder ähnlichen Einsatzstoffen nach der letzten Verbrennungsluftzuführung mindestens 850 °C betragen (§ 4 (2) der 17. BImSchV). Bei der Verbrennung von anderen Einsatzstoffen wird eine Mindesttemperatur von 1.200 °C gefordert. Die Mindesttemperatur muß auch unter ungünstigen Bedingungen bei gleichmäßiger Durchmischung der Verbrennungsgase mit der Verbrennungsluft für eine Verweilzeit von 2 Sekunden bei einem Mindestgehalt an Sauerstoff von 6 Vol.-% eingehalten werden. Die Behörde kann jedoch andere Mindesttemperaturen,

Tabelle 17-6: Emissionsgrenzwerte für genehmigungsbedürftige Holzfeuerungsanlagen nach der 17. BImSchV

Stoff	Emissionsgrenzwert*)	
	Tagesmittelwert**) mg/m^3	Halbstundenmittelwert**) mg/m^3
Staub	10	30
Kohlenmonoxid	50	150 ***)
org. Stoffe, angegeben als Gesamt-C	10	20
Stickstoffoxide, angegeben als NO$_2$	0,20	0,40
HCl	10	60
HF	1	4
Schwermetalle	Cd, Tl: Hg: As, Co, Cr, Cu, Mn, Ni, Pb, Sb, Sn, V:	insgesamt 0,05 insgesamt 0,03 insgesamt 0,5
Dioxine	0,1 ngTE/m^3	

*) Bezugssauerstoffwert: 11 Vol.-%
**) nur bei kontinuierlich meßbaren Emissionen
***) Stundenmittelwert

Verweilzeiten und Mindestsauerstoffvolumengehalte zulassen, wenn nach Inbetriebnahme der Anlage eine Einhaltung der Emissionsgrenzwerte, insbesondere für PAK und Dioxine, nachgewiesen wird.

Ein großer Teil der Emissionswerte müssen bei den Anlagen der 17. BImSchV kontinuierlich erfaßt werden. Hierbei handelt es sich um
- Gesamtstaub
- Kohlenmonoxid (CO)
- organische Stoffe, angegeben als Gesamt-C
- gasförmige anorganische Chlorverbindungen, angegeben als HCl
- gasförmige anorganische Fluorverbindungen, angegeben als HF
- Schwefeloxide, angegeben als SO_2
- Stickstoffoxide, angegeben als NO_2

Für diese Stoffe wird dann zwischen Tages- und Halbstundenmittelwerten unterschieden. Für die Ermittlung der Emissionskonzentrationen an
- Cadmium (Cd) und Thallium (Tl) sowie deren Verbindungen,
- Quecksilber (Hg) sowie dessen Verbindungen,
- Arsen (As), Antimon (Sb), Kobalt (Co), Kupfer (Cu), Chrom (Cr), Mangan (Mn), Nickel (Ni), Blei, (Pb), Zinn (Sn) und Vanadium (V) sowie deren Verbindungen und
- Dioxinen / Furanen (PCDD/PCDF)

sind wiederkehrende Messungen im jährlichen Turnus durchzuführen. Durch den Fortschritt der Meßtechnik werden heute aber inzwischen auch für einige dieser Stoffe kontinuierliche Messungen gefordert. Von diesem umfangreichen und kostenintensiven Meßprogramm kann die zuständige Genehmigungsbehörde gemäß § 19 der 17. BImSchV Ausnahmen zulassen.

Häufig werden in Holzfeuerungsanlagen neben den Brennstoffen, die für die Anforderungen der TA Luft 86 oder der 13. BImSchV einschlägig sind, auch solche Holzbrennstoffe eingesetzt, die zum Anwendungsbereich der 17. BImSchV führen. In diesen Fällen sind in Abhängigkeit von der Menge der eingesetzten zusätzlichen Sonderbrennstoffe Mischemissionsgrenzwerte nach den Vorgaben des § 5 Abs. 3 der 17. BImSchV zu ermitteln. Diese erfolgt nach entsprechenden Formeln, wobei zu beachten ist, daß abweichend von den Vorschriften der TA Luft bzw. der 13. BImSchV nicht das Verhältnis der Feuerungswärmeleistungen, sondern der einzelnen Abgasvolumenströme zur Mischwertberechnung heranzuziehen ist. Hierbei kommt es zu zwei Problemen:

1. Für einen Teil der Emissionen der 17. BImSchV, zum Beispiel Schwermetalle und PCDD/PCDF, gibt es für Feuerungsanlagen keine Begrenzungen nach der TA Luft und der 13. BImSchV.
2. Feuerungen werden häufig nicht in konstanten Verhältnissen mit den verschiedenen Brennstoffen betrieben.

In erstem Fall ergibt sich vor der Festlegung eines Emissionswertes die Notwendigkeit einer Nullmessung mit dem Regelbrennstoff. Werden bei dieser Nullmessung niedrigere Werte als die der 17. BImSchV gefunden – was zumeist der Fall ist –, kommt es zu der paradoxen Situation, daß die Mischfeuerungsanlage für diese Stoffe niedrigere Emissionsgrenzwerte einhalten muß als eine voll der Verordnung unterliegende Anlage. Dieses Vorgehen ist nicht unumstritten, da eine unter optimalen Bedingungen bei der Nullmessung ermittelte Konzentration beim späteren Dauerbetrieb der Anlage mit Verschleiß- und Dejustierungserscheinungen kaum gesichert eingehalten werden kann.

Im zweiten Falle müßte der Grenzwert bei mehreren Brennstoffen ständig dem tatsächlichen Verhältnis von Regelbrennstoffen untereinander und zum Sonderbrennstoff durch Berechnung angepaßt werden. Diese Emissionswertberechnung ist mit entsprechend programmierten Computern zwar möglich, führt aber zu schwer nachvollziehbaren Aufzeichnungen und ist zudem in der Praxis nur schwer umzusetzen. So ist gerade bei unvermeidlichen Schwankungen von Feuchtegehalt und Stückigkeit bei Holzfeuerungen eine genaue Erfassung des Brennstoffheizwerteintrags nicht möglich. Hier ist es zweckmäßiger, die Emissionsgrenzwerte festzulegen, die bei dem zu erwartenden ungünstigen Regelbetrieb der Feuerungsanlage zugrundeliegen.

Die Verordnung enthält viele detaillierte Festlegungen für den Betrieb der Feuerungsanlage. Diese Festlegungen entsprechen dem Stand der Erkenntnisse bei Erstellung der Verordnung Ende der achtziger Jahre. Heute sind einige dieser Erkenntnisse überholt. Da sie bei Holzfeuerungsanlagen ein gravierendes Hemmnis darstellen können, sollte mit der zuständigen Behörde eine Änderung der Genehmigung vereinbart werden (siehe auch § 4, Absatz 3 der Verordnung). Diese Abweichungen sind von der Art der Feuerung und der Zusammensetzung des Brennstoffs abhängig, weshalb in der Regel ein Fachgutachten erforderlich ist.

17.2.6 Kreislaufwirtschafts- und Abfallgesetz

Das Kreislaufwirtschafts- und Abfallgesetz von 1996 regelt die Entsorgung von Abfällen. Vom Gesetz betroffen sind sowohl Holzabfälle aus der Be- und Verarbeitung von Holz und Holzwerkstoffen als auch Alt- oder Gebrauchthölzer. Es fordert zunächst eine Vermeidung von Abfall, bei unvermeidlichen Abfällen sollte vorzugsweise verwertet, statt beseitigt werden. Dabei sind stoffliche und energetische Verwertung gleichrangig eingestuft. Für nicht verwertbare organische Abfälle ist eine thermische Behandlung gefordert. Im wesentlichen dürfen dann nur die mineralisierten Abfälle auf Deponien abgelagert werden.

Das Kreislaufwirtschafts- und Abfallgesetz nennt Abfälle zur Verwertung und Abfälle zur Beseitigung. Die Verwertung umfaßt die stoffliche und energetische Nutzung, unter Beseitigung wird die Ablagerung in Deponien oder die thermische Behandlung in Abfallverbrennungsanlagen verstanden. Nach § 5 (5) des KrW/AbfG entfällt der Vorrang der Verwertung, wenn die Beseitigung die umweltverträglichere Lösung darstellt. Dabei sind insbesondere zu berücksichtigen
- die zu erwartenden Emissionen
- das Ziel der Schonung der natürlichen Ressourcen
- die einzusetzende oder zu gewinnende Energie und
- die Anreicherung von Schadstoffen in Erzeugnissen, Abfällen zur Verwertung oder daraus gewonnenen Erzeugnissen.

Die Einstufung in Abfälle zur Verwertung bzw. in solche zur Beseitigung ist nicht unwichtig, denn damit sind unterschiedliche rechtliche Zuordnungen und Kostenfolgen verbunden.

17.3 Emissionsrechtliche Situation in Österreich

Im Gegensatz zu den Regelungen in Deutschland ist in Österreich grundsätzlich jede Feuerungsanlage genehmigungspflichtig. Die in den verschiedenen Rechtsvorschriften (in Frage kommenden baurechtlichen, gewerberechtlichen, abfallrechtlichen Bestimmungen sowie die Bestimmungen der Luftreinhaltegesetze – bzw. -verordnungen der Länder) dazu bestehenden Regelungen sind aber unterschiedlich detailliert.

Wenn die den Verfahren zugrundeliegenden Rechtsvorschriften (Bundes- und/oder Landesgesetze und zugehörige Verordnungen) keine expliziten Grenzwertregelungen vorsehen, dient der Stand der Technik als Beurteilungsgrundlage für die von der zu-

ständigen Behörde herangezogenen Sachverständigen. In der Gewerbeordnung wird der Stand der Technik folgendermaßen definiert:
„Der Stand der Technik im Sinne dieses Bundesgesetzes ist der auf den einschlägigen wissenschaftlichen Erkenntnissen beruhende Entwicklungsstand fortschrittlicher technologischer Verfahren, Einrichtungen und Betriebsweisen, deren Funktionstüchtigkeit erprobt und erwiesen ist. Bei der Bestimmung des Standes der Technik sind insbesondere vergleichbare Verfahren, Einrichtungen oder Betriebsweisen heranzuziehen."
Über das Inverkehrbringen von Kleinfeuerungen (das sind Feuerungen einer Brennstoffwärmeleistung von 4 bis 400 kW) für Heizzwecke hatten die Bundesländer eine Vereinbarung (innerstaatlicher Staatsvertrag) getroffen, die Grenzwerte vorgibt, die für alle Kleinfeuerungsanlagen anläßlich einer Typenprüfung (Prüfstandsmessung) erfüllt werden müssen. Diese Werte sind in Tabelle 17-7 zusammengefaßt.

Tabelle 17-7: Emissionsgrenzwerte für Kleinfeuerungsanlagen, betrieben mit biogenen Brennstoffen bei der in Österreich geforderten Typprüfung

Schadstoff	Emissionsgrenzwert	
	Händisch Beschickt	Automatisch
Staub	60	60 mg/MJ
Kohlenmonoxid	1100	500* mg/MJ
Organisch Gesamt-C	80	40 mg/MJ
Stickoxide als NO_2	150	150 mg/MJ

*) bei Teillastbetrieb mit 30 % der Nennleistung kann der Grenzwert um 50 % überschritten werden.

Die Emissionsgrenzwerte beziehen sich dabei nicht auf die Konzentration im Abgas bei einem Sauerstoffbezugswert, sondern auf den Heizwert des Brennstoffs. Die Werte sind deutlich niedriger als für Kleinfeuerungsanlagen der in Deutschland geltenden 1. BImSchV. Sie umfassen zudem gegenüber der deutschen Regelung zusätzlich die Begrenzung der Kohlenwasserstoff- und Stickstoffoxidemissionen.
Das Verbrennen von anderen Brennstoffen als naturbelassenes Holz u. ä. für Heizzwecke wird in der Regel durch rechtliche Vorschriften der Bundesländer untersagt.
Am 18. November 1997 trat eine Feuerungsanlagen-Verordnung (FAV) in Kraft, welche den Betrieb von Holzfeuerungen in umfassender Weise regelt. Feuerungsanlagen im Sinne der Verordnung sind alle technischen Einrichtungen, in denen zum Zweck der Gewinnung von Nutzwärme (Raumbeheizung, Warmwasserbereitung, Prozeßwärmeerzeugung) Brennstoffe verbrannt und deren Verbrennungsgase über eine Abgasführung abgeleitet werden, einschließlich der allenfalls angeschlossenen oder nachgeschalteten Abgasreinigungsanlagen. Als feste Brennstoffe zugelassen sind – außer den Kohlebrennstoffen – naturbelassenes Holz (zum Beispiel in Form von Stücken, Scheiten, Hackgut, Preßlingen und Sägespänen), naturbelassene Rinde, Reisig, Zapfen sowie Reste von Holzwerkstoffen oder Holzbauteilen, deren Bindemittel, Härter, Beschichtungen und Holzschutzmittel schwermetall- und halogenfrei sind. Stroh wird als Brennstoff nicht genannt und ist daher kein Regelbrennstoff. Die Genehmigung einer mit Stroh betriebenen Feuerungsanlage bedarf daher in Österreich einer Einzelfallbeurteilung. In Abhängigkeit von der Brennstoffwärmeleistung werden für Staub, Kohlenmonoxid (CO), Stickoxide (NO_x) und unverbrannte gasförmige, organische Verbindungen (Kohlenwasserstoffe – HC) Emissionswerte festgelegt (Tabelle 17-8).
Für gewerbliche holzbefeuerte Betriebsanlagen sind folgende Abweichungen zulässig:
- Staub: 100 mg/m³ für Brennstoffwärmeleistung > 2 MW bis 5 MW
- NO_x: 500 mg/m³ für Brennstoffwärmeleistung > 5 MW bis 10 MW.

Die österreichische Verordnung sieht einen generellen Bezugssauerstoffgehalt von

Tabelle 17-8: Emissionsgrenzwerte für Holzfeuerungsanlagen nach der österreichischen Feuerungsanlagen-Verordnung

Schadstoff		Brennstoffwärmeleistung in MW					
		≤	> 0,1 – 0,35	> 0,35 – 2	> 2 – 5	> 5 – 10	> 10
Staub	mg/m³	150	150	150	*)	50	50
CO	mg/m³	800 **)	800	250	250	100	100
NO$_x$	mg/m³						
Buche, Eiche, naturbelassene Rinde, Reisig, Zapfen		300	300	300	300	300	200
sonstiges naturbelassenes Holz		250	250	250	250	250	200
Reste von Holzwerkstoffen oder Holzbauteilen, deren Bindemittel, Härter, Beschichtungen und Holzschutzmittel schwermetall- und halogenverbindungsfrei sind		500	500	500	500	350	350
HC	mg/m³	50	50	20	20	20	20

*) bis zum Ablauf des 31. Dezember 2001: 10; ab dem 1. Januar 2002: 50 mg/m³
**) bei Teillastbetrieb mit 30 % der Nennwärmeleistung darf der Grenzwert um bis zu 50 % überschritten werden.

13 % vor. Automatisch beschickte Feuerungsanlagen für feste Brennstoffe, die nur der Raumbeheizung oder der Bereitung von Warmwasser dienen, dürfen entsprechend der Brennstoffart bei Nennlast Abgasverluste von 19 % nicht überschreiten. Die Durchführung der Emissionsmessungen und die Bestimmung des Abgasverlustes sind in Anlage 1 der FAV beschrieben. Bezüglich der Messungen wird auf verschiedene Önormen verwiesen. Der Abgasverlust qA ist nach folgender Formel in Prozent zu ermitteln:

$$q_A = (t_A - t_L) \times [A2/(21 - O_2) + B]$$

Darin sind:

t_A : Abgastemperatur in °C
t_L : Verbrennungs-Lufttemperatur in °C
O_2 : trockener Restsauerstoffgehalt im Abgas in Vol.-%

A2 und B sind Faktoren, die für Biomassen in Abhängigkeit vom Wassergehalt – wie in Tabelle 17-9 aufgeführt – festgelegt sind. Die Feuerungsanlagen sind anläßlich ihrer Inbetriebnahme einer erstmaligen Prüfung zu unterziehen. Bei Anlagen mit einer Brennstoffwärmeleistung bis 350 kW darf der Nachweis durch Vorlage eines Meßberichts einer baugleichen Anlage (zum Beispiel Meßbericht einer Typprüfung) erbracht werden. Hierzu reicht auch eine entsprechende Bestätigung des Gewerbetreibenden aus, der die Anlage entsprechend den Regeln der Technik aufgestellt hat. Danach sind jährlich wiederkehrende Prüfungen durchzuführen.

Für Dampfkesselanlagen finden sich Emissionsgrenzwerte für Holzbrennstoffe in der Luftreinhalteverordnung für Kesselanlagen. Die im Jahr 1989 erstellte Verordnung wurde zuletzt am 30. September 1994 ge-

Tabelle 17-9: Werte für die Faktoren A2 und B für die Berechnung des Abgasverlustes bei der Verbrennung von Biomassen nach der Feuerungsanlagen-Verordnung

Wassergehalt	A2	B
0 %	0,6572	0,0093
10 %	0,6682	0,0107
20 %	0,6824	0,0125
30 %	0,7017	0,0149
40 %	0,7290	0,0183
50 %	0,7709	0,0235

ändert. Als Holzbrennstoffe gelten naturbelassenes Holz in Form von Stücken und Scheiten, bindemittelfreie Holzbriketts, Hackschnitzeln, Spänen, Sägemehl oder Schleifstaub, sowie Rinde, Reisig, Zapfen. Ebenso innerbetrieblich anfallendes Restholz aus der gewerblichen oder industriellen Holzbe- und -verarbeitung und von Baustellen, soweit das Holz nicht druckimprägniert ist und keine Halogenverbindungen enthält. Für Staub und Kohlenmonoxid gelten die in Tabelle 17-10 genannten Emissionswerte, wobei als Bezugssauerstoffwert 13 Vol.-% gilt.

Die Emissionsgrenzwerte für Stickstoffoxide (NO_x) sind differenzierter geregelt und in Tabelle 17-10 zusammengefaßt.

Bei Brennstoffen, die schwermetallhaltig sein können und/oder druckimprägniert sind und/oder Halogenverbindungen enthalten, sind die Bestimmungen für Müllverbrennungsanlagen heranzuziehen (Tabelle 17-12). Grundlage hierfür ist die Önorm S 2000, die sich auf hausmüllähnliche Abfälle und aufbereiteten Müll (BRAM: Brennstoff aus Müll) bezieht. Für Müllverbrennungsanlagen gilt: Kleine Anlagen haben definitionsgemäß einen Brennstoffmassestrom bis 750 kg/h, mittlere Anlagen einen Brennstoffmassestrom zwischen 750 kg/h und 15.000 kg/h, Großanlagen einen solchen von mehr als 15.000 kg/h.

Neben diesen Grenzwertregelungen existieren in verschiedenen Landesgesetzen Regelungen über zulässige Abgasverluste, Kohlenmonoxidgrenzwerte u. a. m. Zur Beurteilung des Standes der Technik bei Holzfeuerungsanlagen werden darüber hinaus technische Regelwerte und Normen herangezogen.

Tabelle 17-10: Emissionsbegrenzungen für mit Holzbrennstoffen betriebene Dampfkessel gemäß Luftreinhalteverordnung für Kesselanlagen in Österreich

Schadstoff	Emissionsgrenzwert*) mg/m³	Brennstoffwärmeleistung MW
Staub	150	≤ 2
	50	< 2 > bis ≤ 5
	50	> 5
Stickoxide als NO_2 (naturbelassenes Holz)	250 **) 200	> 0,1 bis ≤ 10 > 10
Stickoxide als NO_2 (verleimtes, beschichtetes oder lackiertes Restholz)	500 350 350 200	> 0,1 bis ≤ 10 > 2 bis ≤ 10 > 10 bis ≤ 50 > 50
Kohlenmonoxid	250 100	> 0,1 bis ≤ 5 > 5
Unverbrannte organische gasförmige Stoffe als Gesamtkohlenstoff	50	> 0,1

*) Bezugssauerstoffwert 13 Vol.-%
**) bei Buchen- und Eichenholz sowie für Rinde und Zapfen 300 mg/m³

Tabelle 17-11: Emissionsgrenzwerte für Stickstoffoxide (NO_x) für Dampfkesselanlagen nach der Luftreinhalteverordnung

Brennstoffwärmeleistung	> 0,1 bis 10 MW	> 10 bis 50 MW	> 50 MW
	Emissionsgrenzwerte *)		
Restholz von verleimten, beschichteten oder lackierten Holzwerkstoffen oder Holzbauteilen	500 mg/m³ *)	350 mg/m³	200 mg/m³
Naturbelassenes Buchen- und Eichenholz, Rinde, Reisig und Zapfen	300 mg/m³	200 mg/m³	200 mg/m³
Sonstig naturbelassenes Holz	250 mg/m³	200 mg/m³	200 mg/m³

*) Bezugssauerstoffgehalt 13 Vol.-%
**) bei > 2 MW gilt 350 mg/m³

17.4 Emissionsrechtliche Situation in der Schweiz

Die Luftreinhalte-Verordnung LRV 92 vom 16. Dezember 1985 definiert die für die Verbrennung in Holzfeuerungen vorgesehenen Holzbrennstoffe. Dieser Text berücksichtigt die Novellierung vom 15. Dezember 1997. In Abschnitt 52 der LRV sind die

Tabelle 17-12: Emissionsgrenzwerte für Dampfkesselanlagen der Müllverbrennung in Österreich

Schadstoff	Emissionsgrenzwert*) in mg/m³		
	Kleine Anlagen	mittlere Anlagen	Großanlagen
Staub	50	20	15
Stickoxide als NO_2 (naturbelassenes Holz)		300	100
Pb, Zn, Cr inklusive ihrer Verbindungen in Dampf- und/oder Partikelform	5	3	2
As, Co, Ni inklusive ihrer Verbindungen in Dampf- und/oder Partikelform	1	0,7	0,5
Cd und seine Verbindungen in Dampf- und/oder Partikelform	0,1	0,05	0,05
Hg und seine Verbindungen in Dampf- und/oder Partikelform	0,1	0,1	0,05
Kohlenmonoxid	100	50	50
HCl als Cl	30	15	10
HF als F	0,7		
PCDD/F	0,1 ng TE/m³**)		
unverbrannte organische gasförmige Stoffe als Gesamtkohlenstoff	20		

*) Bezugssauerstoffwert von 11 Vol.-%
**) wenn Entstehung zu erwarten ist

Anforderungen an Holzfeuerungen dargestellt, im Anhang 3 die zulässigen und nicht zulässigen Holzbrennstoffe definiert. Als Holzbrennstoffe gelten:
a) Naturbelassenes stückiges Holz einschließlich anhaftender Rinde, zum Beispiel in Form von Scheitholz oder bindemittelfreien Holzbriketts sowie Reisig und Zapfen.
b) Naturbelassenes nicht stückiges Holz in Form von Hackschnitzeln, Spänen, Sägemehl, Schleifstaub oder Rinde.
c) Restholz aus der holzverarbeitenden Industrie und dem holzverarbeitenden Gewerbe sowie von Baustellen, soweit das Holz nicht druckimprägniert ist und keine Beschichtungen aus halogenorganischen Verbindungen enthält.

Nicht als Brennstoffe gelten:
a) Altholz aus Gebäudeabbrüchen, Umbauten, Renovationen und Altholz aus Verpackungen oder alte Holzmöbel sowie Gemische von Altholz mit den im vorherigen Abschnitt genannten Holzbrennstoffen.
b) Alle übrigen Stoffe aus Holz wie:
   1. Altholz oder Holzpfähle, die mit Holzschutzmitteln nach einem Druckverfahren imprägniert wurden oder Beschichtungen aus halogenorganischen Verbindungen aufweisen;
   2. mit Holzschutzmitteln wie Pentachlorphenol intensiv behandelte Holzabfälle oder Altholz.
   3. Gemische von solchen Abfällen mit Holzbrennstoffen nach dem Absatz 1 oder Altholz nach Buchstabe a.

Die genannten Holzbrennstoffe dürfen nur in einer für die betreffende Holzbrennstoffart geeigneten Anlage verbrannt werden. In handbeschickten Feuerungen mit einer Feuerungswärmeleistung bis 40 kW sowie in Cheminées (Kaminöfen) dürfen zudem nur naturbelassenes, stückiges Holz sowie Reisig und Zapfen verbrannt werden. Stroh wird in der Verordnung nicht genannt und ist daher kein zugelassener Brennstoff. Auch wenn es bisher keinen Bedarf für eine Strohfeuerungsanlage in der Schweiz gegeben hat, besteht eine Gesetzeslücke. Im Zweifelsfall liegt die Entscheidung derzeit bei den Kantonen.
Die Emissionsgrenzwerte für Holzfeuerungsanlagen sind in Tabelle 17-13 zusammengefaßt. Neue handbeschickte Heizkes-

Tabelle 17-13: Emissionsgrenzwerte für Holzfeuerungen nach der schweizerischen Luftreinhalte-Verordnung LRV 92 (Anhang 3 Ziffer 552)

	\>20 bis 70 kW	\>70 bis 200 kW	Feuerungswärmeleistung \>200 bis 500 KW	\>500 bis 1 MW	\>1 bis 5 MW	\>5 MW
Bezugsauerstoffgehalt	13 Vol.-% mg/m^3	13 Vol.-% mg/m^3	13 Vol.-% mg/m^3	13 Vol.-% mg/m^3	11 Vol.-% mg/m^3	11 Vol.-% mg/m^3
Feststoffe insgesamt	–	150	150	150	150	50
Kohlenmonoxid [*]	4000[**]	3000	1000	500	250	250
Kohlenmonoxid [***]	1000	1000	800	500	250	250
Stickoxide als NO_2 [****]	250[3]	250	250	250	250	250
gasförmige organische Stoffe als Gesamtkohlenstoff	–	–	–	–	50	50
Ammoniak und Ammoniumverbindungen [*****]	–	–	–	–	30	30

[*] anerkannte Holzbrennstoffe nach Anhang 5, 3a und 3b
[**] gilt nicht für Zentralheizungsherde
[***] anerkannte Holzbrennstoffe nach Anhang 5, 3c
[****] ab einem Massenstrom von 2500 g/h oder mehr
[*****] als Ammoniak nur bei Feuerungsanlagen mit Entstickungseinrichtung

sel müssen zudem mit einem Wärmespeicher ausgerüstet sein, welcher mindestens die Hälfte der bei Nennwärmlast pro Charge abgegebenen Wärmeenergie aufnehmen kann. Ansonsten muß der handbeschickte Heizkessel so betrieben werden können, daß auch im Teillastbetrieb von 30 % die Emissionsgrenzwerte der Tabelle 17-13 eingehalten werden.

Die LRV legt für die Holzfeuerungen leistungsabhängig Emissionsgrenzwerte fest. Bezugssauerstoffwert ist bei Anlagen bis 10 MW Feuerungswärmeleistung 13 Vol.-%, darüber gilt der Wert von 11 Vol.-%. Grundlegende Begrenzungen betreffen den Staubgehalt (Feststoffgehalt) und den Kohlenmonoxidgehalt (CO) der Abgase. Der maximale Staubgehalt beträgt 150 mg/m^3 bei Anlagen von 70 kW bis 5 MW. Es existieren keine Vorschriften bei Anlagen unter 70 kW. Bei Anlagen über 5 MW beträgt der Grenzwert 50 mg/m^3. Der Grenzwert für Kohlenmonoxid (Indikator für die Verbrennungsqualität) ist ebenfalls von der Anlagengröße abhängig. Bei der Verbrennung von Restholz sind die Vorschriften strenger als für naturbelassenes Holz. Dieser Unterschied macht sich vor allem bei Anlagen unter 200 kW bemerkbar. Die Emissionsbegrenzung für Stickoxide tritt erst bei Überschreitung eines Stickoxid-Massenstroms von 2.500 g/h in Kraft (Anhang 1 Ziffer 6). Damit kommt sie in der Regel erst ab einer Anlageleistung von ca. 1,5 MW zum Tragen; bei naturbelassenem Holz erst ab etwa 4 MW. Ab einer Anlageleistung von 1 MW gelten auch Grenzwerte für gasförmige, organische Stoffe. Die Grenzwerte für Ammoniak und Ammoniumverbindungen sind nur bei Anlagen mit Entstickungseinrichtungen von Bedeutung und werden bei Anlagen ab etwa 1 MW wirksam. Darüber hinaus gibt die LRV einige Hinweise zur Messung und Kontrolle.

Die Kantone sind verantwortlich für den Vollzug der Luftreinhalte-Verordnung. Sie bestimmen die für die Messungen ermächtigten Personen. In Spezialfällen kann die Behörde eine kontinuierliche Messung und Registrierung einzelner Schadstoffe sowie

Betriebsparameter verlangen, sofern die Emissionen der Anlage für die Umgebung von besonderer Bedeutung sind. Dies ist vor allem bei Großanlagen oder speziellen Brennstoffen der Fall.

Für nicht zulässige Holzbrennstoffe nach der LRV gelten die Anforderungen nach Abschnitt 72. Diese regeln Anlagen zum Verbrennen von Altholz, Papier und ähnlichen Abfällen. Letztgenannte Abfälle dürfen nur in Anlagen mit einer Feuerungswärmeleistung von mindestens 350 kW verbrannt werden. Bezogen auf einen Sauerstoffgehalt von 11 % müssen die Feuerungen die in Tabelle 17-14 genannten Emissionsgrenzwerte einhalten.

Tabelle 17-14: Emissionsgrenzwerte für Anlagen zum Verbrennen von Altholz, Papier und ähnlichen Abfällen nach der schweizerischen Luftreinhalteverordnung

Schadstoffe	Emissionsgrenzwert[*)]
Staub	50 mg/m^3
Blei und Zink[**)]	5 mg/m^3
Organische Stoffe	50 mg/m^3
Kohlenmonoxid	250 mg/m^3

[*)] Bezugssauerstoffgehalt 11 Vol.-%
[**)] Summenwert

Neben der LRV können für den Betreiber einer Holzfeuerung weitere Verordnungen von Bedeutung sein. Die Technische Verordnung über Abfälle (TVA) regelt die Behandlung und Verminderung von Abfällen, sei es durch Verwertung oder Vernichtung.

Prinzipien der TVA sind:
- Verwertungspflicht: Abfälle sollen verwertet werden, wenn dies technisch möglich und wirtschaftlich tragbar ist.
- Vermischungsverbot: Die Vermischung von verschiedenen Abfällen oder von Abfällen mit Zuschlagstoffen ist verboten, wenn dies in erster Linie dazu dient, den Schadstoffgehalt der Abfälle durch Verdünnen herabzusetzen.
- Verbrennungspflicht: Brennbare Abfälle müssen, soweit sie nicht verwertet werden können, in geeigneten Anlagen verbrannt werden. Holz und Holzreste dürfen nicht auf Deponien geführt werden. In Ausnahmefällen, wenn weder eine KVA noch eine Verwertungsanlage zur Verfügung steht, können sie in Reaktordeponien (Hausmülldeponien) endgelagert werden, sofern sie die entsprechenden Anforderungen erfüllen (TVA, Anhang 1, Ziffer 3).

Eines der Grundprinzipien ist somit die Verwertungspflicht für Abfälle. Dieses Prinzip kommt überall dort zum Tragen, wo dies technisch und finanziell möglich ist. Restholz aus holzverarbeitenden Betrieben muß also in erster Linie genutzt (zum Beispiel als Rohstoff für Spanplatten) oder energetisch verwertet werden. Die Vernichtung in Form einer Verbrennung ohne Energiegewinnung oder durch Deponierung kommt nur dann in Frage, wenn keine Nutzung möglich ist.

17.5 Weitere Gesetze, Regelungen und Verordnungen für Feuerungsanlagen

17.5.1 *Stromeinspeisungsgesetz*

Das Gesetz über die Einspeisung von Strom aus erneuerbaren Energien in das öffentliche Netz (Stromeinspeisungsgesetz) regelt die Abnahmepflicht von Strom aus erneuerbaren Energien und dessen Vergütung. Der Gesetzestext in seiner jeweils aktuellen Form ist dem Bundesgesetzblatt zu entnehmen.

Entscheidend für die Anwendung auf Holz- und Biomassen ist § 1. Danach sind begünstigt:
- Wasserkraft, Windkraft, Sonnenenergie, Deponiegas, Klärgas, Produkte oder biologische Reste aus der Land- und Forstwirtschaft oder der gewerblichen Be- und Verarbeitung von Holz.

Praktische Erläuterungen zur Anwendung des Gesetzes im Bereich von Holz und Holzabfällen gibt eine, vom Hauptverband der Deutschen Holz und Kunststoffe verarbeitenden Industrie und verwandter Industriezweige e.V. (Tel. 02224/9377-0) und der Vereinigung Deutscher Sägewerksverbände e.V., 65205 Wiesbaden-Erbenheim (Tel. 0611/97706-0), herausgebrachte und dort zu beziehende Broschüre **„Stromeinspeisung"**.

Neben Kommentaren zum Gesetzestext sind dort auch technische Fragen behandelt, die im Zusammenhang mit dem Anschluß von Eigenstromerzeugungsanlagen an das öffentliche Netz stehen.

17.5.2 Gesetzliche Grundlagen für Bau und Betrieb von Hochdruck-Kesselanlagen

Neben dem immissionsschutzrechtlichen Teil genehmigungspflichtiger Holzfeuerungsanlagen ist, wenn Hochdruckdampf- oder Heißwasserkessel nachgeschaltet sind, der sogenannte dampfkesselrechtliche Teil zu beachten. Das nachfolgende Bild verdeutlicht die Hierachie der zu beachtenden Gesetze, Verordnungen, Technischen Regeln und Normen.

Wichtig für die Praxis des Anlagenbetriebs sind insbesondere die Technischen Regeln für Dampfkessel, die als Einzelausgabe beim Carl Heymanns-Verlag KG, Köln, und beim Beuth-Verlag GmbH, Berlin, erhältlich sind.

17.5.3 Vertragsrecht

Bei Verträgen zwischen sogenannten ordentlichen Kaufleuten gelten in erster Linie die vertraglich getroffenen Vereinbarungen. Um alle Details im Rahmen eines Liefergeschäfts für komplexe Anlagen zur energetischen Verwertung von Holz umfassend zu regeln, wäre es notwendig, aufwendige Verträge unter Heranziehung von Juristen zwischen den Partner auszuhandeln.

Der Verband der Technischen Vereinigung der Großkraftwerksbetreiber hat Richtlinien für die Bestellung von

- Feuerungsanlagen
- Hochleistungsdampfkesseln
- Anlagen zur Minderung von Staubemissionen (Rauchgasreinigung)
- Dampfturbinenanlagen

und sonstigen Komponenten erarbeitet und über den **Verlag technisch wissenschaftlicher Schriften,** Klinkestraße 27 – 31, Essen, veröffentlicht, die als juristische Grundlage bei Verträgen über Lieferung, Bau und Inbetriebnahme von Anlagen zur energetischen Verwertung von Holz und anderen Biomassen dienen können. Dort sind u. a. im einzelnen angesprochen: Bestellgrundlagen, Lieferumfang, Lieferbedingungen, Bau- und Montageüberwachung, Montage und Inbetriebnahme, Gewährleistung, Feuerungsanlagen, Rechte des Bestellers bei Mängeln. Für Punkte, die im Vertrag und seinen Nebenbestimmungen nicht geregelt sind, gelten die sonstigen allgemeinen Gesetzeswerke, wie BGB oder Handelsrecht. Bei komplexen Anlagen und hohen Investitionssummen sollte der Besteller stets einen geeigneten Anwalt zur Vertragsgestaltung hinzuziehen.

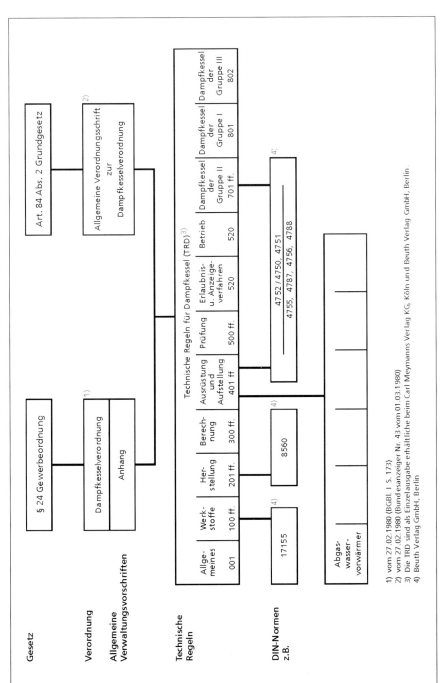

Abb. 17-1: Dampfkessel-Bestimmungen

Weiterführende Literatur (Auswahl)

Baumbach, G., Zuberbühler, U., Siegle, V., Hein, K.R.G.: Luftverunreinigungen aus gewerblichen und industriellen Biomasse- und Holzfeuerungen. ecomed verlagsgesellschaft, Landsberg 1997

Bayerisches Landesamt für Umweltschutz: Feuerungsanlagen für Biomasse. Eigenverlag München 1997

Bierter, W. 1982: Holzvergasung. Müller-Verlag, Karlsruhe

Bludau, D., Turowski, P.: Verfahrensrelevante Untersuchungen zu Bereitstellung und Nutzung jährlich erntebarer Biomasse als Festbrennstoff unter besonderer Berücksichtigung technischer, wirtschaftlicher und umweltbezogener Aspekte. TU München, Bayerische Landesanstalt für Landtechnik, Eigenverlag Freising 1992

CMA Centrale Marketing-Gesellschaft der deutschen Agrarwirtschaft und FAF Forstabsatzfonds (Hrsg.): Moderne Holzfeuerungsanlagen. Eigenverlag Bonn 1997

FAF Forstabsatzfonds: Holzenergie für Kommunen – Ein Leitfaden für Initiatoren. Eigenverlag Bonn, 1998

FNR Fachagentur Nachwachsende Rohstoffe (Hrsg.): Thermische Nutzung von Biomasse – Technik, Probleme und Lösungsansätze. Schriftenreihe „Nachwachsende Rohstoffe", Bd. 2, Eigenverlag Gülzow 1994

Frühwald, A., Wegener, G., Krüger, S., Beudert, M.: Holz – ein Rohstoff der Zukunft. Informationsdienst Holz der Deutschen Gesellschaft für Holzforschung, Eigenverlag München 1994

Good, J., Nussbaumer, Th., Böhler, R., Jenni, A.: SNCR-Verfahren zur Stickoxidminderung bei einer Holzfeuerung, Bundesamt für Energietechnik, Bern 1994

Hartmann, H., Madeker, U.: Der Handel mit biogenen Festbrennstoffen – Anbieter, Absatzmengen, Qualitäten, Service, Preise. TU München, Bayerische Landesanstalt für Landtechnik Heft 28, Eigenverlag Freising 1997

Hasler, P., Nussbaumer, Th.: Stofffluss bei der Verbrennung und Vergasung von Altholz. Bundesamt für Energiewirtschaft, Bern 1993

Hasler, P., Nussbaumer, Th., Bühler, R.: Dioxinemissionen von Holzfeuerungen. Bundesamt für Umwelt, Wald und Landschaft, Bern 1993

Hasler, P., Nussbaumer, Th.: Dioxin- und Furanemissionen bei Altholzfeuerungen. Bundesamt für Energiewirtschaft, Bern 1994

Hasler, P.: Rückstände aus der Altholzverbrennung. Diane 8, Eidgenössische Drucksachen und Materialzentrale, Bern 1994

Hasler, P., Nussbaumer, Th.: Optimierung des Abscheideverhaltens von HCl, SO_2 und PCDD/F in einem Gewebefilter nach einer Altholzfeuerung. Bundesamt für Energiewirtschaft, Bern 1995

Hasler, P., Nussbaumer, Th.: Landwirtschaftliche Verwertung von Aschen aus der Verbrennung von Gras, Chinaschilf, Hanf, Stroh und Holz. Bundesamt für Energiewirtschaft, Bern 1996

HDH Hauptverband der deutschen Holz und Kunststoffe verarbeitenden Industrie: Rauchgasentstaubungsanlagen für Holzfeuerungsanlagen. Für die Kesselanlagengrößen: 3 MW – 4,9 MW – 7 MW – 12 MW. Ein System-Vergleich. Eigenverlag Bad Honnef 1990

HDH Hauptverband der deutschen Holz und Kunststoffe verarbeitenden Industrie: Allgemeine Grundlagen und Musterbeispiele für die Erstellung von Energiekonzepten in der Holz- und Möbelindustrie. Konzept für eine zentrale KWK-Anlage mit Nah-/oder Fern-Wärmeversorgung. Aktueller Erkenntnisstand zur Mess- und Regeltechnik an Holzfeuerungsanlagen. Eigenverlag Bad Honnef 1991

Landwirtschaftskammer Hannover: Heizen mit Holz und anderen Biobrennstoffen. Hannover 1998

Landtechnik Weihenstephan: Sammelmappe Informationen zur Wärmegewinnung aus Biomasse – Schwerpunkt Holzfeuerung, TU München-Weihenstephan, Eigenverlag Freising 1990

Launhardt, T. et al.: Prüfung des Emissionsverhaltens von Feuerungsanlagen für feste Brennstoffe und Entwicklung feuerungs- und regelungstechnischer Bauteile zur Verbesserung der Feuerungsqualität. TU München-Weihenstephan, Bayerische Landesanstalt für Landtechnik, Eigenverlag Freising 1994

Marutzky, R.: Erkenntnisse zur Schadstoffbildung bei der Verbrennung von Holz und Spanplatten. WKI-Bericht Nr. 26, Wilhelm-Klauditz-Institut, Eigenverlag Braunschweig 1991

Marutzky, R., Schmidt, W. (Hrsg.): Alt- und Restholz: Energetische und stoffliche Verwertung, Beseitigung, Verfahrenstechnik, Logistik. S. 14-24. VDI-Verlag, Düsseldorf 1996

Marutzky, R. (Hrsg.): Moderne Feuerungstechnik zur energetischen Verwertung von Holz und Holzabfällen. Springer-VDI-Verlag, Düsseldorf 1997

Marutzky, R. (Hrsg.): Dioxine bei Feuerungen für Holz und andere Festbrennstoffe. WKI-Bericht Nr. 30, Braunschweig 1994

Nussbaumer, Th. (Hrsg.): Energetische Nutzung von Holz, Holzreststoffen und Altholz. Tagungsband zum 1. Holzenergie Symposium. Bundesamt für Energiewirtschaft, Bern 1990

Nussbaumer, Th. (Hrsg.): Neue Konzepte zur schadstoffarmen Holzenergienutzung. Tagungsband zum 2. Holzenergie-Symposium. Bundesamt für Energiewirtschaft, Bern 1992

Nussbaumer, Th. (Hrsg.): Neue Erkenntnisse zur thermischen Nutzung von Holz. Tagungsband zum 3. Holzenergie-Symposium. Bundesamt für Energiewirtschaft, Bern 1994

Nussbaumer, Th. (Hrsg.): Feuerungstechnik, Ascheverwertung und Wärme-Kraft-Kopplung. Tagungsband zum 4. Holzenergie-Symposium. Bundesamt für Energiewirtschaft, Bern 1996

Nussbaumer, Th. (Hrsg.): Innovationen bei Holzfeuerungen und Wärmekraftkopplung. Tagungsband zum 5. Holzenergie-Symposium. Bundesamt für Energiewirtschaft, Bern 1998

Nussbaumer, Th.: Stofffluß bei der Verbrennung und Vergasung von Altholz. Diane 8, Eidgenössische Drucksachen und Materialzentrale, Bern 1992

Nussbaumer, Th., Neuenschwander, P., Hasler, P., Jenni, A., Bühler, R.: Energie aus Holz – Vergleich der Verfahren zur Produktion von Wärme, Strom und Treibstoff aus Holz. Bundesamt für Energiewirtschaft, Bern 1997

Obernberger, I.: Nutzung fester Biomassen unter besonderer Berücksichtigung des Verhaltens aschebildender Elemente. dbv-Verlag, Graz 1997

Seeger, K.: Energietechnik in der Holzverarbeitung. DRW-Verlag, Leinfelden-Echterdingen 1989

Stockinger, H., Obernberger, I.: Systemanalyse der Nachwärmeversorgung mit Biomasse. dbr-Verlag, Graz 1998

Struschka, M., Straub, D., Angerer, M.: Schadstoffemissionen von Grundöfen. Universität Stuttgart, Institut für Verfahrenstechnik und Dampfkesselwesen (IVD), Bericht Nr. 23 – 1991, März 1991

UMSICHT (Hrsg.): Kraft-Wärme-Kopplung und Biomasse. Institut für Umwelt-, Sicherheits- und Energietechnik, Eigenverlag, Oberhausen 1996

VDI 3462, Blatt 4 (Gründruck): Emissionsminderung – Holzbearbeitung -verarbeitung. Verbrennung von Holz und Holzwerkstoffen ohne Holzschutzmittel. VDI-Verlag, Düsseldorf 1996

VDI 3462, Blatt 5 (Gründruck): Emissionsminderung – Holzbearbeitung -verarbeitung. Verbrennung von Holz und Holzwerkstoffen ohne Holzschutzmittel. VDI-Verlag, Düsseldorf 1997

Wagner, D., Nussbaumer, Th.: Messverfahren zur Erfassung des Emissionsverhaltens von Holzfeuerungen. Bundesamt für Energiewirtschaft, Bern 1994

Willeitner, H., Voß, A.: Gesamtkonzept für die Entsorgung von schutzmittelhaltigen Hölzern. Bundesforschungsanstalt für Forst- und Holzwirtschaft, Eigenverlag Hamburg 1994

Zollner, A., Remler, N., Dietrich, H.-P.: Eigenschaften von Holzaschen und Möglichkeiten der Wiederverwertung im Wald. Bayerische Landesanstalt für Wald und Forstwirtschaft, Eigenverlag Freising 1997

Anhang 1: Ausgeführte Beispiele von Feuerungsanlagen

Anlagenplanung kommt nicht ohne theoretische Grundlagen aus. Sie kann aber ebensowenig auch auf die Erfahrungen in der Praxis verzichten. In gleicher Weise werden theoretische Zusammenhänge für den Leser am praktischen Beispiel deutlicher und greifbarer. Deshalb sollen nachfolgend fünf realisierte Anlagen zur energetischen Verwertung von Holz beschrieben und die wesentlichen Daten genannt werden.

1. Wärme aus Holz für ein kommunales Heiznetz

Aufgabenstellung

Die Gemeindewerke einer Kleinstadt in Schleswig-Holstein betreiben seit 1994 ein Fernwärmenetz zur Versorgung unterschiedlichster Abnehmer vom Einfamilienhaushalt über Gewerbebetriebe bis hin zu kleineren Industrieunternehmen. Als Wärmeerzeuger waren bis Ende 1997 Blockheizkraftanlagen und ein ölbefeuerter Warmwasserkessel eingesetzt.

Im Jahre 1996 wurde die Idee aufgegriffen, für die Grundlastversorgung zusätzlich eine Holzheizanlage einzusetzen. Als mögliche Brennstoffsortimente dachte man von Beginn an Waldhackgut, Grüneinschnitte, Sägewerksreste und Hackschnitzel aus unbehandeltem Altholz.

Die Anlage sollte so konzipiert und nur dann gebaut werden, wenn unter Einbeziehung eventueller Zuschüsse ein wirtschaftlicher Einsatz sicher erschien. Das

Abb. A1-1: Blick in die Brennstofflagerung, links die Zerkleinerungsanlage

bedeutete, daß Laufzeiten (Vollbetriebsstunden) von mindestens 3.500 h/a angestrebt werden mußten.

Anlagengröße und Einbindung
Auf Basis vorhandener Anlagentechnik und der gestellten Aufgabe wurde ein Konzept entwickelt, das die Einbindung eines holzbefeuerten Warmwasserkessels (120 °C Vorlauftemperatur und 950 kW Leistung) in das vorhandene Wärmenetz gemäß Schema in Abbildung A1-2 vorsah.

Standort
Im Bereich der vorhandenen Wärmeerzeuger (BHKW, Ölkessel) war für die Aufstellung eines geeigneten Holzheizkessel mit den dafür notwendigen Komponenten (Zerkleinerung, Lager, Abgasreinigung) nicht genügend Platz vorhanden. Es bot sich bei der Suche schließlich ein geeigneter Standort in etwa 100 m Entfernung von der vorhandenen Heizzentrale mit genügend Fläche für ein Holzheizhaus mit Hackanlage und Brennstofflager.

Anlagenkonfiguration
Die Planungsvorgabe war, ein im Hinblick auf den Brennstoff flexibles, bedien- und wartungsarmes System mit hoher Verfügbarkeit (geringe Störanfälligkeit) zu entwickeln. Dazu sollte das ganze eine möglichst günstige Kosten-Nutzen-Relation aufweisen. Unter den verschiedenen zur Auswahl stehenden Feuerungssystemen wurde schließlich ein umlaufender und in der Vorschubgeschwindigkeit stufenlos verstellbarer Wanderrost gewählt.
Dieses System, das sich in der Praxis der energetischen Verwertung unterschiedlichster Art bereits bewährt hatte, bot folgende Vorzüge:
- robuste Mechanik
- kein Rostdurchfall bei feinen Sortimenten
- keine Überhitzungsgefahr der Rostelemente (geringer Verschleiß) aufgrund der Auskühlung am Leertrum

- ideale Bedingungen für die emissionsarme zweistufige Verbrennung
- optimale Regelmöglichkeiten durch berührungslose Temperaturmessung und stufenlose Vorschubgeschwindigkeitssteuerung
- geringer Montageaufwand vor Ort durch kompakte Bauweise

Um nicht ausschließlich auf in geeigneter Weise aufbereitetes Material zurückgreifen zu müssen, wurde eine eigene, langsam laufende Zerkleinerungsanlage mitkonzipiert. Für die Brennstoffbevorratung wurde ein überdachtes Brennstofflager mit Schubbodenaustragung vorgesehen. In der Gesamtbetrachtung ergab sich schließlich folgendes Bild:

Kalkulierte Investitionskosten
Im Rahmen der Planung wurden folgende voraussichtliche Kosten des Projektes ermittelt:
Anlagentechnik: 165 147 Euro
Baumaßnahmen: 92 032 Euro
Außenanlagen: 12 782 Euro

Fördermittel
Von Beginn an fanden Gespräche mit der Energieagentur Schleswig-Holstein statt, mit dem Ziel, eine angemessene Förderung des Projektes zur Absicherung eines wirtschaftlichen Anlagenbetriebes zu bekommen. Ohne Förderung hätte es keine Realisierung gegeben.
Der Antrag auf Bezuschussung wurde im November 1996 gestellt. Im April 1997 erging der Förderbescheid.

Realisierung und Inbetriebnahme
Die zeitliche Planung sah eine Inbetriebnahme im Dezember 1997 vor. Die Aufträge für die wichtigsten Komponenten wurden im Juli 1997 vergeben.
Im August 1997 wurde der erste Spatenstich getätigt. Die offizielle Inbetriebnahme fand im Januar 1998 statt. Ein Vergleich der Plan- und Ist-Zahlen zeigte, daß der wäh-

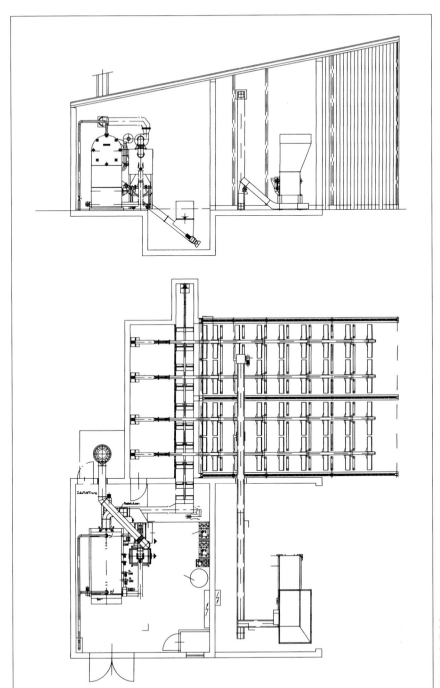

Abb. A1-2: Zeichnung

rend der Planung erarbeitete Kostenrahmen nahezu exakt eingehalten werden konnte.

Fazit

Das realisierte Konzept ist als Beitrag zum verstärkten Einsatz erneuerbarer Energieträger zu werten. Im Rückblick und nach ersten Erfahrungen kann wie folgt festgestellt werden:

- Ohne Zuschüsse sind reine Holzfeuerungsanlagen ohne nennenswerte Entsorgungserlöse erst dann wirtschaftlich, wenn der Ölpreis bei etwa 35 Cent/l liegt. Durch Anschubfinanzierungen kann die Schwelle der Wirtschaftlichkeit auf 20 bis 25 Cent/l Heizöl gesenkt werden.
- Voraussetzung für solche Anlagen ist auch ein über das Normalmaß hinaus gehendes Engagement der Verantwortlichen vor Ort.
- Sorgfältige Planung und straffe Überwachung der Abwicklung machen die notwendige Einhaltung vorgegebener Budgets möglich.
- Gelungene Beispiele wirken auf andere ähnliche Projekte beschleunigend.

Datenzusammenfassung

Leistungsdaten:	Feuerungswärmeleistung: 1000 kW	
	Heizleistung: 860 kW	
	Wärmeträger: Warmwasser 120 °C	
Art der Feuerung:	Plattenwanderrost mit langem Ausbrandweg (ca. 1,5 s Verweilzeit der Rauchgase)	
Kesselbauart:	Dreizug-Flamm-Rauchrohrkessel mit vorderer und hinterer Wendekammer	
Rauchgasentstaubung:	Multizyklon	
Ascheanfall:	ca. 2,5 kg/h	
Brennstoffaufbereitung:	Langsam laufende (120 U/min) Zerkleinerungsanlage mit zwangsweiser Mahlgutzufuhr	
Install. elektr. Leistung:	Zerkleinerung	– 25 kW
	Förderanlagen	– 3 kW
	Schubböden	– 8 kW je Silo
	Verbrennungsluftgebläse	– 4 kW
	Saugzugventilator	– 5 kW

Investitionskosten:	528 000 Euro
Zuschüsse:	158 000 Euro
Laufende Kosten:	
Verbrauchsgebundene Kosten (Brennstoff, Betriebsstoff, Asche):	29 500 Euro/a
Betriebsgebundene Kosten (Personal, Wartung, Versicherung):	33 560 Euro/a
Kapitalgebundene Kosten:	43 950 Euro/a
Gesamt:	106 010 Euro/a
Erlöse aus der Wärmeproduktion (ca. 3.500 MWh * 35 EUR /MWh):	126 000 Euro/a
Rechnerischer Betriebsüberschuß:	20 000 Euro/a

2. Kraft-Wärme-Kopplung auf Holzrestebasis in einem Holzindustriebetrieb

In einer norddeutschen Parkettfabrik ist die energietechnische Nutzung der eigenen Produktionsreste seit dem Bestehen des Unternehmens wirtschaftliche Notwendigkeit. Im Zuge der Anpassung an die aktuelle Immissionsschutzgesetzgebung wurde eine neue Kesselanlage in Betrieb genommen. Das verwirklichte Konzept mit erweiterter Eigenstromerzeugungskapazität bildet die Basis für eine dauerhaft wirtschaftliche Energieversorgung und Verwertung.

Ausgangssituation

Beim Betreiber werden Nadelhölzer, primär Fichte, und inländische Laubhölzer verarbeitet. In der Produktion fallen Holzreste unterschiedlicher Art an. Im wesentlichen sind dies Säumlinge, Abschnitte, verleimte Parkettreste, Späne, Sägemehl und Schleifstaub. Vor Umbau und Erweiterung der Energiezentrale wurden sämtliche für eine energietechnische Nutzung vorgesehenen Reste – außer dem Stückholz – nach zufälligem Anfall und damit undefiniert in zwei Siloanlagen gebunkert. Von dort wurden die Späne, Stäube und Hackschnitzel nach Bedarf abgezogen und in eine Hochdruckkesselanlage eingeblasen.

Dampfleistung: max. 6,4 t/h
Betriebsdruck: ca. 23 bar
Dampftemperatur: ca. 360 °C

Die stückigen Reste wurden per Hand auf eine unterhalb des Kessels angeordnete, starre Schrägrost-Unterflurfeuerung aufgegeben.

Lösungskonzept

Auf Basis der Grundlagenermittlung und unter Einbeziehung der zu erwartenden Invest- und Betriebskosten in die Gesamtbetrachtung wurde nach sorgfältigen Überlegungen im Einvernehmen zwischen dem Betreiber und Planer das nachfolgend beschriebene Konzept fixiert.

Aufbereitung und Lagerung des Brennstoffes

- neue Zerkleinerungsanlage (Langsamläufer) zur Brennstoffaufbereitung
- neue Siloanlagen für die getrennte Lagerung von Feingut und Grobgut

Feuerung

Errichtung einer komplett neuen kombinierten Rost- und Muffelfeuerung mit folgender Leistungsaufteilung
- Rostfeuerung   4,75 MW
- Muffel-Einblasfeuerung   6,65 MW

Kessel

Nicht zuletzt aus Kostengründen, aber auch wegen der kürzeren Montagezeit fiel die Entscheidung zugunsten des Rauchrohrkessels. Für die vorgeschaltete Brennkammer wurde eine dichtgeschweißte Rohr-Steg-Rohr-Konstruktion bis herunter zum Rost gewählt. Vor dem zweiten Zug wurde der Einbau des Überhitzers vorgesehen, wobei Flugasche automatisch abgezogen und der Feuchtentaschung des Rostes zugeführt wird.

Daten des Kesselteils:
- Dampfleistung   10 t/h
- Dampfdruck   30 bar
- Heißdampftemperatur   400 °C

Abgasreinigung

Insbesondere aufgrund der einfachen Betriebsweise, des geringen Durchströmwiderstandes und des vergleichsweise niedrigen Wartungsbedarfes fiel die Entscheidung zugunsten eines Modul-Elektrofilters.

Erweiterung der Eigenstromerzeugung

Aufgrund des sehr hohen Anfalls an energetisch verwertbaren Produktionsabfällen ergab sich eine gute Wirtschaftlichkeit für eine Ausweitung der Eigenstromerzeugung um einen 6-Zylinder-Dampfmotor mit einer Nennleistung von 1.200 kVA. Die Entscheidung zugunsten des Dampfmotors fiel wegen der beim Betreiber bereits vorhandenen langjährigen Erfahrung und wegen des vergleichsweise günstigen Preis-Leistungs-Verhältnisses bei geforderter hoher Stromausbeute. Zur Reduktion des im Abdampf enthaltenen Öls unter 1 mg/l wurde ein spezieller Abscheider (Aktivkohlefilter) eingeplant. Die Anlage arbeitet im Parallelbetrieb mit dem öffentlichen Netz; die alte 600 kW-Dampfmotoranlage dient als Reserve.

Meß- und Regeleinrichtungen

Zur sicheren und überwachungsminimierten Fahrweise wurden zeitgemäße Meß- und Regelanlagen im Sinne der TRD 604 (24-Stunden-Betrieb ohne Beaufsichtigung) eingeplant. Während der sicherheitsrelevante Teil in konventioneller Relaistechnik ausgeführt werden mußte, wurden ansonsten frei programmierbare Elemente vorgesehen.

Erfahrungen mit der beschriebenen Anlage

Die Erfahrungen mit dem beschriebenen Konzept sind nach vier Jahren Laufzeit als positiv zu bezeichnen. Die Einblasmuffelfeuerung erweist sich besonders emissionsarm und fungiert für die darunter angeordnete Rostfeuerung wie eine thermische Nachverbrennung. Die Dampfmotoren arbeiten zuverlässig und überraschend verschleißarm. Probleme gibt es mit Ölresten im Kondensat trotz umfangreicher Filtereinrichtungen. Zu Schwierigkeiten führt noch immer die Temperaturmessung im Bereich beider Feuerungen.

3. Rinde als Energieträger für die Eigenstromerzeugung und Schnittholztrocknung

Aufgabenstellung

Die Konzeptidee baut auf der Notwendigkeit auf, die in einem Großsägewerk anfallende Rinde aus der Schnittholzproduktion verstärkt zu verbrennen, da andere Verwertungsmöglichkeiten fehlen und letztlich die Deponierung einziger Ausweg ist.

Eine entsprechend gestaltete Anlage, so die Vorgabe des Investors, sollte Umweltgesichtspunkte bestmöglich berücksichtigen und im Rahmen eines geeigneten KWK-Prozesses auch Strom erzeugen.

Anlagenschema

Zu den grundsätzlichen Ideen traten für die Umsetzung folgende technische Vorgaben hinzu

verfügbare Rinde:	ca. 50 000 t/a
Rindenfeuchte:	55%
Spänefeuchte:	50%

Innerhalb kurzer Zeit wurde das nachfolgend beschriebene Konzept entwickelt.

Einzelkomponenten

Brennstofflagerung und Feuerung

Der Brennstoff wird möglichst direkt von der Entrindungsanlage zu einem rechteckigen Betonbunker mit Schubbodenaustragung und von dort zur Feuerung transportiert.

Die Feuerung ist in Form des wassergekühlten Rostes mit separatem Kühlkreislauf ausgeführt. Anfallende Wärme wird zur Verbrennungsluftvorwärmung genutzt. Der über dem Rost angeordnete Teil der Feuerung ist so gestaltet, daß eine klare Schnittstelle zum Kesselteil hin entsteht und die Feuerung eine in sich geschlossene kranfertige Einheit darstellt. Dieser Weg, bei der Herstellung technisch aufwendig, erleichtert und verkürzt die Montage. Die Feuerungswärmeleistung beträgt 17,5 MW.

Kesselteil

Der Kesselteil ist als Wasserrohrkessel ausgeführt, um Verfügbarkeit und Reisezeit zwischen zwei Reinigungen zu erhöhen. Überdies ermöglicht dieses System, da technisch aufwendiger und im Vergleich zum Dreizugkessel teurer, eine höhere Stromausbeute aufgrund eines höheren Dampfdruckes (42 bar statt maximal möglicher 28 bar beim Rauchrohrkessel). Die Dampfleistung liegt bei 17,5 t/h.

Der hochgespannte und überhitzte Dampf wird in einer 4-stufigen Gegendruckturbine auf 1,5 bar entspannt und kann dabei über den Generator bis zu 2.200 kW Strom erzeugen.

Wärmenutzung

In einem Wärmetauscher wird mit Abdampf der Turbine das Warmwasser des Betriebsheiznetzes auf 110 °C aufgeizt und kann dann die verschiedenen vorhandenen Schnittholztrockner, die Raumheizung und einen neuen Spänetrockner mit der notwendigen Wärme versorgen.

Dieser Spänetrockner ist als sog. Bandtrockner konzipiert und zeichnet sich gegenüber den in der Spanplattenindustrie bekannten Spänetrocknern durch niedrige Schadstoffemissionen aufgrund des sehr niedrigen Temperaturniveaus aus.

Die trockenen Späne werden nach dem Trocknungsprozess in ein ca. 4.000 m^3 fassendes Rundsilo transportiert und von dort bedarfsbezogen entweder zur

- Lieferung an die Holzwerkstoffindustrie oder
- Brikettierung oder

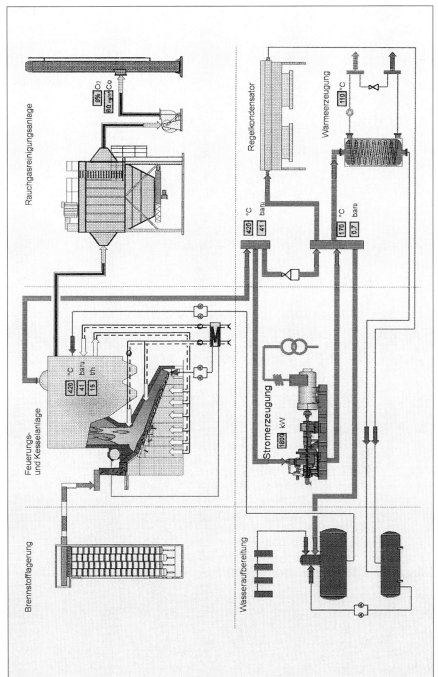

Abb. A3-1: Schema einer ausgeführten Anlage zur energetischen Verwertung von Rinde

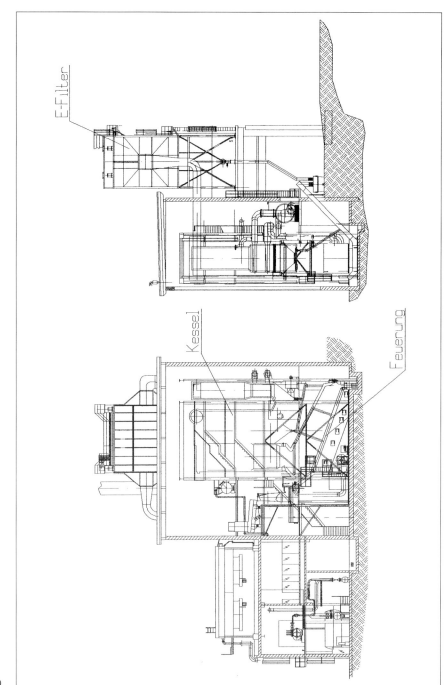

Abb. A3-2: Aufstellungsplan KWK-Anlage 10 MW$_{th}$, 1,8 MW$_{el}$

• Pelletierung

mechanisch abgezogen.

Filteranlage

Zur Abreinigung der Rauchgase aus der Kesselanlage wird ein Hochleistungs-Elektrofilter eingesetzt. Die gereinigten Gase werden über den Kamin abgeleitet.

Ein wichtiger Bestandteil des Gesamtanlagenkonzeptes ist eine sehr aufwendig gestaltete Meß- und Regeltechnik mit Prozessvisualisierung und Leittechnik, die rechnergestützt (frei programmierbar) die wichtigsten Funktionen und Werte permanent überwacht, speichert und den Betrieb ständig optimiert.

Projektkosten

Die Kosten für die Realisierung des beschriebenen Konzeptes sehen in etwa wie folgt aus:

Brennstofflagerung und Transport	350 000 Euro
Feuerung	1 000 000 Euro
Kesselteil	1 500 000 Euro
Rauchgasreinigung und Kamin	350 000 Euro
Wasseraufbereitung	250 000 Euro
Turbine / Generator / Kühler	750 000 Euro
Elektroinstallation	350 000 Euro
Rohrinstallationen	500 000 Euro
Meß- und Regeltechnik einschließlich Leittechnik	250 000 Euro
Bauarbeiten	1 000 000 Euro
sonstige Kosten	800 000 Euro
Gesamt	**7 100 000 Euro**

Für den Teil Spänetrocknung und Verarbeitung in der beschriebenen Form muß – je nach Leistung der Einzelkomponenten – mit einem Kostenaufwand von ca. 3 bis 4 Mio. Euro gerechnet werden.

Technische Daten

Art der Feuerung:	wassergekühlter Vorschubrost, mehrzonig und Einblasfeuerung
Brennstoff:	Rinde, Hackgut, Späne
Feuerungswärmeleistung:	15 MW
Rostfläche:	30 m^2
Kessel:	Wasserrohrkessel
Leistung:	15 t Dampf pro Stunde
Dampfdruck:	42 bar
Dampftemperatur:	420 / 430 °C
thermischer Wirkungsgrad:	80 %
Turbine:	vierstufige Gegendruckturbine Leistung: 2.000 bis 2.250 kW je nach Gegendruck und Dampfleistung
Abgasreinigung:	Elektrofilter
Leistung Spänetrocknung:	8 – 10 t/h bzw. 4 bis 6 t/h Wasserverdampfung
Emissionsprognosen:	Staub < 50 mg/Nm^3
	CO < 100 mg/Nm^3
	Ges.-C < 10 mg/Nm^3
	NO$_x$ < 175 mg/Nm^3

4. Kraft-Wärme-Kopplung in einer Eisstielfabrik

Auf Basis der aktuellen und zu erwartenden Wärmebedarfssituation sowie der Einschätzung bei den Produktionsresten wurde in einer norddeutschen Eisstielfabrik ein Konzept entwickelt, das die parallele Erzeugung von Wärme auf der Basis von Thermoöl und hochgespanntem Dampf vorsieht. Während das Wärmeträgeröl unmittelbar den einzelnen Verbrauchsbereichen zugeführt wird, wird der überhitzte Dampf zunächst in einer Gegendruckturbine entspannt und erzeugt dort elektrische Energie. Der Strom wird während der laufenden Produktion für den Eigenbedarf ge-

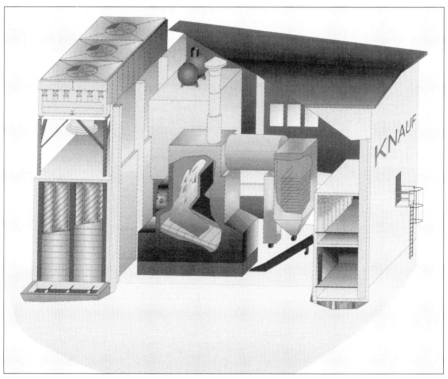

Abb. A4-1: Schemabild Kesselhaus

nutzt und ansonsten in das Netz eingespeist. Die Vergütung erfolgt nach dem Stromeinspeisungsgesetz. Der Abdampf aus der Gegendruckmaschine kann zur Beheizung der neuen Dämpfkammern genutzt werden. Nicht benötigter Dampf aus der Gegendruckmaschine wird in eine Kondensationsturbine eingeleitet, die ebenfalls elektrische Energie für den Eigenbedarf, aber auch für die Einspeisung ins Netz erzeugt.

Das Projekt ist durch die nachfolgenden technischen Daten gekennzeichnet:

- **Feuerungs- und Kesseldaten**
  Feuerungswärme-
  leistung max. 6750 kW
  Thermoöl-Leistung max. 2900 kW
  Thermoöl-Vorlauf-
  temperatur max. 250 °C
  Dampfleistung max. 3400 kW
  Dampftemperatur 380 °C
  Dampfdruck 30 bar
- **Brennstoffdaten**
  Brennstoffbedarf
  stündlich max. 2 t/h
  Brennstoffbedarf jährlich 15 000 t/h
  durchschnittlicher
  Heizwert 3,2 kWh/kg
- **Stromerzeugung**
  Gegendruckturbine 380 kW
  Abdampfdruck 2 bar_a
  Abdampftemperatur 190 °C
  Kondensationsturbine 220 kW
  Kondensationsdruck 0,2 bar_a
  Kondensationstemperatur 68 °C

Beschreibung der Einzelkomponenten

Brennstoffaufbereitung

Zur Aufbereitung der verschiedenen Fraktionen an Produktionsabfällen wurde eine neue langsamlaufende Zerkleinerungsanlage installiert, die in der Lage ist, sowohl Kappabschnitte als auch Schälrestrollen sowie Anschäler und sonstige Furnierreste feuerungsgerecht aufzuarbeiten. Die Anlage verfügt über eine Leistung von ca. 2 t/h. Sie arbeitet im Zweischichtbetrieb. Das zerkleinerte Material wird mittels Kratzkettenförderern in einen Flachbunker mit Schubbodenaustrag transportiert.

Feuerungsanlage

Der Auswahl des geeigneten Feuerungssystems wurde viel Beachtung und Zeit gewidmet. Die Problematik der eingesetzten Produktionsreste besteht darin, daß sowohl extrem feuchte Materialien (Anschäler, Furnierrestrollen) als auch sehr trockene Späne (verworfene Stiele) und Stäube aus der Feinbearbeitung zum Einsatz kommen. Von Beginn an war klar, daß eine Rostfeuerung zum Einsatz kommen sollte. Wegen des stark schwankenden Anteils an feinen Brennstoffsortimenten mußte der Aspekt Rostdurchfall ebenso beachtet werden, wie die Tatsache, daß die sehr trockenen Brennstoffe auf dem Rost partiell zu sehr hohen Temperaturbelastungen führen. Unter Abwägung aller Vor- und Nachteile entschieden sich Betreiber und Planer übereinstimmend für einen wassergekühlten Treppenrost mit Stößelbetrieb.
Dieses System hat den Vorteil, daß der Asche- und Brennstoffdurchfall systembedingt sehr niedrig liegt, und wegen der permanenten Kühlung des Rostsystems durch Wasser hohe Flammtemperaturen nicht zu den bekannten Schäden am Rostsystem führen.
Ein besonderer Vorzug dieses Systems ist überdies die Möglichkeit, die Verbrennungsluftführung den Erfordernissen der Feuerführung optimal anpassen zu können, ohne Rücksicht auf die Rostkühlung nehmen zu müssen. Dadurch sind auch die Möglichkeiten einer Minimierung der Emissionen weit größer als bei hergebrachten luftgekühlten Rostsystemen.
Die letztgenannten innovativen Gesichtspunkte und Möglichkeiten waren es auch, die dazu geführt haben, daß die Gesamtanlage über die Energieagentur Schleswig-Holstein eine nennenswerte Förderung erfuhr.

Wärmetauscher

Bei der Ausnutzung der in den Abgasen enthaltenen Wärme wurden ebenfalls neue Wege beschritten: Solange der Fertigungsbetrieb läuft, wird ein Teil des Rauchgasstromes über einen Wärmetauscher zur Erzeugung von Thermoöl geführt, während der Rest über den Dampfkessel geht. Nach den beiden Tauschern werden die Abgasströme wieder zusammengeführt (siehe Fließbild der Gesamtanlage). Außerhalb der Fertigungszeit wird lediglich der Dampfkessel durchströmt, so daß in dieser Zeit Strom erzeugt werden kann und die Anlage nicht abgestellt werden muß.
Der Dampfkessel wurde als Rauchrohrkessel konzipiert, weil dieses System im Vergleich zum Wasserrohrkessel kompakt gebaut ist und hinsichtlich der Abnahmeschwankungen flexibler arbeitet. Dem Dampfkessel nachgeschaltet sind dann Überhitzer und Economiser, so daß eine optimale Nutzung der in den Abgasen enthaltenen Wärme sichergestellt ist.

Abgasreinigung

Da bei der Anlage ausschließlich unbehandeltes Naturholz zum Einsatz kommt, sind neben der Abgasentstaubung keine weiteren Maßnahmen zur Emissionsminderung notwendig. Es wurde deshalb ein Elektrofilter installiert, das einen Abscheidegrad von unter 50 mg/Nm^3 sicherstellt.

Wasseraufbereitung

Für die Aufbereitung des Speisewassers

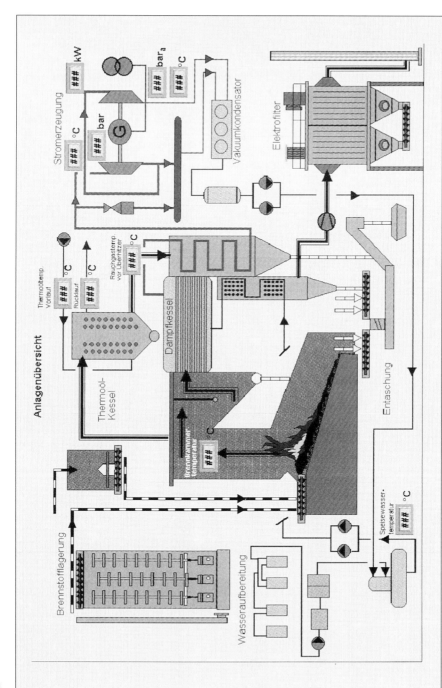

Abb. A4-2: Anlagenübersicht

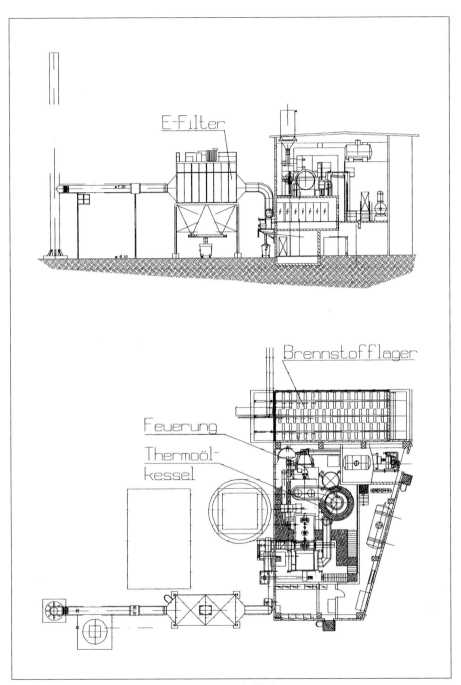

Abb. A4-3: Aufstellungsplan KWK-Anlage. 6,3 MW$_{th}$; 0,6 WM$_{el}$

wurde eine Umkehrosmoseanlage gewählt, die vergleichsweise wenig Platz in Anspruch nimmt und trotzdem gute Leistungen in der Praxis bringt. Die Vollentsalzung geschieht mittels elektrolytischem Verfahren.

Stromerzeugung

Für die Stromerzeugung wurden bewährte Turbinenaggregate in einstufiger Bauweise ausgewählt und installiert.

Um die Effektivität der Dampfturbine und damit die Stromausbeute zu erhöhen, wird der Turbinenabdampf in den Vakuumbereich entspannt – in diesem Fall auf 80 % Vakuum, d. h., auf 0,2 bar_{abs}. Weiterhin dient die Vakuum-Kondensationsanlage zur Kondensation des teuer aufbereiteten Speisewassers und zur Rückführung dieses Kondensates in das System.

Es handelt sich hier um eine luftgekühlte Kondensationsanlage: Der Turbinendampf wird durch Rippenrohrbündel geleitet, die mittels Ventilatoren mit Luft umspült werden. Aus Lärmschutzgründen mußten großdimensionierte Langsamläufer für die Ventilatoren eingesetzt werden, die zu einer relativ großdimensionierten Bauweise des Aggregats führen.

Kesselhausgebäude

Das Kesselhausgebäude wurde in Betonfertigbauweise konzipiert. Der zur Verfügung stehende Platz war von Beginn an sehr knapp bemessen, so daß beim Einbau von Feuerung und Wärmetauschern besondere Maßnahmen erforderlich waren.

Anhang 2: Durchführung von Emissionsmessungen

Zur Einstellung und Kontrolle einer Feuerungsanlage werden verschiedene Abgasparameter gemessen. Ein Teil davon findet Eingang in die Meß- und Regeltechnik der Anlage. Der Betreiber der Anlage wird in der Regel nicht in der Lage sein, die Abgasanalysen selbst durchzuführen. Die Einstellmessungen und Analysen erfolgen durch den Hersteller oder eine von diesem beauftragte Meßstelle.

Nach Inbetriebnahme der Feuerung müssen in der Regel die Emissionsgrenzwerte der verschiedenen Verordnungen nachgewiesen werden. Hierfür sind Emissionsmessungen durchzuführen. Diese sind bei Kleinfeuerungsanlagen die Staub- und Kohlenmonoxidwerte. Die Durchführung und Auswertung der Messungen ist in der 1. BImSchV beschrieben, die Zuständigkeit liegt in der Regel beim jeweiligen Bezirksschornsteinfegermeister.

Die Messungen bei genehmigungsbedürftigen Feuerungsanlagen müssen durch eine nach § 26 des BImSchV anerkannte Meß-

Tabelle A2-1: Meßverfahren für partikelförmige Emissionen bei Holzfeuerungsanlagen

Meßgröße	Meßverfahren			Richtlinie
	kontinuierlich	diskontinuierlich	Meßprinzipien	
Gesamtstaub		x	Filterkopfgeräte ($4\ m^3/h$, $12\ m^3/h$)	VDI 2066 Blatt 1 VDI 2066 Blatt 2
		x	Planfilterkopfgerät	VDI 2066 Blatt 7
		x	Filterkopfgerät ($40\ m^3/h$)	VDI 2066 Blatt 3
	x		Optische Transmission	VDI 2066 Blatt 4
	x		Streulichtmessung	VDI 2066 Blatt 6
Korngrößenverteilung		x	Kaskadenimpaktor	VDI 2066 Blatt 5
Cd, Cr, Cu, Pb, Zn		x	AAS, ICP-AFS	VDI 2268 Blatt 1 VDI 2066 Blatt 1
As, Sn		x	AAS (Hydridtechnik)	VDI 2268 Blatt 2 VDI 2066 Blatt 1
As		x	AAS (Graphitrohrtechnik)	VDI 2268 Blatt 4 VDI 2066 Blatt 1
Pb, Cd, Cr, Zn		x	EdRFA	VDI 2268 Blatt 5 VDI 2066 Blatt 1
Metalle, Halbmetalle und flüchtige Verbindungen		x	Simultanprobenahme partikelförmiger, filtergängiger Stoffe, AAS, ICP	VDI 3868 Blatt 1
Hg (Summe gas- und partikelförmig)		x	Simultanprobenahme partikelförmiger, filtergängiger Stoffe, AAS (Kaltdampftechnik)	VDI 3868 Blatt 2

Tabelle A2-2: Meßverfahren für gasförmige Emissionen bei Holzfeuerungsanlage

Meßgröße	kontinuierlich	diskontinuierlich	Meßprinzipien	Richtlinie
Kohlenmonoxid CO	x		NDIR	
		x	I_2O_5	VDI 2459 Blatt 7
Organische Stoffe gerechnet als Gesamt-C	x		FID	VDI 3481 Blatt 1
		x	Adsorption/SiO_2	VDI 3481 Blatt 2
		x	Titrimetrie	VDI 3481 Blatt 6
gasförmige anorganische Chlorverbindungen gerechnet als HCl	x		NDIR	
	x		Potentiometrie, ionenselektive Elektrode	
		x	Potentiometrie, Titrimetrie, Photometrie	VDI 3480 Blatt 1
gasförmige anorganische Fluorverbindungen gerechnet als HF	x		Potentiometrie, ionenselektive Elektrode	
			Potentiometrie, ionenselektive Elektrode	VDI 2470 Blatt 1
Schwefeloxide SO_2	x		NDIR, NDUV	
$SO_2 + SO_3$		x	Titrimetrie	VDI 2462 Blatt 8
Stickstoffoxide NO	x		NDIR	
$NO + NO_2$	x		Chemilumineszenz	
$NO + NO_2$	x		NDUV	VDI 2456 Blatt 9
NO	x		UV	
$NO + NO_2$ gerechnet nach NO_2		x	Photometrie (Na-Salicylat-Verfahren)	VDI 2456 Blatt 8
$NO + NO_2$ berechnet als NO_2		x	Photometrie (Dimethylphenol-Verfahren)	VDI 2456 Blatt 10

stelle durchgeführt werden. Die Meßstelle hat die Geräte und Erfahrungen, um die Untersuchungen sachgerecht durchführen zu können. Sie ist auch in der Lage, bei Unstimmigkeiten mit dem Hersteller ein meßtechnisches Gutachten zu erstellen. Vor der Messung ist ein Meßplan zu erstellen, dem die zuständige Behörde zustimmen muß.

Bei Feuerungsanlagen nach der 17. BImSchV müssen viele Emissionswerte durch kontinuierliche Messungen nachgewiesen werden. Hierfür muß die Feuerung mit geeigneten Analysegeräten ausgerüstet werden. Die eingesetzten Meßeinrichtungen müssen über eine Eignungsprüfung verfügen.

Anerkannte Meßgeräte werden regelmäßig im Gemeinsamen Ministerialblatt des Bundes veröffentlicht. Für Anfragen stehen bei Bedarf auch das Umweltbundesamt oder die entsprechenden Länderministerien zur Verfügung. Zur Orientierung und weiteren Informationen sind in den folgenden drei Tabellen verschiedene anerkannte Meßverfahren für gas- und partikelförmige Emissionen zusammengestellt. Weitere Details sind den ebenfalls genannten VDI-Richtlinien zu entnehmen. Eine ausführliche meßtechnische Anleitung zur Emissionsmessung bei Holzfeuerungsanlagen findet sich in der VDI-Richtlinie 3462, Blatt 6.

Tabelle A2-3: Meßverfahren für polycyclische Kohlenwasserstoffe (PAK) und polychlorierte Dibenzodioxine und -furane (PCDD/PCDF)

Stoffe	Meßprinzip	Richtlinie bzw. DIN EN
PAK	a) Probenahme: – Verdünnungsmethode Kondensationsmethode	VDI 3873 Blatt 1
	– Gekühlte Sonde in Verbindung mit Adsorber (z.B. XAD 2 oder PUR-Schaum) b) Analyse: GC Die PAK-Bestimmung erfolgt meistens aus den Dioxinproben aus einer anderen Fraktion der Probenaufbereitung	VDI 3467
PCDD, PCDF	a) Probenahme: – Verdünnungsmethode in Verbindung mit Adsorber (z. B. XAD 2 oder PUR-Schaum)	VDI 3499 Blatt 1 VDI 3499 Blatt 2 DIN EN 1948-1 DIN EN 1948-2
	– Kondensationsmethode Methode gekühlte Sonde in Verbindung mit Adsorber (z. B. XAD 2 oder PU-Schaum) oder Adsorber (z.B. Ethoxyethanol) Filter/Kühler-Methode b) Analyse: GC/MS	DIN EN 1948-3

Anhang 3: Beratungs- und Forschungseinrichtungen

A3.1 Forschungseinrichtungen (Auswahl)

Bayerische Landesanstalt für Landtechnik
Vöttinger Str. 36
D-85350 Freising
Tel.: ++49-(0)8161-71-0
Fax: ++49-(0)8161-71-4048
E-mail: postmaster@tec.agrar.tu-muenchen.de
Web: http://www.tec.agrar.tu-muenchen.de/

Bundesanstalt für Landtechnik
Rottenhauser Straße 1
A-3250 Wieselburg
Tel.: ++43-(0)7416-52175-0
Fax: ++43-(0)7416-52175-45
E-mail: bawiesel@art.at
Web: http://www.blt.bmlf.gv.at/

Eidgenössische Technische Hochschule Zürich
Institut für Energietechnik
Labor für Energiesysteme
ETH-Zentrum
CH-8092 Zürich
Tel.: ++41-(0)1-632-1111
Fax: ++41-(0)1-632-1077
E-mail: info@ethz.ch
Web: http://www.ethz.ch/homePage_ge.html

Fraunhofer-Institut für Holzforschung
– Wilhelm-Klauditz-Institut (WKI) –
Bienroder Weg 54 E
D-38108 Braunschweig
Tel.: ++49-(0)531-2155-0;
Fax: ++49-(0)531-2155-200
E-mail: info@wki.fhg.de
Web: http://www.wki.fhg.de/

Fraunhofer-Institut für Umwelt-, Sicherheits- und Energietechnik (UMSICHT)
Osterfelder Straße 3
D-46047 Oberhausen
Tel.: ++49-(0)208-8598-0
Fax: ++49-(0)208-8598-290
E-mail: info@umsicht.fhg.de
Web: http://www.umsicht.fhg.de/

IUTA Institut für Umwelttechnologie und Umweltanalytik e.V.
Bliersheimer Straße 60
D-47229 Duisburg
Tel.: ++49-(0)2065-418-0
Fax: ++49-(0)2065-418-211

Joanneum Research
Institut für Energieforschung
Elisabethstrasse 11
A-8010 Graz
Tel.: +43-(0)316-8020-340
Fax: +43-(0)316-8020-320
E-mail: pr@joanneum.ac.at
Web: http://www.joanneum.ac.at

Österreichischer Biomasseverband
Franz-Josefs-Kai 13
A-1010 Wien
Tel.: ++43-(0)1-533-0797
Fax: ++43-(0)1-533-079790
E-mail: forum@netway.at

Technische Universität Graz
Institut für Verfahrenstechnik
Sandgasse 47/13
A-8010 Graz
Tel.: ++43-(0)316-481-300
Fax: ++43-(0)316-481-3004
E-mail: wolfbauer@glvt.tu-graz.ac.at
Web: http://tu-graz.ac.at

Technische Universität Wien
Institut für Verfahrens-, Brennstoff- und
Umwelttechnik
Getreidemarkt 9/159
A-1060 Wien
Tel.: ++43-(0)1-58801-15900
Fax: ++43-(0)1-58801-15999
E-mail: hhofba@mail.zserv.tuwien.ac.at
Web: http://edv1.vt.tuwien.ac.at

TLL Thüringer Landesanstalt für
Landwirtschaft
Naumburger Str. 98
D-07743 Jena
Tel.: ++49-(0)3641-683-0
Fax: ++49(0)3641-683-390
E-mail: postmaster@tlljena.thueringen.de
Web: http://www.tll.de

Universität Stuttgart
Institut für Verfahrenstechnik und
Dampfkesselwesen
Pfaffenwaldring 23
D-70569 Stuttgart
Tel.: ++49-(0)711-685-3487
Fax: ++49-(0)711-685-3491
E-mail: ivd@ivd.uni-stuttgart.de
Web: http://www.ivd.uni-stuttgart.de/

A3.2 Förderung und Information (Auswahl)

C.a.r.m.e.n. Centrales Agrar-, Rohstoff-,
Marketing- und Entwicklungs-Netzwerk
Technologiepark 13
D-97222 Rimpar
Tel.: ++49-(0)9365-8069-0
Fax: ++49-(0)9365-8069-55
E-mail: contact@carmen-ev.de
Web: http://www.carmen-ev.de/

CMA Centrale Marketinggesellschaft
der deutschen Agrarwirtschaft mbH
Koblenzerstraße 148,
D-53175 Bonn
Tel.: ++49-(0)228-847-0
Fax: ++49-(0)228-847-202
E-mail: info@cma.de?subject=cma-online
Web: http://www.agranet.de/cma/

FNR
Fachagentur Nachwachsende Rohstoffe
Hofplatz 1
D-18276 Gülzow
Tel.: ++49-(0)3843-6930-0
Fax: ++49-(0)3843-6930-102
E-mail: fnr@t-online.de
Web: http://www.dainet.de/fnr

FEE Fördergesellschaft Erneuerbare
Energien e. V.
Innovationspark Wuhlheide
Köpenicker Str. 325
D-12555 Berlin
Tel.: ++49-(0)30-6576-2706
Fax: ++49-(0)30-6576-2708
E-mail: fee-ev@t-online.de
Web: http://www.fee-ev.de/

DBU Deutsche Bundestiftung Umwelt
An der Bornau 2
D-49090 Osnabrück
Tel.: ++49-(0)541-9633-0
Fax: ++49-(0)541-9633-190
E-mail: dbu@umweltschutz.de
Web: http://umweltstiftung.de/index.htm

Bundesamt für Energie
Sektion Energiewirtschaft
Monbijoustraße 74
CH-3003 Bern
Tel.: ++41-(0)31-322-5611
Fax: ++41-(0)31-323-2500
E-mail: office@bfe.admin.ch
Web: http://www.admin.ch/bfe/

ENET
Postfach 130
CH-3000 Bern 16
Tel: ++41-(0)31-350-0005
Fax: ++41-(0)31-352-7756
E-mail: n+1@email.ch

VHe Schweizer Vereinigung für
Holzenergie
Seefeldstr. 5a
CH-8008 Zürich
Tel.: ++41-(0)1-250 88 11
Fax: ++41-(0)1-250 88 22
E-mail: Info@vhe.ch

BUWAL Bundesamt für Umwelt,
Wald und Landschaft
Worblentalstraße 172
CH-3063 Ittingen
Tel.: ++41-(0)31-322-9311
Fax: ++41-(0)31-322-7054
Web: http://www.admin.ch/buwal/

Viele Bundesländer und Kantone haben darüber hinaus regionale Beratungsstellen eingerichtet. Regelmäßige Informationen über neue Forschungsergebnisse, Entwicklungstendenzen und Anlagentechniken um die energetische Nutzung von Holz finden sich in der jeweils am 1. Montag des Monats erscheinenden Ausgabe „Energiequelle Holz" des Holz-Zentralblatts.

A3.3 Europa

Auf europäischer Ebene existiert seit 1997 das Institut für Holzenergie:

ITEBE Institut Technique Européen du
Bois Energie/ Europäisches Technisches
Institut für Holzenergie
29, boulevard Gambetta
F-39000 Lons-le-Saunier
Tel.: ++33-(0)384-478-100
Fax: +33-(0)384-378-119
E-mail: ajena@wanadoo.fr
Web: http://perso.wanadoo.fra/ajena/

Das Institut ist der Herausgeber der zweisprachigen (Deutsch und Französisch) Fachzeitschrift **Bois Energie/Holzenergie.**

Die Kommission der Europäischen Union (KEU) fördert darüber hinaus die energetische Verwertung von Holz und anderen Biomassen in verschiedenen Forschungsprogrammen (z. B. JOULE, THERMIE). Aktuelle Information sind erhältlich bei der Kommission, den nationalen Büros der KEU oder über das Internet.

Anhang 4: Adressen von Herstellern

1. Holzheizkessel, Hackgutfeuerungen, Strohkessel

Die folgenden Adressen wurden von der Bayerischen Landesanstalt für Landtechnik in Freising zur Verfügung gestellt. Dafür wird herzlich gedankt.

Hersteller/Vertrieb	Bauarten	Nennwärmeleistung [kW]	geeignete Brennstoffe Holz			geeignete Brennstoffe Stroh, Energiepflanzen	
			Scheitholz / Hackgut / Presslinge			Häckselgut / Ballen / Presslinge	
Arca Heizkessel GmbH* Sonnestraße 9, 91207 Lauf Tel.: 0 91 23/8 45 81 Fax: 8 45 82	Stückholzkessel	29-70	x		x		
Awina Industrieanlagen GmbH Koaserbauerstraße 7, A-4810 Gmunden Tel.: 00 43 76 12/7 36 44 15 Fax: 7 36 44 75	autom. beschickte Feuerung	800-5000		x		x	
Friedrich und Karl Bay Kesselfabrik Zeppelinstr. 35, 74321 Bietigheim-Bissingen Tel.: 0 71 42/5 09-0 Fax: 6 64 21	autom. beschickte Feuerung Wirbelschichtfeuerung	500-5000 500-38000		x x			x
BHSR Energie-u. Umwelttechnik Industriestraße 1, 32699 Extertal-Silixen Tel.: 0 57 51/4 40 35 Fax: 4 45 00	Stückholzkessel autom. beschickte Feuerung	41-116 41-2900	x	x	x x		
Binder Feuerungstechnik / Hestia GmbH Kappelstraße 12, 86510 Ried b. Mering Tel.: 0 82 08/12 64 Fax: 1 54	Unterschubfeuerung	100-5000		x			
Bioflamm/WVT Wirtschaftliche* Verbrennungs-Technik Bahnhofstraße 55-59 51491 Overath-Untereschbach Tel.: 0 22 04/97 44 15 Fax.: 97 44 26	Stückholzkessel Vorofenfeuerung Vorofenfeuerung autom. beschickte Feuerung autom. beschickte Feuerung	35-174 36-1500 116-2200 30-1500 116-2200	x	x x x x x	x x x	x x	x x

Hersteller/Vertrieb	Bauarten	Nennwärmeleistung [kW]	geeignete Brennstoffe					
			Holz			Stroh, Energiepflanzen		
			Scheitholz	Hackgut	Presslinge	Häckselgut	Ballen	Presslinge
Biogen Heiztechnik GmbH* Plainburgerstraße 503, A-5084 Großgmain Tel.: 00 43 62 47/72 59 Fax: 87 96	autom. beschickte Feuerung	35-120	x		x			x
Ulrich Brunner GmbH Zellhuber Ring 17-18, 84307 Eggenfelden Tel.: 0 87 21/77 10 Fax: 7 71 44	Kamineinsätze, Kaminöfen Grundofenfeuerung Kachelofen-Heizeinsätze mit Wasserwärmetauscher	6-9 3-7 5-11 10	x x x x					
Buderus Heiztechnik GmbH Postfach 1161, 35453 Lollar Tel.: 0 64 06/8 96 04 Fax: 8 96 03	Stückholzkessel	21-40	x		x			
Bullerjan / Egle GmbH* Hauptstraße 39, 86866 Mickhausen Tel.: 0 82 04/14 00 Fax: 3 87	Warmlufterzeuger Heizwasseraufsatz	6-45 8	x					
CTC Heizkessel Wärmetechnik Hochstr. 27, 36381 Schlüchtern-Wallroth Tel.: 0 66 61/46 97 Fax: 7 11 14	Stückholzkessel	14.5-60	x					
DAN TRIM – siehe A. Reinhardt, Vilshofen oder Fa. MHD, Kirchhundem	Vorofenfeuerung	35-1750	x	x	x			x
De Dietrich GmbH Kinzingstraße 12, 77694 Kehl/Rhein Tel.: 0 78 51/79 72 37 Fax: 79 72 98	Stückholzkessel	22-54	x					
Eder GmbH A-5733 Bramberg* Tel.: 00 43 65 66/3 66 Fax: 81 27	Stückholzkessel autom. beschickte Feuerung	15-75 12-120	x	x	x			
Eisenwerk Winnweiler Gewerbegebiet, 67722 Winnweiler Tel.: 0 63 02/78 55 Fax:78 83	Grundofenfeuerung Warmluftofen Warmluftofen (Unterbrand)	4 10-15 5-145	x x x	x	x			
ELCO Klöckner Heiztechnik GmbH* Hohenzollernstr. 31, 72379 Hechingen Tel.: 0 74 71/1 87-4 12 Fax: 18 75 80	Stückholzkessel *	20-70	x					
Endreß Metall- und Anlagenbau GmbH Postfach 1141, 91533 Rothenburg Tel.: 0 98 61/32 94 Fax: 8 67 46	Vorofenfeuerung	50-250	x	x	x			x

Hersteller/Vertrieb	Bauarten	Nenn-wärme-leistung [kW]	geeignete Brennstoffe					
			Holz				Stroh, Energiepflanzen	
			Scheitholz	Hackgut	Presslinge	Häckselgut	Ballen	Presslinge
Ferro Wärmetechnik* Am Kiefernschlag 1, 91126 Schwabach Tel.: 0 91 22/98 66-0 Fax: 98 66 33	Kachelofen-Heizeinsätze Stückholzkessel *	-15 27-90	x x	x				
Georg Fischer GmbH & Co.* Postfach 1261, 89302 Günzburg Tel.: 0 82 21/90 19 23 Fax: 90 19 68	Stückholzkessel Stückholzkessel *	22-93 20-30	x x		x			
FÖBI – Karl-Heinz Förster* Raiffeisenstraße 4, 3673 Bichl Tel.: 0 88 57/96 88 Fax: 16 58	Zentralheizungsherde *	20-29	x	x				
Fröling Heizkessel- und Behälterbau GmbH* Industriestr. 12, A-4710 Grieskirchen Tel.: 00 43 72 48/6 06 Fax: 6 23 87	Stückholzkessel Vorofenfeuerung autom. beschickte Feuerung	15-50 15-120 25-1000	x	x x				
GEKA/Kneifel Wärmetechnik Dieselstr. 8, 76227 Karlsruhe Tel.: 07 21/40 50 21 24 Fax: 49 43 31	Großfeuerungsanlagen	500-30000	x	x	x			x
Ernst Gerlinger* Froschau 79, A-4391 Waldhausen Tel.: 00 43 74 18/2 30 Fax: 23 04	Stückholzkessel autom. beschickte Feuerung	34-49 45-88	x	x				
Fritz Grimm Heizungstechnik GmbH Bäumlstraße 26, 92224 Amberg Tel.: 0 96 21/8 12 67 Fax: 8 50 57	Heizungs- und Kochherde Stückholzkessel Schalenbrenner autom. beschickte Feuerung	17-46 15-45 50-70 25-70	x x		x	x		
Hargassner Holzverbrennungsanlage* Gunderding 8, A-4952 Wenig Tel.: 00 43 77 23/52 74 Fax: 5 27 45	autom. beschickte Feuerung	15-140		x				
HDG Bavaria Kessel- und Apparatebau GmbH* Siemensstraße 6 84323 Massing/Rott Tel.: 0 87 24/8 97 10 Fax: 8 97 99	Stückholzkessel Schalenbrenner Vorofenfeuerung autom. beschickte Feuerung	12-280 35 33-280 50	x	x x x	x x			
Heitzmann AG Energietechnik* Gewerbering, CH-6105 Schachen Tel.: 00 41 41/4 97 30 20 Fax: 4 97 32 77	Stückholzkessel	30-45	x					

Hersteller/Vertrieb	Bauarten	Nenn-wärme-leistung [kW]	geeignete Brennstoffe					
			Holz				Stroh, Energiepflanzen	
			Scheitholz	Hackgut	Presslinge	Häckselgut	Ballen	Presslinge
Heizomat-Gerätebau GmbH* Maicha 21, 91710 Gunzenhausen Tel.: 0 98 36/97 97-0 Fax: 97 97 97	autom. beschickte Feuerung	30-850		x	x			
Christian Herlt Dilp.-Ing. An den Buchen, 17194 Vielist Tel.: 0 39 91/16 79 95 Fax: 16 79 96	Stückholzkessel	35-145	x					
Herz-Feuerungstechnik , * A-8272 Sebersdorf Vertr.: Harald. Wichmann Lessingstr. 21, 87439 Kempten Tel.: 08 31/1 49 24 Fax: 1 49 24	Stückholzkessel autom. beschickte Feuerung *	25-50 25-170	x	x				
Hölter ABT Beisenstraße 39-41, 45964 Gladbeck Tel.: 0 20 43/40 12 18 Fax: 40 12 13	Wirbelschichtfeuerung	1000-40000		x	x	x		x
Deutsche Hoval GmbH* Postfach 208, 72103 Rottenburg Tel.: 0 74 72/16 30 Fax: 1 63 50	Stückholzkessel *	15-42	x					
Walter Huber GmbH Fuggerstraße 30, 84561 Mehring/Öd Tel.: 0 86 77/6 46 28 Fax: 6 53 85	Vorofenfeuerung	48-300	x	x	x			x
Igland Forstmaschinen GmbH Berger Straße 30, 85643 Steinhöring Tel.: 0 80 94/10 01 Fax: 15 01	Vorofenfeuerung (Iwabo) Vorofenfeuerung (Swebo) Schalenbrenner	28-180 75-290 40		x x x				
Iwabo – siehe Fa. Igland, Steinhöring oder Fa. MHD, Kirchhundem	Vorofenfeuerung	28-250		x				
KÖB & Schäfer KG* Flotzbachstraße 33, A-6922 Wolfurt Tel.: 00 43 55 74/67 700 Fax: 6 57 07	Stückholzkessel autom. beschickte Feuerung	35-150 75-1000	x	x x	x	x		
Kohlbach /Vertr.: Agro Forst Technik GmbH Allersdorferstraße 7, A-9470 St. Paul Tel.: 00 43 43 57/20 77 Fax: 25 31	autom. beschickte Feuerung	300-6000		x	x	x	x	x
Konus-Kessel, Pf. 1510, 68705 Schwetzingen Tel.: 0 62 02/20 71 62 Fax: 20 71 00	Vorofenfeuerung	465-45000		x	x			

Hersteller/Vertrieb	Bauarten	Nenn-wärme-leistung [kW]	geeignete Brennstoffe				
			Holz			Stroh, Energiepflanzen	
			Scheitholz	Hackgut	Presslinge	Häckselgut	Ballen	Presslinge
Paul Künzel* Postfach 1953, 25409 Pinneberg Tel.: 0 41 01/70 00 22 Fax: 70 00 40	Heizungsherde Stückholzkessel	15-30 15-50	x x		x x			
KWB/ Fraidl & Partner GmbH* Ottinger Ring 15, 86704 Tagmersheim Tel.:0 90 94/14 67 Fax.: 14 67	autom. beschickte Feuerung	25-100		x	x			
Lambion GmbH Auf der Walme 1, 34454 Arolsen-Wetterburg Tel.: 0 56 91/80 72 04 Fax: 80 71 38	Vorofenfeuerung autom. beschickte Feuerung Einblasefeuerung	100 kW bis x MW	x x (x)	x x x	x x x	x x		
LIN-KA / Jens Holland Flarup Hollesen-Straße 34, 24768 Rendsburg Tel.: 0 43 31/78 95 51 Fax: 78 95 54	Vorofenfeuerung autom. beschickte Feuerung	48-3500 48-8000	x x	x x	x x	x x		
Lohberger Heiz- und Kochgeräte GmbH* Postfach 90, A-5230 Mattighofen Tel.: 00 43 77 42/5 21 10 Fax: 52 11 10	Kochherde, Heizungsherde Stückholzkessel autom. beschickte Feuerung	4-30 18-60 18-70	x x	x	x x x			
Lopper Kesselbau GmbH* Rottenburger Str. 7, 93352 Rohr/Alzhausen Tel.: 0 87 83/15 05 Fax: 15 56	Stückholzkessel Stückholzkessel	32-180 90	x x	x x	x x		x	x x
Mawera GmbH & Co. KG Neulandstraße 30, A-6971 Hard/Bodensee Tel.: 00 43 55 74/7 43 01 Fax: 7 43 01 20	autom. beschickte Feuerung Einblasefeuerung	65 kW bis x MW		x x	x			
MHD – Forsttechnik Böminghausen 12, 57399 Kirchhundem Tel.: 0 27 23/7 25 24 Fax: 7 30 44	Stückholzkessel (EuroWarm) Vorofenfeuerung (Iwabo) Vorofenfeuerung (DanTrim)	29-69 50-250 35-1750	x	x x		x	x	x
Ing. Herbert Nolting GmbH Wiebuschstr. 15, 32760 Detmold Tel.: 0 52 31/9 55 50 Fax: 95 55 55	Stückholzkessel Vorofenfeuerung autom. beschickte Feuerung	45-149 45-800 45-2500	x	x x	x	x		x
Norfab – siehe Weiss, Dillenburg	autom. beschickte Feuerung	52-40000		x	x	x		x

Hersteller/Vertrieb	Bauarten	Nenn-wärme-leistung [kW]	geeignete Brennstoffe					
			Holz			Stroh, Energiepflanzen		
			Scheitholz	Hackgut	Presslinge	Häckselgut	Ballen	Presslinge
Ökotherm/Fellner GmbH* Träglhof 2, 92242 Hirschau Tel.: 0 96 08/92 00-0 Fax: 92 00 11	Stückholzkessel Vorofenfeuerung autom. beschickte Feuerung	25-45 45-6000 20-800	x x x	x x	x x	x x		
Passat Energi A/S Vestergade 36, DK-8830 Tjele Tel.: 00 45 86/65 21 00 Fax: 65 30 28	Stückholzkessel autom. beschickte Feuerung	42 23-180	x x	x x				
Perhofer Bio-Heizungs-Ges.mbH & Co KG* Waisenegg 115, A-8190 Birkfeld Tel.: 00 43 31 74/37 05 Fax: 3 70 58	Stückholzkessel Vorofenfeuerung autom. beschickte Feuerung	35	x x x					
Polytechnik Klima Wärme Luft GmbH Fahrafeld 69, A-2564 Weissenbach/Triesting Tel.: 00 43 26 74/81 25 30 Fax: 81 25 13	autom. beschickte Feuerung	100-8000		x	x			
Prüller Heizkessel-Technik* Hintstein 69, A-4463 Großraming Tel.: 00 43 72 54/73 11 Fax: 73 11	Stückholzkessel	22-65	x					
A. Reinhardt Energiesysteme Galgenberg 1, 94474 Vilshofen Tel.: 0 85 41/91 08 31 Fax: 25 58	Vorofenfeuerung (Dan Trim) im Kessel integrierte Feuerung im Kessel integrierte Feuerung	35-1750 30-50 300-6000	x x x	x x x	x			x
Reka Westvej 7, DK-9600 Aars Tel.: 0045 9/86 24 011, Fax: 86 24 071	Strohfeuerung mit Ballenauflöser Schubrostfeuerung Unterschubfeuerung	65-500 65-160 20-3500 50-1600	x x x	x x	x		x x	x x x
Rendl Heizkessel und Stahlbau GmbH* Siezenheimer Straße 31, A-5020 Salzburg Tel.: 0043 662/43 30 34-20 Fax: 43 30 34-39	Stückholzkessel autom. beschickte Feuerung	18-50 20-200	x x	x x				
Rohleder Rekord Kessel GmbH* Raiffeisenstr. 3, 71696 Möglingen Tel.: 0 71 41/24 54-0 Fax: 24 54 88	Heizungsherde Stückholzkessel	11-29 15-40	x x	x x				
SBS Heizkesselwerke Carl-Benz-Straße 17-21, 48268 Greven Tel.: 0 25 75/30 80 Fax: 3 08 29	Stückholzkessel	15-30	x					

| Hersteller/Vertrieb | Bauarten | Nenn-wärme-leistung [kW] | geeignete Brennstoffe |||||
| | | | Holz ||| Stroh, Energiepflanzen ||
			Scheitholz	Hackgut	Presslinge	Häckselgut	Ballen	Presslinge
Schmid /Vertr.: Geul-Schmid-Holzfeuerung* Kettemerstraße 25, 70794 Filderstadt Tel.: 07 11/70 95 60 Fax: 7 09 56 10	Stückholzkessel autom. beschickte Feuerung autom. beschickte Feuerung	16-100 20-2400 200-3000	x	x x x	x x	x		x
Schuster Heizkesselwerk* Industriestraße 6, 97727 Fuchsstadt Tel.: 0 97 32/80 90 Fax: 80 9 45	Stückholzkessel	24-40	x					
Sommerauer & Lindner – siehe A. Reinhardt*	autom. beschickte Feuerung	30-50		x				
Standard-Kessel GmbH Postfach 120651, D-47126 Duisburg Tel.: 0 27 74/5 21 64, 5 22 64 Fax: 5 23 65	Unterschubfeuerung Rostfeuerung Zyklonfeuerung	bis 20000		x x (x)	x x x	x x x		x x
Strebelwerk AG – siehe ELCO Klöckner*	Stückholzkessel	20-70	x					
Thermostrom – siehe ELCO Klöckner	Stückholzkessel	20-70	x					
Tiba AG* Hauptstraße 147, CH-4416 Bubendorf Tel.: 00 41 61/9 35 17 10 Fax: 9 31 11 61	Kochherde, Heizungsherde Stückholzkessel Vorofenfeuerung autom. beschickte Feuerung	4-29 18-26 20-120 150-15000	x x	x x	x x			
Unical Kessel und Apparate GmbH Tafinger Str. 14, 71665 Vaihingen/Enz Tel.: 0 70 42/9 56-0 Fax: 95 62 00	Stückholzkessel Stückholzkessel	11-40 12-65	x x		x x			
Viessmann Werke Postfach 10, 35105 Allendorf Tel.: 0 64 52/70 27 40 Fax: 70 29 61	Stückholzkessel	20-30	x					
Vølund Energy Systems Falkevej 2, DK-6705 Esbjerg Tel.: 00 45 75/14 11 11 Fax: 14 05 80	Vorofenfeuerung autom. beschickte Feuerung Zigarrenabbrandfeuerung	2000-20000 2000-20000 2000-20000		x x	x x	x x	x	x x
Weiss Kessel-Anlagenbau GmbH Kupferwerkstraße 6, 35684 Dillenburg Tel.: 0 27 71/39 32 30 Fax: 39 32 94	autom. beschickte Feuerung autom. beschickte Feuerung Einblasefeuerung	200-40000 200-10000 -10000		x x (x)	x x	x		x x

| Hersteller/Vertrieb | Bauarten | Nenn-wärme-leistung [kW] | geeignete Brennstoffe |||||
| | | | Holz ||| Stroh, Energiepflanzen ||
			Scheitholz	Hackgut	Presslinge	Häckselgut	Ballen	Presslinge
Windhager Zentralheizung* Anton Windhagerstr. 20, A-5201 Seekirchen Tel.: 00 43 62 12/2 34 10 Fax: 42 28	Heizungsherde Stückholzkessel	8-25 12-46	x x					
WVT – siehe Bioflamm*		30-2200	x	x	x	x		x
W. Zirngibl GmbH, Heizungs- u. Kesselbau Badstraße 6, 77855 Achern Tel.: 0 78 41/30 66, 30 68 Fax: 56 87	autom. beschickte Feuerung	20-1000	x	x	x			

* Firmengarantien und Prüfberichte zur Einhaltung der verschärften Grenzwerte zur Förderung liegen der Landtechnik Weihenstephan, zumindest für einige Geräte der Produktpalette vor.
Dieses Verzeichnis erhebt keinen Anspruch auf Vollständigkeit und stellt weder eine Empfehlung noch einen Leistungsausweis dar.
Der Tabelleninhalt beruht auf Herstellerangaben.

2. Einzelfeuerstätten für Holz

| Hersteller/Vertrieb | Bauarten | Nenn-wärme-leistung [kW] | geeignete Brennstoffe ||||||
| | | | Holz ||| Stroh |||
			Scheitholz	Hackgut	Presslinge	Häckselgut	Ballen	Presslinge
Constructa-Neff Vertriebs GmbH Ruiter Str. 8, D-75015 Bretten Tel.: 0 72 52/9 76-3 57 Fax: 9 76-5 80	Kochherde	4-6	x	x				x
Electrolux Hausgeräte GmbH Junostraße, D-37745 Herborn Tel.: 0 27 72/7 15 28 Fax: 7 14 17	Kochherde Einzelzimmeröfen	5-6 4-7	x x	x x	x x		x x	x x
Elektra Bregenz AG Josef-Heiss Straße 1, A-6130 Schwaz Tel.: 00 43 52 42/69 40-53 21 Fax: 69 40-50 02	Kochherde	4-7	x					x
FÖBI Karl-Heinz Förster Raiffeisenstraße 4, D-83673 Bichl Tel.: 0 88 57/96 88 Fax: 16 58	Heizungsherde	20-29	x					x

Hersteller/Vertrieb	Bauarten	Nennwärmeleistung [kW]	Holz			Stroh		
			Scheitholz	Hackgut	Presslinge	Häckselgut	Ballen	Presslinge
Gerco Apparatebau GmbH Zum Hilgenbrink 50, D-48336 Sassenberg Tel.: 0 25 83/93 09 21 Fax: 93 09 99	Kochherde Heizungsherde Kachelofen- Heizeinsätze Stückholzkessel Kamin-Heizkessel	15-22 15-25 15 13-30 15	x x x x x					
Glutos Wärmegeräte GmbH Kitscherstraße 57, D-08451 Crimmitschau Tel.: 0 37 62/70 00 Fax: 25 82	Kochherde Kaminöfen Einzelzimmeröfen Holzvergasungsanl.	4,5-6 7 4,5-5,5 15-60	x x x	x			x	x
Fritz Grimm Heizungstechnik GmbH Bäumlstraße 26, 92224 Amberg Tel.: 0 96 21/8 12 67 Fax: 8 50 57	Zentralheizungherde Kochherde Stückholzkessel Schalenbrenner autom. besch. Feuerung	17-46 15-45 50-70 25-70	x x x x					
Kloss Herde Gewerbestraße 1, A-9851 Lieserbrücke Tel.: 00 43/47 62/43 69 Fax: 53 92	Kochherde Heizungsherde		x x					
Lohberger Postfach 90, A-5230 Mattighofen Tel.: 00 43 77 42/52 11-0 Fax: 52 11 10	Kochherde Heizungsherde Kaminöfen Stückholzkessel	4-10 10-30 5-10 18-60	x x x x		x x x			
Ökofen GmbH Mühlgasse 9, A-4132 Lembach i.M. Tel.: 00 43 72 86/74 50 Fax: 78 09	Kochherde Kachelofen- Heizeinsätze autom. besch. Feuerung	7-20 7-20 20-70	x x x		x x			
Eisenwerk Pfeilhammer GmbH Am Pfeilhammer 1, D-08352 Pöhla Tel.: 0 37 74/8 11 41, 8 11 42 Fax: 8 10 57	Kochherde	6	x		x			
Mathias Rau GmbH Gewerbegebiet, 73110 Hattenhofen Tel.: 0 71 64/94 13-0 Fax: 94 13 13	Backofen		x					
Reischl Handels- und Produktionsges. MbH Vertrieb: Haas & Sohn Ofentechnik GmbH Herborner Straße 7-9, 35764 Sinn Tel.: 0 27 72/50 10 Fax: 50 14 55	Kochherde Kaminöfen Einzelzimmeröfen	4-7 5-8 5-7	x x x	x x x				

Hersteller/Vertrieb	Bauarten	Nennwärmeleistung [kW]	geeignete Brennstoffe					
			Holz			Stroh		
			Scheitholz	Hackgut	Presslinge	Häckselgut	Ballen	Presslinge
Riser Zillertal Postfach 1, A-6272 Stumm Tel.: 00 43/52 83/22 07, Fax: 28 88	Kochherde Heizungsherde		x x					x x
Rohleder Rekord Kessel GmbH Raiffeisenstr. 3, 71696 Möglingen Tel.: 0 71 41/24 54-0 Fax: 24 54 88	Heizungsherde Stückholzkessel Stückholzkessel	11-29 15-33 15-40	x x x					x x x
Suter Metallhandwerk AG Herrenmattstraße 26, CH-4132 Muttenz Tel.: 00 41/61/4 61 07 11 Fax: 4 61 08 46	offene Kamine Kochherde Kaminöfen	8-10 8 8-12						
Tekon Midlicher Str. 70, D-48720 Rosendahl Tel.: 0 25 47/3 11 Fax: 3 14	offene Kamine, Kaminöfen Kaminofen- Heizeinsätze Kochherde, Heizungsherde Grundofenfeuerung Kachelofen- Heizeinsätze	9-40 20-40 10-21 10-30 9-21	x x x x x	x x x x				
Tiba AG Hauptstraße 147, CH-4416 Bubendorf Tel.: 00 41/61/9 35 17 10 Fax: 9 31 11 61	Kochherde Heizungsherde Stückholzkessel	4-8 10-29 12-26	x x x	x x				x x
Tulikivi Vertriebs GmbH Werner-von-Braun-Straße 5 D-63263 Neu-Isenburg Tel.: 0 61 02/7 41 40 Fax: 74 14 14	Kochherde, Heizungsherde Kaminöfen Einzelzimmeröfen Grundofenfeuerung	5-8 6-14 6-14 6-14	x x x x	x x x x				x x x x
Unterberger GmbH Postfach 1254, D-83382 Freilassing Tel.: 0 86 54/6 20 63 Fax: 47 36 15	offene Kamine Kaminofen- Heizeinsätze Kochherde, Heizungsherde Grundofenfeuerung Stückholzkessel	2-5 4-8 4-6 2-10 5-12	x x x x x	x				x
Wamsler Haustechnik GmbH Landsberger Straße 372 D-80671 München Tel.: 0 89/58 96-3 21 Fax: 58 96-3 20	Kochherde Heizungsherde Kaminöfen Einzelzimmeröfen	5-10 14-27 7 5	x x x x					

Hersteller/Vertrieb	Bauarten	Nennwärmeleistung [kW]	geeignete Brennstoffe					
			Holz			Stroh		
			Scheitholz	Hackgut	Presslinge	Häckselgut	Ballen	Presslinge
Weso-Justus Vertriebs GmbH Weidenhäuser Str. 1-7 D-35075 Gladenbach Tel.: 0 64 62/9 23-0 Fax: 92 33 49	Kaminofen-Heizeinsätze Kaminöfen Einzelzimmeröfen	7-11 6-8 5-9	x x x					x x x
Windhager Zentralheizung Deutzring 2, D-86505 Meitingen Tel.: 0 82 71/80 56-0 Fax: 80 56 30	Heizungsherde Stückholzkessel Stückholzkessel	8-25 14-53 25	x x x	x x				x x
Wolfshöher Tonwerke GmbH Wolfshöhe, D-91233 Neunkirchen a. Sand Tel.: 0 91 53/6 54 Fax: 43 42	Heizungsherde	2-5						x

Dieses Verzeichnis erhebt keinen Anspruch auf Vollständigkeit und stellt weder eine Empfehlung noch einen Leistungsausweis dar.
Der Tabelleninhalt beruht auf Herstellerangaben.

3. Holzvergasungen

Produktnamen/ Hersteller bzw. Vertrieb	Geräteart	Leistungsbereich in kW
Ahlstrom Machinery GmbH Niederrrheinstraße 42, D-40474 Düsseldorf Tel.: 02 11-4 78 12-0 Fax: 02 11-4 54 27 17		
Fritz Werner Industrie-Ausrüstungen GmbH D-65366 Geisenheim Tel.: 0 67 22-50 11		
G.A.S. Energietechnik GmbH Hessenstraße 57, D-47809 Krefeld (Linn) Tel.: 0 21 51-52 55-37, Fax: 0 21 51-52 55-51		
HTV Energietechnik AG Mittelgäustrasse 205, CH-4617 Gunzgen Tel.: +41-6 22 16 58 44, Fax: +41-6 22 16 51 09		
Hugo Petersen GmbH Dantestraße 4 – 6, D-65189 Wiesbaden Tel.: 06 11-16 06-6 36 o. 6 40, Fax: 06 11-16 06-5 10		
Imbert Energietechnik GmbH Steinweg 11, D-59821 Arnsberg Tel.: 0 29 31-35 49		
Lurgi Energie und Umwelt GmbH Lurgiallee 5, 60295 Frankfurt am Main Tel.: 0 69-58 08-0, Fax: 0 69-58 08-38 88		
MHB Fürstenwalde GmbH Lindenstraße 61a, D-15517 Fürstenwalde Tel./Fax: 0 33 61-5 01 17		
Pyrolyse- und Prozessanlagentechnik GmbH & Co. Friedenstraße 3, D-30175 Hannover Tel.: 05 11-85 89 89, Fax:		
UET Umwelt- und Energietechnik Freiberg GmbH Pulvermühlenweg, D-09599 Freiberg Tel.: 0 37 31-3 61-1 72, Fax: 0 37 31-2 33 68		

Anhang 5: Formeln und Diagramme

Die nachfolgenden Informationen über Umrechnungsfaktoren, physikalische Zusammenhänge und Berechnungsformeln im Bereich Biomasse sollen es dem Leser ermöglichen, überschlägige Berechnungen selbst durchzuführen und einschlägige technisch/wissenschaftliche Fachbeiträge besser interpretieren zu können.

5.1 Physikalische Größen und deren Umrechnungsformeln

5.1.1 Kraft

Die Einheit für die Kraft ist das Newton (N).
1 Newton ist gleich die Kraft, die einem Körper der Masse 1 kg die Beschleunigung 1 m/s² erteilt oder: Kraft gleich Masse x Beschleunigung.

$$1\ N = 1\ kg \cdot m/s^2 \qquad 1\ N = 0{,}102\ kp \qquad 1\ kp = 9{,}81\ N$$

5.1.2 Druck

Die Einheit für den Druck ist das Pascal (pa.)
1 Pascal ist gleich dem auf eine Fläche von 1 m² gleichmäßig wirkenden Druck, ausgehend von einer Kraft von 1 N.

$$1\ Pa = 1\ N/m^2$$

Umrechung von Druckeinheiten

	1 PA = n/m²	1 bar = 0,1 M Pa	1 kg/m² = 1 mm Ws	at = 1 kp/cm²	1 atm = 760 Torr	1 Torr = 1/760 atm
1 Pa = 1 N/m²	1	10⁻⁵	0,102	0,102 · 10⁻⁴	0,987 · 10⁻⁵	0,0075
1 bar = 0,1 M Pa	10⁵	1	10200	1,02	0,987	750
1 kp/m² = 1 mm Ws	9,81	9,81 · 10⁻⁵	1	10⁻⁴	0,968 · 10⁻⁴	0,0736
1 at = 1 kp/cm²	98100	0,981	10000	1	0,968	736
1 Torr = 1/760 atm	133	0,00133	13,6	0,00136	0,00132	1

5.1.3 Energie (Arbeit)

Die Einheit der Energie ist das Joule (J). 1 Joule ist gleich der Arbeit, die verrichtet wird, wenn der Angriffspunkt der Kraft 1 N in Richtung der Kraft um 1 m verschoben wird.

$$1 \text{ J} = \text{N} \cdot \text{m} = 1 \text{ W} \cdot \text{s}$$

Umrechung von Energieeinheiten

	J	kJ	kW·h	kcal	PS·h	Kp·m
1 J =	1	0,001	$2,78 \cdot 10^{-7}$	$2,39 \cdot 10^{-4}$	$3,77 \cdot 10^{-7}$	0,102
1 kJ=	1000	1	$2,78 \cdot 10^{-4}$	0,239	$3,77 \cdot 10^{-4}$	102
1 kW·h =	3'600.000	3.600	1	860	1,36	367.000
1 kcal=	4190	4,19	0,00116	1	0,00158	427
1 PS·h =	2'650.000	2.650	0,736	632	1	270.000
1 kp·m =	9,81	0,00981	$2,72 \cdot 10^{-6}$	0,00234	$3,7 \cdot 10^{-4}$	1

5.1.4 Leistung

Die Einheit der Leistung ist das Watt (W). 1 Watt ist gleich der Leistung, bei der während der Zeit 1 s die Energie 1 J umgesetzt wird.

$$1 \text{ W} = 1 \text{ J/s} = 1 \text{ N} \cdot \text{m/s}$$

Umrechung von Leistungseinheiten

	W	kW	kcal/s	kcal/h	kp·m/s	PS
1 W =	1	0,001	$2,39 \cdot 10^{-4}$	0,860	0,102	0,00136
1 kW =	1.000	1	0,239	860	102	1,36
1 kcal/s =	4.190	4,19	1	3600	427	5,69
1 kcal/h =	1,16	0,00116	$2,78 \cdot 10^{-4}$	1	0,119	0,00158
1 kp·m/s =	9,81	0,00981	0,00234	8,43	1	0,0133
1 PS	736	0,736	0,176	632	75	1

Dichte und Wärmekapazität für Luft und Wasser bei +20°

	Dichte p kg/m³	spez. isobare Wärmekapazität C² kJ/kgK
Luft	~ 1,2	~ 1
Wasser	~ 1000	~ 4,2

5.2 Relevante Formeln der Energietechnik

Formeln

Wärmeleistung $\dot{Q}_L = \dot{V}_L \cdot p_L \cdot c_{pL} \cdot \Delta T_L$ (Watt)

bei $\dot{V}_L$ in (m³/h) $\dot{Q}_L = \dfrac{\dot{V}_L \cdot \Delta T_L \cdot p_L \cdot c_{pL}}{3600}$ (Watt)

Kühlleistung $\dot{Q}_L = \dot{V}_L \cdot p_L \cdot \Delta h$ (Watt)

bei $\dot{V}_L$ in (m³/h) $\dot{Q}_L = \dfrac{\dot{V}_L \cdot \Delta h \cdot p_L}{3600}$ (Watt)

Wasserdurchfluß $\dot{V}_w = \dfrac{\dot{Q}_L \cdot 1000}{p_w \cdot c_w \cdot \Delta T_w}$ (l/s)

Dynamischer Druck $p_d = \dfrac{p}{2} \cdot W_L^2$ (Pa)

Leistungsbedarf $P_e = \dfrac{\dot{V}_L \cdot \Delta p_t}{\eta \cdot 1000}$ (kW)

Wärmebedarf $\dot{Q} = \dfrac{A \cdot k \cdot \Delta T}{1000}$ (kW)

5.3 Größen, Einheiten, Symbole

Größe		SI-Einheit		
Benennung	Formelzeichen	Benennung	Zeichen	Anmerkung Umrechung
Flächeninhalt	A	Quadratmeter	m²	
Zeit	t	Sekunde	s	
Drehzahl	n	1 durch Sek.	1/s	1/s = 60/min
Geschwindigkeit	w	Meter je Sek.	m/s	
Leistung (Motor)	P	Kilowatt	kW	1 kW = 1000 W
Leistungsbedarf	P_e	Kilowatt	kW	
Wirkungsgrad	η		1	
Wärmedurchgangs-koeffizient	k	Watt je Quadratmeter und Kelvin	W/m²K	1W/m²K ≈ 0,86 kcal/m²h °C
Luftvolumen	$\dot{V}$	Kubikmeter pro Sekunde	1 m³/s	
Luftdruck	p	Pascal	Pa	

5.4 Physikalische Grundlagen der Wärmetechnik

Temperatur

Die Temperatur ist ein Maß für den Wärmezustand von festen Körpern, Flüssigkeiten oder Gasen. Sie wird gemessen in Grad Celsius (°C), das ist 1/100 der Differenz zwischen dem Gefrierpunkt (0 °C) und dem Siedepunkt (100 °C) des Wassers.
Im internationalen Maßsystem (SI-Einheiten) wird die Temperaturskala nach Kelvin verwendet. Sie beginnt beim absoluten Nullpunkt, der bei –273,15 °C liegt.

Beispiele:
0 K ≈ –273 °C
273 K ≈ 0 °C
373 K ≈ 100 °C

Wärmemenge Q

Der Wärmezustand eines Stoffes wird durch die kinetische Energie (Bewegungsenergie) der Moleküle gekennzeichnet. Die Moleküle eines Stoffes befinden sich dauernd in Bewegung, je größer diese Bewe-

gungsenergie, um so höher ist die zugehörige Temperatur. Vergrößert oder verkleinert man diese Energie durch Erwärmen oder Abkühlen, so wird die zugeführte bzw. entnommene Energie als Wärmemenge Q bezeichnet.
So ist z.B. für die Erwärmung von 1 Liter Wasser von 14,5 auf 15,5 °C eine Wärmemenge von 1 kcal erforderlich. Diese alte technische Maßeinheit ist durch die gesetzlich vorgeschriebene SI-Einheit Joule ersetzt worden. Als Umrechnung gilt:
1 kcal ≈ 4,2 kJ
Die zugeführte Wärmemenge läßt sich berechnen nach:

$$Q = m \cdot c_p \cdot \vartheta \quad [kJ]$$

mit: Q = Wärmemenge [kJ]
   m = Masse [kg]
   cp = spezifische Wärmekapazität [kJ/(kG K)]
   Δϑ = Temperaturdifferenz [K]

Die Umrechnung in andere Einheiten ist tabellarisch in der Anlage A dargestellt.

Wärmestrom $\dot{Q}$

Da bei der Übertragung von Wärmemengen neben der Größe dieser Wärmemenge auch die Zeit, in der sie übertragen wird, eine wichtige Größe ist, ergibt sich aus dem Quotienten Wärmemenge/Zeit die Wärmeleistung, auch Wärmestrom genannt.
Die Einheit dieses Wärmestromes ist Watt.

$$\text{Leistung} = \frac{\text{Arbeit}}{\text{Zeit}} = \frac{\text{Wärmemenge}}{\text{Zeit}}$$

$$\dot{Q} = \frac{Q}{t} \quad [\text{Joule/Sekunde}] \text{ oder } [\text{Watt}]$$

5.5 h, x – Diagramm nach Mollier

Sattdampf-Enthalpie und Enthalpie von Wasser, Zustandgrößen von Wasser und Dampf

Dampfüberdruck	Sattdampf-Enthalpie		Wasser-Enthalpie	
bar	Temperatur °C	Enthalpie h^s kWh/kg	Temperatur °C	Enthalpie h^s kWh/kg
0,5	111,37	0,7482	20	0,0236
1,0	120,23	0,7517	25	0,0294
1,5	127,43	0,7546	30	0,0352
2,0	133,54	0,7568	35	0,0410
2,5	138,87	0,7588	40	0,0468
3,0	143,62	0,7605	45	0,0526
3,0	147,92	0,7619	50	0,0584
4,0	151,84	0,7632	55	0,0642
4,5	155,47	0,7644	60	0,0700
5,0	158,84	0,7654	65	0,0758
5,5	161,99	0,7664	70	0,0816
6,0	164,96	0,7672	75	0,0874
6,5	167,76	0,7680	80	0,0933
7,0	170,41	0,7687	85	0,0991
7,5	172,94	0,7694	90	0,1049
8,0	175,36	0,7700	95	0,1108
8,5	177,67	0,7706	96	0,1119
9,0	179,88	0,7712	97	0,1131
9,5	182,02	0,7717	98	0,1143
10,0	184,07	0,7721	99	0,1154

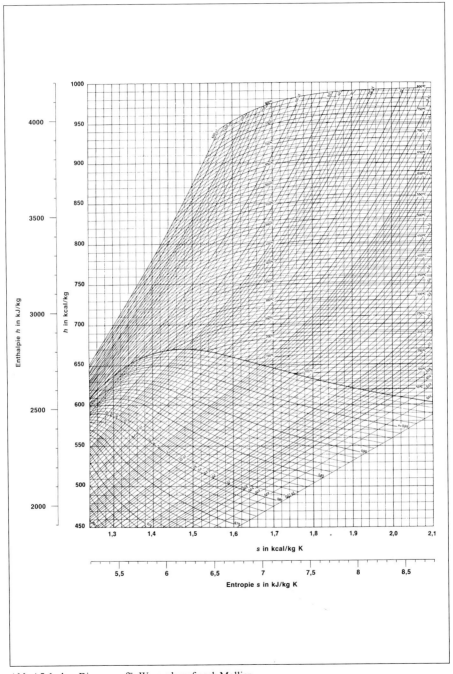

Abb. A5-1: h, s-Diagramm für Wasserdampf nach Mollier

5.6 Zustandsgrößen von Wasser und Dampf in Abhängigkeit des Drucks

Dampfüberdruck bar	Sattdampf-Enthalpie Temperatur °C	Enthalpie h^s kWh/kg	Wasser-Enthalpie Temperatur °C	Enthalpie h^s kWh/kg
11,0	187,96	0,7730	100	0,1166
12,0	191,61	0,7737	101	0,1178
13,0	195,04	0,7744	102	0,1190
14,0	198,29	0,7750	103	0,1201
15,0	201,37	0,7755	104	0,1213
16,0	204,31	0,7759	105	0,1225
17,0	207,11	0,7763	110	0,1225
18,0	209,80	0,7767	120	0,1401
19,0	212,37	0,7770	130	0,1519
20,0	214,85	0,7773		
21,0	217,24	0,7775		
22,0	219,55	0,7777		
23,0	221,78	0,7779		
24,0	223,94	0,7780		
25,0	226,04	0,7782		
26,0	228,07	0,7783		
27,0	230,05	0,7783		
28,0	231,97	0,7784		
29,0	233,84	0,7784		
30,0	235,67	0,7784		
31,0	237,45	0,7784		
32,1	239,18	0,7784		

5.7 Zustandsgröße von Wasser und überhitztem Dampf in Abhängigkeit der Temperatur

t °C	1 bara h[kJ/kg]	5 bara h[kJ/kg]	10 bara h[kJ/kg]	15 bara h[kJ/kg]	25 bara h[kJ/kg]	50 bara h[kJ/kg]	100 bara h[kJ/kg]
0	0,0	0,5	1,0	1,5	2,6	5,1	10,2
10	42,1	42,5	43,0	43,5	44,4	46,9	51,7
20	84,0	84,3	84,8	85,3	86,2	88,6	93,2
30	125,8	126,1	126,6	127,0	127,9	130,2	134,7
40	167,5	167,9	168,3	168,8	169,7	171,9	176,3
50	209,3	209,7	210,1	210,5	211,4	213,5	217,8
60	251,2	251,5	251,9	252,3	263,2	255,3	259,4
70	293,0	293,4	293,8	294,2	295,0	297,0	301,1
80	335,0	335,3	335,7	336,1	336,9	338,8	342,8
90	377,0	377,3	377,7	378,0	378,8	380,7	384,6
100	419,0	419,4	419,7	420,1	420,9	422,7	426,5
125	2726,5	525,2	525,5	525,9	526,6	528,3	531,8
150	2776,3	632,2	632,5	632,8	633,4	635,0	638,1
175	2825,9	2800,3	2763,9	741,4	741,9	743,3	746,0
200	2875,4	2855,1	2828,8	852,3	852,8	853,8	855,9
225	2924,9	2908,6	2886,2	2861,5	2804,3	967,5	968,8
250	2974,5	2961,1	2943,0	2923,5	2879,5	1085,8	1085,8
275	3024,4	3013,0	2998,1	2982,3	2947,4	2838,2	1209,2

5.8 Wärmedurchgangszahl k für verschiedene Stoffe und Materialien

Anhaltszahlen für die Wärmedurchgangszahl k (nur für Näherungsberechnungen brauchbar)

Wärmeübergang	⇌		W/(m² K)	
Wasser	Gußeisen	Luft, Rauchgas	10…	11
Wasser	Stahl	Luft, Rauchgas	11…	24
Wasser	Kupfer, Messing	Luft, Rauchgas	14…	30
Wasser	Gußeisen	Wasser	280…	300
Wasser	Stahl	Wasser	290…	350
Wasser	Kupfer, Messing	Wasser	350…	400
Luft, Rauchgas	Gußeisen	Luft, Rauchgas	3…	10
Luft, Rauchgas	Stahl	Luft, Rauchgas	11…	15
Luft, Rauchgas	Kupfer, Messing	Luft, Rauchgas	9…	17
Luft, Rauchgas	Schamottesteine	Luft, Rauchgas	6…	7
Dampf	Gußeisen	Luft, Rauchgas	7…	11
Dampf	Stahl	Luft, Rauchgas	11…	30
Dampf	Kupfer, Messing	Luft, Rauchgas	14…	21
Dampf	Gußeisen	Wasser	815…	1050
Dampf	Stahl	Wasser	930…	1400
Dampf	Kupfer, Messing	Wasser	1150…29001	

Die höheren Zeiten gelten für höhere Geschwindigkeiten

5.9 Wärmedurchgangszahl k für die Heizflächenberechnung

Anhaltszahlen für die Wärmedurchgangszahl k bei ausgeführten Anlagen

	W/(m² K)	
Berührungsheizfläche bei Dampfkessel	35…	58
Überhitzerheizfläche	23…	58
Speisewasservorwärmer		
Gußeisen, Stahl-Rippenrohre	11…	17
Kurzrippenrohr	15…	24
Nadelvorschwärmer	18…	29
Stahl-Schlangenrohr	29…	58
Abdampf-Speisewasservorwärmer		
Dampf umspült		
Stahlrohre, Dampfdruck 1,1…1,5 bar	1610…	2425
Stahlrohre, Dampfdruck 1,5…5 bar	2307…	2940
dgl. günstige Rohranordnung	3950	
stehende Vorwärmer, Dampfdruck 1,1…1,5 bar	695…	1860
stehende Vorwärmer, Dampfdruck 1,5…5 bar	1950…	2240
Dampf durch Stahlrohre, Dampfdruck 1…5 bar	2085…	3360
dgl. Kupfer- oder Messingrohre	232…11680	
Platten- und Röhrenluftvorwärmer		
Gasgeschwindigkeit 4…6 m/s	10…	12
Gasgeschwindigkeit 8…10 m/s	11…	14

5.10 Heizwerte und Energieäquivalente verschiedener Brennstoffe

Brennstoff	Heizwert H_u	Stein-kohlen	Koks	Braun-kohle-Briketts	Heizöl EL (l)	Heizöl EL (kg)	Ergas H	Erdgas L	Stadt-gas	Elektr. Strom
Steinkohle	8,14 kWh/kg	1	1,08	1,45	0,81	0,69	0,81	0,92	1,81	8,14
Koks	7,5 kWh/kg	0,92	1	1,34	0,75	0,63	0,75	0,85	1,67	7,5
Braunkohle-Briketts	5,6 kWh/kg	0,69	0,75	1	0,56	0,47	0,56	0,64	1,24	5,6
Heizöl EL	10,0 kWh/l	1,23	1,33	1,78	1	0,84	1	1,14	2,22	10,0
Heizöl EL	11,85 kWh/kg	1,45	1,58	2,12	1,18	1	1,18	1,35	2,63	11,85
Erdgas H	10,0 kWh/m$_n^3$	1,08	1,17	1,57	0,88	0,74	0,88	1	1,96	8,8
Stadtgas	4,5 kWh/m$_n^3$	0,55	0,60	0,80	0,45	0,38	0,45	0,51	1	4,5
Elektr. Strom	1,0 kWh	0,12	0,13	0,18	0,10	0,08	0,10	0,11	0,22	1

5.11 Umrechnungstabelle verschiedener Einheiten und Energiearten für Fichte/Tanne und Buche bei einer Holzfeuchte von 15 %

Einheit	Energie-Träger-Einheit		Holz-Schnitzel	Holz-Scheiter	Holz-Festmasse	Holz lufttrock.	Holz-Trockensubstanz	Heizöl extra leicht	Energieinhalt (unterer Heizwert Hu)	
			S m³	Ster	fm	t	atro-t	t	GJ	MWh
1 S m³	Holzschnitzel	Fi/Ta	1	0,57	0,40	0,20	0,17	0,075	3,18	0,88
		Bu	1	0,57	0,40	0,29	0,24	0,097	4,13	1,15
1 Ster	Holzscheiter	Fi/Ta	1,75	1	0,70	0,35	0,30	0,130	5,57	1,55
		Bu	1,75	1	0,70	0,50	0,42	0,169	7,22	2,01
1 fm	Holzfestmasse	Fi/Ta	2,50	1,43	1	0,50	0,42	0,186	7,95	2,21
		Bu	2,50	1,43	1	0,71	0,60	0,242	10,32	2,87
1 t	Holz lufttrocken	Fi/Ta	5,0	2,86	2,00	1	0,85	0,372	15,90	4,42
		Bu	3,5	2,00	1,40	1	0,85	0,338	14,40	4,01
1 atro-t	Holztrockensubstanz	Fi/Ta	5,92	3,39	2,37	1,19	1	0,445	19,00	5,28
		Bu	4,18	2,39	1,67	1,19	1	0,407	17,40	4,83
1 T	Heizöl extra leicht	Fi/Ta	13,42	7,67	5,37	2,68	2,25	1	42,70	11,86
		Bu	10,35	5,91	4,14	2,96	2,45	1	42,70	11,86
1	GJ (10⁹)	Fi/Ta	0,31	0,18	0,126	0,063	0,052	0,023	1	0,278
		Bu	0,24	0,14	0,097	0,069	0,057	0,023	1	0,278
1	MWh (1000 kWh)	Fi/Ta	1,13	0,65	0,45	0,226	0,188	0,084	3,6	1
		Bu	0,87	0,50	0,35	0,249	0,206	0,084	3,6	1

Berechnungsgrundlagen:

1 Raummeter Holz-Scheiter (Ster)	= 0,7 m^3 Holz (Festmasse)
	= 0,3500 t Fichte/Tanne
	= 0,5000 t Buche
1 Raummeter Holz-Schnitzel	= 0,4 m^3 Holz (Festmasse)
1 t Fichte/Tanne	= 3,8000 mio kcal
1 t Buche	= 3,4500 mio kcal
1 t Heizöl (extra leicht)	= 10 200 mio kcal
1 kWh = 3600 kJ	= 860 kcal

Bemerkung: Die Umrechnungsfaktoren beziehen sich allein auf die Wärmeinhalte, unterschiedliche Wirkungsgrade von Öl- und Holzheizungen sind nicht berücksichtigt. Bei der atro-Tonne liegen die Werte für Holz mit einer relativen Feuchte von 35 % rund 5 %, mit einer relativen Feuchte von 50 % rund 10 % tiefer.

5.12 Schüttgewichte verschiedener Nadelholzsortimente in Abhängigkeit der Feuchte

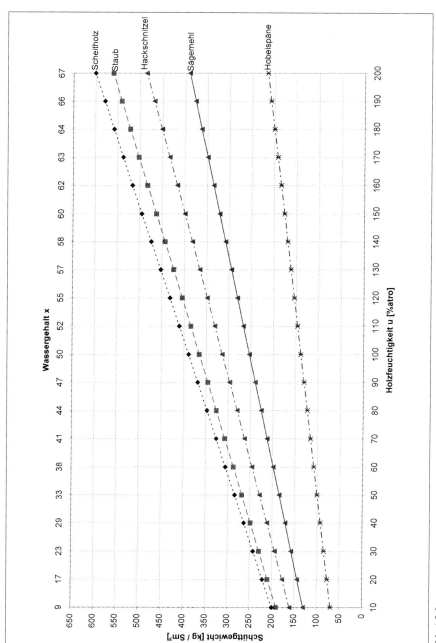

Abb. A5-3

5.13 Schüttgewichte verschiedener Laubholz-Sortimente in Abhängigkeit der Feuchte

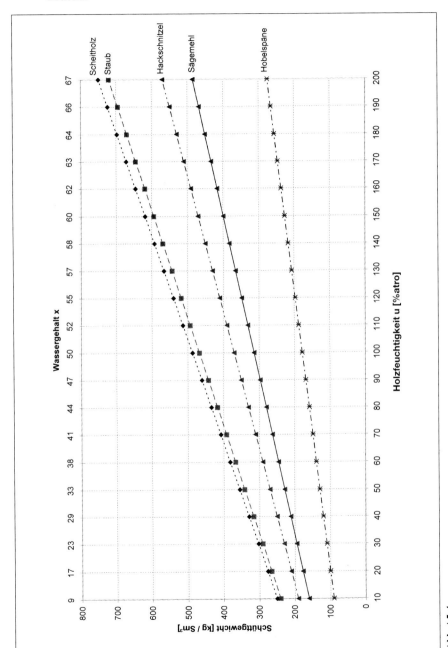

Abb. A5-4

5.14 Ermittlung von Luftbedarf und Rauchgasmengen für die Verbrennung von Holz in Abhängigkeit des Heizwertes

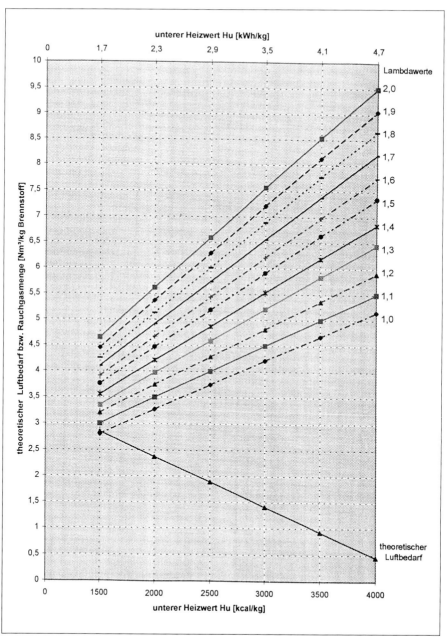

Abb. A5-5

5.15 Richtwerte für die Strom- und Wärmeleistung von KWK-Anlagen in Abhängigkeit von Dampfdurchsatz und dem Verhältnis von Eintrittsdruck (PE) zum Austritts- bzw. Gegendruck (PA)

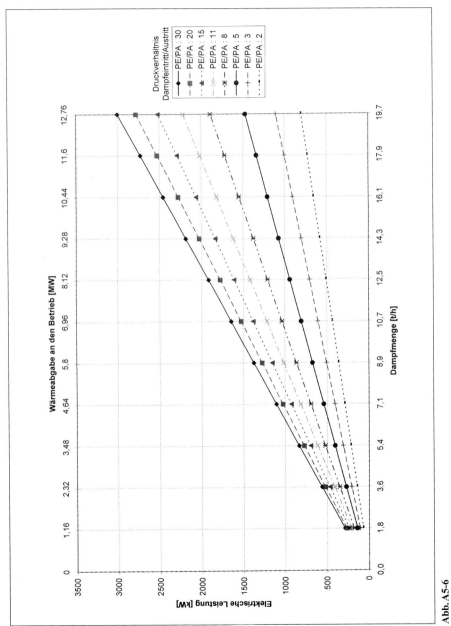

Abb. A5-6

Sachwortverzeichnis

Abbrand, oberer siehe Durchbrand
Abbrand, unterer 101
Abgasdichtemessung 193
Abgasemissionen 21
Abgasentstaubung 206
Abgasreinigung 201ff
Abgasrezirkulation siehe Abgasrückführung
Abgasrückführung 220
Abgaszusammensetzung, Messung der 192f
Abgasmenge 346
Abgasverlust 293
Additivzugabe 210
Additivsysteme 216
Altholz siehe Gebrauchtholz
Amortisationsdauer
– von Turbinenbauarten 254
Anforderung,
– sicherheitstechnische 283
Armaturen 177
Asche
– Ausbringung 241
– Behandlungsverfahren 244ff
– Beseitigung 243
– Charakterisierung 227
– Entsorgungskosten 228
– Fraktionierung 232f
– Hauptbestandteile 28
– Verwertung 239
– Zusammensetzung 228ff
Aschefraktionen 225, 231ff

Aschegehalt 4, 30, 61, 124, 141, 226
Ascheschmelzpunkt 124, 227, 229
Ausbrandinhibitoren 57
Ausbrandoptimierung 202
Ausbrandpromotoren 57
Axialturbine 252ff

Bandtrockner 74ff, 308
Basen-Austauschverfahren 261f
Bauartzulassung 283
Brikettierung 76ff
Becherwerk 91f
Bergversatz 243
Beschichtungen, halogenorganische siehe PVC
Betrieb ohne Beaufsichtigung 188, 307
Betriebskosten 276f
Betriebssicherheit 97
Bezugssauerstoffgehalt 282
Blockheizkraftwerk 124, 149, 171, 304
Boudouard-Reaktion 155
Brandschutz 85ff, 97
Brennkegelrost 138f
Brennluftzufuhr, gestufte 220f
Brennstoff
– Aufbereitung 313
– Dosierung 194
– Kenngrößen 10
– Lagerung 74, 79ff, 307, 308
– Mengenerfassung 193

Bundes-Immissionsschutzverordnung
– 1. BImSchV 27, 95, 201, 208, 280ff, 317
– 4. BImSchV 27, 127, 280, 283ff
– 9. BImSchV 286
– 12. BImSchV 286
– 13. BImSchV 128, 280, 288f
– 17. BImSchV 27, 127, 201, 207, 288, 289ff, 318

Carbo-V-Anlage 170
Cellulose 30f, 45
Chlorgehalte 32, 35, 39, 55, 233
Chlorwasserstoff siehe Halogenwasserstoffe
Chromatwerte von Aschen 244f
Contracting 278
CO-Regelung 196
CO/Lambda-Charakteristik 196, 202
CO/Lambda-Regelung 196ff
CO_2-Emissionen 4, 15
CO_2-Minderungspotential 5

Dampfkessel-Bestimmungen 299
Dampfkraftprozeß 247, 347
Dampfmaschine, schnellaufende 249, 307
Dampfmotor siehe Dampfmaschine

Dampfturbine 252f, 316
De-Novo-Synthese 54f, 201, 212
Dioxine 54f, 201, 206, 212, 217, 219, 223, 290, 319
Doppelbrandkessel siehe Wechselbrandkessel
Drehrohrofen 139
Drehrost 138
Drehschnecke 88
Druckentlastungsklappen 87
Druckstoßabreinigung 211
Düngemittel 243
Durchbrand 99
Durchbrandkessel 47, 111ff
Durchmischung 204

Easymod-Vergasungssystem 163
Einblasfeuerung 120, 145ff
Einzelofen 104f
Elektrofilter 208ff, 307, 311, 313
Elevator siehe Becherwerk
Eluierverhalten von Asche 227
Emissionsgrenzwerte siehe unter rechtliche Vorschriften
Emissionsmessungen 97, 317ff
Energieäquivalente 342
Energiedichte 10
Energiepflanzen 23
Energiequellen, erneuerbare 6ff
Entgasung
– von Holz 43ff, 99, 118
– von Kesselwasser 264f
Entsorgung von Holzaschen 233
Entstickung siehe SCR- und SNCR-Technik

Entstickungskatalysatoren 201, 223
Explosionsklappen 87
Extraktstoffe 30

Fällverfahren, chemisches 26
Feinmühle 69 f
Festbettvergaser 157
Feuchtegehalt, siehe Holzfeuchte
Feuerluftmaschine 252
Feuersperrventil 151
Feuerungsanlagen-Verordnung 292
Filter
– Abreinigung 211f
– Brände 210
– Kuchen 211
– Materialien 213
– Verschmutzung 215
Filterschichttechnik 216f
Fliehkraftabscheider 207ff
Fließbettreaktoren 167ff
Fließbettvergaser 157f
Fluorwasserstoff siehe Halogenwasserstoffe
Förderung, finanzielle 277f, 304, 321
Formaldehyd 49, 245f
Formeln der Energietechnik 337
Funkenlöschanlage 87
Fuzzy-Logic 198

Gas- und Dampf-Prozeß 256
Gebrauchtholz 19ff, 27, 29, 34, 36, 41, 59, 154, 226, 295
Gegendruckturbine 252, 308, 311f
Gegenstromfeuerung 138
Gegenstromvergaser 157, 164ff
Genehmigungsplanung 270f

Genehmigungsverfahren 280f, 285ff
Generatorgas 156
Gesamt-C, organisches siehe Kohlenwasserstoffe
Getriebe-Dampfturbine 255
Gleichstromfeuerung 138
Gleichstromvergaser 157, 160ff
Gleichstrom/Gegenstromvergaser 166
Gliederkopfgebläse 204f
Größen, physikalische 335ff
Großfeuerungsanlagen-Verordnung siehe 13. BImSchV
Grundofen 104, 106
Grünschnitt 23
Gummigurtförderer 91

Hackgut, siehe Hackschnitzel
Hackmaschinen 67
Hackschnitzel 29, 60ff, 74, 84, 100, 141, 144, 306, 344
Hackschnitzelfeuerungen 99, 102, 116ff
Halogenwasserstoffe 53, 217, 218f, 290
Hammermühle 69
Härtebildner 259, 261
Härte, temporäre siehe Carbonathärte
Heizflächenberechnung 341
Heizwert 26ff, 39, 124, 342, 346
Heizölpreis 276
Hochsiloanlagen 84ff
Holzabfälle 22
Holzasche siehe Asche
Holzbriketts 61, 76ff, 96, 100, 124, 295
Holzeinschlag 16ff

349

Holzfeuchte 18, 28ff, 60f, 64, 203f, 342, 344
Holzgasgenerator 124
Holzgas-Kolbenmotoren 256f
Holzgasqualität 160
Holzgasverwertung 158
Holzgaszusammensetzung 155ff
Holzkohle 44, 46, 100, 154
Holzpellets 18, 29, 61, 78ff, 96, 100, 124, 141, 281
Holzscheite 29, 59, 295
Holzschutzmittel 22, 27, 36ff, 63, 230f, 280f, 287f, 295
Holzschutzmittelwirkstoffe 38
Holzstaub 100
Holzstaubbrenner 129
Holzvergasung 154ff
Holzwerkstoffe 19, 29, 34ff, 39, 57, 63, 65, 226
Holzwerkstoffe, Zusammensetzung von 35
Holzzusammensetzung 30ff
Honorarermittlung 274
HTV-Juch-Vergaser 162
h-x-Diagramm nach Mollier 338

Imbert-Vergaser 161f
Inertstoffdeponien 236
Investitionskosten 276, 304, 311
Ionenaustauscher 262f

Kamin 107f
Kaminholz 107
Kaminofen siehe Kamin
Kachelofen 105ff
Kipprost 110
Klimaschutz 4
Kleinfeuerungsanlagen 95ff

Kohle, Zusammensetzung von 33
Kohlekessel 170
Kohlenmonoxid 48f, 155f, 196ff, 202f, 281ff
Kohlenwasserstoffe
– allgemein 48ff, 155f
– polycyclische aromatische, siehe PAK
Koksbildung 175
Kolben-Dampfmaschine 249
Kostensituation 68, 98, 224, 306, 311
Kraft-Wärme-Kopplung 247ff, 306, 347
Kratzkettenförderer 89f, 115, 313
Kreislaufwirtschaftsgesetz 291
Küchenherd 109
Kurzumtriebsholz 59
Kynby-Gasgenerator 16

Langsamläufer 69f, 316
Lambda-Regelung 111, 196
Lambda-Zahl 46, 153, 156f, 196f, 202f
Leasing 277f
Leistungsmessung 193f
Lignin 31, 45
Low-NO_x-Verbrennung 222
Luftbedarf, Ermittlung von 346
Luftmengendosierung 194
Luft-Querstrom-Vergaser 167
Luftreinhalteverordnung
– österreichische 293f
– schweizerische 294f
Luftzahl siehe Lambdazahl

Machbarkeitsstudie 269
Meß- und Regeltechnik 187ff

Meßverfahren für Emissionen 317
Meßwerterfassungselemente 190
Meterholz 59
Minimierungsgebote 287
Monodeponie 235
Muffeleinblasfeuerung 141, 146f, 204, 307
Multizyklon-Entstauber 208

Naßabscheider 215f
Naßabscheidung 206
Naßentaschung 245
Nennwärmeleistung 98
Niederdruck-Entgaser, thermischer 264
Nicht-Carbonathärte 259, 261

Objektbetreuung 274
Objektüberwachung 273f
Ölkessel 122
Oxidationskatalysatoren 223

PAK 56, 206, 217, 223, 319
Pelletierung 78f
Pelletofen 108
Pellets siehe Holzpellets
Permanenthärte siehe Nicht-Carbonathärte
Permeator 263
Photovoltaik 9
Photosynthese 14
Planung von Energieanlagen 268ff
Planungshonorare 274
Polyosen 30, 45
Precoating 212
Primärenergieverbrauch 3, 6
Primärluft 49
Produktionsreste 19, 201
Projektierungsgrundlagen 268

350

Prozeßleittechnik 198ff
Prozeßvisualisierung 198
Pufferspeicher 113, 122, 296
PVC 22, 27, 35, 41, 281, 287f, 295
Primärluft 47ff, 204, 220f
Pyrolyse 153, 155
Pyrolysetemperatur 45

Querstromvergaser 157, 166

Radialturbine 252
Radlader 71, 90
RAL-Gütezeichen 41f, 241
Rauchgas siehe Abgas
Rauchrohrkessel 178ff, 307, 313
Reaktordeponien 238
Reduzierung von Chrom-VI 245
Reduktionsmittel für Stickoxide 222f
Regelbrennstoffe 287
Reststoffdeponien 237
Reststoffe, landwirtschaftliche 23
Rieselentgaser 264
Rinde 29, 84, 100, 141, 226, 308
Rinde, Zusammensetzung von 32
Rohrschnecke 93
Rostfeuerung 128ff, 141, 144, 149, 205, 225, 307, 308
Rüttelrost 104

Sägewerksrestholz 18, 33
Sauerstoffkorrosion 259ff
Saugzugventilator 109, 195
Schachtfeuerung 141
Scheibenhacker 65f
Scheitholz siehe Holzscheite

Schlauchfilter 210ff
Schleuderradfeuerung 121, 140ff
Schmaus-Vergaser 164f
Schneckenhacker 65f
Schornstein 96, 282f
Schornsteinhöhe 282
Schrägschnecke 88
Schubboden 82f, 89, 308
Schüttdichte 61, 64
Schüttgewichte 344f
Schwefelgehalte 32f, 35, 233
Schwefeloxide 53
Schwermetallemissionen 219, 290
Schwermetallgehalte 30, 33, 37, 229ff, 241f
SCR-Technik 223
Sekundärluft 47ff, 204, 220f
Sichtung 71
Siliciumdioxid 228
SNCR-Technik 221ff
Sonderabfalldeponie 235
Späneförderung, pneumatische 89
Spänesilo 85
Spurenstoffe 62
Staubabscheider 206ff
Staubbrenner 141, 147ff
Staubfeuerung 128
Steinkohlenteerimprägnieröl 40
Stickstoffgehalte 32, 35, 51f
Stickstoffoxide 51ff, 219ff
Stirling-Motor 257f
Stokerfeuerung 120, 142
Störfallverordnung 286
Störstoff 42
Stromeinspeisungsgesetz 12, 154, 297
Stroh 23f, 29, 124, 149, 226
Strohfeuerungsanlagen 124ff, 149ff

Strohlager 150
Stückholz 59
Stückholzfeuerungen 99, 103ff
Stückholzkessel 110f
Sturzbrandkessel 115
Systematik der Feuerungsanlagen 100

TA Abfall 235f
TA Luft 53, 201, 207, 287f
TA Siedlungsabfall 20, 225, 234ff, 244
Technische Verordnung über Abfälle 297
Temperaturmessung
– durch Thermoelemente 190f
– pyrometrisch 191f
Tertiärluft 47
Thermolyse siehe Pyrolyse
Thermoölkesselanlagen 184ff
Toxizitätsäquivalente 54f
Treppenrost 129
Trocknung 43f, 64, 73ff
Trockenabscheidung 206
Trogkettenförderer 90
Trommelhacker 65f, 69
Trommeltrockner 76
Trommelsieb 72
Typprüfung 292

Überbandmagnet 72
Umkehr-Osmose-Anlage 263
Umwälzpumpen 177
Unterbrandkessel 114ff, 125
Unterschubfeuerung 119f, 141ff

VDI-Richtlinie 3462 318
VDI-Richtlinien, andere 317ff
Verbrennungstemperatur 203

351

Verflüssigung 153
Vergasung, allotherme 153
Vergasungsfeuerung 141
Verpackungsverordnung 29
Verschmutzungen, mineralische 231
Vertragsrecht 298
Verweilzeit 49, 204
Vibrationsfeuerung 137
Vollentsalzungsanlage 262f
Vorvergasung 150
Vorbrecher 68
Vorofenfeuerung 118ff, 141
Vorschriften, rechtliche 95f, 127f, 279ff
Vorschubrost 133ff

Waldholz 16ff, 22, 23, 27, 29
Walking-Floor 84
Wamsler-Vergaser 162f
Wanderbettechnik 216
Wanderrost 129ff, 304
Wärmedurchgangszahlen 341
Wärmeleistungsbedarf 97
Wärmespeicher siehe Pufferspeicher
Wärmetauschersysteme 173ff, 247
Wärmetechnik, Grundlagen 337
Wärmeträger 173ff
– Dampf 174, 311
– Luft 178
– Thermoöl 174f, 311, 313
– Wasser 113f, 173, 247
Wärmeträgeranlage 176
Wasseraufbereitung 259ff, 313
Wassergasreaktion 158
Wassergehalt 27ff
Wasserkraft 9
Wasserkreislauf 111f
Wasserrohrkessel 182ff, 308
Wechselkessel 123
Weltbevölkerung, Entwicklung von 1ff
Weltenergieverbrauch 1ff, 15
Windkraft 9

Wirbeldüsenfeuerung 145
Wirbeldüsenrost 145
Wirbelschichtfeuerung 128, 141, 143ff, 229
Wirbelschichttechnik 216
Wirbelschichtvergasung
– stationäre 158
– zirkulierende 158, 168ff
Wirtschaftlichkeitsbetrachungen 275ff

Xylan siehe Polyosen

Zigarrenbrennerfeuerung 151
Zimmerofen siehe Einzelofen
Zustandgrößen Wasser/ Dampf 340
ZWS-Gaserzeuger 171
Zyklon siehe Fliehkraftabscheider
Zyklon-Unterschubfeuerung 120

DRW-Fachbücher für die Holzwirtschaft

Holz-Lexikon
3. überarbeitete und erweiterte Auflage 1988.
1420 S., 13 726 Stichwörter, 2127 Abb., 16,5 x 24 cm, 2 Bände. Die fast 14.000 Stichwörter aus allen Fachgebieten erläutern: Holzarten mit besonderer Berücksichtigung der tropischen und subtropischen Hölzer, Holztechnologie, Werkstoffkunde, alle Fachausdrücke aus den Bereichen Holzbearbeitung, Holzhandel, Holzpflege, Holzschutz und Holzverarbeitung sowie wichtige Begriffe der Forstwirtschaft. Einen bedeutenden Teil des Werkes nimmt das Gebiet der Holzbearbeitungs-Maschinen und Werkzeuge ein.

Beschreibung und Bestimmung von Bauholzpilzen
Von Björn Weiß, André Wagenführ, Kordula Kruse
126 S. mit 121 Farbfotos u. 128 Tab., 17,5 x 24,5 cm.
Das vorliegende Buch ist ein Bestimmungsschlüssel, der es Holzschutzfachleuten erlaubt, eine sichere Diagnose eines Bauschadens, der von Pilzen verursacht wurde, vor Ort vorzunehmen. Die Tests basieren auf makroskopische und mikroskopische Untersuchungen, auf Anfärbemethoden von Myzelien und Holz sowie auf biochemische Reaktionen, die die Enzymbildung von Pilzen ausnutzt. So erübrigen sich kostenaufwändige Laboruntersuchungen. Bestimmt werden können die am häufigsten in Gebäuden vorkommenden holzzerstörenden Pilzarten und Moderfäulepilze sowie auch holzverfärbende Pilze wie Bläue- und Schimmelpilze.
Dieser Bestimmungsschlüssel ist für alle, die in der Altbausanierung tätig sind, eine wichtige Hilfe um im Schadensfall die richtige Entscheidung zu treffen.

Vorrichtungsbau in der Holzverarbeitung
Handbuch für Industrie und Handwerk
Von Helmut Dittrich und Hans Wehmeyer
164 S. mit 275 Abb., davon 210 Fotos, 21 x 28 cm.
Im Buch werden grundsätzliche Aspekte des Vorrichtungsbaus wie Arbeitssicherheit, Rationalisierung, Kosten etc. dargestellt. Viele Beispiele aus der Praxis werden in Wort und Bild erläutert.
Inhalt: Werkstoffe im Vorrichtungsbau, Basisbauteile. Mechanische Spannelemente. Vorrichtungsbauteile zum Führen von Werkstücken u. v. m.

MDF – Mitteldichte Faserplatten
Von Hans-Joachim Deppe/Kurt Ernst
200 S. mit zahlreichen Abb., 16 x 21 cm. Dieses Werk beschreibt die chemischen Grundstoffe, die zur MDF-Herstellung benötigt werden, die Fertigungstechnologie, das Konditionieren, Schleifen und Formatieren sowie das Beschichten mit festen und flüssigen Oberflächenmaterialien. Abschließend werden Platteneigenschaften, Normungsfragen und Be- und Verarbeitung von MDF dargestellt.

Vom Baum zum Holz
Nutzholzarten – Holzschäden – Ausformung – Holzernte – Rundholzsortierung – Verkauf
Von Wolfgang Steuer
256 S. mit 193 Abb., davon 84 Fotos, 16 x 22 cm.
Der Autor hat die Darstellungen von Ewald König überarbeitet und ergänzt. Das Ergebnis ist eine umfassende Zusammenstellung der Vorgänge vom Einschlag bis zum Verkauf des Holzes. Ein fundiertes Nachschlagewerk für den Forstwirt und Holzfachmann und ein Wissensschatz für den in Ausbildung Stehenden.

Grundlagen des Möbel- und Innenausbaus
Werkstoffe – Konstruktion, Verarbeitung von Vollholz und Platten, Beschichtung, Oberflächenbehandlung, Möbelprüfung.
Von Rüdiger Albin, Friedrich Dusil, Rudolf Feigl, Hans H. Froelich, Hans J. Funke
308 S. mit 442 Abb., 65 Tabellen, 21 x 28 cm. In dem Buch werden die wichtigsten Fertigungsbereiche im Möbel- und Innenausbau abgehandelt. Es ist sowohl für den Praktiker als auch für den Nachwuchs in der Ausbildung von großem Nutzen.

Holzwerkstoffe
Herstellung und Verarbeitung. Platten, Beschichtungsstoffe, Formteile, Türen, Möbel
Von Hansgert Soiné
364 S. mit 840 Abb. in 1035 Einzeldarstellungen. 21 x 28,5 cm. Der Inhalt umfaßt die Herstellung von Spanplatten, MDF, Sperrhölzern, Schichtholz, Formsperrholz, Leimholzplatten und Türen, ferner die verschiedenen Einsatzgebiete im Möbel- und Innenausbau. Auf die Oberflächenbehandlung mit flüssigen Materialien, Folien, Dekorpapieren und Schichtplatten wird ebenfalls eingegangen.

Holzbauteile richtig geschützt
Langlebige Holzbauten durch konstruktiven Holzschutz
Von Bernhard Leiße
200 S. mit 208 Abb. u.13 Tab., 17,5 x 24,5 cm.
Der Autor zeigt zahlreiche Möglichkeiten, Holzbauwerke durch rein konstruktive Maßnahmen zu schützen und auf chemische Wirkstoffe gänzlich zu verzichten. Er stellt die physikalischen und anatomischen Eigenschaften des Holzes vor und erklärt die daraus folgenden Konsequenzen für den konstruktiven Holzschutz. Ausführlich erläutert er die unterschiedlichen Beanspruchungen, beispielsweise Holzschutz bei permanentem Erd- und Wasserkontakt, bei direkter Witterungsbeanspruchung und beim Innenbau mit hohen Raumluftfeuchten. Für jede Anwendung informiert er über die passende Holzart. Zahlreiche Konstruktionszeichnungen und Abbildungen veranschaulichen den Text.

DRW-Fachbücher für die Holzwirtschaft

Holz-Handbuch
Von Ulf Lohmann. Mit Beiträgen von Thomas Annies und Dieter Ermschel
5., überarb. u. erg. Aufl., 352 S. mit 86 Abb. und 75 Tab.,16 x 21,5 cm. Ein Nachschlagewerk, das sich an diejenigen richtet, die spezielle Fragen rund ums Holz haben, ob im praktischen Gebrauch oder als Vorbereitung zu Handwerks-, Meister- oder Hochschulprüfungen. Die 5. Auflage behandelt in bewährter Form die Themenbereiche Rohstoff Holz, Rund- und Schnittholz, Sägewerkstechnik, Trocknung und Dämpfung, Holzschutz, Holz im internationalen Verkehr und Holzerzeugnisse. Bereichert mit aktualisierten Tabellen und Texten, die umfangreich auf die Veränderungen der Holzwirtschaft und des Holzhandels eingehen.

Technik mit System
Anleitungen und Anwendungsbeispiele zur methodischen Vorgehensweise bei Beschaffung und Einsatz von Maschinen in der Holzwirtschaft.
Von Gerhard Maier
156 S. mit 60 Zeichnungen, 17 Fotos und 30 Tabellen und Checklisten. 17 x 24 cm. Neben zahlreichen Kurzbeispielen enthält des Werk ausführlich ausgearbeitete Anwendungsbeispiele aus dem Bereich der Holztechnik. Es wendet sich gleichermaßen an Techniker, Ingenieure und Studierende.

Anatomie des Holzes
Von Rudi Wagenführ
5. völlig überarb. Aufl., 190 S. mit 101 Abb., davon 16 Farbfotos u. 26 Tab., 17 x 24 cm. In diesem Band der Reihe Holz – Anatomie – Chemie – Physik wird der Aufbau von Holz und Rinde unter Berücksichtigung der Verschiedenartigkeit von Laub- und Nadelhölzern erklärt. Die Grundsätze und Methoden der Holzartenbestimmung werden vorgestellt, ferner ist ein großer Teil der Mikrotechnologie des Holzes und der Holzwerkstoffe gewidmet. Das Werk ist eine wichtige Informationsquelle für Wissenschaftler, Studierende der Holzwissenschaft und für die holzbe- und -verarbeitende Industrie.

Oberflächenbehandlung in der Holzverarbeitung
Handbuch für Industrie, Handwerk und Restauratoren
Von Helmut Dittrich und Hans Wehmeyer
168 S. mit 165 Abb., 17 x 24 cm. Das Handbuch umfaßt die ganze Spanne von der handwerklichen bis zur industriellen Behandlung von Tischlerarbeiten, von der Serienlackierung bis zum Neuaufbau einer Oberfläche bei einem alten Möbel. Es soll helfen, besser zu schleifen und Untergründe vorzubereiten, zu strukturieren u.v.m.

Spanabhebende Maschinen in der Holzverarbeitung
Auswahl, Anforderung, Konzepte, Konstruktionen
Von Gerhard Maier
192 S. mit 164 Fotos und Zeichnungen, 17,5 x 24,5 cm. Im Buch werden keine konkreten Maschinen beschrieben, sondern die Konzepte aufgezeigt, nach denen sie entwickelt und konstruiert sind. So erkennt der Fachmann rasch, welche Maschine aus dem großen Angebot für die eigenen Zwecke genau richtig ist.

Physik des Holzes und der Holzwerkstoffe
Von Peter Niemz
Band 1 der Reihe: Holz – Anatomie – Chemie – Physik. 244 S. mit 27 Fotos, 237 Zeichnungen, 80 Tabellen und Anlagen, 17 x 24 cm. Darstellung der grundlegenden physikalischen Eigenschaften des Holzes und der Holzwerkstoffe.

Nordamerikanische Exporthölzer
Von Klaus-Günther Dahms
268 S. mit 204 Abb., davon 112 Karten, 90 Zeichnungen 17 x 24 cm. Hier findet der Holzfachmann alles, was er über die nordamerikanischen Exporthölzer wissen muß. Der Inhalt erläutert die Richtlinien der Forst- und Holzwirtschaft in Kanada und in den USA sowie die Gebräuche im Handel mit Laub- und Nadelschnittholz. Zusätzlich sind die Maßsysteme und Umrechnungsfaktoren für nordamerikanisches Rund- u. Schnittholz aufgelistet. Für die beschriebenen 85 Baumarten sind außerdem Verbreitungskarten und Abbildungen der Blüten-, Blatt- und Verzweigungsform gegeben.

Asiatische, ozeanische und australische Exporthölzer
Von Klaus-Günther Dahms
304 S., 47 Fotos und Karten, 27 x 24 cm. Etwa 150 Holzarten werden ausführlich dargestellt: Handels- und Dialektbezeichnungen, Vorkommen, Baum- und Holzbeschreibung, Verarbeitungs- und Verwendungsmöglichkeiten, Import, Export. Ein unentbehrliches Nachschlagebuch, für jeden, der mit Tropenholz zu tun hat.

Afrikanische Exporthölzer
Von Klaus-Günther Dahms
Ca. 300 S. mit zahlreichen Abb., 17 x 24 cm. Wer afrikanische Hölzer kauft, verkauft oder verarbeitet – aus diesen Informationen wird er seinen Nutzen ziehen. Alle wichtigen Hölzer werden prägnant dargestellt: Handels- und Dialektbezeichnungen, Vorkommen, Baumbeschreibung, Verarbeitung, Verwendung, Import und Export.